Probability at Saint-Flour

For further volumes:
http://www.springer.com/series/10212

Saint-Flour Probability Summer School

Founded in 1971, the Saint-Flour Probability Summer School is organised every year by the mathematics department of the Université Blaise Pascal at Clermont-Ferrand, France, and held in the pleasant surroundings of an 18th century seminary building in the city of Saint-Flour, located in the French Massif Central, at an altitude of 900 m.

It attracts a mixed audience of up to 70 PhD students, instructors and researchers interested in probability theory, statistics, and their applications, and lasts 2 weeks. Each summer it provides, in three high-level courses presented by international specialists, a comprehensive study of some subfields in probability theory or statistics. The participants thus have the opportunity to interact with these specialists and also to present their own research work in short lectures.

The lecture courses are written up by their authors for publication in the LNM series.

The Saint-Flour Probability Summer School is supported by:

- Université Blaise Pascal
- Centre National de la Recherche Scientifique (C.N.R.S.)
- Ministère délégué à l'Enseignement supérieur et à la Recherche

For more information, see back pages of the book and
http://math.univ-bpclermont.fr/stflour/

Jean Picard
Summer School Chairman
Laboratoire de Mathématiques
Université Blaise Pascal
63177 Aubière Cedex
France

Nicole El Karoui • Etienne Pardoux • Marc Yor

Stochastic Filtering at Saint-Flour

Springer

Nicole El Karoui
Centre de Mathématiques Appliquées
École Polytechnique
Palaiseau, France

Etienne Pardoux
Ctr. Mathématique et Informatique (CMI)
Université de Provence
Marseille, France

Marc Yor
Laboratoire de Probabilités et Modèles Aléatoires
Université Pierre et Marie Curie
Paris, France

Reprint of lectures originally published in the Lecture Notes in Mathematics volumes 876 (1981) and 1464 (1991).

ISBN 978-3-642-25429-1
Springer Heidelberg Dordrecht London New York

Library of Congress Control Number: 2011943165

Mathematics Subject Classification (2010): 60G35; 93E11; 60G07; 60H15

Printed on acid-free paper

Springer is part of Springer Science+Business Media (www.springer.com)

Preface

The *École d'Été de Saint-Flour*, founded in 1971 is organised every year by the *Laboratoire de Mathématiques* of the *Université Blaise Pascal* (Clermont-Ferrand II) and the *CNRS*. It is intended for PhD students, teachers and researchers who are interested in probability theory, statistics, and in applications of stochastic techniques. The summer school has been so successful in its 40 years of existence that it has long since become one of the institutions of probability as a field of scholarship.

The school has always had three main simultaneous goals:
1. to provide, in three high-level courses, a comprehensive study of 3 fields of probability theory or statistics;
2. to facilitate exchange and interaction between junior and senior participants;
3. to enable the participants to explain their own work in lectures.

The lecturers and topics of each year are chosen by the Scientific Board of the school. Further information may be found at http://math.univ-bpclermont.fr/stflour/

The published courses of Saint-Flour have, since the school's beginnings, been published in the *Lecture Notes in Mathematics* series, originally and for many years in a single annual volume, collecting 3 courses. More recently, as lecturers chose to write up their courses at greater length, they were published as individual, single-author volumes. See www.springer.com/series/7098. These books have become standard references in many subjects and are cited frequently in the literature.
As probability and statistics evolve over time, and as generations of mathematicians succeed each other, some important subtopics have been revisited more than once at Saint-Flour, at intervals of 10 years or so .

On the occasion of the 40th anniversary of the *École d'Été de Saint-Flour,* a small ad hoc committee was formed to create selections of some courses on related topics from different decades of the school's existence that would seem interesting viewed and read together. As a result Springer is releasing a number of such theme volumes under the collective name "Probability at Saint-Flour".

Jean Bertoin, Erwin Bolthausen and K. David Elworthy

Jean Picard, Pierre Bernard, Paul-Louis Hennequin
(current and past Directors of the *École d'Été de Saint-Flour*)

September 2011

Table of Contents

SUR LA THEORIE DU FILTRAGE

Par M. YOR

Originally published in: *Ecole d'Eté de Probabilités de Saint-Flour IX – 1979*, Lecture Notes in Mathematics, Vol. **876**, 239–280, DOI: 10.1007/BFb0097500, © Springer-Verlag Berlin Heidelberg 1981, Reprint by Springer-Verlag Berlin Heidelberg 2012

UNE EQUATION GENERALE POUR LE FILTRAGE

Marc YOR

Le but du présent exposé est d'établir une équation de filtrage dans un cadre qui soit suffisamment général pour englober et unifier les calculs faits sur cette question dans les différents modèles probabilistes considérés dans la littérature.

Les résultats ci-dessous complètent ceux de Kunita [1] qui, comme de coutume, a fait l'essentiel du travail en ce qui concerne l'obtention d'une telle "version générale".

Une seconde partie du travail est consacrée à l'étude détaillée d'exemples de plus en plus particuliers, et de ce qu'il advient du problème de l'innovation dans ces diverses situations.

1. Cadre de l'étude

Outre l'espace de probabilité $(\Omega, \mathcal{F}, P)$, les données de base sont constituées par deux filtrations (i.e. : familles croissantes, et continues à droite, de sous-tribus $(\mathcal{F}, P)$ complètes de $\mathcal{F}$) $(\mathcal{F}_t)_{t\geq 0}$ et $(\mathcal{G}_t)_{t\geq 0}$ qui vérifient :

$$\text{pour tout } t \text{ , } \quad \mathcal{G}_t \subseteq \mathcal{F}_t \text{ .}$$

Par rapport aux présentations plus classiques, $(\mathcal{F}_t)$ représente l'histoire de tout le phénomène d'"émission-réception-brouillage" , dont l'étude fait l'objet de la théorie du filtrage, alors que $(\mathcal{G}_t)$ joue le rôle de la filtration naturelle du processus d'observation ; aussi peut-on appeler $(\mathcal{G}_t)$ la <u>filtration d'observation</u>, ou la <u>filtration observée</u>.

2. <u>Projection d'une $(\mathcal{F}_t)$ semi-martingale sur la filtration $(\mathcal{G}_t)$</u>

2.1. Rappelons tout d'abord quelques résultats généraux dûs à C. Stricker : soit X une $(\mathcal{F}_t)$ semi-martingale, et $\hat{X}$ sa $(\mathcal{G}_t)$ projection optionnelle (lorsque celle-ci existe) ;

- si X est adaptée à $(\mathcal{G}_t)$, X est une $(\mathcal{G}_t)$ semi-martingale ([2])
- il existe des exemples de $(\mathcal{F}_t)$ semi-martingale bornée X tels que $\hat{X}$ ne soit pas une $(\mathcal{G}_t)$ semi-martingale ([3]).
- par contre, il est immédiat que si X est une $(\mathcal{F}_t)$ quasi-martingale, $\hat{X}$ est définie, et est une $(\mathcal{G}_t)$ quasi-martingale.

Il apparaît donc nécessaire, pour que $\hat{X}$ (soit définie et) soit une $(\mathcal{G}_t)$ semi-martingale, de faire des hypothèses adéquates sur X.
Par ailleurs, on s'intéresse beaucoup, pour les besoins du filtrage, à l'expression "explicite" de la décomposition canonique de $\hat{X}$ (si elle existe) comme $(\mathcal{G}_t)$ semi-martingale (spéciale).[1]
Aussi ne chercherons-nous pas à faire, dans le paragraphe suivant, des hypothèses minimales, mais seulement des hypothèses "raisonnables".

2.2. Les hypothèses suivantes expriment une sorte de "dépendance stochastique" des filtrations $(\mathcal{F}_t)$ et $(\mathcal{G}_t)$.

---

(1) de façon générale, étant donnée la récente multiplication des cours, livres, etc ... sur le calcul stochastique, nous supposons le lecteur familier (des principales notions) de ce calcul.

On suppose qu'il existe une suite $(J^i)_{i \in \mathbb{N}}$ de $(\mathcal{G}_t)$ martingales de carré intégrable (ie : pour tout t, $E((J_t^i)^2) < \infty$), deux à deux orthogonales (en tant que $(\mathcal{G}_t)$ martingales) et telles que :

a) la suite $(J^i)_{i \in \mathbb{N}}$ engendre l'espace stable $\mathcal{M}^2(\mathcal{G}_t)$ des $(\mathcal{G}_t)$ martingales de carré intégrable.

(on sait, d'après Kunita-Watanabe, qu'une telle suite-appelée base de $\mathcal{M}^2(\mathcal{G}_t)$-existe dès que l'espace $L^2(\Omega, \mathcal{G}_\infty, P)$ est séparable).

b) pour tout $i \in \mathbb{N}$,

(1) J^i est une $(\mathcal{F}_t)$ semi-martingale, dont la décomposition canonique dans la filtration $(\mathcal{F}_t)$ s'écrit : $J^i = G^i + \tilde{J}^i$, où (G_t^i) est un processus $(\mathcal{F}_t)$ prévisible, nul en 0, tel que

(2) pour tout t, $E\left[\left(\int_0^t |d\, G_s^i|\right)^2\right] < \infty$,

et $(\tilde{J}_t^i)$ est une $(\mathcal{F}_t)$ martingale (qui est, nécessairement, de carré intégrable).

<u>Remarques</u> :

α) On ne sait pas (peut pas ?) montrer, en général, que pour i fixé, (1) implique (2).

Par contre, (1) implique <u>toujours</u> que $(\tilde{J}_t^i)$ est de carré intégrable ; en effet, on a : $[J^i] = [G^i] + 2[G^i, \tilde{J}^i] + [\tilde{J}^i]$. Mais, d'après le lemme de Yoeurp ([4], p. 454) $[G^i ; \tilde{J}^i]$ est une $(\mathcal{F}_t)$ martingale locale. Il existe donc une suite de $(\mathcal{F}_t)$ temps d'arrêt T_n ($\uparrow \infty$, P p.s.) tels que :

$$E\left[[\tilde{J}^i]_{t \wedge T_n}\right] + E\left[[G^i]_{t \wedge T_n}\right] = E\left[[J^i]_{t \wedge T_n}\right]$$

d'où, en faisant tendre n vers ∞, $E\left[(\tilde{J}_t^i)^2\right] \leq E\left[(J_t^i)^2\right] < \infty$.

β) Il n'est pas vrai que b) implique que toute $(\mathcal{G}_t)$ martingale soit une $(\mathcal{F}_t)$ semi-martingale. Soit, en effet, $(\mathcal{G}_t)$ la filtration naturelle d'un mouvement brownien réel (β_t), nul en 0, et $(\mathcal{F}_t)$ la filtration engendrée par le processus (β_t) et la variable β_1. D'après le classique théorème d'Ito sur la représentation des $(\mathcal{G}_t)$ martingales comme intégrales stochastiques par rapport à β, on peut prendre pour suite $\{J^i\}_i$ la suite à un élément : β , qui admet la $(\mathcal{F}_t)$ décomposition canonique $\beta = G + \tilde{\beta}$,

où $G_t = \int_0^{t\wedge 1} \frac{\beta_1-\beta_s}{(1-s)}\, ds$, et $(\tilde{\beta}_t)$ est un $(\mathcal{F}_t)$ mouvement brownien.

Or, on a, en posant $\Delta = \{(u, v) \,/\, 0 < u < v < 1\}$:

$$E\left[\left(\int_0^1 \left|\frac{\beta_1-\beta_s}{1-s}\right| ds\right)^2\right] = E\left[\left(\int_0^1 \left|\frac{\beta u}{u}\right| du\right)^2\right]$$

$$= 2 \int_\Delta du\, dv \frac{1}{uv} E(|\beta_u \beta_v|)$$

$$\leq 2 \int_\Delta \frac{du\, dv}{uv} \left\{E(|\beta_u| \; |\beta_v - \beta_u|) + u\right\}$$

$$\leq 2 C^2 \int_\Delta \frac{du\, dv}{uv} \sqrt{u(v-u)} + 2 \int_\Delta du\, dv \frac{1}{v} \qquad \left(C = \sqrt{\frac{2}{\pi}}\right)$$

$$< \infty$$

(Plus généralement, on vérifie aisément, en s'inspirant de la méthode précédente que, pour tout $p \geq 2$, on a :

$$E\left[\left(\int_0^1 \frac{\beta_u}{u} du\right)^p\right] < \infty$$

Cependant, il a été montré en [5] qu'il existe des $(\mathcal{G}_t)$ martingales qui ne sont pas des $(\mathcal{F}_t)$ semi-martingales.

2.3. Le lemme technique suivant permet, entre autre, d'introduire quelques notations nécessaires pour la suite. $\mathcal{P}(\mathcal{G}_t)$ désigne la tribu prévisible - sur $\Omega \times \mathbb{R}_+$ - associée à $(\mathcal{G}_t)$.

Lemme 1

1) Pour tout $i \in \mathbb{N}$, on a l'égalité :

$$[G^i]^{(p)} + \langle \tilde{J}^i \rangle^{(p)} = \langle J^i \rangle , \qquad (^1)$$

où la notation $A^{(p)}$ désigne la projection duale $(\mathcal{G}_t)$ prévisible du processus croissant A.

2) Pour tout $i \in \mathbb{N}$, la mesure

$$\nu^i (ds \times d\omega) \overset{déf}{=} d \langle \tilde{J}^i \rangle_s \, dP(\omega) \Big| \mathcal{P}(\mathcal{G}_t)$$

est absolument continue par rapport à

$$\lambda^i (ds \times d\omega) \overset{déf}{=} d \langle J^i \rangle_s \, dP(\omega) \Big| \mathcal{P}(\mathcal{G}_t).$$

3) Pour tout $i \in \mathbb{N}$, la mesure

$$\tau^i (ds \times d\omega) \overset{déf}{=} |d G^i_s| (\omega) \, dP(\omega) \Big| \mathcal{P}(\mathcal{G}_t)$$

est absolument continue par rapport à $\lambda^i (ds \times d\omega)$.

Démonstration

1) On a : $\langle J^i \rangle = [J^i]^{(p)}$; Or :

$$[J^i] = [G^i] + 2 [G^i ; \tilde{J}^i] + [\tilde{J}^i] .$$

D'après le lemme de Yoeurp déjà utilisé plus haut, $[G^i ; \tilde{J}^i]$ est une $(\mathcal{F}_t)$ martingale locale ; c'est en fait une $(\mathcal{F}_t)$ martingale à variation intégrable sur tout compact de $\mathbb{R}_+$: en effet, on a

$$E\left[\int_0^t |d [G^i ; \tilde{J}^i]_s| \right] \leq E\left[(\int_0^t |d G^i_s|)^2 \right]^{1/2} E\left[(\tilde{J}^i_t)^2 \right]^{1/2}$$

$$< \infty \quad , \text{d'après (2).}$$

Finalement, on a bien : $\langle J^i \rangle = [G^i]^{(p)} + \langle \tilde{J}^i \rangle^{(p)}$.

2) découle immédiatement de 1).

---

(1) le contexte nous semble écarter toute possibilité de confusion quant à la filtration par rapport à laquelle les crochets obliques sont définis.

3) Soit φ un processus $(\mathcal{G}_t)$ prévisible, borné, positif, tel que $E\left[\int_0^\infty \varphi_s \, d \langle J^i \rangle_s\right] = 0$. Ceci équivaut à dire que la $(\mathcal{G}_t)$ martingale $(\int_0^\cdot \varphi_s \, d J^i_s)$ est nulle.

D'autre part, si ψ est un processus $(\mathcal{F}_t)$ prévisible, à valeurs ± 1, tel que $|d G^i_s| = \psi_s \, d G^i_s$, on a, pour tout t :

$$E\left[\int_0^t \varphi_s \, |d G^i_s|\right] = E\left[\int_0^t \varphi_s \psi_s \, d G^i_s\right] = E\left[\int_0^t \varphi_s \psi_s \, d J^i_s\right] = 0,$$

puisque le processus $(\int_0^\cdot \varphi_s \, d J^i_s)$ est nul ; d'où, le résultat cherché.

2.4. Soit maintenant (X_t) une $(\mathcal{F}_t)$ semi-martingale qui se décompose en :

$$X_t = X_o + V_t + F_t ,$$

où :

- (V_t) est une $(\mathcal{F}_t)$ martingale de carré intégrable
- (F_t) est un processus $(\mathcal{F}_t)$ prévisible tel que $E\left[\left(\int_0^t |dF_s|\right)^2\right] < \infty$
- $X_o \in L^2 (\mathcal{F}_o , P)$.

A l'aide de toutes ces notations, on peut énoncer le résultat fondamental suivant :

Théorème 2

1) Pour tout $i \in \mathbb{N}$, les mesures

$$\eta^i (ds \times d\omega) \overset{déf}{=} X_s(\omega) \, d G^i_s(\omega) \, dP(\omega) \Big|_{\mathcal{P}(\mathcal{G}_t)}$$

$$\text{et} \quad \mu^i (ds \times d\omega) = d \langle V ; J^i \rangle_s \, dP(\omega) \Big|_{\mathcal{P}(\mathcal{G}_t)}$$

sont absolument continues par rapport à $\lambda^i (ds \times d\omega) = d \langle J^i \rangle_s \, dP(\omega) \Big|_{\mathcal{P}(\mathcal{G}_t)}$

On note :

$$(3) \quad x^i (s, \omega) = \frac{X_s(\omega) \, d G^i_s(\omega) \, dP(\omega)}{d \langle J^i \rangle_s \, dP(\omega)} \Bigg|_{\mathcal{P}(\mathcal{G}_t)}$$

$$(4)\quad v^i\,(s,\omega) = \frac{d\,\langle V, \tilde{J}^i\rangle_s\, dP\,(\omega)}{d\,\langle J^i\rangle_s\;\; dP\,(\omega)}\Bigg|_{\mathcal{P}(\mathcal{G}_t)}$$

2) Si $(\widehat{X}_t)$ *désigne la projection* $(\mathcal{G}_t)$ *optionnelle de* (X_t), *on a :*

$$(5)\quad \widehat{X}_t = \widehat{X}_o + F_t^{(p)} + \sum_{i\in\mathbb{N}} \int_o^t \left[x^i\,(s,\omega) + v^i(s,\omega)\right] dJ_s^i\,,$$

où :

- $F^{(p)}$ *désigne la projection* $(\mathcal{G}_t)$ *prévisible de* F
- *la convergence de la série d'intégrales stochastiques en* dJ^i *a lieu dans* L^2 , *uniformément lorsque* t *parcourt un compact quelconque de* $\mathbb{R}_+$.

On procède à la démonstration de ce théorème par étapes.

Etape 1. Pour tout $i \in \mathbb{N}$, la mesure

$$\mu^i\,(ds \times d\omega) = d < V\,;\,\tilde{J}^i>_s\, dP\,(\omega)\Big|_{\mathcal{P}(\mathcal{G}_t)}$$

est absolument continue par rapport à $d <\tilde{J}^i>_s\, dP\,(\omega)\Big|_{\mathcal{P}(\mathcal{G}_t)}$, elle même absolument continue, d'après le lemme 1, par rapport à $d <J^i>_s\, dP\,(\omega)\Big|_{\mathcal{P}(\mathcal{G}_t)} = \lambda^i\,(ds \times d\omega)$.

L'absolue continuité de $\eta^i\,(ds \times d\omega) = X_s\,(\omega)\, d\,G_s^i\, dP\,(\omega)\Big|_{\mathcal{P}(\mathcal{G}_t)}$ par rapport à λ^i découle de celle de $|d\,G_s^i|\, dP\,(\omega)\Big|_{\mathcal{P}(\mathcal{G}_t)}$ par rapport à λ^i (voir toujours le lemme 1).

Etape 2. Montrons que, pour tout t, $E\left[(\int_o^t |d\,F_s^{(p)}|)^2\right] < \infty$. Ceci découle, après décomposition de F en différence de deux processus croissants $(\mathcal{F}_t)$ prévisibles A et B tels que :

pour tout t , $E\,(A_t^2 + B_t^2) < \infty$

du lemme suivant.

<u>Lemme 3</u>

Soit (A_t) un processus croissant, intégrable (non nécessairement adapté), et $A^{(p)}$ sa projection duale $(\mathcal{G}_t)$ prévisible. Alors,

$$||A_\infty^{(p)}||_{L^2} \leq 2\, ||A_\infty||_{L^2}$$

<u>Démonstration</u>

Le processus croissant $(\mathcal{G}_t)$ prévisible $B = A^{(p)}$ est localement borné, i.e : il existe une suite de $(\mathcal{G}_t)$ t.a T_n, croissant P p.s. vers $+\infty$, et tels que $(B_{t\wedge T_n})$ soit borné.

On a :

$$E\left[B_{T_n}^2\right] = E\left[\int_0^{T_n} (B_s + B_{s-})\, dB_s\right]$$

$$= E\left[\int_0^{T_n} (B_s + B_{s-})\, dA_s\right] \qquad (\text{car } A^{(p)} = B)$$

$$\leq 2\; E\left[\int_0^{T_n} B_s\, dA_s\right]$$

$$\leq 2\, ||B_{T_n}||_{L^2}\, ||A_{T_n}||_{L^2} ,$$

d'où : $||B_{T_n}||_{L^2} \leq 2\, ||A_{T_n}||_{L^2}$ et, en faisant tendre n vers $+\infty$,

$||B_\infty||_{L^2} \leq 2\, ||A_\infty||_{L^2}$.

<u>Etape 3</u> : Le processus $M_t \overset{\text{déf}}{=} \hat{X}_t - \hat{X}_o - F_t^{(p)}$ est une $(\mathcal{G}_t)$ martingale : en effet, $\hat{X}_t - \hat{X}_o - \hat{F}_t = \hat{V}_t$ est une $(\mathcal{G}_t)$ martingale ; d'autre part, $\hat{F} - F^{(p)}$ est une $(\mathcal{G}_t)$ martingale, puisque, pour tout couple (s, t), avec $s < t$:

$$E(\hat{F}_t - \hat{F}_s \mid \mathcal{G}_s) = E(F_t - F_s \mid \mathcal{G}_s) = E(F_t^{(p)} - F_s^{(p)} \mid \mathcal{G}_s).$$

Remarquons enfin que, d'après l'étape 2, (M_t) est une $(\mathcal{G}_t)$ martingale de <u>carré intégrable</u>.

Etape 4 : Soit $N_t \overset{\text{déf}}{=} \sum_{(i\leq k)} \int_o^t \varphi_s^i \, d\, J_s^i$, où, pour tout i, φ^i est un processus $(\mathcal{G}_t)$ prévisible borné. Notons $I = E\,[M_t\, N_t]$.

Il vient :

$$I \overset{(a)}{=} E\left[X_t\, N_t - X_o\, N_o - \int_o^t N_{s-}\, d\, F_s^{(p)}\right]$$

$$= E\left[X_t\, N_t - X_o\, N_o - \int_o^t N_{s-}\, d\, F_s\right]$$

((a) découle de ce que la projection $(\mathcal{G}_t)$ prévisible de :

$(s,\omega) \longrightarrow N_t\,(\omega)\, 1_{[0,t]}\,(s)$ est : $(s,\omega) \longrightarrow N_{s-}(\omega)\, 1_{[0,t]}\,(s)$).

Appliquons la formule d'Ito au produit des $(\mathcal{F}_t)$ semi-martingales (X_t) et (N_t). Il vient :

(6) $\quad X_t\, N_t = X_o\, N_o + \int_o^t X_{s-}\, dN_s + \int_o^t N_{s-}\, dX_s + [X, N]_t\ .$

Notons $N_t = B_t + U_t$ la décomposition canonique de la $(\mathcal{F}_t)$ semi-martingale (N_t), où

$$B_t = \sum_{(i\leq k)} \int_o^t \varphi_s^i \, dG_s^i\ , \text{ et } \quad U_t = \sum_{i\leq k} \int_o^t \varphi_s^i \, d\, \tilde{J}_s^i\ .$$

Il vient :

(7) $\quad X_{s-}\, dN_s = X_{s-}\, dB_s + X_{s-}\, dU_s$

(8) $\quad N_{s-}\, dX_s = N_{s-}\, dF_s + N_{s-}\, dV_s$

Remarquons que, grâce aux hypothèses faites, les $(\mathcal{F}_t)$ martingales locales $(\int_o^t X_{s-}\, dU_s)$ et $(\int_o^t N_{s-}\, dV_s)$ sont, en fait, des martingales.

A l'aide des formules (6), (7), (8), l'expression de I devient donc :

$$I = E\left[\int_o^t X_{s-}\, dB_s + [X, N]_t\right].$$

Développons $[X ; N]$:

$$[X ; N] = [X ; B + U] = \int_0^{\cdot} (\Delta X_s)\, dB_s + [X, U]$$
$$= \int_0^{\cdot} (\Delta X_s)\, dB_s + [F ; U] + [V ; U]$$

Toujours d'après le lemme de Yoeurp, $[F ; U]$ est une $(\mathcal{F}_t)$ martingale locale ; c'est, en fait, une martingale, car :

$$E\left[\int_0^t |d\,[F ; U]_s|\right] \leq E\left[\left(\int_0^t |dF_s|\right)^2\right]^{1/2} \left(E\left[[U, U]_t\right]\right)^{1/2} < \infty$$

L'expression de I devient donc :

$$I = E\left[\int_0^t X_s\, dB_s + \langle V ; U\rangle_t\right]$$
$$= E\left[\sum_{(i\leq k)} \int_0^t \varphi_s^i X_s\, dG_s^i + \sum_{(i\leq k)} \int_0^t \varphi_s^i\, d\langle V ; \tilde{J}^i\rangle_s\right]$$

(en utilisant les expressions développées de (dB_s) et (dU_s).

On a, pour l'instant, obtenu la formule générale suivante :

pour tout $k \in \mathbb{N}$, et tout vecteur $(\varphi^i)_{i\leq k}$ constitué de processus $(\mathcal{G}_t)$ prévisibles bornés :

$$(9)\qquad E\left[M_t \left\{\sum_{i\leq k} \int_0^t \varphi_s^i\, dJ_s^i\right\}\right] = E\left[\sum_{i\leq k} \int_0^t \varphi_s^i \left\{X_s\, dG_s^i + d\langle V ; \tilde{J}^i\rangle_s\right\}\right]$$

<u>Etape 5</u> : (M_t) étant une $(\mathcal{G}_t)$ martingale de carré intégrable, il existe, d'après (1), une suite de processus $(\mathcal{G}_t)$ prévisibles m^i tels que, pour tout i, et tout t, $E\left[\int_0^t (m_s^i)^2\, d\langle J^i\rangle_s\right] < \infty$, et

$$M_t = L^2 . \lim_{(k\to\infty)} \sum_{(i\leq k)} \int_0^t m_s^i\, d J_s^i .$$

Notons $K^i = x^i + v^i$. Pour prouver que, pour tout $i \in \mathbb{N}$, $m^i = K^i$, $d\langle J^i\rangle_s\, dP$ p.s., il suffit de montrer que, pour toute suite finie $(\varphi^i)_{i\leq k}$ de processus $(\mathcal{G}_t)$ prévisibles bornés, on a :

$$(10)\qquad E\left[M_t \left(\sum_{i\leq k} \int_0^t \varphi_s^i\, d J_s^i\right)\right] = \sum_{i\leq k} E\left(\int_0^t \varphi_s^i K_s^i\, d\langle J^i\rangle_s\right)$$

(car le membre de gauche de (10) est égal à :

$$E\left[\sum_{i\leq k} \int_0^t \varphi_s^i \; m_s^i \; d <J^i>_s \right])$$

Or, la formule (10) découle immédiatement de (9), où l'on remplace

$$\{X_s \; dG_s^i + d < V \; ; \; \tilde{J}^i >_s\} \quad \text{par} \quad \left[x^i(s) + v^i(s)\right] \; d <J^i>_s$$

(cf les formules (3) et (4)).

2.5. Examinons maintenant ce que devient la formule (5) dans deux cas particulièrement importants.

<u>Corollaire 2.1</u>. (On emploie toujours les notations du théorème 2)

Supposons que, pour tout $i \in \mathbb{N}$, J^i soit une $(\mathcal{F}_t)$ martingale.

Alors :

1) toute $(\mathcal{G}_t)$ martingale (locale) est une $(\mathcal{F}_t)$ martingale(locale)

2) si (N_t) est une $(\mathcal{G}_t)$ martingale de carré intégrable, les processus croissants $(\mathcal{G}_t)$- <u>et</u> $(\mathcal{F}_t)$- prévisible associés à N sont identiques.

3) Si $\hat{X}$ désigne la projection $(\mathcal{G}_t)$ optionnelle de X, on a :

$$(5.1) \qquad \hat{X}_t = \hat{X}_o + F_t^{(p)} + \sum_{i \in \mathbb{N}} \int_o^t \widehat{(w^i)}_s \; d \, J_s^i ,$$

où

$$w^i = \left. \frac{d <V \; ; \; J^i>_s \; dP\,(\omega)}{d <J^i>_s \; dP\,(\omega)} \right|_{\mathcal{P}(\mathcal{F}_t)}$$

et $\widehat{w^i}$ désigne l'espérance conditionnelle de w^i, pour la mesure $d <J^i>_s \; dP\,(\omega)$, relativement à $\mathcal{P}(\mathcal{G}_t)$.

En outre, $\hat{F} = F^{(p)}$.

<u>Remarques</u> :

1) On démontre aisément (cf, le début de la démonstration du corollaire) que la propriété 1) équivaut à ce que, pour tout t, les tribus $\mathcal{G}_\infty$ et $\mathcal{F}_t$ sont indépendantes, conditionnellement à $\mathcal{G}_t$.

Cette situation a été étudiée en [6].

2) $\hat{w}_i$ est bien défini, car $E\left[\int_o^t (w_s^i)^2 \; d <J^i>_s\right] < \infty$.

Démonstration du corollaire :

1) découle de ce que l'espace $\mathcal{L}$ des $(\mathcal{G}_t)$- et $(\mathcal{F}_t)$-martingales de carré intégrable est un $(\mathcal{G}_t)$-espace stable, et de ce que $(J^i, i \in \mathbb{N})$ engendre l'espace $\mathcal{M}^2(\mathcal{G}_t)$ des $(\mathcal{G}_t)$ martingales de carré intégrable. On a donc : $\mathcal{L} = \mathcal{M}^2(\mathcal{G}_t)$. Ainsi, pour tout $X \in L^2(\mathcal{G}_\infty)$, et tout $t \geq 0$,

$$E(X / \mathcal{G}_t) = E(X / \mathcal{F}_t).$$

Ceci s'étend à toute $X \in L^1(\mathcal{G}_\infty)$, et finalement, toute $(\mathcal{G}_t)$ martingale locale est une $(\mathcal{F}_t)$ martingale locale.

2) Si (N_t) est une $(\mathcal{G}_t)$ martingale de carré intégrable, et $(\langle N\rangle_t)$ désigne le processus croissant $(\mathcal{G}_t)$ prévisible qui lui est associé, alors $(N_t^2 - \langle N\rangle_t)$ est une $(\mathcal{G}_t)$-, et donc $(\mathcal{F}_t)$-martingale. Le processus croissant $(\mathcal{F}_t)$-prévisible associé à N est donc égal à $\langle N\rangle_t$.

3) D'après l'hypothèse, on a $G^i = 0$, pour tout i, et donc :

$$x^i = 0 \ , \text{ et } J^i = \tilde{J}^i$$

D'autre part, on a :

$$v^i \overset{\text{déf}}{=} \frac{d\langle V\,;\,J^i\rangle_s \, dP(\omega)}{d\langle J^i\rangle_s \, dP(\omega)}\Bigg|_{\mathcal{P}(\mathcal{G}_t)}$$

$$= \frac{w^i \, d\langle J^i\rangle_s \, dP(\omega)}{d\langle J^i\rangle_s \, dP(\omega)}\Bigg|_{\mathcal{P}(\mathcal{G}_t)} = \widehat{w^i} \ , \ d\langle J^i\rangle \, dP \text{ p.s.}$$

L'équation (5.1) découle donc de (5).

Enfin, si dans (5.1), on remplace X par F, il vient $\widehat{F} = F^{(p)}$ (ce qui est, en toute généralité, une conséquence de la propriété 1) ; cf [6]).

Un second cas particulier important a été étudié par H.Kunita [1] : il s'agit de la situation où toutes les mesures aléatoires considérées plus haut : λ^i, μ^i, η^i, τ^i ..., sont absolument continues par rapport à (ds dP). Ainsi, on suppose que :

a) $F_t = \int_o^t f_s\, ds$, avec f processus $\mathcal{P}(\mathcal{F}_t)$ mesurable tel que, pour tout t , $E\left[(\int_o^t |f_s|\, ds)^2\right] < \infty$.

b) $J^i = G^i + \tilde{J}^i$, avec $G^i = \int_o^{\cdot} g_s^i\, ds$, où g^i est un processus $\mathcal{P}(\mathcal{F}_t)$ mesurable tel que : pour tout t , $E\left[(\int_o^t |g_s^i|\, ds)^2\right] < \infty$, et $\langle\tilde{J}^i\rangle_t = \int_o^t c_s^i\, ds$, où (c_t^i) est un processus $\mathcal{P}(\mathcal{F}_t)$ mesurable, supposé <u>strictement positif</u> dt dP ps.

<u>Notation</u>. Dans la suite, on note $\hat{u}$ l'espérance conditionnelle, par rapport à la mesure ds dP, relativement à la tribu $\mathcal{P}(\mathcal{G}_t)$, de u, processus mesurable tel que $E\,(\int_o^t |u_s|\, ds) < \infty$, pour tout t.

Voici quelques conséquences de l'hypothèse b) faite ici :

α) il existe un processus d^i , $\mathcal{P}(\mathcal{F}_t)$ mesurable, tel que $d \langle V\, ;\, \tilde{J}^i\rangle_t = (d_t^i)\, dt$, et pour tout t , $E\,(\int_o^t |d_s^i|\, ds) < \infty$.

β) d'après la partie 1) du lemme 1, on a : $d\,\langle J^i\rangle_t = \widehat{(c^i)}_t\, dt$.

Remarquons que la stricte positivité de c^i (dt dP p.s.) entraîne également $\widehat{c^i} > 0$, dt dP ps.

γ) On peut maintenant expliciter les processus x^i et v^i définis plus haut par les formules (3) et (4).

D'une part,

$$x^i\,(s,\omega) \overset{\text{déf}}{=} \left.\frac{X_s\, dG_s^i\, dP\,(\omega)}{d\,\langle J^i\rangle_s\ dP\,(\omega)}\right|_{\mathcal{P}(\mathcal{G}_t)} = \left.\frac{X_s\, g_s^i\ ds\, dP\,(\omega)}{\widehat{(c^i)}_s\ ds\, dP\,(\omega)}\right|_{\mathcal{P}(\mathcal{G}_t)} = \frac{1}{\widehat{(c^i)}_s}\ \widehat{(X\, g^i)}_s \ , \text{ ds dP ps.}$$

D'autre part, $$v^i\,(s,\omega) \overset{\text{déf}}{=} \left.\frac{d\,\langle V\, ;\, \tilde{J}^i\rangle_s\ dP\,(\omega)}{d\,\langle J^i\rangle_s\,(\omega)\ dP\,(\omega)}\right|_{\mathcal{P}(\mathcal{G}_t)}$$

$$= \frac{d^i_s(\omega)\, ds\, dP(\omega)}{\widehat{(c^i)}_s\, ds\, dP(\omega)} \Bigg|_{\mathcal{P}(\mathcal{G}_t)}$$

$$= (1 / \widehat{(c^i)}_s)\, \widehat{(d^i)}_s \ , \ ds\, dP \ \text{ps.}$$

On peut donc énoncer le

Corollaire (2.2)

Sous les hypothèses précédentes d'absolue continuité par rapport à ds, la formule (5) explicitant la projection optionnelle $\hat{X}$ de X , $(\mathcal{F}_t)$ semi-martingale, s'écrit :

$$(5.2) \quad \hat{X}_t = \hat{X}_o + \int_o^t \hat{f}_s\, ds + \sum_{i \in \mathbb{N}} \int_o^t \frac{1}{\widehat{(c^i)}_s} \left[\widehat{(Xg^i)}_s + \widehat{(d^i)}_s \right] d\, J^i_s$$

3. Objet de la suite de l'étude

On particularise dorénavant le cadre de l'étude en supposant que $(\mathcal{G}_t)$ est la filtration naturelle $(\mathcal{Y}_t)$ du processus (Y_t) défini par :

$$(11) \qquad Y_t = \int_o^t Z_s\, ds + \int_o^t h_s\, dB_s \ , \quad \text{où :}$$

a) (h_t) est un processus à valeurs strictement positives, $(\mathcal{F}_t)$ adapté, continu à droite, ou à gauche (pour simplifier la discussion), et tel que, pour tout t : $\int_o^t h_s^2\, ds < \infty$ P ps.

b) $Z'_s \overset{\text{déf}}{=} Z_s / h_s$ est un processus $(\mathcal{F}_t)$ optionnel, borné.

c) (B_t) est un $(\mathcal{F}_t)$ mouvement brownien réel.

Il ressort du théorème 2 que, pour obtenir une expression explicite de la $(\mathcal{Y}_t)$ projection optionnelle d'une $(\mathcal{F}_t)$ semi-martingale X, l'un des ingrédients essentiels est l'obtention d'une base (au sens de Kunita-Watanabe) de $(\mathcal{Y}_t)$ martingales de carré intégrable $(J^i)_i$, qui soit constituée de $(\mathcal{F}_t)$ semi-martingales. Ceci est l'objet des paragraphes qui suivent, dans lesquels on fait diverses hypothèses adéquates sur les processus Z et h.

Remarquons dès maintenant que $(\mathcal{Y}_t)$ est la filtration naturelle du processus $(Y'_t , h_t)_{t\geq 0}$ à valeurs dans $\mathbb{R}^2$, où :

$$(11') \qquad Y'_t \overset{\text{déf}}{=} \int_0^t (1/h_s)\, dY_s = \int_0^t Z'_s\, ds + B_t .$$

(ceci découle de l'égalité : $h_t = (\frac{d \langle Y\rangle_t}{dt})^{1/2}$, dt dP ps.).

On note $(\mathcal{Y}'_t)$ (resp : $(\mathcal{H}_t)$) la filtration naturelle de Y' (resp : h).

On définit encore le processus (β_t) par :

$$(12) \qquad Y'_t = \int_0^t \widehat{(Z')}_s\, ds + \beta_t$$

où $\widehat{Z'}$ est la projection $(\mathcal{Y}_t)$ optionnelle de Z' . (β_t) apparaît alors comme une $(\mathcal{Y}_t)$ martingale continue de processus croissant égal à t ; c'est donc, d'après la caractérisation de Paul Lévy, un $(\mathcal{Y}_t)$ mouvement brownien.

4. Le cas $h \equiv 1$
Revue des résultats classiques sur le problème de l'innovation

4.1. Nous débutons ce paragraphe par quelques rappels et compléments sur le théorème de Girsanov, que l'on énonce sous une forme très générale. La structure de l'espace des $(\mathcal{Y}_t)$ martingales, lorsque h est identiquement égal à 1, découlera immédiatement de ces résultats.

L'espace de probabilité filtré de référence est ici $(\Omega, \mathcal{F}, (\mathcal{U}_t)_{t\geq 0}, P)$. Soit Q une seconde probabilité sur $(\Omega, \mathcal{F})$, supposée équivalente à P sur $\mathcal{U}_\infty$. On note $\frac{dQ}{dP}\Big|_{\mathcal{U}_\infty} = L$, et pour tout $t \geq 0$, $\frac{dQ}{dP}\Big|_{\mathcal{U}_t} = L_t$ (on choisit, en fait, une version càdlàg de la $((\mathcal{U}_t), P)$ martingale (L_t), version que l'on note encore (L_t)).

Le théorème suivant montre, en particulier, que l'espace des (($\mathcal{U}_t$),P) semi-martingales est identique à celui des (($\mathcal{U}_t$), Q)) semi-martingales ; de plus, sous une condition supplémentaire d'intégrabilité, on obtient la décomposition canonique d'une (($\mathcal{U}_t$), P) martingale locale comme (($\mathcal{U}_t$), Q) semi-martingale spéciale.

Théorème 3. (On emploie les notations précédentes)

a) Soit X une (($\mathcal{U}_t$), P) martingale locale. Alors,

(13) $\overline{X} \equiv X - \int_0^{\cdot} \frac{1}{L_s} \, d\,[X, L]_s$ *est une (($\mathcal{U}_t$), Q) martingale locale.*

b) Soit (A_t) un processus ($\mathcal{U}_t$) adapté, à variation finie, tel que $\int_0^{\cdot} |d\,A_s|$ soit (($\mathcal{U}_t$), P) localement intégrable.
Alors, la (($\mathcal{U}_t$), Q) projection duale prévisible de $\int_0^{\cdot} (1/L_s)\, dA_s$ est égale à $\int_0^{\cdot} (1/L_{s-})\, d\,A_s^{(p)}$, où $A^{(p)}$ désigne la (($\mathcal{U}_t$), P) projection duale prévisible de A.

c) Si X est une (($\mathcal{U}_t$), P) martingale locale telle que le processus $\int_0^{\cdot} |d\,[X, L]_s|$ soit (($\mathcal{U}_t$), P) localement intégrable, alors le crochet prévisible $< X, L >$(sous P) existe, et :

(14) $\tilde{X} \equiv X - \int_0^{\cdot} 1/L_{s-} \; d < X, L>_s$ *est une (($\mathcal{U}_t$), Q) martingale locale.*

Remarques : La formule (13) a été dégagée par P.A. Meyer en [7] ; la formule (14) est due à J. Van Schuppen et E. Wong [8] ; elle est antérieure à (13), et semble la plus utile dans les applications. La version brownienne de (14) est due à I. Girsanov [9], d'où l'appellation de théorème de Girsanov (mais aussi, en théorie des processus de diffusion, de formule de Cameron-Martin ; cf [10]) donnée à ce théorème.

Démonstration du théorème 3

a) Pour montrer que $\overline{X}$ est une $((\mathcal{U}_t), Q)$ martingale locale, il suffit de montrer que $L\,\overline{X}$ est une $((\mathcal{U}_t), P)$ martingale locale.

Or, d'après la formule d'Ito, $L\,\overline{X}$ diffère d'une $((\mathcal{U}_t), P)$ martingale locale de :

$$[L\,;\,X] - \int_o^{\cdot} L_s \frac{d\,[X\,;\,L]_s}{L_s} \equiv 0\,,$$

d'où le résultat cherché.

b) Quitte à arrêter A, on peut supposer $E_P\,(\int_o^\infty |d\,A_s|) < \infty$. On a alors :

$$E_Q\left[\int_o^\infty \frac{1}{L_s}\,|d\,A_s|\right] = E_P\left[L\int_o^\infty \frac{|d\,A_s|}{L_s}\right]$$
$$= E_P\left[\int_o^\infty \frac{L_s}{L_s}\,|d\,A_s|\right] < \infty\,.$$

Soit maintenant (H_t) un processus $(\mathcal{U}_t)$ prévisible borné. Il vient :

$$E_Q\left[\int H_s \frac{d\,A_s}{L_s}\right] = E_P\left[L\int H_s \frac{d\,A_s}{L_s}\right]$$
$$= E_P\left[\int H_s \frac{L_s}{L_s}\,d\,A_s\right]$$
$$= E_P\left[\int H_s\,d\,A_s^{(p)}\right]$$
$$= E_P\left[L\int H_s \frac{d\,A_s^{(p)}}{L_{s-}}\right]$$
$$= E_Q\left[\int H_s \frac{d\,A_s^{(p)}}{L_{s-}}\right],$$ d'où le

résultat cherché.

c) découle de a) et b), puisque $[X\,,\,L]^{(p)} = \langle X\,;\,L\rangle$, par définition.

Pour simplifier la présentation de l'exposé, nous supposons, dans toute la suite du sous-paragraphe 4.1), que : (L_t) est à trajectoires continues.

En conséquence, pour toute $((\mathcal{U}_t), P)$ martingale locale X ,

$$\overline{X} \equiv \widetilde{X} \equiv X - \int_o^{\cdot} (1/L_s)\,d\,\langle X, L\rangle_s$$

est une $((\mathcal{U}_t), Q)$ martingale locale. De plus, l'assertion b) du théorème 3 se simplifie en :

b') *si* (A_t) *est un processus* $(\mathcal{U}_t)$ *adapté, à variation finie, tel que* $\int_0^\cdot |d A_s|$ *soit* $((\mathcal{U}_t), P)$ *localement intégrable, les* $((\mathcal{U}_t), P)$ *et* $((\mathcal{U}_t), Q)$ *projections duale prévisible de A sont identiques.*

Notons $\mathcal{L}((\mathcal{U}_t), P)$ l'espace des $((\mathcal{U}_t), P)$ martingales locales (et de même relativement à Q), et définissons l'application :

$$G : \begin{array}{ccc} \mathcal{L}((\mathcal{U}_t), P) & \longrightarrow & \mathcal{L}((\mathcal{U}_t), Q) \\ X & \longrightarrow & \tilde{X} \end{array}$$

On appelle G la transformation de Girsanov [sous-entendu : relativement à la paire (ordonnée) (P, Q), et à la filtration $(\mathcal{U}_t)$]. Nous dégageons maintenant quelques propriétés importantes de G.

Proposition 4. (on emploie les notations précédentes ; en outre, les notations qui affectent des $((\mathcal{U}_t), Q)$ martingales locales -par exemple- sont, bien entendu, relatives à Q)

i) *G commute à l'intégration stochastique, ie :*

si X est une $((\mathcal{U}_t), P)$ *martingale locale, et f un processus prévisible tel que* $f \cdot X \overset{déf}{=} \int_0^\cdot f_s \, d X_s$ *soit défini, alors* $f.G(X)$ *est défini, et :*

$$f \cdot G(X) = G(f.X)$$

ii) *si* $X, Y \in \mathcal{L}((\mathcal{U}_t), P)$, $[G(X) ; G(Y)] = [X ; Y]$

iii) *si* $X, Y \in \mathcal{L}((\mathcal{U}_t), P)$, *et* $[X ; Y]$ *est* $((\mathcal{U}_t), P)$ *localement intégrable, alors* $< G(X) ; G(Y) >$ *est défini, et :*

$$< G(X) ; G(Y) > = < X ; Y >$$

Nous laissons la démonstration -facile- de ce lemme au lecteur (notons seulement que iii) découle de ii) et b').

Si l'on considère la paire (Q, P) et la filtration $(\mathcal{U}_t)$, le rôle joué précédemment par la $((\mathcal{U}_t), P)$ martingale continue (L_t) est dévolu maintenant à la $((\mathcal{U}_t), Q)$ martingale continue $(1/L_t)$; on note $\tilde{G}$ la transformation de Girsanov relative à la paire (Q, P) et à la filtration $(\mathcal{U}_t)$.

Proposition 5

$\tilde{G}$ est l'inverse de G, ie :

$$\tilde{G} \circ G = id_{\mathcal{L}((\mathcal{U}_t), P)} \; ; \; G \circ \tilde{G} = id_{\mathcal{L}((\mathcal{U}_t), Q)}$$

En particulier, G établit une bijection entre $\mathcal{L}((\mathcal{U}_t), P)$ et $\mathcal{L}((\mathcal{U}_t), Q)$.

Démonstration

Quitte à échanger P et Q, il suffit, à l'évidence, de démontrer

$$\tilde{G} \circ G = id_{\mathcal{L}((\mathcal{U}_t), P)} .$$

Or, si $X \in \mathcal{L}((\mathcal{U}_t), P)$, G (X) est, d'après le théorème 3, une $((\mathcal{U}_t), P)$ martingale locale qui ne diffère de X que par un processus $(\mathcal{U}_t)$ prévisible (en fait, $(\mathcal{U}_t)$ adapté, et continu) à variation finie.
De même, $\tilde{G}(G(X)) \in \mathcal{L}((\mathcal{U}_t), P)$, et ne diffère de X que par un processus $(\mathcal{U}_t)$ prévisible, à variation finie.
Ainsi, $\tilde{G}(G(X)) - X \in \mathcal{L}((\mathcal{U}_t), P)$ et est, de plus, un processus $(\mathcal{U}_t)$ prévisible, à variation finie, nul en 0. D'où : $\tilde{G}(G(X)) - X = 0$.
La conséquence suivante de la proposition 5 nous sera particulièrement utile.

Corollaire (5.1)

Soit X une $((\mathcal{U}_t), P)$ martingale locale. Alors, X a la propriété de représentation prévisible pour $((\mathcal{U}_t), P)$, c'est-à-dire : toute $((\mathcal{U}_t), P)$ martingale (locale) nulle en 0 s'écrit comme intégrale stochastique par rapport à dX, *si, et seulement si, G (X) a cette propriété pour $((\mathcal{U}_t), Q)$*

4.2) Appliquons les résultats précédents à l'étude de la structure des $((\mathcal{Y}_t), P)$ martingales, lorsque le processus h est identique à 1. Les formules (11) et (12) deviennent alors :

$$(15) \qquad Y_t = \int_0^t Z_s \, ds + B_t = \int_0^t \widehat{Z}_s \, ds + \beta_t \, .$$

Soit T réel positif fixé. Définissons sur $(\Omega, \mathcal{F})$ la probabilité Q par :

$$Q = \exp\left[-\int_0^T \widehat{Z}_s \, d\beta_s - 1/2 \int_0^T (\widehat{Z}_s)^2 \, ds\right] . P$$

(Z , et donc $\widehat{Z}$, étant bornés, il est aisé de montrer que Q est une probabilité), ainsi que la filtration $\mathcal{U}_t \equiv \mathcal{Y}_{t\wedge T}$ $(t\geq 0)$. D'après le théorème 3, $Y_{t\wedge T} = \beta_{t\wedge T} + \int_0^{t\wedge T} \widehat{Z}_s \, ds$ est une $((\mathcal{U}_t), Q)$ martingale continue, de processus croissant $(t \wedge T)$, ce qui équivaut à dire que $(Y_t)_{t\leq T}$ est un $((\mathcal{U}_t), Q)$ mouvement brownien.

$(Y_{t\wedge T})_{t\geq 0}$ a donc (théorème d'Ito) la propriété de représentation prévisible par rapport à $((\mathcal{U}_t), Q)$; ainsi, d'après le corollaire 5.1, la transformée de Girsanov de $(Y_{t\wedge T})$ relativement à la paire de probabilités (Q, P), et à la filtration $(\mathcal{U}_t)$, qui est précisément le processus (β_t), possède la propriété de représentation prévisible relativement à $((\mathcal{U}_t),P)$. En faisant varier T parmi les réels positifs, on a finalement obtenu, par recollement, le résultat suivant.

Proposition 7

Dans le cas où $h \equiv 1$, toute martingale locale de la filtration naturelle $(\mathcal{Y}_t)$ du processus (Y_t) défini par (15), peut se représenter comme :

$$c + \int_0^t \varphi_s \, d\beta_s \quad ,$$

où $c \in \mathbb{R}$, et φ est un processus $(\mathcal{Y}_t)$ prévisible tel que $\int_0^t \varphi_s^2 \, ds < \infty$ P p s , pour tout t.

4.3) On entend habituellement par <u>problème de l'innovation</u> la question de savoir si, avec les notations de la formule (15), la filtration naturelle $(\mathcal{B}_t)$ du <u>processus d'innovation</u> (β_t), et la filtration $(\mathcal{Y}_t)$ sont identiques, ou -ce qui revient au même- si les tribus $\mathcal{B}_\infty$ et $\mathcal{Y}_\infty$ sont égales. Disons simplement, pour justifier (ici) l'intérêt de cette question, que si la réponse à ce problème était toujours positive, la proposition 7 découlerait immédiatement du théorème d'Ito sur la représentation des martingales browniennes.

Or, B. Tsirelson [12] a prouvé, à l'aide d'un contre-exemple que l'on décrit ci-dessous, que la réponse au problème de l'innovation est, "en général", négative :

sur l'espace $\Omega = C(\mathbb{R}_+, \mathbb{R})$, on considère le processus des projections : $Y_t(\omega) = \omega(t)$, et on note $\mathcal{F} = \sigma\{Y_s, s \in \mathbb{R}_+\}$. Soit W la mesure de Wiener sur $(\Omega, \mathcal{F})$, ie : l'unique probabilité qui fasse de (Y_t) un mouvement brownien réel, issu de 0. On note $(\mathcal{Y}_t)$ la filtration naturelle de (Y_t), sous W.

Définissons ensuite la probabilité P, équivalente à W sur $\mathcal{F}$, à l'aide de :

$$(16) \quad \frac{dP}{dW}\Big|_{\mathcal{F}} = \exp\left\{\int_0^1 \tau(s,\omega)\, dY_s(\omega) - \frac{1}{2}\int_0^1 \{\tau(s,\omega)\}^2 ds\right\},$$

où le processus τ est défini comme suit :

$(t_k)_{k \in (-\mathbb{N})}$ est une suite de nombres réels, avec $t_0 = 1$, qui décroît strictement vers 0, lorsque $k \downarrow -\infty$, et l'on note :

$$(17) \quad \tau(s,\omega) = \sum_{k \in (-\mathbb{N})} \left[\frac{Y_{t_k} - Y_{t_{k-1}}}{t_k - t_{k-1}}\right] 1_{(t_k \leq s < t_{k+1})},$$

où $[x]$ désigne la partie <u>fractionnaire</u> de $x \in \mathbb{R}$.

D'après le théorème 3, le processus $\beta_t = Y_t - \int_0^{t\wedge 1} \tau(s,\omega)\, ds$ est un $((\mathcal{Y}_t), P)$ mouvement brownien ; de plus, c'est - par construction - le processus d'innovation associé à (Y_t), sous P , par la formule (12). Introduisons encore le processus (η_t) défini par :

$$\eta_t = \frac{Y_t - Y_{t_{k-1}}}{t - t_{k-1}} \quad \text{si} \quad t \in \left]t_{k-1}, t_k\right]$$

En étudiant de près la démonstration, dûe à N. Krylov, qui figure dans le livre de Lipçer et Shyriaev ([13] , p. 151), du fait que le modèle de Tsirel'son fournit une réponse négative au problème de l'innovation, on obtient (D. Stroock et M. Yor [14] , proposition 6.13) la proposition suivante, qui démontre a fortiori le résultat cherché.

Proposition 8

Pour tout $t \in \left]0, 1\right]$, *la variable* $[\eta_t]$ *est indépendante de* $\mathcal{B}_1$, *et a pour distribution la mesure de Lebesgue sur* $[0, 1]$.

Remarques :

1) V. Beneš [15] a également donné une démonstration très naturelle du contre-exemple de Tsirel'son, fondée sur de simples considérations de théorie de la mesure. Il ramène en effet le problème à montrer que l'application $T : C\,[0, 1] \longrightarrow C\,([0, 1])$

$$\omega \longrightarrow \omega - \int_0^{\cdot} \tau\,(s,\omega)\,ds$$

n'est injective sur aucun ensemble plein pour la mesure de Wiener sur $C\,([0, 1])$, ce qui découle assez aisément des résultats suivants :

$T = TS$, avec $S = C\,([0, 1]) \longrightarrow C\,([0, 1])$

$$\omega \longrightarrow \omega + \int_0^{\cdot} [\tau\,(s,\tilde{\omega}) - \tau(s,\omega)]\,ds$$

où $\tilde{\omega}\,(t) \equiv \omega\,(t) + \frac{t}{2}$.

2) Tout probabiliste a - au moins une fois ! - été tenté d'appliquer le magnifique résultat (faux !) suivant : soient, sur un espace de probabilité complet $(\Omega, \mathcal{F}, P)$, une suite décroissante de tribus $(\mathcal{F}_n)$,

et une autre tribu $\mathcal{G}$, toutes supposées $(\mathcal{F}, P)$ complètes. Alors,
" $(\bigcap_n \mathcal{F}_n) \vee \mathcal{G} = \bigcap_n (\mathcal{F}_n \vee \mathcal{G})$ ".

Le modèle de Tsirel'son donne encore, si besoin était, un contre-exemple à cette assertion : il suffit de prendre $\mathcal{F}_n = \mathcal{Y}_{t_{-n}}$, et $\mathcal{G} = \mathcal{B}_1$. Alors, $\bigcap_n \mathcal{Y}_{t_{-n}}$ est la tribu triviale sous $P_1 \simeq W_1$ (résultat bien connu pour la mesure de Wiener), et donc $(\bigcap_n \mathcal{Y}_{t_{-n}}) \vee \mathcal{B}_1 = \mathcal{B}_1$, tandis que, pour tout n, $\mathcal{Y}_{t_{-n}} \vee \mathcal{B}_1 = \mathcal{Y}_1$.

3) Signalons encore que le contre-exemple de Tsirel'son a un intérêt théorique important. Il permet en effet de construire divers exemples plus ou moins pathologiques de martingales continues (cf [14]).

Pour donner au lecteur une idée assez complète du problème de l'innovation, nous indiquons maintenant deux cas où la réponse à ce problème est positive. On distinguera ainsi :

a) le cas markovien

b) le cas complètement indépendant.

De façon générale, il ne semble pas que l'on puisse écrire de condition nécessaire et suffisante explicite, mais que la réponse dépend, de manière compliquée, du type de liaison stochastique qui existe entre le processus de signal (Z_t), et de bruit (B_t).

a) Le cas markovien

La réponse, dans ce cas, est dûe à A. Zvonkin [16], qui a démontré le

Théorème 9 ([16], extrait du théorème 4)

Soit $y_o \in \mathbb{R}$. Si $a(t, y)$ est une fonction réelle, définie sur $\mathbb{R}_+ \times \mathbb{R}$, borélienne, et bornée, l'équation

$$Y_t = y_o + B_t + \int_o^t a(s, Y_s)\, ds$$

admet une solution unique (au sens trajectoriel), et cette solution est adaptée à la filtration naturelle de (B_t).

L'idée de la démonstration de Zvonkin est de se ramener, après changement de variable, à une question d'Ito, sans drift, mais avec coefficient de diffusion lipschitzien ; on sait alors que, à l'aide de la convergence de la méthode des approximations successives, l'unique solution est adaptée à la filtration naturelle de (B_t).

A. Shyriaev nous a signalé que A. Veretennikov a étendu - c'est beaucoup plus difficile - ces résultats en toute dimension $n \in \mathbb{N}$, ie : (B_t) est un mouvement brownien à valeurs dans $\mathbb{R}^n$, $a : \mathbb{R}_+ \times \mathbb{R}^n \to \mathbb{R}^n$ est une fonction borélienne bornée, et (Y_t) est un processus à valeurs dans $\mathbb{R}^n$, solution de : $Y_t = y_o + B_t + \int_o^t a(s, Y_s)\, ds$.
(voir, pour le moment, le résumé de Veretennikov [17]).
Remarquons que le résultat de Zvonkin peut servir, via le théorème de Girsanov, à étudier des situations "duales" de celles du cas markovien.
En effet, si $(B_t)_{t \geq 0}$ désigne un mouvement brownien réel, issu de 0, et $a : \mathbb{R}_+ \times \mathbb{R} \to \mathbb{R}$ une fonction borélienne, bornée, nous allons montrer que la réponse au problème de l'innovation concernant le processus $Y_t = B_t + \int_o^t a(s ; B_s)\, ds$ est positive.
On a évidemment $\mathcal{Y}_t \subseteq \mathcal{F}(B)_t$, pour tout t. Inversement, pour tout $T > 0$ fixé, considérons la probabilité :

$$Q = \exp\left\{ - \int_o^T a(s, B_s)\, d B_s - 1/2 \int_o^T a^2(s, B_s)\, ds \right\} . P$$

Alors, sous Q, $(Y_t)_{t \leq T}$ est un mouvement brownien réel issu de 0, et l'on a : $B_t = Y_t - \int_o^t a(s, B_s)\, ds$, $t \leq T$.
D'après Zvonkin, $\mathcal{F}(B)_t \subseteq \mathcal{Y}_t$, pour tout $t \leq T$; puisque T est arbitraire, la démonstration est terminée, le processus d'innovation associé à (Y_t) étant B lui-même.

b) Le cas complètement indépendant

On conserve les notations générales de la formule (15) :

$$Y_t = B_t + \int_0^t Z_s \, ds = \beta_t + \int_0^t \hat{Z}_s \, ds ,$$

avec $(Z_t)_{t \geq 0}$ processus de signal uniformément borné, indépendant de $(B_t)_{t \geq 0}$. La démonstration de l'égalité : $\mathcal{Y}_t = \mathcal{B}_t$, pour tout t, se fait, dans ce cas, à l'aide de la formule de Kallianpur-Striebel, qui constitue, en fait, une équation (hautement non linéaire), en $\hat{Z}$, équation dont les "coefficients" dépendent mesurablement du processus β. J. Clark [18] a montré, à partir de cette formule, et à l'aide d'une méthode d'approximations successives, que $\hat{Z}$ est $\mathcal{B}(\mathbb{R}_+) \times \mathcal{B}_\infty$ mesurable ; il en est donc de même de $Y = \beta + \int_0^\cdot \hat{Z}_s \, ds$, ce qui entraîne aisément le résultat cherché.

La démonstration de J. Clark a été reprise en détail par P.A. Meyer [19]. Différents auteurs (dont V. Beneš, M. Yershov) ont étendu le résultat de Clark au cas où Z, toujours supposé indépendant du processus (B_t), vérifie seulement $E\left[\int_0^t Z_s^2 \, ds\right] < \infty$, pour tout t.

Nous devons avouer cependant que certains des arguments utilisés nous ont laissé sur notre faim ! Gageons toutefois que la réponse au problème de l'innovation est encore vraie dans ce cas ; au moment de la rédaction de cet exposé, diverses recherches portent sur le cas encore beaucoup plus délicat où l'on suppose seulement que $\int_0^t Z_s^2 \, ds < \infty$ P p.s., pour tout t.

4.4. L'étude de la structure (des martingales) de la filtration $(\mathcal{Y}_t)$, lorsque (Y_t) est de la forme :

(18) $$Y_t = B_t + A_t ,$$

où :

(i) (B_t) désigne un $(\mathcal{F}_t)$ mouvement brownien réel,

(ii) (A_t) est un processus continu, à variation finie sur tout compact, tel que $d\,A_s$ ne soit pas (au moins sur un ensemble de probabilité > 0) absolument continu par rapport à la mesure de Lebesgue (ds)

nous semble mériter une attention spéciale.

En effet, l'hypothèse (ii) nous prive de l'emploi du théorème de Girsanov, et il n'y a plus de méthode générale nous permettant de nous ramener au cas de la filtration du mouvement brownien.

Aussi n'aborderons nous que deux exemples très intéressants.

Exemple 1 : Paul Lévy a démontré que le couple $(Y_t\,;\,S_t)$, où $Y_t = -B_t + S_t$, et $S_t = \sup_{(s\leq t)} B_s$, a même loi que le couple $(|B_t|\,,\,L_t)_{t\geq 0}$, où (L_t) désigne le temps local en 0 de (B_t). En conséquence, on a : $S_t = \lim_{(\varepsilon\to 0)} \frac{1}{2\varepsilon} \int_0^t 1_{(Y_s\leq\varepsilon)}\,ds$, ce qui prouve que (Y_t) a même filtration naturelle que (B_t).

Exemple 2 : J. Pitman [21] a démontré que le processus $Y_t = 2\,S_t - B_t$ a même loi que le processus de Bessel de "dimension" 3, issu de 0 ; (Y_t) satisfait donc à l'équation différentielle :

$$Y_t = \beta_t + \int_0^t \frac{ds}{Y_s}, \tag{19}$$

où (β_t) est un mouvement brownien réel. T. Shiga et S. Watanabe [22] ont remarqué que l'application d'un résultat de T. Yamada et S. Watanabe [23] permet de déduire de (19) que (Y_t) est adapté à la filtration naturelle $(\mathcal{B}_t)$ de (β_t). Ainsi, dans ce cas encore, la réponse au "problème de l'innovation" est positive.

Remarque : Dans ces deux exemples, la mesure aléatoire $d\,A_s$ est portée par $\{s\ /\ S_s = B_s\}$ qui est, P p.s., négligeable pour la mesure de Lebesgue.

Signalons enfin que, par contre, le processus $Y_t = B_t + L_t$, où (L_t) désigne le temps local de (B_t) en 0, a résisté, jusqu'à présent, aux efforts de (en particulier) J.Pitman, J. Jacod et Ph. Protter, et de l'auteur.

5. Etude de quelques exemples avec $h \not\equiv 1$

5.1. Nous reprenons dorénavant la problématique et les notations du paragraphe 3, auquel le lecteur voudra bien se reporter.
La proposition suivante, dûe à H. Kunita [1] , bien que de démonstration facile, nous rendra de sérieux services par la suite.

Proposition 10

Soient $(\mathcal{F}'_t)$ *et* $(\mathcal{F}''_t)$ *deux sous-filtrations de* $(\mathcal{F}_t)$. *Notons* $(\tilde{\mathcal{F}}_t)$ *la filtration engendrée par* $\mathcal{F}'$ *et* $\mathcal{F}''$, *ie :*

pour tout t , $\tilde{\mathcal{F}}_t = \bigcap_{(\varepsilon>0)} \left\{ \mathcal{F}'_{t+\varepsilon} \vee \mathcal{F}''_{t+\varepsilon} \right\}$. *On suppose* $\tilde{\mathcal{F}}_o$ *triviale.*

Alors, $\mathcal{F}'_\infty$ *et* $\mathcal{F}''_\infty$ *sont indépendantes si, et seulement si :*

M_t *(resp.* N_t*) étant une* $(\mathcal{F}'_t)$ *(resp.* $(\mathcal{F}''_t)$*) martingale bornée quelconque, le produit* $(M_t N_t)$ *est une* $(\tilde{\mathcal{F}}_t)$ *martingale. De plus, si ces hypothèses sont satisfaites, et si* $\mathcal{N}'$ *(resp.* $\mathcal{N}''$*) est une base de* $\mathcal{M}^2(\mathcal{F}'_t)$ *(resp.* $\mathcal{M}^2(\mathcal{F}''_t)$*), les temps de saut de tout élément de* $\mathcal{N}'$ *étant supposés disjoints de ceux de tout élément de* $\mathcal{N}''$, *alors :*

$$\mathcal{N}' \cup \mathcal{N}'' \text{ est une base de } \mathcal{M}^2(\tilde{\mathcal{F}}_t).$$

5.2. Voici un premier exemple de la situation décrite de façon générale au paragraphe 3, où l'on peut déterminer assez aisément une base de $\mathcal{M}^2(\mathcal{Y}_t)$.

Théorème 11

Supposons que :

1) pour tout t , les tribus $\mathcal{H}_\infty$ et $\mathcal{F}_t$ sont conditionnellement indépendantes par rapport à $\mathcal{H}_t$.

2) les processus h et B sont indépendants.

Alors :

(i) toute $(\mathcal{H}_t)$ martingale est une $(\mathcal{F}_t)$-, et donc une $(\mathcal{Y}_t)$-martingale

(ii) si (M_t) est une $(\mathcal{H}_t)$ martingale, (M_t) et (β_t) sont orthogonales (en tant que $(\mathcal{Y}_t)$ martingales)

(ce qui équivaut à l'indépendance des processus (h_t) et (β_t))

(iii) si $\mathcal{N}$ est une base de $\mathcal{M}^2(\mathcal{H}_t)$, $\mathcal{N} \cup \{\beta\}$ est une base de $\mathcal{M}^2(\mathcal{Y}_t)$, qui est constituée de $(\mathcal{F}_t)$ semi-martingales.

Démonstration

α) L'assertion (i) est une conséquence immédiate de 1) (on a déjà rencontré cette situation en remarque du corollaire 2.1)), et de ce que $\mathcal{Y}_t \subseteq \mathcal{F}_t$, pour tout t.

β) Soit (M_t) une $(\mathcal{H}_t)$ martingale. Alors, $< M ; \beta > = < M ; B >$, car β et B ne diffèrent que par un processus continu, à variation finie. D'autre part, d'après l'hypothèse 2), on peut appliquer la proposition (10) à $\mathcal{F}'_t \equiv \mathcal{Y}_t$ et $\mathcal{F}''_t = \mathcal{F}(B)_t$, ce qui entraîne $< M ; B > = 0$. On a donc prouvé la première partie de l'assertion (ii).

Ceci équivaut à l'indépendance des processus (h_t) et (β_t) : en effet, si l'on note $(\mathcal{B}_t)$ la filtration naturelle du $(\mathcal{Y}_t)$ mouvement brownien (β_t), et $(\mathcal{K}_t)$ la filtration engendrée par (h_t) et (β_t), il résulte du théorème d'Ito, et de ce qui précède, que :

- toute $(\mathcal{B}_t)$ martingale est une $(\mathcal{Y}_t)$ martingale, et donc une $(\mathcal{K}_t)$ martingale

- toute $(\mathcal{B}_t)$ martingale est orthogonale à toute $(\mathcal{H}_t)$ martingale.

D'après la proposition 10, ceci entraîne que $\mathcal{B}_\infty$ et $\mathcal{H}_\infty$ sont indépendantes.

γ) Pour démontrer (iii), on peut se restreindre au cas où l'ensemble des temps est $[0, T]$, pour $T > 0$, fixé.

Soit Q la probabilité sur $(\Omega, \mathcal{Y}_T)$ définie par :

$$Q = \exp\left\{ - \int_0^T \widehat{Z'_s}\, d\beta_s - 1/2 \int_0^T (\widehat{Z'_s})^2\, ds \right\} . P \Big|_{\mathcal{Y}_T}$$

Notons que, d'après le théorème de Girsanov, $Y'_t = \int_0^t \widehat{Z'_s}\, ds + \beta_t$ est un $(Q, \mathcal{Y}_t)$ mouvement brownien.

Rappelons, d'autre part, que $(\mathcal{Y}_t)$ est la filtration engendrée par les processus Y' et h. On va montrer, toujours à l'aide de la proposition (10), que, sous Q , Y' et h sont indépendants :

- tout d'abord, d'après le théorème d'Ito, toute $((\mathcal{Y}'_t), Q)$ martingale est une $((\mathcal{Y}_t), Q)$ martingale.
- Remarquons ensuite que $Q \Big|_{\mathcal{H}_T} = P \Big|_{\mathcal{H}_T}$: en effet, si $H \in b(\mathcal{H}_T)$, et si l'on note $H_t = E_P(H / \mathcal{H}_t)$ (version continue à droite), (H_t) est une $(\mathcal{Y}_t , P)$ martingale (assertion (i)), orthogonale à β (assertion (ii)), et donc à :

$$L_t = \exp\left\{ - \int_0^t \widehat{Z'_s}\, d\beta_s - \frac{1}{2} \int_0^t (\widehat{Z'_s})^2\, ds \right\},$$

  d'après la formule d'Ito.

Ainsi, $E_Q(H) = E_P(L_T H) = E_P(L_0 H_0) = E_P(H)$.

(on s'est refusé, pour cette étape élémentaire, l'utilisation du théorème de Girsanov).

- de ces deux remarques, on déduit que, si (H_t) est une $(\mathcal{H}_t , Q)$ martingale, c'est aussi une $((\mathcal{H}_t), P)$ martingale, et donc une $(\mathcal{Y}_t, P)$ martingale, orthogonale à β.

La transformation de Girsanov G associée à la paire (P, Q), et à la filtration $(\mathcal{Y}_t)$ laisse (H_t) invariante, et transforme β en Y' , qui est encore orthogonale à (H_t) sous Q (proposition 4, iii)). Finalement, d'après la proposition (10), Y' et h sont indépendants sous Q. De plus, si $\mathcal{N}$ est une base de $\mathcal{M}^2(\mathcal{H}_t)$ (sous P ou sous Q !), $\mathcal{N} \cup \{Y'\}$ est, toujours d'après la proposition (10), une base de $\mathcal{M}^2(\mathcal{Y}_t\ ;\ Q)$. Il découle aisément des propositions 4 et 5 que, si $\tilde{G}$ désigne la transformation de Girsanov associée à la paire (Q, P), et à la filtration $(\mathcal{Y}_t)$ [i.e. : $\tilde{G} = G^{-1}$], $\tilde{G}\,[\mathcal{N} \cup \{Y'\}]$ est une base de $\mathcal{M}^2(\mathcal{Y}_t\ ;\ P)$. Remarquons que $\tilde{G}\,[\mathcal{N}] = \mathcal{N}$ et $\tilde{G}\,(Y') = \beta$, ce qui termine la démonstration.

5.3. Dans la proposition suivante (si l'on prend $M_t = \int_0^t h_s\, dB_s$), les $(\mathcal{H}_t)$ martingales sont toujours des $(\mathcal{Y}_t)$ martingales ; par contre, l'hypothèse d'indépendance de h et B , faite précédemment, est remplacée par une hypothèse de <u>dépendance</u> (hypothèse 1).

<u>Proposition 12</u>

Supposons (Y_t) de la forme : $Y_t = \int_0^t Z_s\, ds + M_t$, avec M $(\mathcal{F}_t)$ martingale continue, et Z processus $(\mathcal{F}_t)$ adapté, continu à droite, ou à gauche, et borné. Supposons de plus que :

1) $\mathcal{F}(M) = \mathcal{F}(\langle M \rangle)$

et 2) les processus Z et M sont indépendants

Alors :

(i) $(\mathcal{Y}_t)$ est la filtration naturelle engendrée par les processus Z et M

(ii) si les temps de saut de toute $\mathcal{F}(M)$-martingale sont disjoints de ceux de toute $\mathcal{F}(Z)$-martingale, l'union d'une base de $\mathcal{F}(M)$-martingales et d'une base de $\mathcal{F}(Z)$-martingales (de carré intégrable)

constitue une base de $\mathcal{M}^2\ (\mathcal{Y}_t)$.

Démonstration

M étant continue, on a : $< Y > = < M >$, et donc le processus $(< M >_t)$ est adapté à $(\mathcal{Y}_t)$. D'après l'hypothèse 1), il en est donc de même de M, d'où (i).

(ii) découle immédiatement de l'hypothèse 2), et de la dernière assertion de la proposition (10)

Illustrons la proposition (12) par un exemple, "laissé en exercice" : soit $U_t = X_t + i\ Y_t$ un mouvement brownien complexe, issu de $u_o \in \mathbb{C}$, $u_o \neq 0$. Alors, si $\rho_t = |U_t|$, le couple

$$\begin{cases} M_t = \log \rho_t - \log \rho_o \ , \\ Z_t = \int_o^t \dfrac{X_s\ d\ Y_s - Y_s\ d\ X_s}{\rho_s} \end{cases}$$

satisfait aux hypothèses de cette proposition.

Remarquons enfin que le cadre, et les conclusions, de la proposition (12) sont radicalement différents du cas complètement indépendant (étudié en 4.3)), où :

$$\begin{cases} M = B \text{ est un } (\mathcal{F}_t) \text{ mouvement brownien réel} \\ Z \text{ et } B \text{ sont indépendants} \end{cases}$$

(on suppose, en outre, que dans les deux cas, le processus Z n'est pas déterministe ; ceci pour éliminer les situations triviales).

On a, en effet, indiqué plus haut, que, dans ce cas, $(\mathcal{Y}_t)$ est la filtration naturelle du processus d'innovation (β_t). En conséquence, (B_t) ne peut pas être $(\mathcal{Y}_t)$ adapté : ce serait alors un $(\mathcal{Y}_t)$ mouvement brownien, égal à (β_t), et donc (Z_t) serait mesurable par rapport à la filtration de (B_t), ce qui est contraire aux hypothèses.

5.4. Pour chacun des deux exemples étudiés dans les sous-paragraphes 5.2 et 5.3, toute $(\mathcal{H}_t)$ martingale est une $(\mathcal{Y}_t)$ martingale. Il n'en est pas de même dans l'exemple suivant (pour d'autres exemples d'une telle situation, voir Kunita [1]).

On travaille toujours, dans le cadre, et avec les notations, définis au paragraphe 3.

Supposons que (Y'_t) soit <u>la</u> solution de l'équation

$$Y'_t = \int_0^t a(s, Y'_s)\, ds + B_t \quad ,$$

avec $a : \mathbb{R}_+ \times \mathbb{R} \longrightarrow \mathbb{R}$ une fonction borélienne, bornée, et (B_t) un $(\mathcal{F}_t)$ mouvement brownien réel ; rappelons que, d'après le théorème 9, (Y'_t) et (B_t) ont même filtration naturelle $(\mathcal{B}_t)$.

(Y_t) étant défini par : $Y_t = \int_0^t h_s\, d\, Y'_s$, supposons d'autre part que (h_t) ait même filtration naturelle qu'un processus (H_t) donné par :

$$H_t = \int_0^t \tilde{Z}_s\, ds + \tilde{B}_t \, ,$$

où $(\tilde{B}_t)$ est un second $(\mathcal{F}_t)$ mouvement brownien, indépendant de (B_t), et $(\tilde{Z}_t)$ un processus non déterministe $(\mathcal{B}_t)$-prévisible.

<u>Proposition 13</u>

Avec les notations, et hypothèses, précédentes, on a :

(i) $(\mathcal{Y}_t)$ *est la filtration naturelle du couple* $(B\,;\,\tilde{B})$

(ii) $(\mathcal{H}_t)$ *est la filtration naturelle du processus d'innovation* $(\tilde{\beta}_t)$ *associé au processus* (H_t).

(iii) $(\tilde{\beta}_t)$ *n'est pas une* $(\mathcal{Y}_t)$ *martingale.*

<u>Démonstration</u>

a) La filtration $(\mathcal{Y}_t)$ est engendrée par le couple de processus (h, Y') et donc, d'après les remarques précédentes, par (H, B). De plus, $\tilde{Z}$

étant $(\mathcal{B}_t)$ adapté, $\tilde{B}$ est $(\mathcal{Y}_t)$ adapté. Ainsi, le couple $(B, \tilde{B})$ est $(\mathcal{Y}_t)$ adapté.

Inversement, H étant adapté à la filtration engendrée par $(B, \tilde{B})$, $(\mathcal{Y}_t)$ est la filtration naturelle du couple $(B, \tilde{B})$.

b) Par hypothèse, $\tilde{Z}$ et $\tilde{B}$ sont indépendants.

ii) découle alors du résultat de Clark (sous-paragraphe 4.3, b)).

c) Si $\tilde{\beta}$ était une $(\mathcal{Y}_t)$ martingale, on aurait : $\tilde{\beta} = \tilde{B}$, et donc $\tilde{B}$ serait $(\mathcal{H}_t)$ adapté, ce qui n'est pas possible, d'après la remarque qui termine le sous-paragraphe 5.3.

6. En guise de conclusion

Comme le lecteur l'aura remarqué, le présent exposé n'aborde pas du tout un certain nombre de points fondamentaux de la théorie du filtrage. Citons, en particulier :

a) le cas linéaire : filtre, et équations, de Kalman-Bucy (Bucy et Kalman [24] ; Bucy et Joseph [25])

b) la construction du processus de filtrage $(\pi_t\ (\omega\ ; dy))$ à valeurs mesures (Fujisaki - Kallianpur - Kunita [26] ; Kunita [27] ; [29]), et la résolution, dans le cas où le processus de signal est markovien, des équations vérifiées par ce processus de filtrage (à nouveau, [26] et [27] ; J. Szpirglas [28])

c) le comportement asymptotique du processus $(\pi_t\ (\omega\ ; dy))$, toujours dans le cas markovien (H. Kunita [27])

d) l'existence de densités des mesures $(\pi_t\ (\omega\ ; dy))$ par rapport à une mesure de référence (par exemple, la mesure de Lebesgue sur $\mathbb{R}^n$) et l'obtention de ces densités comme solutions d'équations stochastiques aux dérivées partielles (M. Zakaï [30] ; E. Pardoux [31] ; N. Krylov et B. Rozovski [32])

Enfin, un certain nombre de recherches tout à fait récentes ont pour but d'obtenir une expression "explicite" du filtre, soit en s'appuyant sur les résultats de H. Doss [33] et H. Sussman [34] sur les relations entre équations différentielles stochastiques et ordinaires (cf , M.H.A. Davis [35] et [36] ; H. Kunita [37]), soit en utilisant les décompositions en chaos de Wiener (A. Veretennikov et N. Krylov [38] ; de façon tout à fait indépendante, E. Wong a exposé ses travaux dans cette direction en Mars 1980 à Paris ; voir également l'article de Kunita [39]), décompositions qui semblent (enfin !) pouvoir devenir opératoires, grâce à la nouvelle interprétation qui en a été donnée par P. Malliavin [40] , à l'aide d'un "gros" processus de Ornstein-Ulhenbeck, interprétation reprise et expliquée en détail par D. Stroock [41].

La principale raison de ces omissions importantes dans l'exposé ci-dessus réside dans l'existence du livre très complet, tout au moins en ce qui concerne les approches déjà "classiques" de la théorie du filtrage, de Lipcer et Shyriaev [13] , et de l'article fondamental de H. Kunita [27], auxquels nous n'avons rien de nouveau à ajouter. Signalons encore l'existence d'un cours de 3ème cycle intitulé "Théorie du filtrage" , fait par H. Kunita à Paris en 1974-1975 ; le contenu de ce cours est repris et complété dans un petit livre (en japonais) par H. Kunita, livre qui m'a été traduit et commenté avec beaucoup de patience par M. Fujisaki ; je l'en remercie vivement.

En conclusion, nous avons simplement essayé, dans cet exposé, de montrer comment la théorie du filtrage suggère le développement autonome de questions d'apparence "abstraite" (ici, l'expression de la projection d'une semi-martingale sur une sous-filtration), questions dont les solutions peuvent être éventuellement réinjectées ensuite dans la théorie même du filtrage. Les nombreux articles de N. Krylov sur les théories du contrôle et du filtrage illustrent d'ailleurs de façon beaucoup plus convaincante ce va-et-vient entre "théorie" et "pratique" (voir, à titre d'exemples, [42] et [43])

Bibliographie

L'article qui a fourni le canevas de cet exposé est :

[1] H. Kunita
Non linear filtering for the system with general noise, in :
Stochastic Control Theory and Stochastic Differential Systems
Lect. Notes in Control and Information Sciences n° 16, Springer (1979)

Les autres références qui figurent dans le texte sont (chapitre par chapitre)

Chapitre 2

[2] C. Stricker
Quasi-martingales, martingales locales, semi-martingales et filtration naturelle. Z. für Wahr., 39 (1977), p. 55-64

[3] C. Stricker
Projection optionnelle et semi-martingales.
Séminaire de Probabilités XIV, Lect. Notes in Maths n° 784, Springer (1980).

[4] Ch. Yoeurp
Décomposition des martingales locales et formules exponentielles
Séminaire de Probabilités X, Lect. Notes in Maths (1976), n° 511
Springer

[5] T. Jeulin et M. Yor
Inégalité de Hardy, semi-martingales, et faux-amis
Séminaire de Probabilités XIII, Lect. Notes in Maths n° 721, Springer (1979)

[6] P. Brémaud et M. Yor
Changes of filtrations and of probability measures.
Z. für Wahr, 45, p. 269-296, 1978

Chapitre 4

[7] P.A. Meyer
Un cours sur les intégrales stochastiques.
Séminaire de Probabilités X. Lect. Notes in Maths n° 511, Springer (1976)

[8] J. Van Schuppen, E. Wong
Transformation of local martingales under a change of law.
Annals of Probability 2, 879-888, 1974

[9] I.V. Girsanov
On transforming a certain class of stochastic processes by absolutely continuous substitution of measures.
Theory of Probability and Applications (en russe) 5, 285-301, 1960

[10] R. Cameron, W. Martin
Transformation of Wiener integrals under a general class of linear transformations.
Trans. Amer. Math. Soc 58 (1945), 184-219

(Pour un exposé quasiment complet du calcul stochastique, et de nombreuses autres références, voir le livre de

[11] J. Jacod
Calcul stochastique et Problèmes de martingales.
Lect. Notes in Maths n° 714, Springer (1979)

Les références, relatives au problème de l'innovation, que nous avons utilisées, sont :

[12] B.S. Tsirel'son
An example of a stochastic differential equation not possessing a strong solution.
Theory of Probability and Applications (en russe) 20, p. 427-430, 1975

[13] R.S. Lipcer, A.N. Shyriaev
Statistics of Random processes I
General Theory
Applications of Mathematics 5, Springer Verlag (1977)

[14] D.W. Stroock, M. Yor
On extremal solutions of martingale problems.
Annales de l'Ecole Normale Supérieure, 4ème série, t.13, p. 95-164 (1980)

[15] V. Beneš
Non existence of strong nonanticipating solutions to stochastic DEs.Implications for Functional DEs, Filtering and Control.
Preprint (1977)

[16] A.K. Zvonkin
A transformation of the phase space of a diffusion process that removes the drift
Math Sb. 93 (1974), 129-149 (en russe)
Math USSR Sb. 22 (1974), 129-149 (en anglais)

[17] A. Yu. Veretennikov
On the existence of the optimal strategy in a diffusion process control problem
Int. Symp. on Stoch. Diff. Equations
August 28 - Sept. 2, 1978, Vilnius
Abstracts of Communications

[18] J.M.C. Clark
Conditions for the one-to-one correspondence between an observation process and its innovation
Techn. Rept 1, Imperial College, London (1969)

[19] P.A. Meyer
Sur un problème de filtration
Séminaire de Probabilités VII. Lect. Notes in Maths n° 321
Springer (1973)

[20] G. Kallianpur, C. Striebel
Estimation of stochastic processes. Arbitrary system processes with additive white noise errors.
Ann. Math. Stat. 39 (1968), p. 785-801

Les références relatives au théorème de Pitman, présenté ici comme exemple pour un problème de l'innovation généralisé, sont :

[21] J. Pitman
One dimensional Brownian motion and the three-dimensional Bessel Process
Adv. Appl. Probability 7, 511-526, 1975

[22] T. Shiga et S. Watanabe
Bessel diffusions as a one-parameter family of diffusion processes.
Zeitschrift für Wahr. 27, 37-46 (1973)

[23] T. Yamada et S. Watanabe
On the uniqueness of solutions of stochastic differential equations
J. Math. Kyoto Univ. 11, 155-167 (1971)

Chapitre 6

[24] R. Bucy, R. Kalman
New results in linear filtering and prediction theory
J. Basic Engineering, Trans. ASME 83, p. 95-108 (1961)

[25] R. Bucy, Joseph
Filtering for stochastic processes with applications to guidance
New York, Wiley (1968)

[26] M. Fujisaki, G. Kallianpur, H. Kunita
Stochastic differential equations for the non-linear filtering problem.
Osaka J. Math, 9, p. 19-40, 1972

[27] H. Kunita
Asymptotic behavior of the non-linear filtering errors of Markov processes.
J. of Multivariate Analysis, 1, p. 365-393, 1971

[28] J. Szpirglas
Sur l'équivalence d'équations différentielles stochastiques à valeurs mesures intervenant dans le filtrage markovien non-linéaire.
Ann. Inst. H. Poincaré XIV, 1978, p. 33-59

[29] M. Yor
Sur les théories du filtrage et de la prédiction.
Séminaire Probabilités XI, Lecture Notes in Mathematics 581, Springer (1977)

[30] M. Zakaï
On the optimal filtering of diffusion processes.
Z. für Wahr. 11, 1969, p. 203-243

[31] E. Pardoux
Stochastic partial differential equations and filtering of diffusion processes
Stochastics, 3, n° 2, p. 127-167, 1979.

[32] N. Krylov, B. Rozovski
On the conditional distribution of diffusion processes.
Izv. Akad Nauk CCCP Series 42, p. 356-378 (1978)

[33] H. Doss
Liens entre équations différentielles stochastiques et ordinaires
Ann. Inst. H. Poincaré 13, p. 99-125 (1977)

[34] H. Sussman
On the gap between deterministic and stochastic ordinary differential equations
Annals of Proba 6, p. 19-41 (1978)

[35] M.H.A. Davis
A pathwise solution of the equations of non-linear filtering.
Preprint (1979)

[36] M.H.A. Davis
Pathwise solutions and Multiplicative Functionals in non-linear filtering. Preprint (1979)

[37] H. Kunita
Stochastic differential equations arising from non-linear filtering. Preprint (1979)

[38] A. Veretennikov. N. Krylov
On explicit formulas for solutions of stochastic equations
Math. Sb. 100 (1976), N° 2 (en russe)
Math. USSR Sb. 29 (1976), n° 2, p. 239-256

[39] H. Kunita
On the representation of solutions of stochastic differential equations.
Séminaire Probabilités XIV. Lect. Notes in Maths 784 (1980)

[40] P. Malliavin
Stochastic calculus of variations and hypoelliptic operators
Proc. of the International Symposium on Stochastic Differential Equations. (Kyoto 1976). Tokyo, 1978

[41] D.W. Stroock
The Malliavin Calculus and its application to second order parabolic Differential Equations.
A paraître dans le Vol. 13 de Math. Systems Theory ; voir aussi les trois conférences de D.W. Stroock, à paraître dans le volume des"Proceedings of Durham Conference on Stochastic Integrals"

[42] N. Krylov
Certain estimates in the theory of stochastic integrals.
Theory of Proba and Appl. 18 (1973), p. 54-63

[43] N. Krylov
Some estimates of the probability density of a stochastic integral
Math USSR Izv ; Vol. 8, 1974, p. 233-254.

Quelques références supplémentaires

[A] G. Kallianpur
Stochastic filtering theory
Applications of Mathematics, n° 13, Springer (1980).

[B] H. Kunita
On the decomposition of solutions of stochastic diffenrential equations.
A paraître dans le volume des "Proceedings of Durham Conference on Stochastic Integrals"

[C] D. Michel
Régularité des densités conditionnelles dans la théorie du filtrage non-linéaire. Note aux C.R.A.S. Paris (Mai 1980) ; voir également l'article correspondant, à paraître au J. Funct. Ana.

LES ASPECTS PROBABILISTES DU CONTROLE STOCHASTIQUE

Par N. EL KAROUI

Originally published in: *Ecole d'Eté de Probabilités de Saint-Flour IX – 1979*, Lecture Notes in Mathematics, Vol. **876**, 73–238, DOI: 10.1007/BFb0097499, © Springer-Verlag Berlin Heidelberg 1981, Reprint by Springer-Verlag Berlin Heidelberg 2012

TABLE DES MATIERES

INTRODUCTION

La théorie du contrôle stochastique est un carrefour où se rencontrent des chercheurs venus de branches variées des Mathématiques: Probabilités, équations aux dérivées partielles et Analyse Numérique, optimisation, applications,.....
Aussi les livres sur ce sujet ne manquent-ils pas, trois venant de sortir simultanément.
Par rapport à cette littérature abondante, l'objectif de ce cours est d'insister sur les apports des techniques probabilistes, éventuellement poussées assez loin, à cette théorie. Entendons-nous: les méthodes probabilistes permettent des études très fines sur les trajectoires, qui dans tous les cas permettent de simplifier les hypothèses assurant l'existence d'un contrôle optimal. Toutefois, elles ne permettent pas aisément d'établir la régularité des fonctions importantes que nous construisons, fonction de valeurs ou enveloppe de Snell. D'autre part, nous avons choisi une présentation différente de celle habituellement retenue, rapprochant systèmatiquement les problèmes d'arrêt optimal et de contrôle continu. La confrontation est enrichissante, et permet entre autre de montrer que dans le cas markovien, la fonction de valeurs associée à un problème de contrôle continu peut s'obtenir à partir des solutions d'une suite de problèmes d'arrêt optimal.
Le plan du cours est alors bien naturel:
Dans le premier chapitre, nous essayons de mettre en évidence un modèle général de contrôle, qui permette de rendre compte des principales situations envisagées. Soulignons que le simple fait d'éxiger que les hypothèses de compatibilité portent sur les t.a. et non seulement sur les temps fixes rend le modèle directement opératoire,(sans hypothèse supplémentaire du type ε-treillis.).
Le deuxième chapitre a une ampleur un peu éxagérée si on ne s'interesse qu'aux problèmes de contrôle proprement dit. Nous avons

essayé d'y rassembler les propriétés essentielles des surmartingales fortes, puis des fonctions α-fortement surmédianes, car il est difficile de trouver dans la littérature une étude exhaustive de ces processus ou fonctions dont le rôle est tout à fait fondamental dans la résolution du problème d'arrêt optimal, mais aussi dans de nombreux problèmes probabilistes.

A partir de cette étude, le problème d'arrêt optimal se résoud très simplement, l'étude fine sur les trajectoires permettant de préciser le défaut exact d'optimalité. Toutefois le cas markovien abordé en toute généralité est assez difficile à traiter, mettant en oeuvre la théorie des fonctions analytiques.

Ce chapitre a été rédigé de manière autonome par rapport à l'ensemble du cours de manière à permettre au lecteur uniquement intéressé par la notion de réduite ou d'enveloppe de Snell d'y avoir accès directement. Par ailleurs, si les raffinements un peu grands de la théorie rebutent le lecteur préoccupé avant tout d'existence effective de contrôle optimal, on pourra se borner, sans grand dommage, à ne lire que le paragraphe de ce chapitre, rédigé lui aussi de manière autonome, qui traite du problème d'arrêt optimal lorsque le processus de gain est continu à droite et limité à gauche, et où apparaissent toutes les idées fondamentales.

<u>Le troisième chapitre</u> est l'étude du contrôle continu(ou instantané) d' un processus dont la loi reste équivalente à une probabilité donnée. Le critère d'optimalité permet de donner des conditions suffisantes, mais presque nécessaires d'optimalité, sous forme de minimisation de fonctions appelées les hamiltoniens du système. La relative compacité de l'ensemble des densités, établie grâce à des propriétés fines des exponentielles de martingales joue un rôle très important.

Le cas markovien se résoud simplement grâce à cette étude, une fois établi que la fonction de valeurs est de la forme $w(X)$. Pour ce faire, nous montrons qu'on peut se limiter à une étude portant sur des contrôles étagés le long d'intervalles stochastiques.

Nous ramenons alors la construction de la fonction de valeurs à

celle des solutions d'une suite de problèmes d'arrêt optimal dépendant d'un paramètre.
Nous traitons évidemment les exemples très classiques de contrôle de processus poctuel et de processus de diffusions à sauts, mais la méthode proposée est susceptible d'être appliquée dans de nombreuses autres situations.
Nous résolvons ensuite un problème moins étudié dans la littérature car plus difficile, celui du contrôle mixte dans lequel on cherche non seulement la politique à suivre optimale mais aussi le meilleur moment pour s'arrêter. C'est un fort joli exercice d'application des méthodes dégagées,et en arrêt optimal,et en contrôle continu, qui permet de montrer qu'on peut choisir d'abord le moment optimal d'arrêt et ensuite résoudre un problème classique de contrôle continu.
Le plan détaillé de la table des matières précise le contenu exact de ce cours.

Je tiens à remercier P.L.Hennequin pour son chaleureux accueil à l'Ecole d'Eté de Saint-Flour où ce travail a fait l'objet d'un exposé oral,
J.P.Lepeltier et B.Marchal qui m'ont initiée à la théorie du contrôle impulsionnel, et contribué largement à la conception de certaines parties de ce cours,
mon mari et mes enfants qui se posent de sérieuses questions sur l'efficacité des théories exposées ici, s'ils en jugent par la maniére dont j'ai optimalisé le moment d'arrêter de travailler tout au long de cette année.

CHAPITRE I

GENERALITES SUR LE CONTROLE STOCHASTIQUE

Nous présentons un modèle général permettant de rendre compte des principales situations étudiées en contrôle stochastique, notamment les problèmes d'arrêt optimal et de contrôle continu de diffusions, que nous utiliserons comme exemples dans ce chapitre pour illustrer les principales notions introduites. Le paragraphe fondamental est évidemment celui où on établit un critère nécessaire et suffisant d'optimalité, qui peut être considéré comme la version probabiliste du principe d'optimalité de Bellmann.

L'intérêt de ces recherches de modélisation tient essentiellement à l'analogie mise en évidence entre plusieurs situations à priori fort disparates; aussi le lecteur devra s'attacher davantage aux idées générales ainsi dégagées, qu'à la lettre du modèle proposé.

Le fondement du problème est simple: il s'agit de préciser si on peut contrôler l'évolution d'un processus de manière optimale, c'est-à-dire en minimisant un coût associé à chaque opération de contrôle.

DEFINITION D'UN SYSTEME CONTROLE

1.1 Le contrôleur agit sur la loi d'un processus, défini sur un espace $(\Omega,\underline{\underline{F}}_{oo})$, qui évolue au cours du temps. Son histoire, décrite par une famille croissante de sous-tribus $\underline{\underline{F}}_t$ de $\underline{\underline{F}}_{oo}$, nous intéresse jusqu'à un temps terminal ζ, fini ou infini. (Nous préciserons au fûr et à mesure les hypothèses de régularité à faire sur cette famille de tribus, qui n'est pas nécessairement continue à droite.) Toutefois le contrôleur peut n'avoir accès qu'à une information partielle sur l'évolution du processus, décrite par une sous-tribu $\underline{\underline{A}}$

de $\underline{\underline{B}}(R^+)\times\underline{\underline{F}}_{oo}$, appelée tribu des processus observables, qu'il est évidemment naturel de supposer $\underline{\underline{F}}_t$ -adaptés. Par ailleurs, le système ne peut être observé qu'à des instants S appelés temps d'observation, appartenant à une classe $\underline{\underline{\tau}}$ de variables aléatoires sur laquelle nous faisons les hypothèses suivantes:

1.2 DEFINITIONS ET HYPOTHESES: Soit $(\Omega, (\underline{\underline{F}}_t)_{t\in R^+}, \underline{\underline{F}}_{oo})$ l'espace filtré associé au processus à contrôler.

La tribu des processus observables $\underline{\underline{A}}$ est une sous-tribu, définie sur $R^+\times\Omega$, des processus mesurables par rapport à $\underline{\underline{B}}(R^+)\times\underline{\underline{F}}_{oo}$,(où $\underline{\underline{B}}(R^+)$ désigne la tribu borélienne sur R^+),

i) engendrée par des processus continus à droite, limités à gauche, (en abrégé càdlàg), adaptés à $\underline{\underline{F}}_t$

ii) contenant la tribu déterministe $B(R^+)\times\{\Omega,\emptyset\}$

iii) stable par arrêt à des temps fixes,ce qui signifie que:

si $X\in\underline{\underline{A}}$ et $s\in R^+$, le processus $t\to X_{s\wedge t}$ appartient à $\underline{\underline{A}}$

Un temps d'observation est un $\underline{\underline{A}}$-temps d'arrêt, c'est à dire une v.a. S telle que le processus $1_{\{S\leq\cdot\}}$ appartient à $\underline{\underline{A}}$.

Une variable Y est dite observable à l'instant S, s'il existe un processus X, $\underline{\underline{A}}$-mesurable tel que $X_S= Y$. Les événements observables à l'instant S forment une tribu notée $\underline{\underline{G}}_S$. On peut montrer que c'est aussi la tribu des événements H, tels que le temps S_H défini par:

$$S_H = S \text{ sur } H , \quad +oo \quad \text{sur } H^c$$

soit un $\underline{\underline{A}}$ -temps d'arrêt.

On pose par convention $\underline{\underline{G}}_{oo} = \bigvee_t \underline{\underline{G}}_t$

L'ensemble $\underline{\underline{\tau}}$ des temps d'observation est une $\underline{\underline{A}}$ -chronologie, soit une famille de $\underline{\underline{A}}$ -temps d'arrêt, qui contient o, stable par sup et inf finis, et contenant une suite S_n telle que sup S_n = oo .

On la suppose stable par découpage, c'est à dire que si S appartient à $\underline{\underline{\tau}}$ et H à $\underline{\underline{G}}_S$, S_H appartient à $\underline{\underline{\tau}}$.

On supposera aussi que le temps terminal ζ appartient à $\underline{\underline{\tau}}$, et que les temps d'observation sont oo après ζ, soit

si $S \in \underline{\underline{\tau}}$ $\quad \{\zeta<S\} \subset \{S=oo\}$

REMARQUE: Nous avons choisi d'utiliser le cadre défini en $[L_1]$, pour définir la tribu des processus observables. L'article cité contient une étude exhaustive de ces tribus, à laquelle on pourra se reporter utilement.

DEFINITION: Il y a contrôle à observation complète, lorsque la tribu $\underline{\underline{A}}$ contient les processus continus, $\underline{\underline{F}}_t$-adaptés, contrôle à observation partielle, sinon.

REMARQUE: Dans tous les cas, $\underline{\underline{A}}$ étant engendrée par des processus $\underline{\underline{F}}_t$ adaptés et càdlàg, les $\underline{\underline{A}}$-temps d'arrêt sont des temps d'arrêt des tribus $\underline{\underline{F}}_t$, et la définition des tribus $\underline{\underline{G}}_S$ montre immédiatement l'inclusion $\underline{\underline{G}}_S \subseteq \underline{\underline{F}}_S$, pour tout $\underline{\underline{A}}$ - temps d'arrêt.

1.3 Contrôler l'évolution du système, c'est faire choix, (suivant un critère que nous préciserons ultérieurement) d'une probabilité P^u, définie sur l'espace $(\Omega, \underline{\underline{F}}_{oo})$, dans une famille Π de probabilités qui rend compte de toutes les manières à priori possibles de contrôler. Les éléments de Π sont indéxés par un ensemble $\mathcal{D}$, appelé ensemble des contrôles admissibles. Une politique de contrôle est décrite par la donnée d'un élément u de $\mathcal{D}$ et de la probabilité P^u associée dans Π.

1.4 Puisque le contrôleur ne peut décider qu'en fonction de ce qu'il connait à un instant donné de la stratégie à suivre, une politique de contrôle doit évoluer au cours du temps de manière observavable. Aussi nous supposerons toujours que:

HYPOTHESE : L'ensemble $\mathcal{D}$ des contrôles admissibles est un sous-ensemble des processus $\underline{\underline{A}}$ -mesurables, à valeurs dans un espace lusinien $(U , \underline{\underline{U}})$. On adjoint à U un point cimetière ∂, sur lequel on envoie les contrôles après ζ. (C'est à dire que si $\zeta < t$ $u(t) = \partial$) Nous supposerons de plus toujours qu'à l'instant o tous les contrôles admissibles prennent la même valeur.

REMARQUE: Nous exprimons par cette dernière condition le fait qu'on contrôle un processus, dont la loi au départ est indépendante de toutes les politiques de contrôle.

1.5 Nous devons traduire également par une condition portant sur les éléments de Π cette éxigence d'une politique de contrôle adaptative, en imposant qu'à un temps d'observation S une politique de contrôle (u, P^u), restreinte à l'histoire du processus à l'instant S, c'est à dire à la tribu $\underline{\underline{F}}_S$, ne dépend que des valeurs prises par le contrôle u pour des instants antérieurs à S.

Pour préciser ceci, nous introduisons les notations suivantes:

DEFINITION: Soient u un contrôle admissible et S un temps d'observation. Le processus u^S, défini par: $u^S(t) = u(S\wedge t)$, est appelé contrôle arrêté à l'instant S. Ce n'est pas nécessairement un contrôle admissible. L'ensemble des contrôles admissibles, qui coincident avec u jusqu'à l'instant S est désigné par:

$$\mathcal{D}(u,S) = \{ v\in\mathcal{D} \,;\, v^S = u^S \}$$

La condition d'adaptation peut se formuler simplement en:

DEFINITION: L'ensemble $\mathcal{D}$ des contrôles admissibles est dit compatible avec la base $\mathcal{B} = (\Omega, \underline{\underline{F}}_t, \underline{\underline{A}}, \zeta)$ si, pour tout contrôle admissible u de $\mathcal{D}$, tout temps d'observation S de $\underline{\underline{\tau}}$, et tout élément C de la tribu $\underline{\underline{F}}_S$,

(1.5.1) $$P^u(C) = P^v(C) \quad \text{pour tout } v \text{ de } \mathcal{D}(u,S)$$

Cette hypothèse naturelle est loin d'être anodine, comme nous le verrons tout au long de cette étude.

Dans un premier temps, nous en déduisons surtout une propriété de **cohérence** des probabilités admissibles.

Précisons que l'écriture, [u=v sur A, si u et v appartiennent à $\mathcal{D}$] signifie que: pour tout $\omega\in A$, $u(t,\omega) = v(t,\omega)$ pour tout t.

LEMME: L'ensemble des probabilités P^v, lorsque v appartient à $\mathcal{D}(u,S)$ est $\underline{\underline{G}}_S$-stable au sens suivant:

(1.5.2) si $v\in\mathcal{D}(u,S)$ et $v = u$ sur $A\in\underline{\underline{G}}_S$ $P^u(C\cap A) = P^v(C\cap A)$ pour tout C de $\underline{\underline{F}}_{\infty}$

PREUVE : L'ensemble des éléments v de $\mathcal{D}(u,S)$,égaux à u sur A, est identique à l'ensemble $\mathcal{D}(u, S_A c)$, où $S_A c$ désigne comme en (1.2) le $\underline{\underline{A}}$ -temps d'arrêt égal à S sur A^c, et à $+\infty$ sinon. Mais, par définition, la tribu $\underline{\underline{F}}_{S_A c}$ est identique à $\underline{\underline{F}}_{\infty}$ sur A. La condition (1.5.2) est alors une conséquence immédiate de (1.5.1) appliquée au temps $S_A c$, qui est encore un temps d'observation, puisque par hypothèse l'ensemble $\underline{\underline{\tau}}$ est stable par découpage.(1.2). CQFD.

1.6 Il nous reste à exiger un minimum de richesse sur la structure de l'ensemble $\mathcal{D}$ des contrôles admissibles par rapport à la base stochastique $\mathcal{B}$,(1.5), en particulier la possibilité de modifier un contrôle admissible à un temps d'observation donné, sur un ensemble donné,sans sortir de la classe des controles admissibles.

DEFINITION: L'ensemble $\mathcal{D}$ des contrôles admissibles est dit stable par bifurcation, si étant donnés un temps d'observation S un élément A de la tribu $\underline{\underline{G}}_S$, pour tout u de $\mathcal{D}$ et tout v de $\mathcal{D}(u, S)$, le processus $u/S_A/v$ défini par :

(1.6.1) $\quad u/S_A/v = v$ sur A , $= u$ sur A^c

est un contrôle admissible.

On a alors: pour tout C de $\underline{\underline{F}}_{\infty}$

$$(1.6.2) \qquad P^{u/S_A/v}(C) = P^v(C\cap A) + P^u(C\cap A^c)$$

REMARQUE: Par construction, le contrôle $u/S_A/v$ appartient à l'ensemble $\mathcal{D}(u,S)$, puisque u et v appartiennent à cette classe, et même plus précisement à l'ensemble $\mathcal{D}(u,S_A)$, car il est égal à u sur A^c .Nous avons ainsi une caractérisation de l'ensemble

$$(1.6.3) \qquad \mathcal{D}(u,S_A) = \{ u/S_A/v \; ; \; v \in \mathcal{D}(u,S) \}$$

1.7 La définition suivante résume les hypothèses faites sur le modèle :

DEFINITION: On appelle système controlé, le terme $(\Omega, \underline{\underline{F}}_{\infty}, \underline{\underline{F}}_t, \zeta, \underline{\underline{A}}, \underline{\underline{\tau}}, P^u, u \in \mathcal{D})$ où l'ensemble $\mathcal{D}$ des

<u>contrôles admissibles est supposé compatible avec la base</u> (1.5) <u>et stable par bifurcation</u> (1.6)

Afin de rendre moins formelles les notions introduites ci-dessus, nous traitons deux exemples que nous suivrons tout au long de ce chapitre, et redévelopperons ensuite.

1.8. EXEMPLE A : ARRET OPTIMAL

Le problème est de trouver le moment optimal de s'arrêter, compte-tenu d'un critère que nous préciserons par la suite.

L'espace contrôlé $(\Omega, \underline{\underline{F}}_{oo}, \underline{\underline{F}}_t, P)$ satisfait aux conditions habituelles de la Théorie générale des Processus, c'est à dire que la tribu $\underline{\underline{F}}_o$ contient tous les ensembles P-négligeables de $\underline{\underline{F}}_{oo}$, et que la filtration $\underline{\underline{F}}_t$ est continue à droite. Nous nous plaçons en situation d'observation complète, où la tribu des processus observables est la tribu optionnelle $\underline{\underline{O}}$, et les temps d'observation les temps d'arrêt de $\underline{\underline{F}}_t$.(Le temps terminal ζ est supposé oo)
Un contrôle admissible est un processus croissant, continu à gauche, associé à un temps d'arrêt U par la formule :

$$u(t) = 1_{\{U<t\}}$$

Il est donc adapté et ne croit que par un saut de 1 à l'instant U.
Les opérations d'arrêt et de bifurcation sont simples à définir:

si le contrôle admissible u est associé au tempsd'arrêt U, et si S est un temps d'arrêt, le contrôle u^S vaut:

$$u^S(t) = 1_{\{U<t\wedge S\}} = 1_{\{U<S\}}\, 1_{\{U<t\}}$$

il est donc associé au t.a $U_{\{U<S\}}$

L'ensemble $\mathfrak{D}(u,S)$ des contrôles qui coincident avec u jusqu'à l'instant S est l'ensemble des processus associés à des t.a. V qui satisfont à : $U_{\{U<S\}} = V_{\{V<S\}}$
Les ensembles $\{U<S\}$et $\{V<S\}$, en particulier sont égaux.

Si A est un élément de $\underline{\underline{F}}_S$ et V un temps d'arrêt associé à un élément de $\mathfrak{D}(u,S)$, le contrôle $u/S_A/v$ est associé au temps $U/S_A/V$ = V sur A et = U sur A^c

C'est bien un temps d'arrêt, car il vaut U sur $\{U<S\}$,

et l'ensemble $\{S \leq U\} \cap A$ est à la fois $\underline{\underline{F}}_U$ et $\underline{\underline{F}}_V$ mesurable.

La seule action du contrôleur étant d'arrêter le processus, à chaque contrôle admissible u , nous associons la même probabilité P. Le terme $(\Omega, \underline{\underline{F}}_{oo}, \underline{\underline{F}}_t, \underline{\underline{O}}, P, \mathcal{D})$ est un système contrôl

1.9 EXEMPLE B : CONTROLE CONTINU DE DIFFUSION

On contrôle l'évolution d'un processus de diffusion X, modélisé comme solution d'une équation stochastique,

$$X_t = x + \int_o^t \sigma(s,\omega)\, dB_s \quad , \text{ où}$$

B est un mouvement brownien d-dimensionnel défini sur un espace $(\Omega, \underline{\underline{F}}_{oo}, \underline{\underline{F}}_t, P)$, et σ une matrice d×d prévisible à laquelle nous associons la matrice symétrique prévisible $a = \sigma\, \sigma^t$.
(la matrice σ^t désigne la transposée de la matrice σ .)

L'action du contrôleur fait apparaitre un terme de dérive, que nous décrivons en nous donnant un processus défini sur l'espace $R^+ \times \Omega \times U$, (où U est un espace lusinien muni de sa tribu borélienne $\underline{\underline{U}}$) à valeurs dans R^d, $\varphi(s,\omega,u)$, supposé $\underline{\underline{P}} \times \underline{\underline{U}}$ mesurable, $\underline{\underline{P}}$ désignant la tribu prévisible sur $\Omega \times R^+$. Nous identifions φ à la matrice colonne de ses coordonnées.

Un contrôle admissible u est un processus prévisible à valeurs dans U , et le processus $\varphi^t(s,\omega,u(s,\omega))\, a(s,\omega)$ représen l'intensité de la dérive sous l'action du contrôle u. La loi de X est alors transformée en celle de la semi-martingale

$$X_t^u = x + \int_o^t \sigma(s,\omega)\, dB_s + \int_o^t \varphi^t(s,\omega,u(s,\omega))\, a(s,\omega)\, ds$$

Plutôt que de modéliser cette étude en utilisant des changements de trajectoires du processus étudié, nous travaillons sur l'espace $(\Omega, \underline{\underline{F}}_{oo}, \underline{\underline{F}}_t)$ muni de la famille P^u de probabilités définies sur la tribu $\underline{\underline{F}}_\zeta$,(où le temps terminal ζ est un $\underline{\underline{F}}_t$ -temps d'arrêt), par

$$P^u = Z_\zeta^u \,.\, P \qquad \text{avec}$$

(1.9.1)
$$Z_t^u = \exp\left[\int_o^t \varphi(s,\omega,u(s,\omega))\, dX_s(\omega) - 1/2 \int_o^t \varphi^t(s,\omega,u(s,\omega))\, a(s,\omega)\, \varphi(s,\omega,u(s,\omega))\, ds\right]$$

Plus précisément, l'ensemble $\mathcal{D}$ des contrôles admissibles est le sous-ensemble des processus prévisibles à valeurs dans U,u, pour lesquels l'intégrale stochastique $\int_0^t \varphi(s,\omega,u(s,\omega))\, dX_s(\omega)$ est définie, et la semimartingale $Z^u_{t\wedge\zeta}$ est une martingale uniformément intégrable et strictement positive.

Il est alors bien connu que la loi de X sous P^u est identique à la loi de X^u sous P.

Le terme $(\Omega, \underline{\underline{F}}_{oo}, \underline{\underline{F}}_t, \underline{\underline{P}}, \zeta, P^u; u \in \mathcal{D})$ est un système contrôlé

En effet, l'ensemble $\mathcal{D}$ des contrôles admissibles est stable par arrêt et compatible avec la base stochastique, car pour tout temps d'arrêt S, $Z^u_{t\wedge S} = Z^u_t{}^S$ P. p.s . La restriction de P à la tribu $\underline{\underline{F}}_S$ a pour densité $Z^u_{t\wedge S}$, et ne dépend donc que des valeurs prises par le contrôle u pour des instants antérieurs à S .

$\mathcal{D}$ est stable aussi par bifurcation à un temps d'arrêt S, car si $A \in \underline{\underline{F}}_S$ et si $v^S = u^S$, le contrôle $u(t)\, 1_{\{t\leq S\}} + 1_{A\cap\{S<t\}}v(t) + 1_{A^c\cap\{S<t\}}u(t)$ est prévisible, et manifestement dans $\mathcal{D}$ si u et v le sont.

REMARQUE: Lorsque $\sigma(s,\omega) = \bar{\sigma}(X_s(\omega))$ et $\varphi(s,\omega,u) = \bar{\varphi}(X_s(\omega), u)$, modèle markovien, il semble naturel d'espérer trouver une politique optimale markovienne, c'est à dire de la forme u(X.) . Toutefois la classe des contrôles markoviens n'est stable ni par arrêt ni par bifurcation. Nous ne pourrons travailler directement avec elle, et serons obliger d'utiliser des techniques assez differentes, comme nous le verrons au chapitre III.

LES DIFFERENTES NOTIONS D'OPTIMALITE

Dans tout ce paragraphe, nous supposons donné une fois pour toute, un système contrôlé $(\Omega, \underline{\underline{F}}_{oo}, \underline{\underline{F}}_t, \zeta, \underline{\underline{A}}, \underline{\underline{\tau}}, P^u, \mathcal{D})$

Avant toutes choses nous précisons un certain nombre de notions que nous utiliserons fréquemment.

1.10 DEFINITIONS: <u>Une famille de v.a.r.</u> X(S,u), <u>indéxée par les éléments</u> S <u>de</u> $\underline{\underline{\tau}}$, <u>et les éléments</u> u <u>de</u> $\mathcal{D}$ <u>est appelée un</u> $(\tau, \mathcal{D})$<u>-système, si</u>:

i) sur $\{S = T\}$, $X(S,u) = X(T,u)$ P^u p.s.

ii) les v.a. X(S,u) sont $\underline{\underline{G}}_S$-mesurables

iii) si $v \in \mathcal{D}(u,S)$ et $u=v$ sur $A \in \underline{\underline{G}}_S$, $X(S,u) = X(S,v)$ sur A, P^u.p.s.

<u>Un</u> $(\tau,\mathcal{D})$<u>-surmartingal-système,</u> (<u>resp martingal, sous-martingal-système</u>) <u>est un</u> $(\tau,\mathcal{D})$<u>-système, tel que;</u>

iv) pour tout S de $\underline{\underline{\tau}}$ et u de $\mathcal{D}$, $X(S,u)$ est P^u-intégrable.

v) si S et T sont des éléments de $\underline{\underline{\tau}}$, tels que $S \leq T$,

$$E^u(X(T,u)_{/\underline{\underline{G}}_S}) \leq X(S,u) \quad P^u \text{p.s. (resp. } =, \geq)$$

vi) si $v \in \mathcal{D}(u,S)$ $X(S,u) = X(S,v)$ P^u p.s.

1.11 Nous allons préciser le critère que guide le choix du "meilleur contrôle".

DEFINITION: <u>A tout contrôle admissible,</u> u , <u>on associe une fonction</u> $c(\omega,u)$, <u>appelée fonction de perte, que nous supposons</u> :

- mesurable par rapport à la tribu $\underline{\underline{F}}_\zeta$,
- positive ou P^u-intégrable
- cohérente en u , en ce sens que, sur l'ensemble où deux contrôles u et v coïncident, $c(\omega,u) = c(\omega,v)$ p.s. P^u et P^v.

<u>Un contrôle admissible</u> $\hat{u}$ <u>de</u> $\mathcal{D}$ <u>est optimal s'il minimise la perte moyenne, ou coût, définie par:</u> $\Gamma^u = E^u[\,c(\omega,u)\,]$, <u>dans l'ensemble des contrôles admissibles,</u> c'est à dire si

$$(1.11.1) \qquad \Gamma^{\hat{u}} = E^{\hat{u}}[c(\omega,\hat{u})] = \inf_{v \in \mathcal{D}} E^v[c(\omega,v)]$$

Cette notion d'optimalité , très générale, ne tient pas compte de ce qu'on contrôle de manière adaptative un processus qui évolue au cours du temps. Aussi est-il naturel d'introduire les outils supplémentaires suivants.

1.12 DEFINITION: <u>On appelle coût conditionnel,</u> le $(\tau,\mathcal{D})$<u>-système défini par:</u> si $S \in \underline{\underline{\tau}}$ et $u \in \mathcal{D}$ $\quad \Gamma(S,u) = E^u[c(\omega,u)_{/\underline{\underline{G}}_S}]$ $\quad P^u$.p.s.

REMARQUE: Il n'est pas tout à fait évident à priori que la famille de v.a. ainsi définie, soit un $(\tau,\mathcal{D})$-système:

- la propriété i) est une conséquence immédiate de l'égalité des tribus $\underline{\underline{G}}_S$ et $\underline{\underline{G}}_T$ sur $\{S = T\}$
- la propriété iii) résulte de la cohérence de la fonction

de perte et de celle des probabilités P^u , établie au lemme 1.5.2.

La proposition suivante jouera un rôle tout à fait fondamental.

PROPOSITION: L'ensemble des v.a.r. $\{\Gamma(S,v);\ v \in \mathcal{D}(u,S)\}$ est un treillis,(stable par sup et inf) .

De plus, les identités suivantes sont satisfaites:

(1.12.1) $\Gamma(S_A,u) = 1_A\ \Gamma(S,u) + 1_A\ \Gamma(oo,u)$ P^up.s. si $A \in \underline{\underline{G}}_S$

(1.12.2) $\Gamma(S,u/S_A/v) = 1_A\ \Gamma(S,v) + 1_{A^c}\ \Gamma(S,u)$ P^u p.s.

pour tout A de $\underline{\underline{G}}_S$ et tout v de $\mathcal{D}(u,S)$

PREUVE: Nous établissons d'abord les identités. La première est évidente; quant à la seconde, c'est une conséquence immédiate de la propriété iii) des $(\tau,\mathcal{D})$-système, une fois rappelé que le contrôle admissible $u/S_A/v$ appartient à $\mathcal{D}(u,S) = (v,S)$ et est égal à v sur A et à u sur A^c.

Considérons maintenant deux contrôles admissibles de $\mathcal{D}(u,S)$, v et v', et désignons par A l'ensemble $\{\Gamma(S,v) \leq \Gamma(S,v')\}$. Le contrôle w , égal à $v'/S_A/v$ appartient à $\mathcal{D}(u,S)$ et satisfait à $\Gamma(S,w) = 1_A\ \Gamma(S,v) + 1_{A^c}\ \Gamma(S,v') = \Gamma(S,v) \wedge \Gamma(S,v')$.

On montre de la même façon, que le contrôle w' défini par: $w' = v/S_A/v'$ satisfait à $\Gamma(S,w') = \Gamma(S,v) \vee \Gamma(S,v')$. CQFD.

1.13 A la notion de coût conditionnel, il est naturel d'associer une notion d'optimalité de la manière suivante:

DEFINITION : On appelle coût minimal conditionnel, le $(\tau,\mathcal{D})$- système, défini, pour tout $S \in \underline{\tau}$ et tout u de $\mathcal{D}$ par: (*)

(1.13.1) $$J(S,u) = \underset{v \in \mathcal{D}(u,S)}{\text{essinf}}\ E^v[c(\omega,v)/\underline{\underline{G}}_S] \quad P^u.p.s.$$
$$= \underset{v \in \mathcal{D}(u,S)}{\text{essinf}}\ \Gamma(S,v) \quad P^u.p.s.$$

Un contrôle $\hat{u}$ est dit (S,u)-conditionnellement optimal si: $\hat{u}$ appartient à $\mathcal{D}(u,S)$ et

(1.13.2) $J(S,u) = \Gamma(S,\hat{u})$ P^u.p.s.

(*) Les propriétés des essinf de v.a.r. sont rappellées dans l'appendice.

1.14 Avant de vérifier que $J(S,u)$ est un $(\tau, \mathcal{D})$-système, (en fait, nous allons montrer que c'est un $(\tau, \mathcal{D})$-surmartingalsystème), nous allons énoncer quelques propriétés immédiates de $J(S,u)$.

LEMME: Soit S un temps d'observation et A un élément de $\underline{\underline{G}}_S$,

(1.14.1) $J(S_A,u) = 1_A\ J(S,u) + 1_{A^c}\ \Gamma(oo,u)$ P^u.p.s.

De plus, pour toute sous-tribu $\mathcal{A}$ de $\underline{\underline{G}}_S$,

(1.14.2) $E^u(J(S,u)/\mathcal{A}) = \underset{v \in \mathcal{D}(u,S)}{\operatorname{essinf}} E^v(c(\omega,u)/\mathcal{A})$ P^u.p.s.

PREUVE: Nous avons vu en (1.6.3) que l'ensemble $\mathcal{D}(u,S_A)$ est égal à $\{u/S_A/v\ ;\ v \in \mathcal{D}(u,S)\}$, et que $\Gamma(S,u/S_A/v)$ est égal à $1_A\Gamma(S,v) + 1_{A^c}\Gamma(S,u)$.(1.12.2). Il résulte alors de (1.12.1) que : $\Gamma(S_A,u/S_A/v) = 1_A\ \Gamma(S,v) + 1_{A^c}\ \Gamma(oo,u)$ P^u.p.s.

Revenant à la définition de $J(S_A,u)$, nous voyons que:

$$J(S_A,u) = \operatorname{essinf}_{v \in \mathcal{D}(u,S)} \Gamma(S_A,u/S_A/v)$$
$$= 1_A\ J(S,u) + 1_{A^c}\ \Gamma(oo,u) \qquad P^u.\ p.s.$$

D'autre part le caractère filtrant croissant de $\{\Gamma(S,u);\ v \in \mathcal{D}(u,S)\}$ entraine l'existence d'une suite v_n de contrôles admissibles de $\mathcal{D}(u,S)$, telle que la suite de v.a. $\Gamma(S,v_n)$ soit p.s. décroissante et de limite $J(S,u)$. Pour toute sous-tribu $\mathcal{A}$ de $\underline{\underline{G}}_S$,

$$E^u(J(S,u)/\mathcal{A}) = \lim_n E^u(\Gamma(S,v_n)/\mathcal{A}) = \lim_n E^v(\Gamma(S,v_n)/\mathcal{A})$$
$$= \operatorname{essinf}_{v \in \mathcal{D}(u,S)} E^v(\Gamma(S,u)/\mathcal{A}) \qquad \text{CQFD.}$$

1.15 THEOREME : Le coût minimal conditionnel est un $(\tau, \mathcal{D})$-surmartingal-système

PREUVE: Nous vérifions tout d'abord la condition de compatibilité (1.10.i): si S et T sont deux temps d'observation et si A est l'ensemble $\underline{\underline{G}}_S$ et $\underline{\underline{G}}_T$-mesurable, $\{S = T\}$, les temps d'arrêt S_A et T_A sont identiques, et donc $J(S_A,u) = J(T_A,u)$ P^u.p.s.

Mais, d'après (1.14.1), cette égalité est équivalente à celle de $J(S,u)$ et de $J(T,u)$ sur A.

D'autre part, les classes $\mathcal{D}(u,S)$ et $\mathcal{D}(v,S)$ étant identiques si v appartient à $\mathcal{D}(u,S)$, les v.a. $J(S,u)$ et $J(S,v)$ sont égales p.s. par construction.

La possibilité d'intervertir essinf et espérance conditionnelle (1.14.2) permet d'exprimer que $E^u(|J(S,u)|)$ satisfait à:

$$E^u(|J(S,u)|) \leq \inf_{v \in \mathcal{D}(u,S)} E^u(|c(\omega,u)|) < \infty$$

Cette même propriété permet de déduire de l'inclusion de $\mathcal{D}(u,S)$ dans $\mathcal{D}(u,T)$, lorsque S et T sont des temps d'observation satisfaisant à $S \geq T$, que l'inégalité des sous-martingales est vérifiée par $J(S,u)$. CQFD.

1.16. Revenons aux problèmes d'optimalité. Il est clair, d'après (1.14.1), que si u^* est un contrôle (u^*,S)-conditionnellement optimal, il est aussi (u^*,S_A)-conditionnellement optimal. Nous allons voir que cette propriété s'étend à un temps d'observation T quelconque, avec $T \geq S$. Il s'agit, en fait, de la version probabiliste du <u>principe d'optimalité de Bellman</u>, qui exprime que, si on a suivi jusqu'à un temps d'observation S une politique optimale, il reste optimal, compte-tenu de cette information, de l'utiliser après S. Toutefois, par rapport au modèle markovien, (cf. l'introduction historique), nous montrons que, sous les hypothèses faites sur le modèle, ce principe est en fait un critère nécessaire et suffisant d'optimalité.

1.17 . THEOREME: CRITERE D'OPTIMALITE DE BELLMANN.

<u>Une condition nécessaire et suffisante pour qu'un contrôle u^* soit optimal est que, pour tout temps d'observation S, il soit (u^*,S)-conditionnellement optimal, ou, ce qui est équivalent, que le coût minimal conditionnel par rapport à u^*, soit un $\underline{\underline{\tau}}$-$P^{u^*}$-martingalsystème, c'est à dire que:</u>

<u>si S et T sont deux temps d'observation avec</u> $S \leq T$

$$E^{u^*}[J(T,u^*)/_{\underline{\underline{G}}_S}] = J(S,u^*) \qquad P^{u^*}.p.s.$$

DEMONSTRATION: Nous remarquons tout d'abord, que, comme par hypothèse, (1.4.), tous les contrôles admissibles prennent la même valeur à l'instant 0, les notions d'optimalité et de (0,u)-optimalité sont équivalentes.

Nous montrons maintenant que tout contrôle u*,(u*,S)-conditionnellement optimal, est (u*,T)-conditionnellement optimal, pour tout temps d'observation T, T ≥ S . C'est une conséquence immédiate de la chaine d'inégalités suivantes:

$$\Gamma(S,u^*) \geq E^{u^*}[J(T,u^*)/_{\underline{\underline{G}}_S}] \geq J(S,u^*) \qquad P^{u^*}.p.s.$$

et du caractère de $(\tau,\mathcal{D})$-martingalsystème de $\Gamma(S,u^*)$ satisfaisant à la condition frontière $\Gamma(\zeta,u^*) = E^{u^*}[c(\omega,u^*)/_{\underline{\underline{G}}_\zeta}]$

1.18. Ce critère permet de réduire considérablement la classes des contrôles susceptibles d'être optimaux et souligne le rôle fondamental joué par le coût minimal conditionnel, que nous pouvons aussi caractériser de la manière suivante:

PROPOSITION; <u>Le coût minimal conditionnel est le plus grand des $(\tau,\mathcal{D})$-sousmartingalsystèmes</u> $X(S,u)$, <u>qui satisfont à la condition frontière:</u> $X(\zeta,u) = E^u[c(\omega,u)/_{\underline{\underline{G}}_\zeta}] \qquad P^u.p.s.$

PREUVE: L'inégalité des sous-martingales, jointe à la condition frontière, permet de majorer un $(\tau,\mathcal{D})$-système, $X(S,u)$, satisfaisant aux hypothèses de la proposition par:

$$X(S,u) \leq E^u[X(T,u)/_{\underline{\underline{G}}_S}] \leq E^u[X(\zeta,u)/_{\underline{\underline{G}}_S}] = \Gamma(S,u) \quad P^u.p.s.$$

Mais, par définition des $(\tau,\mathcal{D})$-sousmartingalsystèmes (1.10.vi),

$$X(S,u) = X(S,v) \quad \text{pour tout } v \text{ de } \mathcal{D}(u,S) \qquad P^u.p.s.$$

$$\text{et} \quad X(S,u) \leq \Gamma(S,v) \quad \text{pour tout } v \text{ de } \mathcal{D}(u,S) \qquad P^u.p.s.,$$

ce qui entraine clairement que : $X(S,u) \leq J(S,u) \quad P^u.p.s.$

Nous allons expliciter toutes ces notions dans le cadre des exemples décrits ci-dessus.

1.19 EXEMPLE A: ARRET OPTIMAL

Le processus de perte Y est un processus optionnel, défini sur $[0,+\infty]$, et tel que les v.a. Y_S soient intégrables, lorsque S décrit l'ensemble des $\underline{\underline{F}}_t$-t.a.

A tout contrôle u, de la forme $u(t) = 1_{\{U<t\}}$, on associe la fonction de perte $c(\omega,u) = Y_U = \int Y_s \, du(s)$

Nous avons vu que $\mathcal{D}(u,S) = \{v$, associés à des t.a. V tels que $V_{\{V<S\}} = U_{\{U<S\}}\}$

Notons que de tels t.a. sont tous de la forme

$$V = \hat{V} \wedge U_{\{U<S\}} \quad , \text{ où } \hat{V} \text{ est un t.a.} \geq S \text{ p.s.}$$

(prendre $\hat{V} = V_{\{U\geq S\}}$) et réciproquement tous les t.a. de cette forme sont associés à des contrôles de $\mathcal{D}(u,S)$.

Reprenant les définitions de $\Gamma(S,u)$ et de $J(S,u)$, nous voyons que dans ce cadre,

pour tout v de $\mathcal{D}(u,S)$ $\quad \Gamma(S,v) = E[Y_{\hat{V}\wedge U_{\{U<S\}}}/\underline{\underline{F}}_S]$

$$= 1_{\{U<S\}} Y_U + 1_{\{U\geq S\}} E[Y_{\hat{V}}/\underline{\underline{F}}_S]$$

Le coût minimal conditionnel a alors la forme simple suivante:

(1.19.1) $\quad J(S,u) = 1_{\{U<S\}} Y_U + 1_{\{U\geq S\}} J(S,o)$,où

$J(S,o) = \operatorname{essinf}_{V\geq S} E[Y_V/\underline{\underline{F}}_S]$ est le coût minimal associé au contrôle u = o, et donc au t.a. U = +oo .

Le $\underline{\underline{\tau}}$-système $J(S,o)$ est un τ-sousmartingalsystème majoré par Y, lié au coût minimal conditionnel par la relation:

$$J(S,u) = 1_{\{U<S\}}[Y_U - J(U,o)] + J(S\wedge U,o)$$

ce qui permet d'exprimer le critère d'optimalité uniquement en termes de $J(S,o)$.

CRITERE: <u>Une condition nécessaire et suffisante pour qu'un t.a. U* soit optimal est que:</u>

(1.19.2) $\quad Y_{U^*} = J(U^*,o)$ P.p.s.

(1.19.3) $\quad J(S\wedge U^*,0)$ est un τ-martingalsystème.

Ces conditions sont très intuitives, en ce sens qu'elles confirment qu'on n'a pas intérêt à arrêter le processus tant que le coût est strictement supérieur au coût minimal, à condition que ce dernier n'ait pas commencer à croitre en moyenne.

1.20. EXEMPLE B: CONTROLE DE DIFFUSION.

On suppose dans ce problème que la fonction de perte est de la forme

$$c(\omega,u) = \int_0^\zeta e^{-\alpha s} c(s,\omega,u(s,\omega))\, ds$$

Le coût conditionnel associé à un contrôle de $\mathcal{D}(u,S)$, c'est à dire à un processus prévisible qui coincide avec u jusqu'à l'instant S vaut: $\Gamma(S,v) = \int_o^S e^{-\alpha s} c(s,\omega,u(s,\omega))ds + E^v[\int_S^\zeta e^{-\alpha s} c(s,\omega,v(s,\omega))ds_{/\underline{\underline{F}}_S}]$

Mais, par définition de la probabilité P^v, la dernière éspérance conditionnelle ne dépend que des valeurs du contrôle pour des temps postérieurs à S, c'est à dire que du contrôle admissible $v(t)\, 1_{\{S<t\}}$.

Le coût minimal conditionnel a alors la forme suivante:

$$J(S,u) = \int_o^S e^{-\alpha s} c(s,\omega,u(s,\omega))ds + W(S) \quad ,$$

(1.20.1) $$W(S) = \operatorname{essinf}_{v\in\mathcal{D}} E^v[\int_S^\zeta e^{-\alpha s} c(s,\omega,v(s,\omega))\, ds_{/\underline{\underline{F}}_S}] \quad P.p.s.$$

Le critère d'optimalité s'énonce dans ce cadre:

CRITERE: Une condition nécessaire et suffisante pour qu'un contrôle u* soit optimal est que:

(1.20.2) $\int_o^S e^{-\alpha s} c(s,\omega,u^*(s,\omega))\, ds + W(S)$ **est un P^{u^*}-martingalsystème.**

REGULARISATION DU COUT MINIMAL CONDITIONNEL

Ce paragraphe, assez technique, peut être sauté en première lecture, si on en admet le résultat.

Toutefois, il se propose de résoudre un problème de régularisation, souvent escamoté dans la littérature sur le contrôle, sauf dans [M] et [D$_1$], que l'on peut formuler de la manière suivante:

Peut-on construire un processus $\underline{\underline{A}}$-mesurable, qui "agrège", au sens de [D9], le coût minimal conditionnel? En d'autres termes, existe-t-il, J^u, $\underline{\underline{A}}$-mesurable, tel que pour tout S de $\underline{\underline{\tau}}$,

$$J_S^u = J(S,u) \qquad P^u.p.s.$$

Il est établi de manière remarquable dans [D9], que la réponse à cette question est positive, car le coût minimal conditionnel est un $(\tau, \mathcal{D})$-sousmartingalsystème. La solution utilise de manière tout-à-fait fondamentale, la construction du coût minimal conditionnel dans un problème d'arrêt optimal. Aussi, avons-nous choisi de la présenter dans le chapitre II, paragraphes [2.25] à [2.27] .

Nous énonçons toutefois dès maintenant le résultat qui sera établi ci-dessous.

1.21. THEOREME: Soit $(\Omega, \underline{\underline{F}}_t, \zeta, \underline{\underline{A}}, \underline{\underline{\tau}}, P^u; u \in \mathfrak{D})$ un système controlé au sens de 1.7..

Il existe un processus J^u, $\underline{\underline{A}}$-mesurable, qui est une $\underline{\underline{\tau}}$-sousmartingale pour P^u, et qui vérifie:

(1.21.1.) $$J^u_S = P^u\text{-essinf}_{v \in \mathfrak{D}(u,S)} E^v[c(\omega,v)/_{\underline{\underline{G}}_S}] \quad P^u.p.s. \text{ si } S \in \underline{\underline{\tau}}$$

Nous pouvons être un peu plus précis quant au choix de ces sousmartingales qui agrégent le coût minimal conditionnel, lorsque nous nous trouvons dans un modèle dominé, c'est - à - dire où toutes les probabilités P^u sont dominées par une même probabilité de référence, P. Plus précisément, nous désignons alors par Z^u une densité de P^u par rapport à P, restreintes à $\underline{\underline{F}}_\zeta$, et par L^u la martingale $\underline{\underline{A}}$-mesurable, dont la valeur en un temps d'observation S représente la densité de P^u restreinte à $\underline{\underline{G}}_S$ par rapport à P. On peut alors énoncer:

1.22. PROPOSITION: Sous les hypothèses du théorème précédent, et dans le cadre d'un modèle dominé de densité Z^u et L^u, il existe un processus J^u, $\underline{\underline{A}}$-mesurable, tel que:

$$J^u_S = J(u,S) \quad P.p.s. \text{ sur } S < R^u \quad \text{si } S \in \underline{\underline{\tau}}$$

J^u est une $\underline{\underline{A}}$-sousmartingale par rapport à P^u sur $[0,R^u[$ où R^u désigne $\inf\{t;\ L^u_t = 0\}$

PREUVE: Nous commençons par résoudre le problème de contrôle sous P, associé à un coût de la forme $\tilde{c}(\omega,u) = Z^u(\omega)\, c(\omega,u)$.
Il est clair que les densités Z^u peuvent être choisies cohérentes au sens de 1.11. et que la v.a. $\tilde{c}(\omega,u)$ satisfait bien aux conditions de 1.11. Mais alors, d'après le théorème 1.21., il existe un processus $\tilde{J}^u$, $\underline{\underline{A}}$-mesurable, tel que pour tout u de $\mathfrak{D}$ et $S \in \underline{\underline{\tau}}$,

$$\tilde{J}^u_S = P\text{-essinf}_{v \in \mathfrak{D}(u,S)} E[Z^v c(.,v)/_{\underline{\underline{G}}_S}] \quad P.p.s.$$

Il reste à noter que si $S < R^u$, on a la relation:

$$\tilde{J}^u_S \cdot 1/L^u_S = J(u,S) \quad P.p.s. \text{ et } P^u.p.s.$$

Le processus $\tilde{J}^u . 1/L^u_. \cdot 1_{\{.<R^u\}}$ répond aux conditions de la proposition

REMARQUE: Si la tribu des observations est une tribu optionnelle P-complète, il existe une version du processus $\dot{J}^u$, P.p.s. s.c.i. à droite sur les trajectoires sur l'intervalle $[0,R^u[$, car $\tilde{J}^u$ étant une P-sousmartingale admet une version s.c.i. à droite , et la martingale L^u une version c.à.d.

COMMENTAIRES BIBLIOGRAPHIQUES

C.Striebel a la première fourni un essai de modélisation systèmatique des problèmes de contrôle stochastique dans ([S2]), en insistant sur le critère d'optimalité formulé en terme de sousmartingale et de martingale. Ce modèle a été généralisé par J.Mémin dans ([M2]) qui exploite plus systématiquement le caractère sous-martingale du coût minimal conditionnel et résoud dans un cas particulier le problème de l'existence d'un processus qui agrège cette sous-martingale. Dans ces deux études, une hypèthèse supplémentaire de robustesse sur l'ensemble des contrôles est faite, qui assure qu'on peut intervertir essinf et espérance conditionnelle dans le calcul du coût minimal conditionnel, observé à des temps fixes.
Le modèle présenté ici est proche de ceux que nous venons de citer. Il en diffère essentiellement par un usage plus systématique des temps d'arrêt, ou plutôt des temps d'observation. La propriété de stabilité par bifurcation, qui était déjà exigée dans les modèles précédents par rapport à des temps fixes, assure lorsqu'on l'exige pour tous les temps d'observation,que l'hypothèse de robustesse est satisfaite. D'autre part, l'usage systématique des résultats de ([D8]) a permis de résoudre en toute généralité, mais ici aussi grâce aux conditions portant sur des t.a., le problème de l'agrégation des coûts minimaux conditionnels. Enfin, soulignons que nous avons tenu à montrer que le problème d'arrêt optimal rentre tout à fait dans le cadre proposé, alors que ce problème est en général traité à part dans les problèmes de contrôle.

CHAPITRE II

ARRET OPTIMAL

2.1. INTRODUCTION

Nous avons volontairement essayer de présenter le problème de l'arrêt optimal de manière aussi indépendante que possible du chapitre précédent, afin que le lecteur uniquement interessé par ce problème de contrôle puisse y accéder directement.

Ce choix présente l'inconvénient de laisser penser que le problème d'arrêt optimal(étudié depuis fort longtemps et dans des domaines variés des mathématiques) est un problème très particulier en contrôle stochastique. En fait, il n'en est rien, les méthodes de résolution du problème d'arrêt optimal sont de même nature que celle des autres problèmes de contrôle,(comparer le traitement mathématique des situations des exemples A et B du chapitre 1) . Plus même, l'outil fondamental de l'arrêt optimal, le coût minimal conditionnel,joue un rôle déterminant dans tous les autres problèmes de contrôle, comme nous le verrons en particulier au chapitre III. Voilà pourquoi nous avons décidé de donner autant d'ampleur à la résolution de ce problème.

2.2 Nous posons le problème de l'arrêt optimal dans un cadre aussi général que possible et l'exploitons dans des directions variées: problème de contrôle, théorie des surmartingales, théorie du potentiel dans le cadre markovien, etc...

Plus précisement, après un historique des méthodes utilisées en arrêt optimal, nous traitons rapidement dans une première partie la résolution de ce problème de contrôle, lorsque le processus de gain, Y, est assez régulier. La présentation en est "self-contained", et assez simple pour être lue par un non-spécialiste de la Théorie Générale des processus. Les idées qui guident ces méthodes sont reprises ensuite dans le cadre général, mais elles apparaissent probablement de manière plus claire, lorsque les difficultés techniques n'interviennent pas.

2.3. Le lecteur , uniquement interessé par les problèmes de contrôle pourra arrêter là sa lecture, car dans la suite de cette étude nous avons essayé de faire un bilan des propriétés des surmartingales fortes par rapport à des filtrations très générales, afin de résoudre en toute généralité le problème d'arrêt optimal.
Les résultats d'agrégation et de décomposition des surmartingales fortes sont étroitement liés à l'approximation de l'enveloppe de Snell, qui permet de mettre simplement en évidence le défaut d'optimalité.
Le passage de la situation où le processus de gain est continu à droite à la situation générale exige donc des efforts considérables qui trouvent en partie leur justification dans l'usage , qui est fait au troisième chapitre, du problème d'arrêt optimal pour résoudre dans le cadre markovien le problème de contrôle continu.

2.4. La dernière partie de ce chapitre est l'étude du cas markovien. Nous résolvons d'abord le cas d'un processus de gain de la forme $g(X.)$, mais où g est continu à droite sur les trajectoires. Dans le cas général, nous mettons en évidence une fonction Ray-analytique Rg, qui est liée à l'enveloppe de Snell par la relation $J = e^{-\alpha.}\ Rg(X.)$. Mais ce résultat est moins simple que son énoncé ne pourrait le laisser entendre, et repose intrinséquement sur les propriétés des fonctions α- fortement surmédianes que nous étudions systématiquement.
Nous terminons l'étude de l'arrêt optimal, en décrivant une méthode de construction de l'enveloppe de Snell par un procédé d'approximation , connu sous le nom de méthode de pénalisation, et très utilisé en équations aux dérivées partielles pour résoudre ce problème lorsque le processus de Markov est une diffusion.

2.5 UN PEU D'HISTOIRE

Historiquement, le problème de l'arrêt optimal a d'abord été posé de la manière suivante:

L'évolution d'un système est décrite par l'intermédiaire d'un processus de Markov, X, à valeurs dans un espace d'états E. Son comportement est régi, pour toute loi initiale m (resp. ε_x), par la probabilité P^m (resp. P^x).

Le gain qu'il peut y avoir à s'arréter à un instant U est représenté par une v.a.r. de la forme:

$Y_U = e^{-\alpha U} g(X_U)$,où g est une fonction borélienne positive sur E.

Le problème de l'arrêt optimal est de trouver un temps d'arrêt U* qui maximise l'éspérance de ce gain, lorsque U décrit une classe $\underline{\underline{\tau}}$ de temps d'arrêt, c'est à dire qu'on doit avoir

$$E_m[e^{-\alpha U^*} g(X_{U^*})] = \sup_{U\in\underline{\underline{\tau}}} E_m[e^{-\alpha U} g(X_U)]$$

Soulignons qu'un théorème d'existence est insuffisant pour résoudre les problèmes pratiques associés à ce type de situation, et qu'il est particuliérement intéressant pour l'utilisateur d'avoir une construction explicite du temps optimal, s'il existe, comme début d'un ensemble borélien en particulier.

REMARQUE: Le problème est parfois formulé de la manière suivante, [B3]: on considère une fonction de perte du type

$\int_0^S e^{-\alpha s} f(X_s)\, ds + e^{-\alpha S} h(X_S)$,où f est une fonction borélienne qui représente l'intensité de ce que l'on gagne tant qu'on n'arrête pas le processus, et h une fonction borélienne représentant le gain terminal. Cette situation se traite exactement comme la précédente, compte tenu de ce que:

$$E_m[\int_0^S e^{-\alpha s} f(X_s) ds] = E_m[\int_0^{+\infty} e^{-\alpha s} f(X_s) ds] - E_m[e^{-\alpha S} E_{X_S}[\int_0^{+\infty} e^{-\alpha s} f(X_s)\, ds]]$$

Il s'agit donc d'un problème d'arrêt optimal associé à la fonction

$$g(x) = - h(x) + E_x[\int_0^{+\infty} e^{-\alpha s} f(X_s)\, ds]$$

2.6. La méthode de résolution, généralement utilisée, repose sur <u>le principe d'optimalité de Bellman</u>: s'il existe un temps d'arrêt optimal U*, il est optimal dans la classe des temps d'arrêt qui le majorent, (il est dit sous-optimal), car:

$$E_m[e^{-\alpha U^*} g(X_{U^*})] = \sup_{S\in\underline{\underline{\tau}}} E_m[e^{-\alpha S} g(X_S)] = \sup_{S\in\underline{\underline{\tau}}, S\geq U^*} E_m[e^{-\alpha S} g(X_S)]$$

Mais alors, intuitivement, si on part de X_{U^*} à l'instant U*, 0 doit être optimal et $g(X_{U^*}) = \sup_{S\in\underline{\underline{\tau}}} E_{X_{U^*}}[e^{-\alpha S} g(X_S)]$

On est alors amené à rechercher un temps optimal comme début de l'ensemble $\{ q = g \}$, où $q(x) = \sup_{S\in\underline{\underline{\tau}}} E_x[e^{-\alpha S} g(X_S)]$.

Il faut souligner toutefois, que l'une des principales difficultés de la théorie est d'établir la mesurabilité et les principales propriétés de la fonction q(x).

Supposons un instant que la fonction q appartienne au domaine du générateur A du processus X et appliquons, en suivant [B3], <u>le principe de la programmation dynamique</u>, dans l'intervalle [o,t] où t est petit: si nous nous imposons de ne pas arrêter le processus dans ce petit intervalle, on peut espérer gagner au plus $E_x[e^{-\alpha t} q(X_t)]$, qui est donc sûrement inférieur à q(x). La fonction q, qui appartient au domaine du générateur, est donc α-excessive et $Aq - \alpha q \leq 0$.

A l'instant 0, on doit prendre une décision:

- on arrête immédiatement si $q = g$
- on laisse évoluer si $q > g$, mais alors le gain maximal est constant en espérance, et $Aq - \alpha g = 0$.

La fonction q doit donc satisfaire au système:

(2.6.1.) $q \geq g$, $Aq - \alpha g \leq 0$, $(Aq - \alpha q)(q - g) = 0$

étudié dans [B3] par A.Bensoussan et J.L. Lions, sous le nom d'inéquations variationnelles, lorsque A est un opérateur elliptique sur R^n.[Ce livre, très complet, présente entre autre, une étude exhaustive des solutions de ces inéquations variationnelles, ainsi que leur interprétation probabiliste, dans le cadre du problème de l'arrêt optimal de processus de diffusion dans R^n.]

Les "probabilistes" auront, entre autre, à tenir compte de la puissance de la méthode de pénalisation. (présentée ci-dessous en 2.77. etc)

Ils y montrent en particulier, que si g est une fonction "régulière", il existe (dans un bon espace fonctionnel), une solution et une seule au système d'inéquations (2.6.1), que nous désignons par u . u est clairement une fonction α-excessive, qui majore g, et harmonique sur l'ensemble $\{ u = g \}$, c'est à dire que si nous désignons par D le début de cet ensemble, (on suppose que $X_D \in \{ u = g \}$), $u(x) = E_x[e^{-\alpha D} u(X_D)] = E_x[e^{-\alpha D} g(X_D)]$

Rappelons que nous avons désigné par q la fonction:

$$q(x) = \sup_{U \in \underline{\underline{\tau}}} E_x[e^{-\alpha U} g(X_U)]$$

Si $\underline{\underline{\tau}}$ désigne ici l'ensemble de tous les temps d'arrêt, il est clair que u étant une fonction excessive qui majore g , u majore la fonction q . Mais d'autre part, le caractère harmonique de u, dont découle l'égalité ci-dessus, implique que u est majorée par q. Les fonctions u et q sont égales, et désignent la plus petite fonction α-excessive qui majore g, qu'on appelle <u>réduite d'ordre α de g</u> .

2.7. Lorsque le générateur de X n'est pas un opérateur élliptique sur R^n, c'est cette interprétation de q comme réduite d'ordre α qui a prévalu, utilisant là l'un des outils de base de la théorie du potentiel, [M5] . La justification de cette interprétation est difficile, et repose essentiellement sur la théorie des ensembles analytiques.(on trouvera en 2.50..,l'exposé des méthodes de [M7] pour résoudre cette difficulté.)

Mais, q étant la réduite d'ordre α de g , on montre que q est égale à la réduite d'ordre α de la fonction $q\, 1_{\{\lambda v < g\}}$ où λ est un nombre réel de $[0,1[$ ([M5]). Cette propriété a été exploitée par les probabilistes Dynkin ([D11]) et Shyriaev ([S1]) pour prouver l'existence de temps d'arrêt ε-optimaux, lorsque la fonction g est finement continue

28. Le premier, Mertens, [M3] et [M4], a abandonné le cadre markovien pour privilégier celui de la Théorie générale des Processus. Le problème se formule alors comme dans l'exemple A du chapitre I: Sur un espace de probabilité $(\Omega, \underline{\underline{F}}_t, \underline{\underline{F}}, P)$ satisfaisant aux conditions habituelles, on définit un processus de gain Y , optionnel. Il s'agit toujours de maximiser $E(Y_U)$, lorsque U décrit une classe $\underline{\underline{\tau}}$ de temps d'arrêt.

Lorsque $\underline{\underline{\tau}}$ est l'ensemble de tous les temps d'arrêt, la notion analogue à celle de réduite est celle d'enveloppe de Snell du processus Y, c'est à dire de plus petite surmartingale forte (processus optinnel qui satisfait à l'inégalité des surmartingales sur les temps d'arrêt), qui majore Y. Désignons par Z cette surmartingale. On montre que pour tout temps d'arrêt S,

$$Z_S = \text{esssup}_{U \geq S} E[Y_U/\underline{\underline{F}}_S]$$

c'est à dire que, pour tout temps d'arrêt S, Z_S est égal au gain optimal conditionnel, introduit au chapitre I,(du moins la notion parallèle de coût minimal conditionnel).

L'intérêt essentiel de ce nouveau point de vue est que le principe d'optimalité de Bellmann devient comme nous l'avons établi dans le premier chapitre un critère nécessaire et suffisant d'optimalité.

Dans ce cadre, Bismut et Skalli, [B8] et [B10], ont montré que si le processus de gain Y est continu à droite et régulier, la classe des temps d'arrêt sous-optimaux contient un plus petit élément U*, qui est en fait aussi un temps optimal, et même le plus petit des temps optimaux. Ils montrent ensuite que U* est le début de l'ensemble $\{ Y = Z \}$.

Toutefois, leur méthode ne se généralise pas aux processus moins réguliers,(limités à droite et à gauche, en abrégé làdlàg), considérés par M. Maingueneau dans [M1] et [E1] . Appliquant à l'enveloppe de Snell les méthodes "potentialistes" décrites plus haut, elle montre que pour tout temps d'arrêt S, si D_S^λ désigne le début après S de l'ensemble $\{ \lambda Z < Y \}$ $(\lambda<1)$,

$$E(Z_S) = E(Z_{D_S})$$

Après passage à la limite, il vient aisément que

$$\sup_{U\geq S} E(Y_U) = E(Z_S) = E[Y_{D_S} 1_{H_S} + Y^-_{D_S} 1_{H^-_S} + Y^+_{D_S} 1_{H^+_S}]$$

où H_S, H^-_S, H^+_S, sont des ensembles de $\underline{\underline{F}}_S$ disjoints, le temps d'arrêt D_S restreint à H^-_S étant prévisible.

Le défaut d'optimalité apparait alors clairement, et il est facile d'énoncer ensuite des conditions suffisantes d'optimalité. Ces méthodes ont été reprises dans [E1], lorque la classe $\underline{\underline{\tau}}$ est celle de tous les temps d'arrêt prévisibles, et ce sont elles que nous avons choisies de présenter ci-dessous dans le cadre encore plus général des tribus de Meyer.

2.9. La Théorie générale des processus aurait sûrement moins d'intérêt si elle ne permettait d'éclaircir le modèle markovien. Dans le problème qui nous préoccupe, elle permet de préciser considérablement la Théorie,une fois établi, et c'est vraiment difficile , que pour un processus de Markov et pour toute probabilité P_m, la P_m-enveloppe de Snell d'un processus optionnel ,

$$Y_t = e^{-\alpha t} g(X_t)$$

est indépendante de la loi initiale m, et égale à:

$$Z_t = e^{-\alpha t} q(X_t)$$

où q est la réduite d'ordre α de g .

Le principe d'optimalité de Bellman est maintenant sous sa forme classique, un critère nécessaire et suffisant, et le défaut d'optimalité parfaitement connu si le processus Y a des limites à droite et à gauche.

L'étude faite en Théorie générale montre en particulier, que si pour toute suite de temps d'arrêt , monotone , S_n, de limite S les fonctions $E_x[e^{-\alpha S_n} g(X_{S_n})]$ ont une limite inférieure ou égale à $E_x[e^{-\alpha S} g(X_S)]$,

le temps d'entrée D dans l'ensemble $\{ q = g \}$ est optimal, et c'est le plus petit des temps optimaux. On peut caractériser également le plus grand des tempsd'arrêt optimaux, mais un peu moins simplement.

En conclusion, à ce problème abordé par des techniques mathématiques très variées, l'apport de la Théorie générale des processus est de permettre d'établir que le principe d'optimalité de Bellman est en fait un critère nécessaire et suffisant, et de décrire le défaut exact d'optimalité par une étude précise sur "les trajectoires".

2.10 Pour clore ce paragraphe introductif et historique, nous présentons un exemple de tel problème, que nous recopions directement de [63]. On trouvera d'autres exemples très intéressants dans ce livre, ainsi que dans d'autres cités par les auteurs.

On considère une machine pouvant être en état de marche, ou en état de disfonctionnement. Selon les cas, son fonctionnement est décrit par un modèle différent, mais qui est toujours perturbé par un bruit. Le disfonctionnement apparait à un temps aléatoire que l'on ne peut donc connaitre exactement. Le problème est de choisir le oment optimal pour arrêter le fonctionnement compte-tenu des coûts suivants: si on arrête la machine avant qu'elle soit déréglée on paye une pénalité de 1, si on l'arrête après on paye une pénalité égale à c par unité de temps qui s'écoule entre l'instant de disfonctionnement et l'instant d'arrêt. Précisons le modèle de controle associé.

On suppose définis sur un espace filtré $(\Omega, \underline{\underline{F}}_t, \underline{\underline{F}})$, muni d'une famille P_α de probabilités, une variable aléatoire λ, réelle et positive, représentant la durée de vie de la machine avant qu'elle ne se dérégle, et dont la loi sous P_α est donnée par:

$$P_\alpha(\lambda = 0) = \alpha \qquad , \; P_\alpha(\lambda \geq t \mid \lambda > 0) = e^{-\mu t} \qquad t > 0 \, , \; \mu > 0 \, .$$

et un mouvement brownien B, indépendant de λ.

On observe le processus $d\xi_t = r(t-\lambda)^+ + \sigma \, dB \qquad , \; \xi_o = o$

Nous désignons par $\underline{\underline{G}}_t = \sigma(\xi_s, s \leq t)$ la filtration naturelle associée à l'observation ξ.

A tout $\underline{\underline{G}}$-temps d'arrêt U, nous associons une perte $c(\omega,u)$ égale à:

$$c(\omega,u) = 1_{\{U<\lambda\}} + c\,(U-\lambda)^+$$

Nous sommes donc dans une situation de contrôle non complétement observable, la fonction de perte étant mesurable par rapport à la tribu $\underline{\underline{F}}$.

Pour ramener ce problème à un problème d'arrêt optimal du type de ceux que nous venons de décrire, il est normal d'introduire le processus Y_t, projection $\underline{\underline{G}}$-optionnelle du processus $1_{\{\lambda \leq t\}}$.

Il est facile de voir que le coût moyen s'exprime simplement en fonction de Y par la formule :

$$E_\alpha[\, c(\omega,u)\,] = E_\alpha\,[1 - Y_U + c\int_0^U Y_s\, ds\,]\,.$$

On s'est donc ramené à une situation d'arrêt optimal classique, si on tient compte de ce qu'on peut établir que Y est solution d'une équation stochastique associée à un mouvement brownien $\bar{B}$, de la forme,

$$dY = \mu(1-Y)\,dt + r/\sigma\; Y(1-Y)\,d\bar{B}$$

$$Y_0 = \alpha\,.$$

RESOLUTION DU PROBLEME D'ARRET OPTIMAL DANS UN CADRE REGULIER

Nous nous proposons de résoudre rapidement et complétement le problème de l'arrêt optimal, lorsque le processus de gain est "régulier". Les outils et les méthodes seront les le cas général, mais plus difficiles à mettre en oeuvre, la difficulté technique ayant alors tendance à masquer les idées qui sont simples pourtant.

2.1 1 HYPOTHESES ET NOTATIONS

On se donne un espace filtré $(\Omega, \underline{\underline{F}}_{+\infty}, \underline{\underline{F}}_t, P)$, où la filtration $\underline{\underline{F}}_t$ est continue à droite, croissante et complète en ce sens que $\underline{\underline{F}}_0$ contient tous les ensembles P-négligeables de $\underline{\underline{F}}_{+\infty}$.

Le processus de gain Y est un processus $\underline{\underline{F}}$-adapté, continu à droite, limité à gauche, positif et borné. On le suppose défini jusqu'à l'infini.

Avant de poser le problème de l'arrêt optimal, nous redonnons quelques définitions que nous emploierons fréquemment tout au long de cette étude.

DEFINITIONS: <u>Nous désignons par</u> $\underline{\underline{T}}$ <u>l'ensemble de tous les</u> $\underline{\underline{F}}_t$ <u>temps d'arrêt</u>.

<u>Un</u> $\underline{\underline{T}}$<u>-système est une famille</u> $(X(S))_{S\in\underline{\underline{T}}}$ <u>de v.a. indexée par</u> $\underline{\underline{T}}$, <u>satisfaisant à</u> :

(2.11.1) i) $X(S) = X(T)$ P.p.s. sur $\{S = T\}$

ii) $X(S)$ est $\underline{\underline{F}}_S$- mesurable

<u>Un</u> $\underline{\underline{T}}$<u>-surmartingalsystème est un</u> $\underline{\underline{T}}$<u>-système qui satisfait de plus à</u> :

(2.11.2) i) $X(S)$ est intégrable pour tout S de $\underline{\underline{T}}$

ii) si S et T sont deux éléments de $\underline{\underline{T}}$ tels que $S \leq T$

$$E[X(T)/_{\underline{\underline{F}}_S}] \leq X(S) \quad \text{P.p.s.}$$

<u>Un</u> $\underline{\underline{T}}$<u>-système est continu à droite en espérance, si pour toute suite</u> S_n <u>décroissante de temps d'arrêt, de limite S</u>,

(2.11.3) $E[X(S_n)]$ converge vers $E[X(S)]$

<u>Un</u> $\underline{\underline{T}}$<u>-système est continu à gauche en espérance, si pour toute suite</u> U_n , <u>croissante, de temps d'arrêt de limite</u> U,

(2.11.4) $E[X(U_n)]$ converge vers $E[X(U)]$

<u>Un processus optionnel</u> Z <u>agrège le</u> $\underline{\underline{T}}$<u>-système</u> $X(S)$, $S\in\underline{\underline{T}}$ <u>si</u>:

(2.11.5) $Z_S = X(S)$ P.p.s.

2.12. Ce vocabulaire étant reprécisé, nous revenons au problème de l'arrêt optimal.

Nous avons vu au chapitre I que dans la recherche d'un temps d'arrêt U^* qui maximise $E(Y_U)$ lorsque U décrit la classe de tous les temps d'arrêt, l'outil essentiel est ce que nous appellerons ici <u>le gain maximal conditionnel</u>, défini par:

$$J(S) = \operatorname{esssup}_{U\geq S,\ U\in\underline{\underline{T}}} E[Y_U/_{\underline{\underline{F}}_S}] \quad \text{P.p.s.}$$

Les propriétés suivantes de ce $\underline{\underline{T}}$-système ont été établies en (1.19) mais se vérifient très simplement en tenant compte du caractère filtrant croissant de $\{ E[Y_{U}/_{\underline{\underline{F}}_S}] , U \geq S, U \in \underline{\underline{T}} \}$.

THEOREME: <u>Le gain maximal conditionnel J(S) défini par:</u>

(2.12.1.) $$J(S) = \text{esssup}_{U \geq S,\, U \in \underline{\underline{T}}} E[Y_U/_{\underline{\underline{F}}_S}] \quad \text{P.p.s.}$$

<u>est un $\underline{\underline{T}}$-surmartingalsystème.</u>

<u>Une condition nécessaire et suffisante pour qu'un temps d'arrêt U* soit optimal est que:</u>

(2.12.2.) i) $J(U^*) = Y_{U^*}$ P.p.s.

ii) $(J(S \wedge U^*))_{S \in \underline{\underline{T}}}$ est un $\underline{\underline{T}}$-martingalsystème.

PREUVE: Pour vérifier que J(S)est un $\underline{\underline{T}}$-système, il suffit de remarquer que, si A appartient à $\underline{\underline{F}}_S$, $J(S_A) = 1_A J(S) + 1_{A^c} Y_{+\infty}$.

Si A désigne l'ensemble où deux temps d'arrêt S et T coïncident, les temps d'arrêt S_A et T_A coincident, ce qui entraine immédiatement que $1_A J(S) = 1_A J(T)$ P.p.s.

La propriété de surmartingale est une conséquence immédiate de la possibilité d'intervertir esssup et espérance conditionnelle, qui permet d'écrire que:

si $S \leq T$ $$E[J(T)/_{\underline{\underline{F}}_S}] = \text{esssup}_{U \geq T} E[Y_U/_{\underline{\underline{F}}_S}] \quad \text{P.p.s.}$$

Le critère d'optimalité résulte de l'inégalité évidente

$$J(S) \geq Y_S \quad \text{P.p.s.}$$

et de la chaîne d'égalités:

$$\sup_{U \in T} E(Y_U) = E(Y_{U^*}) = \sup_{U \geq U^*} E(Y_U) = E[J(U^*)]$$
$$= \sup_{U \geq S \wedge U^*} E(Y_U) = E[J(S \wedge U^*)]$$

ainsi, bien sûr, que du caractère "surmartingal" de J(S). CQFD.

2.13 Nous avons besoin de propriétés supplémentaires du gain maximal conditionnel, pour rendre ce critère plus opératoire. Nous allons d'abord montrer que ce $\underline{\underline{T}}$-système s'agrège en une surmartingale continue à droite.

LEMME: <u>Le gain maximal conditionnel J(S) est continu à droite en espérance.</u>

$((J(S))_{S\in T}$ étant un $\underline{\underline{T}}$-surmartingalsystème, l'application de $\underline{\underline{T}}$ dans R^+, qui à U associe $E(J(U))$est une fonction décroissante de U. Supposons qu'elle ne soit pas continue à droite en U. On peut alors construire une suite U_n de temps d'arrêt, décroissante, de limite U, telle que $\lim_n E(J(U_n)) + \alpha \leq E(J(U))$.
Rappelons que $E(J(U)) = \sup_{S\geq U} E(J(S))$. On peut donc trouver un temps d'arrêt $S\geq U$, tel que:

$$\forall n\ ,\ \forall V\in \underline{\underline{T}},\ V \geq U_n \quad E(Y_V) + \alpha/2 \leq E(Y_S)$$

Ceci entraine en particulier que:

$$E(Y_S) \geq \alpha/2 + \sup_n E(Y_{S\vee U_n}) \geq \alpha/2 + \limsup_n E(Y_{S\vee U_n})$$

Les temps d'arrêt $U_n \vee S$ décroissent vers S, et Y est continu à droite, borné; la limite de $E(Y_{S\vee U_n})$ existe donc et est égale à $E(Y_S)$.
Une contradiction est ainsi établie.

REMARQUE: La même démonstration aurait convenu, si on était parti d' un $\underline{\underline{T}}$-système Y(S) continu à droite, plutôt que d'un processus continu à droite et borné.

Les surmartingalsystèmes continus à droite en espérance s'agrègent facilement.

2.14. PROPOSITION: *Soit X(S)*, $S\in\underline{\underline{T}}$ *,un* $\underline{\underline{T}}$*-surmartingalsystème, continu à droite en espérance, et borné. Il existe une unique surmartingale continue à droite et bornée*, X, *qui agrège X(S), c'est à dire que:*

pour tout S de $\underline{\underline{T}}$ $\qquad X_S = X(S)$

PREUVE: Le processus $X(r)_{r\in Q}$ est une surmartingale sur les rationnels dont l'espérance est continue à droite. On peut donc en choisir une version partout continue à droite sur les rationnels que nous prolongeons par continuité à droite à tous les réels. Nous la désignons par X . Par construction, pour tout temps d'arrêt S étagé rationnel, les v.a. X_S et X(S) sont égales p.s., ce qui entraine en particulier que:

(2.14.1) $\qquad E(X_S) = E[X(S)]$

Le processus X est continu à droite et borné, le $\underline{\underline{T}}$-système X(S) continu à droite en espérance, la relation (2.14.1.) s'étend donc à tous les temps d'arrêt.

Pour identifier X_S et $X(S)$, il reste à remarquer que par construction $X_{+oo} = X(+oo)$. Si A est un élément de $\underline{\underline{F}}_S$, l'égalité

$E[X_{S_A}] = E[1_A X_S + 1_{A^c} X_{+oo}] = E[X(S_A)] = E[1_A X(S) + 1_{A^c} X(+oo)]$

entraine immédiatement celle de : $E[1_A X_S] = E[1_A X(S)]$. CQFD.

2.15. Appliquons l'ensemble de ces résultats au problème d'arrêt optimal.

THEOREME: <u>Soit Y, un processus adapté, continu à droite et borné</u>, <u>positif</u> <u>Il existe une unique surmartingale , continue à droite et bornée, qui agrège le gain maximal conditionnel, que nous désignons par</u> J; <u>On a donc</u>:

(2.15.1) $J_S = \text{esssup}_{U \geq S}\, E[Y_U/\underline{\underline{F}}_S]$ P.p.s.

<u>J est la plus petite surmartingale continue à droite qui majore</u> Y . <u>On l'appelle l'enveloppe de Snell de Y</u>,(en abrégé SN(Y)).

PREUVE: Compte-tenu du lemme 2.13. et de la proposition 2.14., il reste seulement à vérifier que toute surmartingale continue à droite, qui majore Y majore J. Mais, ceci est une conséquence du théorème d'arrêt de Doob, qui établit que l'inégalité des surmartingales reste valable pour tous les temps d'arrêt;(nous avons supposé les processus définis jusqu'à l'infini.)

2.16. Pour progresser dans la résolution du problème d'arrêt optimal, nous allons établir une propriété d'approximation du gain maximal conditionnel, tout à fait classique en Théorie du potentiel,([M9]), et intuitive en arrêt optimal, car elle traduit l'idée qu'en moyenne le gain maximal ne peut croitre qu'en des temps sousoptimaux.(cf l'introduction historique.)

PROPOSITION: <u>Désignons pour tout nombre réel</u> $\lambda \in [0,1[$ <u>par</u> A^λ <u>l'ensemble</u> $A^\lambda = \{(\omega,t);\ Y_t(\omega) \geq \lambda\, J_t(\omega)\}$

<u>et par</u> D_S^λ <u>le début après S de cet ensemble, c'est à dire que</u>:

$$D_S^\lambda = \inf\{t \geq S;\ (\omega,t) \in A^\lambda\} = \inf\{t \geq S;\ Y_t \geq \lambda\, J_t\}$$

(2.16.1) $J_S = E[J_{D_S^\lambda}/\underline{\underline{F}}_S]$ P.p.s.

PREUVE: Etudions le $\underline{\underline{T}}$-système $J^o(S)$ défini par:

$$J^o(S) = E[J_{D_S^\lambda}/\underline{\underline{F}}_S]$$

L'ensemble A^λ étant fermé à droite, le processus $t \to D_t^\lambda$ est continu à droite.

Le $\underline{\underline{T}}$-système $J^o(S)$, qui est un $\underline{\underline{T}}$-surmartingalsystème, car J est une surmartingale continue à droite et bornée, est donc continu à droite en espérance. D'après la proposition 2.14., il existe une surmartingale continue à droite J^o, qui agrège $J^o(S)$,(pour les familiers de la Théorie Générale des Processus c'est évidemment la projection optionnelle du processus continu à droite $J_{D_t^\lambda}$).

Par construction, pour tout temps d'arrêt T tel que :

$$Y_T \geq \lambda J_T , \quad D_T^\lambda = T , \text{ et } J_T^o = J_T \qquad \text{P.p.s.}$$

Le processus $\lambda J + (1-\lambda)J^o$ est une surmartingale continue à droite, qui est égale à J sur l'ensemble A^λ, qui majore λJ et donc Y sur l'ensemble $(A^\lambda)^c$ .Elle majore donc Y partout, et donc J d'après (2.15.). Mais par construction J^o est majorée par J. L'identité de $\lambda J + (1-\lambda)J^o$ avec J entraine que :

$$J^o = J \quad \text{à l'indistinguabilité près.} \qquad \text{CQFD.}$$

REMARQUE: Nous avons en fait démontré, que toute surmartingale positive, continue à droite,majorée par J, et égale à J sur A^λ est indistinguable de J.

2.17. Pour alléger l'écriture, nous désignons par D^λ(et non D_o^λ) , le début de l'ensemble A^λ. C'est un temps d'arrêt optimal à $(1-\lambda)$ près.

COROLLAIRE: <u>Sous les hypothèses de la proposition 2.16., on a</u> :

(2.17.1.) $$J_{D^\lambda} \leq 1/\lambda \; Y_{D^\lambda} \qquad \text{P.p.s.}$$

(2.17.2.) $$J_{SAD^\lambda} = E[J_{D^\lambda}/\underline{\underline{F}}_{SAD^\lambda}] \leq 1/\lambda \; E[Y_{D^\lambda}/\underline{\underline{F}}_{SAD^\lambda}]$$

(2.17.3.) $$\sup_{S\in T} E(Y_S) \leq 1/\lambda \; E[Y_{D^\lambda}]$$

PREUVE: Les processus Y et J étant continus à droite, le début de l'ensemble A^λ appartient à cet ensemble, cequi est exactement la relation (2.17.1.)

La relation (2.17.2.) est immédiate, une fois remarqué que:

$$D^{\lambda}_{SAD^{\lambda}} = D^{\lambda} \qquad \text{P.p.s.}$$

Quant à la dernière, c'est la relation (2.17.2.), considérée en $S = 0$, et intégrée. CQFD .

REMARQUE: Ces conditions sont évidemment à rapprocher des conditions (2.12.2), du critère d'optimalité: le processus J est donc une martingale jusqu'au temps D^{λ}, minorée par $1/\lambda\ Y$, (il n'y a pas encore eu égalité entre J et Y). Un temps optimal, qui réalise nécessairement $J = Y$, est donc nécessairement supérieur à D^{λ} pour tout $\lambda \in [0,1[$. Il est alors tout à fait naturel de faire tendre λ vers 1.

2.18. Toutefois, l'existence d'un temps d'arrêt optimal ne pourra être obtenue que sous une hypothèse de continuité à gauche en espérance du processus Y, tout à fait naturelle si on a remarqué que la suite des temps d'arrêt D^{λ} croit avec λ.

THEOREME: Considérons un processus de gain Y, continu à droite, positif, borné, adapté. Nous supposons de plus ce processus continu à gauche en espérance (2.11.4.), c'est à dire que :

Pour toute suite croissante U_n de temps d'arrêt de limite U,

$$E[Y_{U_n}] \quad \text{converge vers} \quad E[Y_U]$$

J est la surmartingale continue à droite, qui agrège le gain maximal conditionnel $J_S = \text{essup}_{U \geq S}\ E[Y_U/\underline{\underline{F}}_S]$ P.p.s.

Le temps d'arrêt D, début de l'ensemble $\{ Y = J \}$ est un temps d'arrêt optimal, c'est à dire que:

$$\sup_{U \in \underline{\underline{T}}} E[Y_U] = E[\ Y_D\ ]$$

DEMONSTRATION: Considérons une suite croissante de nombres $\lambda_n \in [0,1[$ de limite 1. Les ensembles A^{λ_n} sont décroissants, et leurs débuts croissants. Nous désignons par $\overline{D}$, la limite croissante des D^{λ_n}.

D'après (2.17.3.),

$$\sup_{S \in \underline{\underline{T}}} E[Y_S] \leq 1/\lambda_n\ E[Y_{D^{\lambda_n}}]$$

$$\leq \lim_n\ 1/\lambda_n\ E[Y_{D^{\lambda_n}}] = E[Y_{\overline{D}}]$$

puisque par hypothèse, Y est continu à gauche en espérance.

Le temps d'arrêt $\overline{D}$ est optimal, et par construction inférieur à

D, puisque les ensembles A^λ contiennent tous l'ensemble $\{ Y = J \}$. Mais, d'après le critère d'optimalité, $\overline{D}$ étant optimal, $J_{\overline{D}} = Y_{\overline{D}}$. $\overline{D}$ est donc supérieur au début de l'ensemble $\{ Y = J \}$, c'est à dire à D. CQFD.

REMARQUE 1: Sans l'hypothèse de continuité à gauche en espérance du processus de gain, nous aurions pu étudier précisément le comportement de Y_{D^λ}, lorsque λ croit vers 1, en supposant Y limité à gauche. C'est ce que nous ferons dans le cadre général, faisant apparaitre ainsi exactement le défaut d'optimalité.

REMARQUE 2 : Un processus optionnel borné Y, continu à gauche en espérance est appelé <u>régulier</u> dans [D6] . On peut montrer que cette hypothèse implique en fait que le processus Y admet des limites à gauche, et que si Y^- désigne le processus des limites à gauche de Y et Y^p la projection prévisible de Y, ces deux processus sont indistinguables.

On peut également montrer de la même façon, que si Y est un processus optionnel et borné, la continuité à droite des trajectoires de Y est équivalente à la continuité à droite en espérance du processus Y.

2.19. Compte-tenu de toutes ces remarques, le théorème prend la forme simple suivante:

THEOREME: <u>Soit Y un processus, optionnel et borné, d'enveloppe de Snell J. On suppose Y continu à droite et continu à gauche en espérance.</u>

<u>Le début</u> D <u>de l'ensemble</u> $\{ Y = J \}$ <u>est un temps d'arrêt optimal.</u>

2.20 La caractérisation suivante de l'enveloppe de Snell d'un processus continu à droite est fort utile dans la pratique pour identifier une surmartingale à l'enveloppe de Snell.

PROPOSITION: <u>Toute surmartingale</u> Z, <u>continue à droite, qui majore</u> <u>Y</u>, (<u>avec la condition frontière</u> $Y_{+\infty} = Z_{+\infty}$), <u>et qui satisfait à</u>

(2.20.1.) $$Z_S = E[Z_{\delta_S^\lambda} / \underline{\underline{F}}_S] \quad \text{où } \delta_S^\lambda = \inf\{t \geq S;\ \lambda Z_t \leq Y_t\}$$

pour tout $\lambda \in [0,1[$

<u>est identique à l'enveloppe de Snell de Y.</u>

PREUVE: Nous désignons par J, l'enveloppe de Snell de Y , qui est majorée par Z, puisque Z est une surmartingale continue à droite, qui majore Y. De plus, ces deux surmartingales ayant la même valeur à l'infini, pour établir qu'elles sont égales,il suffit de vérifier qu'elles ont même espérance en tout temps d'arrêt. D'après (2.20.1.),

$E[Z_S] \leq 1/\lambda\, E[Y_{\delta_S^\lambda}] \leq 1/\lambda\, E[J_{\delta_S^\lambda}] \leq 1/\lambda\, E[J_S]$, pour tout $\lambda \in [0,1[$.

car Z zt Y sont continus à droite et que J est une surmartingale qui majore Y. On a ainsi établi l'égalité en espérance des deux processus. CQFD.

REMARQUE: Reprenant les notations du paragraphe 2.6. de l'introduction historique,nous voyons immédiatement que si le processus $e^{-\alpha t} g(X_t)$ est continu à droite, tout processus de la forme $e^{-\alpha t} u(X_t)$, où u est solution du système d'inéquations variationnelles décrites dans ce paragraphe, est identique à l'enveloppe de Snell de Y,car d'après (2.6.1.) u est le α-potentiel d'une fonction nulle en dehors de l'ensemble $\{ u = g \}$.

ARRET OPTIMAL : LE CAS GENERAL

2.21. Nous revenons au problème d'arrêt optimal dans un cadre aussi général que celui utilisé pour présenter, dans le premier chapitre une modélisation du contrôle.

Le processus de gain Y est un processus observable, donc $\underline{\underline{A}}$-mesurable, que l'on connait aux temps d'observation S de la chronologie $\underline{\underline{\tau}}$. Comme nous l'avons vu au premier chapitre, on obtient un critère d'optimalité opératoire en faisant intervenir le gain maximal conditionnel, qui est le τ-surmartingalsystème défini par:

$$J(S) = \operatorname{essup}_{U \geq S,\ U \in \underline{\underline{\tau}}} E[Y_U / \underline{\underline{G}}_S] \qquad \text{P.p.s.}$$

Nous avons souligné dans le cadre régulier quele problème de l'agrégation de ce τ-surmartingalsystème est important en vue de

la résolution du problème d'arrêt optimal.
Nous présentons ici une démonstration de l'agrégation des τ-surmartingalsystèmes différente de celle proposée dans le cadre régulier(2.14.), mettant en oeuvre des "moyens" mathématiques assez élaborés. Due initalement à P.A.Meyer,([M6] et [L8]), elle a été reprécisée dans le cadre qui nous préoccupe ici, par C.Dellacherie, et E.Lenglart, dans un très bel article([D8]), que nous reproduisons presqu'intégralement . (Que les auteurs m'excusent, il ne s'agit nullement de plagiat, mais seùlement de la certitude que je ne saurai faire mieux.)
Après avoir rappelé les propriétés essentielles des tribus de Meyer par rapport auxquelles nous travaillons, et de la chronologie considérée, nous montrons que tout τ-surmartingalsystème est agrégeable en une $\underline{\underline{A}}$-surmartingale, dont nous précisons la décomposition lorsqu'elle est de la classe(D).
Un procédé d'approximation de l'enveloppe de Snell du processus de gain Y, analogue à celui décrit dans le modèle régulier, permet de préciser le "défaut d'optimalité" et de déduire des conditions suffisantes et "presque nécessaires" d'optimalité.

TRIBUS DE MEYER ET TEMPS D'ARRET

2.22 Nous reprenons en recopiant ([D8]), les principales notions introduites au paragraphe 1.2 du chapitre I.
Plus précisément, nous travaillons sur un espace probabilisé complet $(\Omega,\underline{\underline{F}},P)$, muni d'une filtration $(\underline{\underline{F}}_t)$ telle que $\underline{\underline{F}}$ soit la complétée de $\underline{\underline{F}}_{+\infty} = \bigvee_t \underline{\underline{F}}_t$

DEFINITION : (2.22.1.) <u>Une tribu $\underline{\underline{A}}$ sur $R^+\times\Omega$ est une tribu de Meyer relativement à $\underline{\underline{F}}$, si elle satisfait aux conditions</u> de 1.2.

i) <u>Elle est engendrée par des processus càdlàg</u>, $\underline{\underline{F}}_t$-adaptés.

ii) <u>Elle contient la tribu déterministe</u> $\underline{\underline{B}}(R^+)\times\{\emptyset, \Omega\}$

iii) <u>Elle est stable par arrêt à des temps fixes</u>.

REMARQUE: La tribu optionnelle relativement à $\underline{\underline{F}}$, $\underline{\underline{O}}$, c'est à dire la tribu engendrée par tous les processus càdlàg adaptés , ou la tribu prévisible engendrée par tous les processus continus adaptés, $\underline{\underline{P}}$, sont des tribus de Meyer.

A une tribu de Meyer, nous associons une filtration $\underline{G}$, en associant à tout $t \in R^+$ une tribu $\underline{\underline{G}}_t$ sur Ω, engendrée par les v.a. X_t lorsque X décrit l'ensemble des processus $\underline{\underline{A}}$-mesurables. La tribu $\underline{\underline{A}}$ étant stable par arrêt, cette famille est croissante. On pose $\underline{\underline{G}}_{+\infty}$ égale à $\bigvee_t \underline{\underline{G}}_t$. La filtration $\underline{G}$ n'est pas nécessairement continue à droite, aussi définissons-nous la filtration $\underline{G}^+$ par :

$$\underline{\underline{G}}_t^+ = \bigcap_{s>t} \underline{\underline{G}}_s \qquad \text{et} \qquad \underline{\underline{G}}_{0-}^+ = \underline{\underline{G}}_0$$

Il est clair que la tribu $\underline{\underline{A}}$ contient la tribu prévisible relativement à la filtration $\underline{G}$ (ou $\underline{G}^+$ car c'est manifestement la même), et est contenue dans la tribu optionnelle relativement à $\underline{G}$.

DEFINITION: (2.22.2.) Une v.a. S à valeurs dans $[0,+\infty]$ est un $\underline{\underline{A}}$-temps d'arrêt (en abrégé $\underline{\underline{A}}$-t.a.), si l'intervalle stochastique $[\![T,+\infty[\![$ appartient à $\underline{\underline{A}}$.

A tout temps d'arrêt S, on associe la tribu $\underline{\underline{G}}_S$, engendrée par les v.a. de la forme X_S, où X parcourt l'ensemble des processus $\underline{\underline{A}}$-mesurables, définis jusqu'à l'infini(au sens où $t \to X_t$ est $\underline{\underline{A}}$-mesurable, et $X_{+\infty}$ est $\underline{\underline{G}}_{+\infty}$-mesurable).

Lorque $\underline{\underline{A}} = \underline{\underline{O}}(\underline{G})$, on retrouve la tribu associée habituellement à un temps d'arrêt, et lorsque $\underline{\underline{A}} = \underline{\underline{P}}(\underline{G})$, on retrouve la tribu $\underline{\underline{G}}_{S-}$.

De manière générale, on a les inclusions :

$$\underline{\underline{G}}_{S-} \subseteq \underline{\underline{G}}_S \subseteq \underline{\underline{G}}_S^+$$

et l'égalité $\qquad \underline{\underline{G}}_S = \{ H \in \underline{\underline{G}}_{+\infty} : S_H \text{ est un } \underline{\underline{A}}\text{-t.a. } \}$, où comme d'habitude, on a posé $S_H = S$ sur H, $= +\infty$ sur H^c.

La filtration $\underline{F}$ étant P-complète, la tribu $\underline{\underline{A}}$ est P-complète au sens de [L2],(article dans lequel on trouvera une étude systématique des tribus de Meyer, ainsi que la démonstration de tous les théorèmes de section et de projection que nous allons citer ci-dessous). En particulier, le début d'un ensemble A $\underline{\underline{A}}$-mesurable, est un $\underline{\underline{A}}$-temps d'arrêt si son graphe est inclus dans A, c'est à dire que si D désigne ce temps, lorsque l'inclusion suivante est vraie:

(2.22.3.) $\qquad \{(\omega,t);\ t = D(\omega)\ \} \subseteq A$

2.23. Nous énonçons maintenant les théorèmes fondamentaux de la théorie générale des processus.

THEOREME DE SECTION: (2.23.1.) Soit B un élément de $\underline{\underline{A}}$. Pour tout $\varepsilon > 0$, il existe un $\underline{\underline{A}}$-temps d'arrêt S tel que B en contienne le graphe $[\![S]\!] = \{(\omega, S(\omega)),\ S(\omega) < +\infty\}$, et que l'on ait :

$P(S < +\infty) > P[\pi(B)] - \varepsilon$, où $\pi(B)$ est la projection de B sur Ω.

REMARQUE: Si S est un $\underline{\underline{A}}$-t.a., son graphe $[\![S]\!]$ est un élément de la tribu $\underline{\underline{A}}$. Réciproquement, si le graphe d'une v.a. appartient à la tribu $\underline{\underline{A}}$, le théorème de section prouve que c'est un $\underline{\underline{A}}$-t.a. lorsque la tribu de Meyer $\underline{\underline{A}}$ est P-complète.

THEOREME DE PROJECTION: (2.23.2.) Soit X un processus mesurable borné ou positif. Il existe un processus $\underline{\underline{A}}$-mesurable, unique à l'indistinguabilité près, ${}^{A}X$, tel que pour tout $\underline{\underline{A}}$-t.a. fini S on ait : ${}^{A}X_S = E[X_S/\underline{\underline{G}}_S]$ p.s. Ce processus est appelé la $\underline{\underline{A}}$-projection de X.

THEOREME DE PROJECTION DUALE: (2.23.3.) Soit B un processus croissant, mesurable et intégrable, c'est à dire que la v.a. $B_{+\infty}$ est intégrable. Il existe un processus croissant, continu à droite, $\underline{\underline{A}}$-mesurable et intégrable, unique, noté B^{A}, qui vérifie : pour tout processus mesurable, positif ou borné X

$$E\int_0^{\infty} X_s\, dB_s^{A} = E\int_0^{\infty} {}^{A}X_s\, dB_s$$

2.24. Avant de conclure ces rappels de théorie générale, nous énonçons un théorème d'Analyse fonctionnelle, dont on peut trouver la démonstration dans ([LB]), dans un cadre un petit peu différent, et qui est du à P.A.Meyer.

Nous désignons par $\underline{\underline{H}}$ un espace vectoriel de processus, stable par $\wedge$, contenant les constantes et possédant les propriétés suivantes:

i) Tout Z de $\underline{\underline{H}}$ est un processus borné, làdcàg,(abréviation de limité à droite et continu à gauche), $\underline{\underline{A}}$-mesurable ainsi que le processus Z^{+} des limites à droite.

ii) Pour tout $\underline{\underline{A}}$-t.a. S, le processus $1_{]\!]S,+\infty[\![}$ appartient à $\underline{\underline{H}}$.

THEOREME: Soit Φ une forme linéaire positive sur $\underline{\underline{H}}$, possédant la propriété de continuité suivante:
pour toute suite (Z^n) décroissante, d'éléments de $\underline{\underline{H}}$ positifs, telle que $\lim_n [\sup_t |X_t|] = 0$, on a $\lim_n \Phi(Z^n) = 0$.
Il existe deux processus croissants, continus à droite, A et B, $\underline{\underline{A}}$-mesurables, tels que: A est purement discontinu, continu à l'infini B est G-prévisible, nul en 0, uniques à l'indistinguabilité près, tels que pour tout Z de $\underline{\underline{H}}$,

(2.24.1.) $$\Phi(Z) = E\left[\int_{]0,+\infty]} Z_{s-}\, dB_s + \int_{[0,+\infty[} Z_s\, dA_s\right]$$

CHRONOLOGIE ET $\underline{\underline{\tau}}$-SYSTEMES

2.25. Toujours dans la ligne des notions introduites dans le premier chapitre nous dirons que:

DEFINITION: (2.25.1.) Une famille $\underline{\underline{\theta}}$ de $\underline{\underline{A}}$-t.a. est une chronologie faible, si elle contient 0, est stable par les sup et inf finis, et contient une suite (S_n) telle que $\sup_n S_n = +\infty$.
Une chronologie faible $\underline{\underline{\tau}}$ est une chronologie, si elle est de plus stable par découpage, c'est à dire que $+\infty$ appartient à $\underline{\underline{\tau}}$ et que : $S \in \underline{\underline{\tau}}$ et $H \in \underline{\underline{G}}_S \Rightarrow S_H \in \underline{\underline{\tau}}$
La chronologie de tous les $\underline{\underline{A}}$-temps d'arrêt est désignée par $\underline{\underline{\Sigma}}$, celle des G^+-tempsd'arrêt par $\underline{\underline{T}}$

REMARQUE: L'ensemble des temps fixes est une chronologie faible.

Rappelons une fois de plus,pour fixer les notations la définition d'un $\underline{\underline{\tau}}$-système.

DEFINITION: (2.25.2.) Une famille $(X(S))_{S\in\underline{\underline{\theta}}}$, indéxée par la chronologie faible $\underline{\underline{\theta}}$, est un θ-système, si :

i) $X(S) = X(T)$ p.s. sur $\{ S = T \}$, pour tous S et T de $\underline{\underline{\theta}}$

ii) $X(S)$ est $\underline{\underline{G}}_S$ -mesurable pour tout S de $\underline{\underline{\theta}}$

Un processus X, défini jusqu'à l'infini agrège le θ-système, si il est $\underline{\underline{A}}$-mesurable, et si l'on a: $X_S = X(S)$ pour tout S de $\underline{\underline{\theta}}$

REMARQUE: Si la chronologie faible $\underline{\underline{\theta}}$ est égale à $\underline{\underline{\Sigma}}$, le théorème de section (2.23.1) assure l'unicité du processus qui agrège.

Nous aurons surtout à agréger des Θ-systèmes vérifiant une propriété liée à la théorie des martingales; plus précisement, (et le lot de définitions sera enfin épuisé),

DEFINITION: (2.25.3) Un Θ-système $(X(S))_{S\in\underline{\underline{\Theta}}}$, indéxé par une chronologie faible $\underline{\underline{\Theta}}$, est un Θ-surmartingalsystème si:

i) $X(S)$ est intégrable pour tout $S\in\underline{\underline{\Theta}}$

ii) $X(S) \geq E[X(T)/\underline{\underline{G}}_S]$ p.s. pour tous S et $T\in\underline{\underline{\Theta}}$ tels que $S \leq T$

Un processus X $\underline{\underline{A}}$-mesurable est une $\underline{\underline{A}}$-surmartingale, si le Σ-système $(X_S)_{S\in\underline{\underline{\Sigma}}}$ est un Σ-surmartingalsystème.

REMARQUE: Il est établi dans ([L2]) que toute $\underline{\underline{A}}$-surmartingale est à trajectoires làdlàg. En fait, nous allons voir qu'il suffit d'avoir cette propriété pour les $\underline{\underline{A}}$-martingales.

La proposition suivante montre que l'étude des Θ-surmartingalsystèmes peut toujours être menée par rapport à une chronologie.

PROPOSITION: (2.25.4.) Soit $\underline{\underline{\Theta}}$ une chronologie faible, qui contient +oo, et $\overline{\underline{\underline{\Theta}}}$ la plus petite chronologie qui contient $\underline{\underline{\Theta}}$. Les éléments de $\overline{\underline{\underline{\Theta}}}$ sont les $\underline{\underline{A}}$-t.a. Θ-étagés S, qui s'écrivent

$S = \Sigma_{1\leq i\leq n} 1_{A_i} S_i$, où $S_i \in \underline{\underline{\Theta}}$ et $A_i \in \underline{\underline{G}}_{S_i}$

Tout Θ-surmartingalsystème se prolonge en un $\overline{\Theta}$-surmartingalsystème.

PREUVE: Il est clair que toute chronologie contenant $\underline{\underline{\Theta}}$ contient l'ensemble de tous les $\underline{\underline{A}}$-t.a. Θ-étagés. Mais cet ensemble est lui-même une chronologie, qui est donc la plus petite chronologie contenant $\underline{\underline{\Theta}}$.

Pour établir qu'un Θ-surmartingalsystème $X(S)_{S\in\underline{\underline{\Theta}}}$ se prolonge en un $\overline{\Theta}$-surmartingalsystème, nous nous donnons deux t.a. de $\overline{\underline{\underline{\Theta}}}$, S,T, tels que $S \leq T$. Par un procédé de réarrangement croissant des t.a. qui déterminent S et T, (lemme 9 de [D8]), on peut supposer qu'il existe une suite croissante $U_1, U_2, U_3 \ldots U_n$, avec $U_n = +oo$, et des partitions $A_1, A_2, \ldots A_n, B_1, B_2, \ldots B_n$ de Ω, telles que pour tout i, A_i et B_i appartiennent à $\underline{\underline{G}}_{U_i}$,

$$S = \Sigma_{1\leq i\leq n} U_i 1_{A_i} \qquad \text{et } T = \Sigma_{1\leq i\leq n} U_i 1_{B_i}$$

Il est clair que l'inégalité des surmartingales est satisfaite entre les v.a. $X(S) = \Sigma_{1\leq i\leq n} 1_{A_i} X(U_i)$ et

$$X(T) = \Sigma_{1\leq i\leq n} 1_{B_i} X(U_i) \quad .$$

Σ-SURMARTINGALSYSTEMES ET $\underline{\underline{A}}$-SURMARTINGALES

Le théorème d'Analyse fonctionnelle 2.24 permet de résoudre rapidement le problème de l'agrégation des Σ-surmartingalsystèmes.

2.26 PROPOSITION: Soit $(X(S))_{S\in\underline{\underline{\Sigma}}}$ un Σ-surmartingalsystème.

i) Il existe une unique $\underline{\underline{A}}$-surmartingale X qui agrège X(S), c'est à dire telle que: $\forall\, S\in\underline{\underline{\Sigma}}\ X_S = X(S)$ p.s.

ii) Si le Σ-système $(X(S))_{S\in\underline{\underline{\Sigma}}}$ est de la classe (D), la $\underline{\underline{A}}$-surmartingale X est de la classe (D) et se décompose en:

(2.26.1) $\qquad X = M - A^{-} - B$

où $\qquad$ M est une $\underline{\underline{A}}$-martingale jusqu'à l'infini

A un processus croissant, continu à droite, intégrable, ne chargeant pas +oo et $\underline{\underline{A}}$-mesurable.

B un processus croissant, continu à droite, intégrable, ne chargeant pas 0, mais purement discontinu et G-prévisible

Cette décomposition est unique.

REMARQUE: Ce théorème contient en fait deux résultats de nature différente, obtenus simultanément au cours de la démonstration: le résultat d'agrégation des Σ-surmartingalsystèmes, et celui de la décomposition des $\underline{\underline{A}}$-surmartingales de la classe (D).

DEMONSTRATION: Nous supposons d'abord le $\underline{\underline{\Sigma}}$-système $(X(S))_{S\in\underline{\underline{\Sigma}}}$ de la classe (D).

Nous considérons l'espace vectoriel $\underline{\underline{H}}$ engendré par les processus $1_{]S,+oo[}$. On peut montrer que $\underline{\underline{H}}$ est exactement l'ensemble des processus continus à gauche, $\underline{\underline{A}}$-mesurables,

$$Z = \Sigma_{1\leq i\leq n} z_i 1_{]S_i, S_{i+1}]}\ , \text{ avec } S_i\in\underline{\underline{\Sigma}} \quad \text{et } z_i\in \underline{\underline{G}}_{S_i}$$

où la suite des $\underline{\underline{A}}$-t.a. $S_1, S_2, .. S_n$ est croissante.

L'application Φ qui à $Z\in\underline{\underline{H}}$ associe

$$\Phi(Z) = \Sigma_{1\leq i\leq n} E[z_i(X(S_{i+1}) - X(S_i))]$$

est une forme linéaire positive, dont nous allons montrer qu'elle satisfait à la condition de continuité du théorème 2.24.
Soit donc une suite $(Z^n)_{n\in N}$,suite décroissante d'éléments positifs de $\underline{\underline{H}}$ tels que: $\lim_n \sup_t Z_t^n = 0$
Fixons $\varepsilon>0$, et posons $U_n = \inf\{t, Z_t^n>\varepsilon\}$,(avec la convention habituelle $\inf\emptyset = +\infty$.). La description donnée ci-dessus de tous les éléments de $\underline{\underline{H}}$ montre aisément que U_n est un $\underline{\underline{A}}$-t.a. et que le processus Z^n, continu à gauche comme tous les éléments de $\underline{\underline{H}}$ est majoré par ε sur $]0,U_n]$. La condition de convergence satisfaite par la suite Z^n implique qu'à partir d'un certain rang la suite U_n est infinie. Ces remarques permettent d'établir que :

$$\Phi(Z^n) = \Phi(Z^n 1_{]0,U_n]}) + \Phi(Z^n 1_{]U_n,+\infty]})$$
$$\leq \varepsilon\,\Phi(1_{]0,U_n]}) + |Z^1|_{+\infty}\,\Phi(1_{]U_n,+\infty]})$$

Mais la suite $\Phi(1_{]U_n,+\infty]}) = E[X(+\infty) - X(U_n)]$ converge vers 0, car la suite de v.a. $X(+\infty)- X(U_n)$ converge p.s. vers 0, tout en étant uniformément intégrable, donc aussi dans L^1.
Il est clair par ailleurs que la suite $\Phi(1_{]0,U_n]})$ converge vers une limite finie. La suite $\Phi(Z^n)$ converge donc vers 0.
Le théorème 2.24 donne immédiatement l'existence des processus croissants A et B satisfaisant aux hypothèses du théorème et à : pour tout $S\in\underline{\underline{\Sigma}}$ et tout C de $\underline{\underline{G}}_S$,

$$E[1_C(X(+\infty)-X(S))] = E[1_C(\int_{]S,+\infty]} dB_s + \int_{[S,+\infty[} dA_s)],\text{ d'où}$$
$$E[1_C X(S)] = E[1_C(X(+\infty)-A_{\infty} - B_{\infty} + A_S^- + B_S)]$$

Le cas général se déduit facilement des résultats obtenus lorsque le $\underline{\underline{\Sigma}}$-surmartingalsystème est de la classe (D). On commence par retrancher le $\underline{\underline{\Sigma}}$-martingalsystème $E[X(+\infty)/\underline{\underline{G}}_S]$, se ramenant ainsi à un $\underline{\underline{\Sigma}}$-système positif.
On agrège ensuite les $\underline{\underline{\Sigma}}$-surmartingalsystèmes $X(S)\wedge n = X^n(S)$ en des $\underline{\underline{A}}$-surmartingales X^n. Le processus $X = \liminf X^n$ est $\underline{\underline{A}}$-mesurable, et c'est une $\underline{\underline{A}}$-surmartingale qui agrège X(S) .CQFD.

2.27 Les propriétés suivantes des $\underline{\underline{A}}$-surmartingales sont établies dans ([12]). Ce sont des conséquences immédiates de la décomposition (2.26.1.) et des propriétés des $\underline{\underline{A}}$-martingales.

Nous utiliserons fréquemment les notations classiques suivantes: Si X est un processus limité à droite et limité à gauche,(en abrégé làdlàg), nous désignons par X^+ le processus des limites à droite, et par X^- le processus des limites à gauche.

D'autre part, si X est un processus mesurable, positif ou borné, nous notons ${}^{A}X$ sa projection $\underline{\underline{A}}$-mesurable, et par ${}^{p}X$ sa projection $\underline{\underline{G}}$-prévisible.

PROPOSITION: Toute $\underline{\underline{A}}$-martingale jusqu'à l'infini M est làdlàg. Le processus M^+ est une $\underline{\underline{G}}^+$-martingale, dont la projection $\underline{\underline{A}}$-mesurable est égale à M,

(2.27.1.) $$M = {}^{A}(M^+)$$

Toute $\underline{\underline{A}}$-surmartingale de la classe (D), X, est làdlàg. C'est la projection $\underline{\underline{A}}$-mesurable d'une $\underline{\underline{G}}^+$-surmartingale forte,(c'est à dire d'une $\underline{\underline{O}}^+$-surmartingale, si $\underline{\underline{O}}^+$ désigne la tribu optionnelle associée à $\underline{\underline{G}}^+$), $\hat{X}$, telle que :

(2.27.2.) $$\hat{X}^+ = X^+$$

On a de plus les interprétations suivantes des sauts ΔA et ΔB des processus croissants A et B qui interviennent dans la décomposition de X en $M - A^- - B$.

(2.27.3.) $$\Delta A = A - A^- = X - {}^{A}(X^+) \qquad \Delta B = B - B^- = X^- - {}^{p}X$$

PREUVE: La régularité des trajectoires d'une $\underline{\underline{A}}$-martingale est établie dans ([12]) . Le reste est une conséquence simple du fait que toute $\underline{\underline{A}}$-martingale jusqu'à l'infini satisfait à:

Pour tout S de $\underline{\underline{\Sigma}}$, $M_S = E[M_{+\infty}/\underline{\underline{G}}_S] = E[E[M_{+\infty}/\underline{\underline{G}}_S^+]/\underline{\underline{G}}_S] = E[M_S^+/\underline{\underline{G}}_S]$

La décomposition de X en $M - A^- - B$ entraine immédiatement que: $\hat{X} = M^+ - A^- - B$ est une $\underline{\underline{G}}^+$-surmartingale forte qui satisfait à $\hat{X}^+ = X^+$ et $X = {}^{A}(\hat{X})$.

Pour interpréter les sauts de A et B, il suffit de tenir compte des identités, ${}^{A}(X^+) = M - A - B$ et ${}^{p}X = M^- - A^- - B$ car ${}^{p}M = {}^{p}(M^+) = M^-$. CQFD.

ENVELOPPE DE SNELL

Nous revenons maintenant au problème initial d'agréger le gain maximal conditionnel.

2.28. THEOREME: <u>Soit</u> $Y(S)$, $S \in \underline{\underline{\tau}}$, <u>un</u> $\underline{\underline{\tau}}$<u>-système, indéxé par les éléments d'une</u> $\underline{\underline{A}}$<u>-chronologie</u> $\underline{\underline{\tau}}$, <u>positif</u>.

<u>Le gain maximal conditionnel défini par</u> :

$$J(S) = \operatorname{esssup}_{U \geq S, S \in \underline{\underline{\tau}}} E[Y(U)/\underline{\underline{G}}_S], \text{ pour tout } S \in \underline{\underline{\tau}}$$

<u>est un</u> $\underline{\underline{\tau}}$<u>-surmartingalsystème, qui s'agrège en une</u> $\underline{\underline{A}}$<u>-surmartingale</u> J.

J <u>est la plus petite des</u> $\underline{\underline{A}}$<u>-surmartingales positives</u> X <u>qui majorent</u> $Y(S)_{S \in \underline{\underline{\tau}}}$ <u>durant</u> $\underline{\underline{\tau}}$, <u>c'est à dire que</u> $X_U \geq Y(U)$ pour $U \in \underline{\underline{\tau}}$

REMARQUE: Nous avons vu, au cours de la proposition (2.25.4.) que tout $\underline{\underline{\theta}}$-surmartingalsystème $Y(S)_{S \in \underline{\underline{\theta}}}$ associé à une chronologie faible $\underline{\underline{\theta}}$ peut être prolongé en un $\overline{\underline{\underline{\theta}}}$-surmartingalsystème, où $\overline{\underline{\underline{\theta}}}$ est la chronologie engendrée par $\underline{\underline{\theta}}$. Dans ce cadre, on peut donc appliquer la conclusion du théorème à ce $\underline{\underline{\theta}}$-surmartingalsystème, indéxé par une chronologie faible.

DEMONSTRATION: Nous allons d'abord montrer qu'on peut prolonger le gain maximal conditionnel en un $\underline{\underline{\Sigma}}$-surmartingalsystème, où, rappelons-le, $\underline{\underline{\Sigma}}$ désigne l'ensemble de tous les $\underline{\underline{A}}$ t.a.

La stabilité de $\underline{\underline{\tau}}$ par découpage, (définition (2.25.4.)) entraine que, pour tout $T \in \underline{\underline{\Sigma}}$, $\{\overline{\Gamma}^u(T) = E[Y(U)/\underline{\underline{G}}_T] \,;\, U \geq T, U \in \underline{\underline{\tau}}\}$ est filtrant croissant, et non seulement comme nous l'avons établi au premier chapitre pour tout T de $\underline{\underline{\tau}}$.

En effet, si U et U' sont deux éléments de $\underline{\underline{\tau}}$, supérieurs à T, les v.a. $\overline{\Gamma}^u(T)$ et $\overline{\Gamma}^{u'}(T)$ sont à la fois $\underline{\underline{G}}_U$ et $\underline{\underline{G}}_{U'}$-mesurables.

La v.a. $W = U$ sur $\{\overline{\Gamma}^u(T) \geq \overline{\Gamma}^{u'}(T)\}$, $= U'$ sinon est un $\underline{\underline{A}}$-t.a. de $\underline{\underline{\tau}}$ et $\overline{\Gamma}^W(T) = \overline{\Gamma}^u(T) \vee \overline{\Gamma}^{u'}(T)$

Posant pour tout T de $\underline{\underline{\Sigma}}$, $J(T) = \operatorname{esssup}_{U \geq T, U \in \underline{\underline{\tau}}} E[Y(U)/\underline{\underline{G}}_T]$, nous définissons un Σ-surmartingalsystème, qui, d'après la proposition (2.26.), s'agrège en une $\underline{\underline{A}}$-surmartingale J, qui satisfait à $J_{+oo} = Y(+oo)$.

La construction de $J(T)$, pour $T\in\underline{\underline{\Sigma}}$, entraine que toute $\underline{\underline{A}}$-surmartingale, qui majore Y durant $\underline{\underline{\tau}}$ majore $J(T)$ et donc J . CQFD.

REMARQUE: Par analogie avec le cas discret, nous dirons encore que J est <u>l'enveloppe de Snell</u> du $\underline{\underline{\tau}}$-système $Y(S)_{S\in\tau}$, et nous la désignerons éventuellement en abrégé par $SN_{\tau}(Y)^{=}$.

Il est important de préciser dans quelles conditions cette $\underline{\underline{A}}$-martingale est de la classe (D).

2.29. PROPOSITION: <u>Si le $\underline{\underline{\tau}}$-système</u> $Y(U)_{U\in\underline{\underline{\tau}}}$ <u>est de la classe</u> (D), (ce qui signifie, rappelons-le, que l'ensemble des v.a. $Y(U)$, $u\in\underline{\underline{\tau}}$ est uniformément intégrable.), <u>il en est de même de son enveloppe de Snell</u> J, <u>qui admet donc une décomposition en</u> $J = M - A^{-} - B$, <u>où les processus M,A,B ont les significations décrites dans l'énoncé de</u>(2.26.)

PREUVE: C'est une conséquence immédiate du lemme de Lavallée Poussin,([LR] p38) qui montre qu'une famille de v.a. (ici, $\{Y(U), U\in\underline{\underline{\tau}}\}$) est uniformémént intégrable si et seulement si il existe une fonction G, continue croissante, positive et convexe sur R^{+}, telle que $\lim G(t)/t = +oo$ satisfaisant à $\sup_{U\in\underline{\underline{\tau}}} E[G(|Y(U)|)] < +oo$

La famille des $E[Y(U)/\underline{\underline{G}}_T]$ étant filtrante croissante, il existe une suite U_n d'éléments de $\underline{\underline{\tau}}$ telle que les v.a. $\overline{\Gamma}^{u}n(T)$ convergent en croissant vers $J(T)$.

$E[G(J_T)] = E[G(J(T))] = \lim_n E[\overline{\Gamma}^{u}n(T)] \leq \lim_n E[G(Y(U_n))]$ car G est convexe, $\leq \sup_{U\in\underline{\underline{\tau}}} E[G(Y(U))] < +oo$. CQFD.

Nous concluons ce paragraphe par un exemple important

2.30. PROPOSITION: <u>Nous considérons une $\underline{\underline{A}}$-surmartingale</u> X, <u>positive de la classe</u> (D), <u>et un ensemble</u> A, <u>$\underline{\underline{A}}$-mesurable</u>. <u>Pour tout $\underline{\underline{A}}$-t.a.</u> T, D_T^A <u>désigne le début de l'ensemble $\underline{\underline{A}}$-mesurable</u>, $A\cap[\![T,+oo[\![$. <u>La $\underline{\underline{\tau}}$-enveloppe de Snell du processus</u> $X1_A$ (<u>considéré comme τ-système</u>), <u>que nous désignons par</u> $X^{A,\tau}$,(X^A s'il n'y a pas d'ambiguité sur la chronologie de référence) <u>est égale à la $\underline{\underline{A}}$-projection du processus non adapté</u> $X^A_{D^A_T}\ 1_A(D^A_T) + (X^{A,+})_{D^A_T}\ 1_{A^c}(D^A_T)$

<u>En d'autres termes, pour tout $\underline{\underline{A}}$-t.a.</u> T

(230.1.) $\quad E[X^A_T] = E[\,X^A_{D^A_T}\ 1_A(D^A_T) + (X^{A,+})_{D^A_T}\ 1_{A^c}(D^A_T)\,]$

<u>Si, de plus, la chronologie $\underline{\underline{\tau}}$ est identique à la chronologie $\underline{\underline{\Sigma}}$ de tous les $\underline{\underline{A}}$-t.a., alors</u>

(230.2.) $\quad E[\,X^A_T\,] = E[\,X_{D^A_T}\ 1_A(D^A_T) + X^+_{D^A_T}\ 1_{A^c}(D^A_T)\,]$

PREUVE: Nous remarquons tout d'abord, que par définition de X^A comme la plus petite $\underline{\underline{A}}$-surmartingale qui majore X durant $\underline{\underline{\tau}}$, $X^A_U\ 1_A(U) = X_U\ 1_A(U)$ p.s. Mais cela entraine immédiatement que $SN_\tau(1_A\ X^A) = SN_\tau(1_A\ X) = X^A$.

Revenons à la définition de la $\underline{\underline{\tau}}$-enveloppe de Snell de $X^A\ 1_A$:

$$E[SN_\tau(X^A 1_A)_T] = E[X^A_T] = \sup_{U\geq T,\ U\in\underline{\underline{\tau}}} E[X^A_U\ 1_A(U)]$$

$$= \sup_{U\geq D^A_T,U\in\underline{\underline{\tau}}} E[X^A_U\ 1_A(U)]$$

$$\leq \sup_{U\geq D^A_T,U\in\underline{\underline{\tau}}} E[X^A_U\ 1_A(D^A_T)] + \sup_{U\geq D^A_T,U\in\underline{\underline{\tau}}} E[X^A_U\ 1_{A^c}(D^A_T)]$$

Mais nous avons vu, (Proposition 2.26.), que X^A est la $\underline{\underline{A}}$-projection d'une $\underline{\underline{G}}^+$-surmartingale $\hat{X}^A$, telle que $\hat{X}^{A,+} = X^{A,+}$, ce qui permet de majorer le membre de droite de l'inégalité précédente par:

$$E[X^A_T] \leq E[\hat{X}^A_{D^A_T}\ 1_A(D^A_T)] + E[(\hat{X}^{A,+})_{D^A_T}\ 1_{A^c}(D^A_T)] \leq E[\hat{\hat{X}}^A_{D^A_T}\,] \leq E[X^A_T]$$

pour tout $\underline{\underline{A}}$-t.a. T.

Il reste à revenir à une expression en X^A, en remarquant tout d'abord que le t.a. D^A_T, restreint à l'ensemble $\{D^A_T\in A\}$ est un $\underline{\underline{A}}$-t.a. (Remarque 2.23.). D'autre part, si $D^A_T(\omega)\notin A$, par définition du début d'un ensemble, il existe une suite t_n, dépendant de ω, appartenant à la coupe suivant ω de A, qui converge vers $D^A_T(\omega)$, par valeurs supérieures strictes.

Si la chronologie $\underline{\underline{\tau}}$ est celle de tous les $\underline{\underline{A}}$-t.a., alors il est clair que $X^A = X$ sur A, et donc que d'après les remarques précédentes $(X^{A,+})_{D^A_T}(\omega) = \lim_n X_{t_n}(\omega) = X^+_{D^A_T}(\omega)$ si $D^A_T(\omega)\notin A$.

Compte-tenu de ce que X^A est la $\underline{\underline{A}}$-projection de $\hat{X}^A$, les égalités

(2.30.1.) et (2.30.2.) sont établies. C.Q.F.D.

REMARQUE: Nous avons en fait montrer au cours de cette démonstration que, si $\hat{X}^A$ désigne une $\underline{\underline{G}}^+$-surmartingale de $\underline{\underline{A}}$-projection X^A, pour tout $T \in \underline{\underline{\Sigma}}$, $E[\hat{X}^A_T] = E[\hat{X}^A_{D^A_T} 1_A(D^A_T) + (\hat{X}^{A,+})_{D^A_T} 1_{A^c}(D^A_T)]$

$$= E[\hat{X}^A_{D^A_T}]$$

L'inégalité $(\hat{X}^{A,+}) \leq \hat{X}^A$ permet alors d'établir l'implication

$$D^A_T \not\in A \quad \Rightarrow \quad (\hat{X}^{A,+})_{D^A_T} = \hat{X}^A_{D^A_T} \qquad \text{p.s.}$$

Cette implication est particuliérement intéressante lorsque $X^A = \hat{X}^A$, (sous les hypothèses habituelles, c'est le cas des surmartingales fortes optionnelles). Dans le cas général, la difficulté provient de ce que D^A_T n'est en général pas un $\underline{\underline{A}}$-t.a.

LE CRITERE D'OPTIMALITE

Comme dans le cas régulier, nous établissons un critère nécessaire et suffisant d'optimalité, faisant intervenir le gain maximal conditionnel, analogue à celui établi au chapitre I. Nous le redémontrons ici directement.

2.31. THEOREME: Soit $(Y(S))_{S \in \underline{\underline{\tau}}}$ un $\underline{\underline{\tau}}$-système positif et de la classe (D). Nous notons J sa $\underline{\underline{\tau}}$-enveloppe de Snell.
Une condition nécessaire et suffisante pour qu'un t.a. U* soit optimal est que :- $U^* \in \underline{\underline{\tau}}$

- $Y(U^*) = J_{U^*}$ p.s.
- $J_{t \wedge U^*}$ est une $\underline{\underline{A}}$-martingale

PREUVE: Nous avons établi au Théorème 2.28 que J est une $\underline{\underline{A}}$-surmartingale qui satisfait à : $E[J_T] = \sup_{U \geq T, U \in \underline{\underline{\tau}}} E[Y(U)]$ pour $T \in \underline{\underline{\Sigma}}$ car $\{ E[Y(U)/\underline{\underline{G}}_T], U \geq T, U \in \underline{\underline{\tau}} \}$ est filtrant croissant

Par définition, U* est optimal si et seulement si:
$\sup_{U \in \underline{\underline{\tau}}} E[Y(U)] = E[J_o] = E[Y(U^*)]$ et $U^* \in \underline{\underline{\tau}}$
Mais $\bar{J}$ est une $\underline{\underline{A}}$-surmartingale qui majore $Y(U)$ suivant $\underline{\underline{\tau}}$, donc $E[Y(U^*)] \leq E[J_{U^*}] \leq E[J_o]$ et aussi la chaine d'égalités
$E[J_o] = E[Y(U^*)] = E[J_{U^*}] = E[J_{T \wedge U^*}]$ pour tout $T \in \underline{\underline{\Sigma}}$.

$J_{t\wedge U^*}$ est donc une $\underline{\underline{A}}$-martingale qui satisfait à la condition frontière $J_{U^*} = Y(U^*)$ .C.Q.F.D.

APPROXIMATION DE L'ENVELOPPE DE SNELL

Nous continuons de décrire les propriétés de la $\underline{\underline{\tau}}$-enveloppe d'un $\underline{\underline{\tau}}$-système en utilisant un procédé d'approximation analogue à celui décrit dans le cas régulier,(2.16.). Les résultats sont les descriptifs dans le cas où le $\underline{\underline{\tau}}$-système de départ est agrégeable en un processus $\underline{\underline{A}}$-mesurable.

2.32 PROPOSITION: Soit $(Y(U))_{U\in\underline{\underline{\tau}}}$ un $\underline{\underline{\tau}}$-système positif de la classe (D), et J sa $\underline{\underline{\tau}}$-enveloppe de Snell. Nous désignons par J^λ la $\underline{\underline{\tau}}$-enveloppe de Snell du $\underline{\underline{\tau}}$-système $(J_U\, 1_{\{\lambda J_U \le Y(U)\}})_{U\in\underline{\underline{\tau}}}$, $\lambda\in[0,1[$.
Le processus $\underline{\underline{A}}$-optionnel J est indistinguable de J^λ .
Si, de plus, $Y(U)_{U\in\underline{\underline{\tau}}}$ est agrégeable en un processus $\underline{\underline{A}}$-mesurable Y et si D_T^λ désigne le début après T de l'ensemble $\underline{\underline{A}}$-mesurable A^λ

$$A^\lambda = \{(\omega,t)\ ,\ \lambda J_t(\omega) \le Y_t(\omega)\}$$

(2.32.1.) $$E[J_T] = E[\,J_{D_T^\lambda}\, 1_{\{D_T^\lambda \in A^\lambda\}}] + E[J^+_{D_T^\lambda}\, 1_{\{D_T^\lambda \notin A^\lambda\}}] \quad \text{si } T\in\underline{\underline{\Sigma}}$$

PREUVE: Le processus $\underline{\underline{A}}$-mesurable, $\lambda J + (1-\lambda)\, J^\lambda$ est une $\underline{\underline{A}}$-surmartingale, qui comme J^λ est majorée par J.
Or, pour tout $U\in\underline{\underline{\tau}}$,

$$\lambda J_U + (1-\lambda)\, J_U^\lambda \;\; = J_U \quad \text{si } \lambda J_U \le Y(U)$$
$$\ge \lambda\, J_U \ge Y(U) \quad \text{si } \lambda J_U > Y(U)$$

$\lambda J + (1-\lambda) J^\lambda$ est une $\underline{\underline{A}}$-surmartingale qui majore $(Y(U))_{U\in\underline{\underline{\tau}}}$. Elle majore donc J, dont elle est donc indistinguable., et cette propriété est équivalente à l'indistinguabilité de J^λ et J . La relation (2.32.1.) est la traduction de la proposition 2.30. à la situation envisagée ici. CQFD.

Cette propriété d'approximation de l'enveloppe de Snell est très importante. En particulier, elle est caractéristique de l'enveloppe de Snell.

2.33. THEOREME: Soit $Y(U)_{U\in\underline{\underline{\tau}}}$ un $\underline{\underline{\tau}}$-système positif, de la classe (D) et X une $\underline{\underline{A}}$-surmartingale qui majore Y(U) suivant la chronologie $\underline{\underline{\tau}}$. Nous supposons que la $\underline{\underline{\tau}}$-enveloppe de Snell du $\underline{\underline{\tau}}$-système

$$Z^\lambda(U) = (X_U 1_{\{\lambda X_U \leq Y(U)\}}) \qquad \text{si } U \in \underline{\underline{\tau}}$$

<u>est égale à</u> X, <u>pour tout</u> $\lambda \in [0,1[$

X <u>est la $\underline{\underline{\tau}}$-enveloppe de Snell du $\underline{\underline{\tau}}$-système</u> $Y(U)_{U\in\underline{\underline{\tau}}}$

PREUVE: L'enveloppe de Snell J de $Y(U)$ étant la plus petite $\underline{\underline{A}}$-surmartingale qui majore $Y(U)$ durant la chronologie $\underline{\underline{\tau}}$, l'hypothèse faite sur X implique que $J \leq X$.

Mais, si $U\in\underline{\underline{\tau}}$, sur $\{\lambda X_U \leq Y(U)\}$ $\quad X_U \leq 1/\lambda\, Y(U) \leq 1/\lambda\, J_U$ p.s.

La $\underline{\underline{A}}$-surmartingale $1/\lambda$ J majore le $\underline{\underline{\tau}}$-système $Z^\lambda(U)_{U\in\underline{\underline{\tau}}}$ et donc aussi X, d'où la série d'inégalités:

pour tout $\lambda\in[0,1[$ $\quad J \leq X \leq 1/\lambda\, J$, qui implique $X = J$

Nous allons maintenant utiliser la propriété d'approximation (2.33.), pour préciser les supports des processus croissants A et B qui interviennent dans la décomposition de la $\underline{\underline{\tau}}$-enveloppe J, (2.29.) lorsque le gain est agrégeable en un processus $\underline{\underline{A}}$-mesurable Y.

2.34. PROPOSITION: <u>Soit</u> J <u>la $\underline{\underline{\tau}}$-enveloppe d'un processus $\underline{\underline{A}}$-mesurable</u> Y, <u>positif et de la classe</u> (D), <u>de décomposition</u> $M - A^- - B$, <u>où</u> M <u>est une $\underline{\underline{A}}$-martingale</u>, A <u>un processus croissant $\underline{\underline{A}}$-mesurable, et</u> B <u>un processus croissant prévisible. Suivant les notations de</u> (2.33.)

(2.34.1.) <u>pour tout</u> $T\in\underline{\underline{\Sigma}}$ et $\lambda\in[0,1[$ $\qquad B_T = B_{D_T^\lambda}$ $\qquad$ et

(2.34.2) $\quad$ sur $\{\lambda J_{D_T^\lambda} \leq Y_{D_T^\lambda}\}$ $\qquad A_T^- = A_{D_T^\lambda}^-$ $\qquad$ p.s.

$\qquad\quad$ sur $\{\lambda J_{D_T^\lambda} > Y_{D_T^\lambda}\}$ $\qquad A_T^- = A_{D_T^\lambda}$

<u>En particulier, les temps de saut de</u> A <u>sont inclus dans</u> $\{ J \leq Y \}$, <u>et ceux de</u> B <u>dans</u> $\{ J^- \leq \underline{Y} \}$, où $\underline{Y}$ est le processus prévisible défini par $\underline{Y}_t = \limsup_{s\uparrow\uparrow t} Y_s$.

<u>En d'autres termes</u>:

(2.34.3.) si $T\in\underline{\underline{\Sigma}}$ $\qquad J_T > {}^A(J^+)_T \Rightarrow J_T \leq Y_T$ $\qquad$ p.s.

(2.34.4.) si $T\in\underline{\underline{\Sigma}}$ $\qquad J_T^- > {}^P(J)_T \Rightarrow J_T^- \leq \underline{Y}_T$ $\qquad$ p.s.

<u>Si, de plus, la chronologie $\underline{\underline{\tau}}$ est la chronologie $\underline{\underline{\Sigma}}$ de tous les $\underline{\underline{A}}$-t.a., on a en fait les inclusions</u> $\{A-A^- > 0\} \subset \{J = Y\}$ et $\{B-B^- > 0\} \subset \{ J^- = \underline{Y} \}$, <u>ce qui entraine que</u> :

(2.34.5.) $\qquad J = {}^A(J^+) \vee Y \qquad$ et $\qquad J^- = ({}^PJ) \vee \underline{Y}$

PREUVE: Reprenant les notations de (2.29) et compte-tenu de ce que D^{λ} restreint à l'ensemble $\{D^{\lambda} \in A^{\lambda}\}$ est un $\underline{\underline{A}}$-t.a., nous voyons que $E[M_{D_T^{\lambda}} 1_{\{D_T^{\lambda} \in A^{\lambda}\}} + M^{+}_{D_T^{\lambda}} 1_{\{D_T^{\lambda} \notin A^{\lambda}\}}] = E[M_T^{+}] = E[M_T]$, car M est une $\underline{\underline{A}}$-martingale, $\underline{\underline{A}}$-projection de M^{+} .

Compte-tenu de ces égalités et de la décomposition de J, l'égalité (2.32.1.) est manifestement équivalente à:

$$E[(A^{-}_{D_T^{\lambda}} + B_{D_T^{\lambda}} - A^{-}_T - B_T) 1_{\{D_T^{\lambda} \in A^{\lambda}\}} + (A_{D_T^{\lambda}} + B_{D_T^{\lambda}} - A^{-}_T - B_T) 1_{\{D_T^{\lambda} \notin A^{\lambda}\}}]$$

$= 0$. Mais les processus A et B sont croissants, d'où les égalités (2.34.1) et (2.34.2).

Nous allons utiliser ces égalités pour préciser les temps de sauts de A et B. En effet, si T est un temps de sauts de A , d'après (2.34.2.) $A^{-}_T = A^{-}_{D_T^{\lambda}} < A_T$, ce qui entraîne que $T = D_T^{\lambda}$ et que $D_T^{\lambda} \in A^{\lambda}$, et ceci pour tout $\lambda \in [0,1[$. La définition de A^{λ} entraine que, pour tout $\lambda \in [0,1[$, $\lambda J_T \leq Y_T$ p.s.

Les temps de sauts de B sont un peu plus difficiles à décrire.

Le processus B étant prévisible, ses temps de sauts peuvent être choisis prévisibles.Soit donc S un tel temps d'arrêt, annoncé par la suite croissante S_n de $\underline{G}^{+}$-t.a. Les inégalités $B_{S_n} = B_{D_{S_n}^{\lambda}} \leq B^{-}_T$ impliquent que la suite $D_{S_n}^{\lambda}$ annonce elle aussi le t.a. S,

car $S_n \leq D_{S_n}^{\lambda} < S$ et $\lim_n S_n = \lim_n D_{S_n}^{\lambda} = S$

Une certaine difficulté vient de ce que le graphe des $\underline{G}^{+}$-t.a. $D_{S_n}^{\lambda}$ ne passe pas nécessairement dans l'ensemble A^{λ}.

Toutefois, pour tout n, puisque $D_{S_n}^{\lambda} < S$, pour tout ω il existe une suite s_n telle que : $S_n(\omega) \leq D_{S_n}^{\lambda}(\omega) \leq s_n < S(\omega)$ et $\lambda J_{s_n}(\omega) \leq Y_{s_n}(\omega)$. Passant à la limite quand n tend vers l'infini, il vient $\lambda J^{-}_S(\omega) \leq \limsup_n Y_{s_n}(\omega) \leq \underline{Y}(\omega)$.

Mais ces inégalités valables pour tout $\lambda \in [o,1[$ entrainent l'inégalité annoncée.

Lorsque la chronologie $\underline{\underline{\tau}}$ est égale à $\underline{\underline{\Sigma}}$, J majore Y au sens des processus, (c'est à dire que $\{ J < Y \}$ est évanescent), et J^{-} majore donc $\underline{Y}$. Les égalités annoncées sont satisfaites.

Il reste à se souvenir que $J = {}^{A}(J^{+}) + \Delta A$ et $J^{-} = {}^{P}J + \Delta B$

(2.27.3.) pour en déduire qu'on a toujours $J \geq {}^{A}(J^{+}) \vee Y$, mais que d'après ce que nous venons d'établir ,

$$J > {}^{A}(J^{+}) \Rightarrow J = Y \quad \text{soit encore} \quad J = {}^{A}(J^{+}) \vee Y$$

De même, $J^{-} \geq {}^{p}J \vee \underline{Y}$ et$\{ J^{-} > {}^{p}J \Rightarrow J^{-} = \underline{Y} \}$ sont des propriétés équivalentes à $J^{-} = {}^{p}J \vee Y$.

REMARQUE: Le caractère prévisible du processus $\underline{Y}$ est établi dans ([LR] p.225.). Il y est également prouvé que le processus $\overline{Y}^{+}$ défini par $\overline{Y}^{+} = \limsup_{s\downarrow\downarrow t} Y_s$ est progressif par rapport à la filtration $\underline{G}^{+}$.

DEFAUT D'OPTIMALITE

L'étude précise "sur les trajectoires" que nous venons de mener, nous permet de mettre en évidence, sous des hypothèses faibles, le défaut d'optimalité. Il suffit pour cela de faire tendre λ vers 1 dans les égalités (2.32.1) et (2.34.)
Dans tout ce paragraphe, et dans toute la suite également, nous supposons le $\underline{\underline{\tau}}$-système définissant le gain agrégeable en un processus $\underline{\underline{A}}$-mesurable Y .

2.35 PROPOSITION: Avec les hypothèses et notations de la proposition 2.28, la suite des $\underline{G}^{+}$-t.a. D_T^{λ} est une suite croissante, dont la limite lorsque λ tend vers 1 est désignée par $\bar{D}_T$.

Nous notons
$$H_T^{-} = \{ D_T^{\lambda} < \bar{D}_T, \text{ pour tout } \lambda \in [0,1[\}$$
$$H_T = (H_T^{-})^{c} \cap \{ Y_{\bar{D}_T} \geq J_{\bar{D}_T} \}$$
$$H_T^{+} = (H_T^{-})^{c} \cap \{ Y_{\bar{D}_T} < J_{\bar{D}_T} \}$$

Le temps d'arrêt $\bar{D}_T$ restreint à H_T^{-} est prévisible, et restreint à H_T un $\underline{\underline{A}}$-t.a.

On a les inclusions suivantes:

(2.35.1) $$H_T^{-} \subseteq \{ J^{-}_{\bar{D}_T} \leq \underline{Y}_{\bar{D}_T} \}$$

(2.35.2) $$H_T \subseteq \{ J_{\bar{D}_T} \leq Y_{\bar{D}_T} \}$$

(2.35.3.) $$H_T^{+} \subseteq \{ J^{+}_{\bar{D}_T} \leq \overline{Y}^{+}_{\bar{D}_T} \}$$

Si la chronologie $\underline{\underline{\tau}}$ est celle de tous les $\underline{\underline{A}}$-t.a., on a :

(2.35.4.) $H_T^- \subseteq \{ J^-_{\bar{D}_T} = \underline{Y}^-_{\bar{D}_T} \}$

(2.35.5.) $H_T \subseteq \{ J_{\bar{D}_T} = Y_{\bar{D}_T} \}$

(2.35.6.) $H_T^+ \subseteq \{ J^+_{\bar{D}_T} = \overline{Y}^+_{\bar{D}_T} \}$

PREUVE: Les ensembles A^λ formant une suite décroissante, leurs débuts D_T^λ forment, eux, une suite croissante, dont la limite est donc désignée par $\bar{D}_T$.

Le temps d'arrêt $\bar{D}_T$, restreint à H_T^- est annoncé par la suite croissante des t.a. $D_T^{\lambda}n$ restreints aux ensembles $\{D_T^{\lambda}1 < D_T^{\lambda}2 \ldots < D_T^{\lambda}n\}$. C'est donc un t.a. prévisible, qui satisfait à : $J^-_{\bar{D}_T} = \lim_n J_{D_T^{\lambda}n}$ sur H_T^-

Pour comparer cette limite à $\underline{Y}^-_{\bar{D}_T}$, nous notons que si $\omega \in H_T^-$, la suite $D_T^{\lambda}n(\omega)$ croissant strictement vers $\bar{D}_T(\omega)$, on peut toujours trouver une suite de nombres $\alpha_n(\omega)$, appartenant à la section en ω de A^λ et compris entre $D_T^{\lambda}n(\omega)$ et $\bar{D}_T(\omega)$ exclus.

L'inégalité $\lambda J_{\alpha_n}(\omega) \leq Y_{\alpha_n}(\omega)$ entraine alors immédiatement l'inclusion (2.35.1.)

- Etudions maintenant le t.a. $\bar{D}_T$ restreint à H_T en le comparant au début après T, $\bar{\bar{D}}_T$, de l'ensemble $\bar{A} = \{ J \leq Y \}$.

Cet ensemble étant contenu dans tous les ensembles A^λ, son début est supérieur à D_T^λ, pour tout $\lambda \in [0,1[$, et donc à $\bar{D}_T$, et si λ_n est une suite de réels croissant vers 1,

(35.7.) $\bigcup_n [\{D_T^{\lambda}n = \bar{D}_T\} \cap \{\bar{D}_T \in \bar{A}\}] \subseteq H_T$

Reciproquement, si $\omega \in H_T$, il existe n_o tel qu'à partir de ce rang, la suite $D_T^{\lambda}n(\omega)$ soit constante et égale à $\bar{D}_T(\omega)$ et $\bar{D}_T(\omega) \in \bar{A}$

L'inclusion (35.7.) est en fait une égalité, ce qui permet d'établir la mesurabilité de H_T par rapport à la tribu $\underline{\underline{G}}_{\bar{D}_T}$, compte-tenu du fait que les t.a. $D_T^{\lambda}n$ restreints à $A^{\lambda}n$ et $\bar{\bar{D}}_T$ à $\bar{A}$ sont des $\underline{\underline{A}}$-t.a. Mais les t.a. $\bar{D}_T$ et $\bar{\bar{D}}_T$ coincident sur H_T. Ils définissent donc un $\underline{\underline{A}}$-t.a.

- Par définition de l'ensemble H_T^+, la suite constante des $D_T^\lambda(\omega)$ ne peut appartenir à partir d'un certain rang aux ensembles A^λ

car alors $Y_{D_T}\lambda(\omega) < J_{D_T}\lambda(\omega)$. Toutefois, on peut trouver une suite $\beta_n(\omega)$ appartenant à A^{λ} et qui décroit strictement vers $D_T^{\lambda} = \bar{D}_T$

Le processus J étant limité à droite, on a alors l'inégalité

$$\lambda\, J^{+}_{\bar{D}_T}(\omega) \leq \limsup_n Y_{\beta_n}(\omega) \leq Y^{+}_{\bar{D}_T}(\omega)$$

Il reste à passer à la limite dans (2.30.1.) pour exprimer J en fonction de $\bar{D}_T$ et des ensembles H_T.

2.36 . PROPOSITION: <u>Avec les notations de la proposition</u> 2.35, <u>pour tout</u> t.a. T <u>de</u> $\underline{\underline{\Sigma}}$, <u>les relations suivantes sont satisfaites</u>:

(2.36.1.) $E(J_T) = E[J^{-}_{\bar{D}_T} 1_{H^{-}_T} + J_{\bar{D}_T} 1_{H_T} + J^{+}_{\bar{D}_T} 1_{H^{+}_T}]$

(2.36.2.) $E(J_T) \leq E[Y^{-}_{\bar{D}_T} 1_{H^{-}_T} + Y_{\bar{D}_T} 1_{H_T} + Y^{+}_{\bar{D}_T} 1_{H^{+}_T}]$

<u>Si la chronologie</u> $\underline{\underline{\tau}}$ <u>est la chronologie</u> $\underline{\underline{\Sigma}}$ <u>de tous les</u> $\underline{\underline{A}}$-t.a.

(2.36.3.) $E(J_T) = E[Y^{-}_{\bar{D}_T} 1_{H^{-}_T} + Y_{\bar{D}_T} 1_{H_T} + Y^{+}_{\bar{D}_T} 1_{H^{+}_T}]$

PREUVE: Comme au cours de la démonstration de la proposition 2.35. nous regardons le comportement de la suite D_T^{λ} séparément sur chacun des ensembles H^{-}_T, H_T, H^{+}_T.

Sur H^{-}_T, la suite D_T^{λ} est strictement croissante et $J_{D_T^{\lambda}}$ tout comme $J^{+}_{D_T^{\lambda}}$ converge vers $J^{-}_{\bar{D}_T}$.

Les v.a. $J_{D_T^{\lambda}} 1_{\{D_T^{\lambda} \in A^{\lambda}\}} + J^{+}_{D_T^{\lambda}} 1_{\{D_T^{\lambda} \notin A^{\lambda}\}}$ convergent p.s. vers $J^{-}_{\bar{D}_T}$.

Sur H_T, la suite D_T^{λ} est constante à partir d'un certain rang, et égale au début après T de l'ensemble $\bar{A} = \{ Y = J \}$, $\bar{D}_T$.

(voir la preuve de la proposition 2.35.)

L'ensemble $\bar{A}$ contenant tous les ensembles A^{λ}, ceci entraina que $\limsup \{ D_T^{\lambda} \in A^{\lambda} \} = \emptyset$ p.s.

Les v.a. $J_{D_T^{\lambda}} 1_{\{D_T^{\lambda} \in A^{\lambda}\}} + J^{+}_{D_T^{\lambda}} 1_{\{D_T^{\lambda} \notin A^{\lambda}\}}$ convergent p.s. vers $J_{\bar{D}_T}$.

Sur H^{+}_T, nous avons vu au cours de la démonstration de 2.35. qu'à partir d'un certain rang la suite des D_T^{λ} n'appartient plus à A^{λ}, ou ce qui est équivalent que: $\limsup\{D_T^{\lambda} \in A^{\lambda}\} = \emptyset$

Sur H_T^+, les v.a. $J_{D_T^\lambda} 1_{\{D_T^\lambda \in A^\lambda\}} + J^+_{D_T^\lambda} 1_{\{D_T^\lambda \notin A^\lambda\}}$ convergent p.s. vers $J^+_{\bar{D}_T}$.

Le processus J étant de la classe (D), la convergence p.s. que nous venons d'établir est aussi une convergence dans L^1, ce qui établit (2.36.1.)

L'inégalité suivante est une simple conséquence des inclusions établies dans la proposition 2.35.(2.35.1.) à (2.35.3.)

Quant à l'égalité (2.36.3.), c'est une conséquence des inclusions (2.35.4.) à (2.35.6.). C.Q.F.D.

REMARQUE: On vérifie facilement que, si $\underline{\underline{\tau}} = \underline{\underline{\Sigma}}$, le t.a. $\bar{D}_T$ est le début après T de l'ensemble $\{ \underline{Y} = J^-$, ou $Y = J$, ou $\bar{Y}^+ = J^+ \}$

TEMPS D'ARRET DIVISES OPTIMAUX.

La formule (2.36.3.) fait apparaitre très clairement le défaut d'optimalité, (lorsque $\underline{\underline{\tau}} = \underline{\underline{\Sigma}}$), lié aux valeurs prises "sur la gauche et sur la droite" par le processus de gain Y .

Si la chronologie $\underline{\underline{\tau}}$ est différente de $\underline{\underline{\Sigma}}$, le t.a. $\bar{D}_T$ restreint à H_T^- ou H_T n'appartient pas à $\underline{\underline{\tau}}$ en général, même si T est un élément de $\underline{\underline{\tau}}$ et on ne peut utiliser le fait que J majore Y durant $\underline{\underline{\tau}}$, d'où une difficulté certaine à exploiter les relations établies en (2.36.) pour résoudre le problème d'arrêt optimal.

Nous supposerons donc jusqu'à la fin de ce chapitre que, sauf mention contraire, $\underline{\underline{\tau}}$ <u>est la chronologie</u> $\underline{\underline{\Sigma}}$ <u>de tous les</u> $\underline{\underline{A}}$<u>-t.a.</u>

2.37 . Nous utiliserons souvent la notion suivante, introduite initialement par J.M.Bismut([B])sous une forme légérement différente et reprise dans [LB] App: p 424.)

DEFINITION: <u>On dit qu'un système</u> $\sigma = (S, W^-, W, W^+)$ <u>est un t.a. divisé si</u> S <u>est un</u> $\underline{\underline{G}}^+$-t.a., <u>et</u> W^-, W, W^+ <u>des ensembles</u> $\underline{\underline{G}}^+_S$<u>-mesurables, formant une partition de</u> Ω <u>et tels que:</u>

- $W^- \cap \{S=0\} = \emptyset$ et $W^- \in \underline{\underline{G}}^+_{S-}$
- W est $\underline{\underline{G}}_S$ -mesurable
- $W^+ \cap \{S=+\infty\} = \emptyset$

<u>Le t.a.</u> S <u>restreint à</u> W^- <u>est prévisible</u>, <u>restreint à</u> W <u>c'est un</u> $\underline{\underline{A}}$<u>.t.a.</u>

La valeur prise en un temps d'arrêt divisé par un processus $\underline{\underline{A}}$-mesurable Y et positif est définie par:

$$Y_\sigma = \underline{Y}_S 1_{W^-} + Y_S 1_W + Y_S^+ 1_{W^+}$$

Les temps d'arrêt divisés se comportent comme les $\underline{\underline{A}}$-t.a. par rapport aux $\underline{\underline{A}}$-surmartingales positives. Plus précisément:

2.38. LEMME: Soient $\sigma = (S, W^-, W, W^+)$ un temps d'arrêt divisé et T un $\underline{\underline{A}}$-t.a. satisfaisant à : $S \geq T$, et $S > T$ sur W^-

Pour toute $\underline{\underline{A}}$-surmartingale positive X, définie jusqu'à +oo,

$$E[X_{\sigma/\underline{\underline{G}}_T}] \leq X_T \qquad \text{p.s.}$$

PREUVE: Nous commençons par le cas d'une $\underline{\underline{A}}$-martingale positive M.
Le processus M est làdlàg et $M_\sigma = M_S^- 1_{W^-} + M_S 1_W + M_S^+ 1_{W^+}$.
Soit C un élément de $\underline{\underline{G}}_T$: l'hypothèse $S > T$ sur W^- entraine que l'ensemble $C \cap W^-$ appartient à la tribu $\underline{\underline{G}}_{S-}$ et que le t.a. S restreint à cet ensemble est prévisible.
Compte-tenu de cette remarque et de la définition d'un temps d'arrêt divisé, il est clair que:

$$E[M_\sigma 1_C] = E[M_{+oo}(1_{C\cap W^-} + 1_{C\cap W} + 1_{C\cap W^+})] = E[M_{+oo}1_C] = E[M_T 1_C]$$

car les ensembles W^-, W, W^+ forment une partition de Ω.
Le cas des surmartingales positives de la classe (D) se déduit aisément, en remarquant que si A et B sont les processus croissants qui interviennent dans la décomposition de cette surmartingale,

$$E[(A^- + B)_\sigma 1_C] \geq E[(A^- + B)_T 1_{C\cap W^-} + (A^- + B)_T 1_{C\cap W} + (A^- + B)_T 1_{C\cap W^+}]$$
$$= E[(A^- + B)_T 1_C]$$

Le cas général s'obtient en appliquant les inégalités précédentes aux surmartingales, positives et bornées $X \wedge n$ et en passant à la limite sur n. CQFD.

Le défaut d'optimalité s'exprime aisément en termes de temps d'arrêt divisés. Si nous étendons à l'ensemble des temps d'arrêt divisés le problème d'arrêt optimal, il est alors possible de construire un élement optimal.

2.39. THEOREME: Soient Y un processus $\underline{\underline{A}}$-mesurable, positif et de la classe (D), et J sa Σ-enveloppe de Snell.

Pour tout $\underline{\underline{A}}$-t.a. T, nous désignons par $\delta_T = (\bar{D}_T, H_T^-, H_T, H_T^+)$ le temps d'arrêt divisé défini à la proposition 2.35.

(2.39.1.) $E[J_T] = E[J_{\delta_T}] = E[Y_{\delta_T}] = \sup_{\sigma \geq T} E[Y_\sigma]$

(où $\sigma \geq T$ signifie que $S \geq T$ et $S > T$ sur W^-)

En particulier, le temps d'arrêt divisé δ_o est optimal dans l'ensemble des temps d'arrêt divisés.

PREUVE: La seule chose à vérifier, compte-tenu de la proposition 2.36. est que $\sup_{\sigma \geq T} E[Y_\sigma] = E[J_T]$.

Mais d'après 2.38. $E[Y_\sigma] \leq E[J_\sigma] \leq E[J_T]$

Par suite, $\sup_{\sigma \geq T} E[Y_\sigma] \leq E[J_T] = \sup_{S \geq T} E[Y_S] \leq \sup_{\sigma \geq T} E[Y_\sigma]$. C.Q.F.D.

Le temps d'arrêt divisé δ_T que nous venons d'introduire est étroitement lié à la première condition du critère d'optimalité.(2.31.) Nous allons construire un second temps d'arrêt divisé lié à la condition de martingale à laquelle doit satisfaire J.

2.40. THEOREME: Nous désignons par $S_T = \inf\{u \geq T,\ A_u + B_u > A_T^- + B_T\}$ où A et B sont les processus croissants qui interviennent dans la décomposition du processus J.(2.29.)

Définissons les ensembles $\underline{\underline{G}}^+_{S_T}$-mesurables, $K_T^- = \{B_{S_T} > B_T\}$

$K_T = \{B_{S_T} = B_T,\ A_{S_T} > A_T^-\}$ $K_T^+ = \{A_{S_T} + B_{S_T} = A_T^- + B_T\}$

Le système $\sigma_T = (S_T, K_T^-, K_T, K_T^+)$ est un temps d'arrêt divisé qui satisfait à :

(2.40.1.) $Y_{\sigma_T} = J_{\sigma_T}$ p.s.

(2.40.2.) $E[J_T] = E[Y_{\sigma_T}]$ pour tout $T \in \underline{\underline{\Sigma}}$

En particulier, le t.a. divisé σ_o est optimal dans l'ensemble des temps d'arrêt divisés.

PREUVE: Il s'agit d'abord de montrer que S_T restreint à K_T^- est un t.a. prévisible, et que S_T restreint à K_T un $\underline{\underline{A}}$-t.a.(2.37.) Or le graphe de S_T restreint à K_T^- est égal pardéfinition de S_T à

$$[\![S_T]\!] = \{(\omega,u);\ u=S_T(\omega)<+\infty\} =$$
$$= \{(\omega,u);\ u>T(\omega)\ ,(A^-_u + B^-_u)(\omega) = A^-_T(\omega)+B_T(\omega),\ B_u(\omega)>B^-_u(\omega)\}$$

C'est donc un ensemble prévisible, puisque, rappelons-le, le processus croissant B est prévisible. Le t.a. S_T restreint à K^-_T a un graphe prévisible, c'est un temps d'arrêt prévisible.
De même, le graphe de S_T restreint à K_T est égal à:

$$\{(\omega,u);\ u\geq T(\omega),(A^-_u + B_u)(\omega) = A^-_T(\omega) + B_T(\omega),\ A_u(\omega)>A^-_u(\omega)\ \}$$

C'est un ensemble $\underline{\underline{A}}$-mesurable, et S_T restreint à K_T est un $\underline{\underline{A}}$-t.a.
Nous avons ainsi établi que σ_T est un t.a. divisé.
Pour préciser les propriétés de l'ensemble K^+_T ,nous appliquons la proposition 2.34. aux $\underline{\underline{A}}$-t.a. $S^n_T = (S_T+1/n)$ sur K^+_T, +oo sinon.
On a donc: $A^-_{S^n_T} = A^-_{D^\lambda_{S^n_T}}$ et $B_{S^n_T} = B_{D^\lambda_{S^n_T}}$.

Si n tend vers +oo, $A^-_{S^n_T}$ décroit vers $A^-_T = A_{S_T}$ sur K^+_T

$B_{S^n_T}$ décroit vers B_T sur K^+_T

La suite $D^\lambda_{S^n_T}$, qui majore S_T sur K^+_T par définition, est une suite décroissante en n, dont la limite, que nous désignons par D*, satisfait à : $B_{D^*} = B_T$ et $A^-_{D^*} \leq A_{D^*} = A^-_T$ sur K^+_T .
Ces inégalités entrainent alors que $D^* = S_T$.
Par un raisonnement maintenant fréquemment utilisé, nous pouvons construire, pour tout ω de K^+_T , une suite $t_n(\omega)$ appartenant à $\{\lambda J\leq Y\}$, qui converge en décroissant strictement vers $S_T(\omega)$.
L'inégalité $J^+_{S_T} \leq \overline{Y}^+_{S_T}$ sur K^+_T est satisfaite.
L'identité $Y_{\sigma_T} = J_{\sigma_T}$ se déduit aisément de l'étude ci-dessus, et des relations (2.34.3.) et (2.34.4.) puisque $K^-_T \subseteq \{\Delta B>0\}$ et $K_T \subseteq \{\Delta A>0\}$.
D'autre part, nous voyons facilement que

$(A^- + B)_{\sigma_T} = A^-_T + B_T$ et donc, puisque σ_T est un t.a. divisé, $E[J_T] = E[J_{\sigma_T}]$

Il suffit d'utiliser l'égalité établie ci-dessus au théorème 2.39. : $E[J_0] = \sup_{\rho\geq 0}E[Y_\rho]$, où ρ décrit l'ensemble des t.a. divisés, pour vérifier que σ_0 est un t.a. divisé optimal.

REMARQUE: Le critère d'optimalité 2.31. montre clairement que tout temps d'arrêt optimal (lorsque $\underline{\underline{\Sigma}} = \underline{\underline{\tau}}$), est minoré par δ_o et majoré par σ_o. En effet, S_o est le premier instant à partir duquel la propriété de martingale de J se perd. Il est donc supérieur à tout t.a. optimal(2.31.). Mais, sur K_o^-, J n'est une martingale que sur $[\![0,S_o[\![$, et S_o est strictement supérieur à tout temps optimal. D'autre part $\bar{D}_o$ est inférieur par construction au début de l'ensemble $\{Y = J\}$ et même strictement inférieur sur l'ensemble $H_o^- \cap \{\bar{D}_o < D_o\}$ (si D_o est le début de $\{Y=J\}$), qui est $\underline{\underline{G}}_{D_o^-}$ -mesurable.) C'est le t.a. divisé $\bar{\delta}_o = (\bar{D}_o, H_o^- \cap \{\bar{D}_o < D_o\}, H_o^- \cap \{\bar{D}_o = D_o\} \cup H_o, H_o^+)$ qui minore en fait tout temps d'arrêt optimal.

CONDITIONS D'OPTIMALITE DANS LE CAS OPTIONNEL

Nous allons préciser les résultats précédents lorsqu'on se place sous les conditions habituelles, à savoir la donnée d'un espace filtré $(\Omega, \underline{\underline{F}}, \underline{\underline{F}}_t, P)$ associé à une filtration croissante, continue à droite et complète. La chronologie considérée est alors la chronologie $\underline{\underline{T}}$ de tous les t.a..

Le processus de gain considéré, Y, est positif, optionnel et de la classe (D). Nous nous proposons d'énoncer des conditions suffisantes, "presque nécessaires", portant sur le processus Y d'optimalité. Les théorèmes fondamentaux restent évidemment les théorèmes 2.39 et 2.40.

2.41. THEOREME: Sous les hypothèses précisées ci-dessus, et en désignant par J la $\underline{\underline{T}}$-enveloppe de Snell de Y,

i) Si le processus Y est s.c.s. à droite et à gauche sur les trajectoires au sens où : $\underline{Y} \leq Y$ et $(\bar{Y}^+) \leq Y$ le début D_o de l'ensemble $\{Y=J\}$ est optimal et c'est le plus petit des t.a. optimaux.

ii) Si l'enveloppe de Snell J de Y est régulière au sens où $J^- = {}^pJ$, et si Y est s.c.s. à droite sur les trajectoires, le début S_o de $\{M \neq J\}$ est optimal et c'est le plus grand des t.a. optimaux.

REMARQUE: La condition $J^- = {}^pJ$ est plus faible que la condition $\underline{Y} \leq Y$, comme l'atteste la relation (2.34.5.). On peut alors noter que l'optimalité de S_o assure que l'ensemble $\{Y=J\}$ est non vide. Son début est alors évidemment un temps d'arrêt optimal si son graphe appartient à cet ensemble.

PREUVE: Si le processus Y satisfait aux conditions précisées dans la partie i) du théorème 2.41., l'égalité 2.36.3 implique que:

$$E[J_T] = E[Y_{\delta_T}] \leq E[Y_{\bar{D}_T}] \leq E[J_{\bar{D}_T}] \leq E[J_T]$$

En particulier, le graphe de $\bar{D}_o$, qui par construction est inférieur au début D_o de l'ensemble $\{Y = J\}$ passe dans cet ensemble. Par suite, $\bar{D}_o = D_o$ est un temps d'arrêt optimal, qui est nécessairement le plus petit des t.a. optimaux, d'après le critère d'optimalité 2.31.

De même, si les conditions ii) du théorème 2.41. sont satisfaites, l'égalité $J^- = {}^pJ$, équivalente à $\Delta B = 0$, entraine que

$$E[J_T] = E[Y_{\sigma_T}] \leq E[Y_{S_T}] \leq E[J_{S_T}] \leq E[J_T] \quad \text{d'après (2.40.2)}$$

compte-tenu de ce que l'ensemble K_T^- est négligeable. On vérifie alors facilement que $S=S_o$ est un t.a. optimal. CQFD.

2.42. Revenons sur les conditions suffisantes d'optimalité, $\underline{Y} \leq Y$, et $\bar{Y}^+ \leq Y$. Il est évidemment plus agréable, et plus réaliste face au problème de contrôle considéré, de les exprimer en termes de coût moyen. Pour ce faire, nous utiliserons amplement les résultats importants de ([D8]) et ([D9]) .

PROPOSITION: <u>Pour qu'un processus optionnel</u> Y <u>soit p.s. s.c.s. à droite sur les trajectoires, il faut que:</u>

(2.42.1.) $Y_T \geq \limsup Y_{T_n}$ <u>pour toute suite</u> T_n <u>de t.a.décroissant vers</u> T

<u>et il suffit qu'on ait</u> $Y_T \geq \lim_n Y_{T_n}$ p.s. <u>pour toute suite</u> T_n <u>de t.a. décroissant strictement vers</u> T, <u>et de telle sorte que</u> $\lim_n Y_{T_n}$ <u>existe p.s.</u> (2.42.2.)

<u>La forme intégrée de la condition</u> (2.42.2.) <u>est la suivante:</u>
<u>Si le processus Y est de la classe</u> (D), <u>une condition nécessaire et suffisante pour qu'il soit s.c.s. à droite sur les trajectoires est :</u>

(2.42.3.) $E[Y_T] \geq \limsup E[Y_{T_n}]$ <u>pour toute suite</u> T_n <u>de t.a. décroissant vers T.</u>

REMARQUE: La preuve de cette proposition, qu'on pourra trouver dans ([D9]) repose sur le résultat auxilliaire suivant :

avec les notations précédentes, $^o(\overline{Y}^+) \geq \overline{Y}^+$

On déduit aisément de la proposition 2.42., que le processus $\overline{Y}^+$ étant s.c.s. à droite, il en est de même de sa projection optionnelle.

D'autre part, bien que ce ne soit pas fait strictement dans les articles cités ci-dessus, on montre exactement de la même façon qu'une condition nécessaire et suffisante pour qu'un processus prévisible soit s.c.s. à gauche sur les trajectoires est que $E[Y_T] \geq \limsup E[Y_{T_n}]$ pour toute suite croissante de t.a. T_n de limite T.

Ces résultats permettent de traduire de manière extrémement simple les conditions suffisantes d'optimalité énoncées au théorème 2.42.

2.43. THEOREME: <u>Soit Y un processus optionnel de la classe (D).</u>

i) <u>Si pour toute suite</u> T_n <u>de t.a., monotone, de limite</u> T $E[Y_T] \geq \limsup E[Y_{T_n}]$, <u>c.à.d. s.c.s. en espérance Le début</u> D_o <u>de</u> $\{Y = J\}$ <u>est optimal, de même que le début de</u> $\{J \neq M\}$

ii) <u>Si, pour toute suite décroissante</u> T_n <u>de t.a. de limite</u> T $E[Y_T] \geq \limsup E[Y_{T_n}]$

<u>et si pour toute suite croissante</u> T_n <u>de t.a. de limite</u> T $\lim_n \sup_{S \geq T_n} E[Y_S] = \sup_{S \geq T} E[Y_T]$

<u>le début</u> S_o <u>de</u> $\{J \neq M\}$ <u>est optimal</u>.

PREUVE: La première partie de ce théorème est la traduction des conditions exprimant le caractère s.c.s. de Y.

Dans la deuxième partie, nous traduisons la condition $J^- = {}^pJ$ en termes d'espérance: il est connu depuis longtemps que cette condition est équivalente à la régularité de J qui se traduit par

$$E[J_T] = \lim_n E[J_{T_n}].$$

2.44. Les conditions que nous venons ainsi de mettre en évidence s'expriment donc uniquement en termes d'espérance du $\underline{\underline{T}}$-système $(Y_T)_{T\in\underline{\underline{\Sigma}}}$. Il est donc raisonnable de se demander si l'hypothèse faite que ce $\underline{\underline{T}}$-système s'agrège en un processus optionnel Y est fondamentale. Dellacherie dans ([D9]) a montré qu'il n'en est rien et qu'en fait ces conditions suffisent à impliquer l'existence d'un tel processus. Plus précisement:

PROPOSITION: Soit $(Y(S))_{S\in\underline{\underline{T}}}$ un $\underline{\underline{T}}$-système de la classe (D), s.c.s. à droite en espérance, au sens où $E[Y(S)] \geq \limsup_n E[Y(S_n)]$ pour toute suite décroissante S_n de t.a. de limite S. Il existe un processus optionnel s.c.s. à droite qui recolle ce $\underline{\underline{T}}$-système.

On obtient alors un énoncé extrémement simple des conditions suffisantes d'optimalité.

2.45. THEOREME: Soit $(Y(S))_{S\in\underline{\underline{\Sigma}}}$ un $\underline{\underline{T}}$-système s.c.s. en espérance de la classe (D), agrégé par le processus optionnel Y, d'enveloppe de Snell J.

Le début D_o de l'ensemble $\{Y=J\}$ est le plus petit des t.a. optimaux. et le début S_o de $\{J \neq M\}$ le plus grand.

FORMES OPTIMALES

Nous ne pouvons conclure ce paragraphe sur l'optimalité en Théorie Générale des processus, sans présenter un autre point de vue, tout à fait naturel dans une perspective plus proche de l'Analyse . C'est celui adopté par J.M.Bismut dans ([B8]) pour résoudre le problème de l'arrêt optimal, mais on peut trouver l'idée de départ d'abord dans ([B1]) et ([M6]).

L'idée est de munir l'ensemble $\underline{\underline{\Sigma}}$ des t.a. d'une topologie raisonnable, par rapport à laquelle l'application $S\to E[Y(S)]$ (moyennant bien sûr des hypothèses supplémentaires sur le système Y(S)) est continue et pour laquelle l'adhérence de $\underline{\underline{\Sigma}}$ est faiblement compacte.

Plus précisément , nous revenons au cadre général d'un processus de gain Y, défini jusqu'à l'infini, $\underline{\underline{A}}$-mesurable et borné, que nous supposons limité à droite et limité à gauche. Nous désignons par $\underline{\underline{D}}$ l'ensemble des processus satisfaisant à ces conditions : c'est un espace vectoriel que nous munissons de la norme $||Y|| = E[Y^*]$ où $Y^* = \sup_t |Y_t|$.
Nous remarquons que si T est un $\underline{\underline{A}}$-t.a., l'application φ_T définie par $\varphi_T(Y) = E[Y_T]$ est une forme linéaire continue, de norme égale à 1 , et qui satisfait à $\varphi_T(X) \leq E(X_o)$ pour toute $\underline{\underline{A}}$-surmartingale positive X.

2.46. THEOREME: <u>L'ensemble $\underline{\underline{\Phi}}$ des formes linéaires continues φ sur $\underline{\underline{D}}$ positives, satisfaisant à $\varphi(1) = 1$</u> et à $\varphi(X) \leq E[X_o]$ <u>pour toute $\underline{\underline{A}}$-surmartingale positive X, bornée, est faiblement compact</u> .
<u>Tout élément φ de $\underline{\underline{\Phi}}$ se représente de manière unique sous la forme:</u>

$$\varphi(Y) = E\left[\int_{]0,+\infty]} Y_{s-}\, dC_s^{\varphi} + \int_{[0,+\infty[} Y_s\, dA_s^{\varphi} + \int_{]0,+\infty[} Y_s^+\, dB_s^{\varphi}\right]$$

<u>où C^{φ} est un processus croissant prévisible, purement discontinu ne chargeant pas $\{0\}$,</u>

<u>A^{φ} est un processus croissant $\underline{\underline{A}}$-mesurable, ne chargeant pas $\{+\infty\}$</u>

<u>B^{φ} est un processus croissant $\underline{\underline{G}}^+$ adapté purement discontinu ne chargeant pas $\{0,+\infty\}$</u> .

(2.46.1.) $$C_{\infty}^{\varphi} + A_{\infty}^{\varphi} + B_{\infty}^{\varphi} = 1 \quad \text{p.s.}$$

PREUVE: Pour établir ce théorème, nous utilisons une extension naturelle du théorème 2.24. (signalée dans ([LB].p.206)) qui prouve que toute forme linéaire positive sur $\underline{\underline{D}}$, φ, satisfaisant:
si Y^n est une suite décroissante d'éléments de $\underline{\underline{D}}$ telle que $\lim_n (Y^n)^* = 0$, $\varphi(Y^n)$ tend vers 0 .
se représente sous la forme décrite ci-dessus,sans la condition 2.46.1. bien sûr.
Pour établir la compacité faible de $\underline{\underline{\Phi}}$, nous considérons une suite φ^n d'éléments de $\underline{\underline{\Phi}}$ qui converge faiblement vers une forme φ.

Il est clair que φ satisfait à $\varphi(1)=1$ et $\varphi(X) \leq E[X_o]$ pour toute Λ-surmartingale X bornée. $\underline{\underline{\Phi}}$ est donc faiblement compact.

Il reste à décrire les éléments de $\underline{\underline{\Phi}}$ en remarquant que les conditions imposées entrainent que pour tout $Y \in \underline{\underline{D}}$, $|\varphi(Y)| \leq E[Y^*]$ où, comme dans le théorème 2.24, Y^* désigne $\sup_t |Y_t|$.

Si Y^n est une suite décroissante d'éléments de $\underline{\underline{\Phi}}$ telle que $\lim_n (Y^n)^* = 0$ le processus Y^1 étant borné, la suite des v.a. $Y^{n,*}$ converge en esperance vers 0 et l'inégalité que nous venons d'établir entraine que la suite des $\varphi(Y^n)$ décroit vers 0. Les hypothèses du théorème que nous avons rappelées au début de cette démonstration sont satisfaites, ce qui montre que la représentation annoncée des éléments de $\underline{\underline{\Phi}}$ est vérifiée.

Pour établir (2.46.1.) nous notons tout d'abord que si M est une Λ-martingale bornée par K, l'inégalité $\varphi(X) \leq E[X_o]$ appliquée aux Λ-martingale M et K-M entraine immédiatement que $\varphi(M) = E[M_o]$

Ceci entraine en particulier que pour toute v.a. Z positive, bornée $E[Z(A^\varphi_{oo}+B^\varphi_{oo}+C^\varphi_{oo})] = E[Z]$, cette égalité étant la relation précédente appliquée à la Λ-martingale ${}^\Lambda(Z)$. Mais ceci étant vrai pour tout Z, nécessairement $A^\varphi_{oo}+B^\varphi_{oo}+C^\varphi_{oo} = 1$ p.s. CQFD.

REMARQUE: Toute forme linéaire φ qui admet une représentation du type de celle décrite dans (2.46.) et satisfaisant à (2.46.1.) appartient à $\underline{\underline{\Phi}}$, car pour toute Λ-surmartingale bornée $X = M - A^- - B$

$\varphi(X) = \varphi(M) - \varphi(A^-) - \varphi(B) = E[M_{oo}] - \varphi(A^-) - \varphi(B) \leq E[M_{oo}] = E(X_o)$

Le problème d'optimalité trouve une solution très simple dans ce cadre.

2.47 . THEOREME: <u>Nous supposons que le processus de gain Y appartient à l'espace $\underline{\underline{D}}$ et désignons par J le gain maximal conditionnel (par rapport à $\underline{\underline{\Sigma}}$).</u>

(2.47.1.) $\sup_{T \in \underline{\underline{\Sigma}}} E[Y_T] = E[J_o] = \sup_{\varphi \in \underline{\underline{\Phi}}} \varphi(Y)$

<u>Il existe toujours une forme optimale φ^* satisfaisant donc à :</u>

(2.47.2.) $\sup_{\varphi \in \Phi} \varphi(Y) = \varphi^*(Y) = \varphi^*(J) = E[J_o]$

PREUVE: L'application qui à $\varphi\in\underline{\underline{\Phi}}$ associe $\varphi(Y)$ est continue sur $\underline{\underline{\Phi}}$ et atteint donc son maximum en un élément φ^*. Mais par définition des éléménts de $\underline{\underline{\Phi}}$, $\sup_{\varphi\in\underline{\underline{\Phi}}}\varphi(Y)\leq \sup_{\varphi\in\underline{\underline{\Phi}}}\varphi(J)\leq E(J_o)$. D'autre part tout t.a. est associé à un élément de $\underline{\underline{\Phi}}$ par la relation $\varphi_T(Y)=E[Y_T]$ et $E[J_o]\leq\sup_{\varphi\in\underline{\underline{\Phi}}}\varphi(Y)$.C.Q.F.D.

2.48. Ce point de vue a été adopté par J.M.Bismut dans ([B8]). Il déduit ensuite de l'existence d'une forme optimale que l'ensemble aléatoire $W=\{Y^-=J^-, \text{ou } Y=J, \text{ ou } Y^+=J^+\}$ est non vide, et que le système $\delta=(D,H^-,H,H^+)$ est un temps d'arrêt divisé optimal, si D désigne le début de W, $H^-=\{D>0\}\cap\{Y^-_D=J^-_D\}$, $H=(H^-)^c\cap\{Y_D=J_D\}$ $H^+=(H^-)^c\cap H^c\cap\{Y^+_D=J^+_D\}$

Nous esquissons une idée de la démonstration; si A^*, B^*, C^* désignent les processus croissants associés à la forme optimale par le théorème 2.46., l'égalité $\varphi^*(Y)=\varphi^*(J)$ implique que $\varphi^*(1_{[\![0,D[\![})=0$, et $\varphi^*([\![D]\!]\cap R^+\times\{Y_D=J_D\})=0$, soit encore

(2.48.1)
$$1_{H^-}B^*_{D-} + 1_{(H^-)^c}\, B^*_D = 0$$
$$1_{\{Y_D=J_D\}}\, A^*_{D-} + 1_{\{Y_D\neq J_D\}}\, A^*_D = 0$$
$$1_{\{Y^+_D=J^+_D\}}\, C^*_{D-} + 1_{\{Y^+_D\neq J^+_D\}}\, C^*_D = 0 \quad .$$

De même, l'égalité $E[J_o] = \varphi^*(J) = \varphi^*(M)$ si $J = M - A^- - B$ implique que l'intervalle $]\!]S,+\infty]\!]$ n'est pas chargé par φ^*, de même que l'ensemble $[\![S]\!]\cap R^+\times\{A^-_S+B_S\neq 0\}$ où $S=\inf\{t\geq 0, A^-_t + B_t >0\}$.
Par suite,

(2.48.2.)
$$B^*_S = B^*_{\infty} \qquad C^*_{S-} = C^*_{\infty}$$
$$1_{\{A^-_S+B_S\neq 0\}}A^*_{S-} + 1_{\{A^-_S+B_S=0\}}A^*_S = A^*_{\infty}$$

On ne peut donc avoir $S<D$, qui entraine que $(B^*+A^*+C^*)_{D-} = (A^*+B^*+C^*)_{\infty}=0$ ce qui ést incompatible avec la condition $\varphi^*(1)=1$.
On a donc à la fois $S\geq D$ et $A^-_D+B^-_D=0$. Il nous reste à préciser ce qui se passe sur $\{S=D\}$: sur $\{Y_D\neq J_D\}\cap\{Y^-_D\neq J^-_D\}$ il y a contradiction entre les égalités $0 = B^*_D + A^*_D + C^*_{D-}$ et $1= A^*_{\infty} + B^*_{\infty} + C^*_{\infty}$
Sur H^+, $S>D$ et $A_D+B_D=0$
De même sur H, on ne peut avoir $B_D>0$ et $S=D$ et l'égalité
$1_{H^-}(A^-_D+B^-_D) + 1_H(A^-_D+B_D) + 1_{H^+}(A_D+B_D) = 0$ p.s. est donc vérifiée.

Il reste à vérifier que δ est bien un t.a. divisé (2.37.) pour en déduire que $E[J_\delta] = E[Y_\delta] = E[J_o]$ (Théorème 2.39.)

REMARQUE : On peut munir l'ensemble des t.a. divisés et plus généralement l'ensemble $\underline{\underline{\Phi}}$ d'une relation d'ordre généralisant l'ordre naturel sur les t.a. en définissant:

$\varphi \cdot \alpha\, \psi \Leftrightarrow$ Pour toute A-surmartingale forte bornée X $\varphi(X) \geq \psi(X)$

car $S \leq T \Leftrightarrow E[X_S] \geq E[X_T]$.

On peut montrer aisément que la forme associée au t.a. divisé δ est la plus petite des formes optimales pour cette relation d'ordre. On pourrait établir par la même méthode que la plus grande des formes optimales est associée au t.a. divisé $\sigma = (S, K^-, K, K^+)$ où $S = \inf\{t \geq 0,\ A_t^- + B_t > 0\}$ $K^- = \{B_S > 0\}$ $K = \{B_S = 0, A_S > 0\}$ $K^+ = \{A_S + B_S = 0\}$.

UNE CONSTRUCTION PAR APPROXIMATION DE L'ENVELOPPE DE SNELL

Nous nous proposons de donner une méthode explicite de construction de l'enveloppe de Snell, dans le cadre optionnel, lorsque le processus de gain est s.c.i. à droite sur les trajectoires. Cette méthode est particuliérement intéressante dans le cadre markovien que nous envisageons ci-dessous.

Nous considérons donc un espace probabilisé satisfaisant aux conditions habituelles $(\Omega, \underline{\underline{F}}_t, \underline{\underline{F}}_{oo}, P)$ et travaillons sur la chronologie $\underline{\underline{T}}$ de tous les t.a..

2.49. PROPOSITION: <u>Soit</u> Z <u>un processus optionnel, positif, de la classe</u> (D) <u>et s.c.i. à droite sur les trajectoires.</u>

<u>Nous définissons</u> $R(Z) = \sup_{r \in Q} {}^o(Z_{r+.})$ où ${}^o(Z_{r+.})$ désigne la projection optionnelle du processus non adapté Z_{r+t} .

<u>Le processus</u> R(Z) <u>est positif, de la classe</u> (D), <u>optionnel et s.c.i. à droite sur les trajectoires.</u>

PREUVE: Le caractère de la classe (D) est une simple conséquence de la définition de R(Z) qui implique que ce processus est majoré par SN(Z), enveloppe de Snell optionnelle de Z qui est de la classe (D) Le critère intégré de régularité des trajectoires(2.42.3.) montre que le processus Z_{r+t} étant s.c.i. à droite sur les trajectoires il en est de même de sa projection optionnelle, ainsi que de R(Z), sup dénombrable de processus s.c.i.

2.50. THEOREME: Soit Y un processus positif, optionnel, et de la classe (D), s.c.i. à droite .
Nous définissons par récurrence $I^n = R(I^{n-1})$ et $I^o = Y$.
La suite I^n est une suite croissante de processus optionnels, s.c.i.
Sa limite, notée I, est l'enveloppe de Snell du processus Y par rapport à la chronologie $\underline{\underline{\tau}}$ de l'ensemble des t.a. étagés rationnels.
Le caractère s.c.i. de Y permet d'identifier le processus I à l'enveloppe de Snell optionnelle de Y, J, qui est alors un processus continu à droite.

PREUVE: La suite I^n est clairement, par définition de R, une suite croissante majorée par J . Sa limite I est donc majorée par J et de la classe (D), ce qui entraine que $R(I) \leq I$

Dans un premier temps, nous nous proposons de comparer l'enveloppe de Snell de Y suivant la chronologie $\underline{\underline{\tau}}$, que nous notons J^τ, avec le processus I, durant la chronologie $\underline{\underline{\tau}}$.

Si S est un élément de $\underline{\underline{\tau}}$, par définition $J^\tau_S = \text{essup}_{U\geq S,\, U\in\underline{\underline{\tau}}} E[Y_U/\underline{\underline{F}}_S]$ majore $R(Y)_S$. Mais $R(J^\tau) = J^\tau$ donc J^τ majore I.

D'autre part si S et T sont deux éléments de $\underline{\underline{\tau}}$ tels que $S \geq T$, on peut trouver une suite croissante $T = T_1 \leq T_2 \leq \ldots \leq T_n = S$ de t.a. $\in \underline{\underline{\tau}}$ telle que sur $\{T_n > T_{n-1}\}$ $T_n = T_{n-1} + r_n$ où $r_n \in Q^+$.

On a alors :(2.50.1.)

$$E[Y_{T_k}/\underline{\underline{F}}_{T_{k-1}}] \leq I_{T_{k-1}} \quad \text{ et } E[Y_{T_n}/\underline{\underline{F}}_{T_1}] \leq E[I_{T_{n-1}}/\underline{\underline{F}}_{T_1}] \leq E[I_{T_{n-2}}/\underline{\underline{F}}_{T_1}] \leq I_{T_1} \text{ p.s.}$$

Le processus J^τ est donc majoré par I suivant $\underline{\underline{\tau}}$, ce qui, compte-tenu de l'inégalité inverse établie ci-dessus montre que J^τ et I coincident durant la chronologie $\underline{\underline{\tau}}$. Notons que pour établir cette propriété, nous n'avons nullement utilisé le caractère s.c.i. de Y. qui va toutefois nous permettre d'identifier maintenant I et J.

Nous notons tout d'abordque l'inégalité (2.50.1.) est valable entre deux t.a. de la forme T et S=T+U où U est une variable discrète.

Or, si S est un t.a. quelconque $\geq$ T les t.a. S^n définis par

$$S^n = \Sigma_{1\leq k\leq n2^n-1} (T+(k+1)/2^n)\, 1_{\{T+k/2^n \leq S < T+(k+1)/2^n\}} + {+\infty} 1_{\{S\geq n\}}$$

sont de ce type et convergent en décroissant vers S, strictement. Le caractère s.c.i. de Y montre alors que:

$E[Y_{S/\underline{\underline{F}}_T}] \leq E[\liminf_n Y_{S^n}/_{\underline{\underline{F}}_T}] \leq \liminf E[Y_{S^n}/_{\underline{\underline{F}}_T}] \leq I_T$ p.s. CQFD.

REMARQUE: Ce théorème d'approximation généralise à la théorie générale des processus, un résultat de ([S1]) établi sous des hypothèses fortes en théorie des processus de Markov. Il montre aussi le rôle joué par l'enveloppe de Snell par rapport à la chronologie $\underline{\underline{\tau}}$ des temps d'arrêt étagés. Cette idée sera exploitée systématiquement dans le cadre markovien, aussi bien en arrêt optimal que dans le cadre du contrôle continu.

LE CADRE MARKOVIEN

2.51 Comme nous l'avons rappelé en 2.5. et 2.6. c'est plutôt dans le cadre des processus de Markov, $(\Omega,\underline{\underline{F}}_t,\underline{\underline{F}},X_t,P^\mu)$ que le problème d'arrêt optimal a été considéré. Il est clair que si nous travaillons pour une loi initiale donnée, l'étude précédente s'applique intégralement. Toutefois,on se propose de résoudre deux problèmes complémentaires:

- le premier est d'établir que l'enveloppe de Snell d'un processus de gain de la forme $e^{-\alpha t}\, g(X_t)$ est de la forme $e^{-\alpha t}\, q(X_t)$,où la fonction q est alors appelée <u>réduite d'ordre α</u> de g
- le deuxième est de montrer que la fonction q peut être choisie indépendante de la loi initiale, ce qui est bien sûr équivalent à l'existence d'une version de l'enveloppe de Snell indépendante de la loi initiale.

Dans ce paragraphe, nous résoudrons toujours ces problèmes simultanément, mais il est parfois utile ou nécessaire de les dissocier, en particulier lorsqu'on ne peut travailler avec un processus droit, mais seulement par exemple avec un processus modérément markovien ([E3]).

Nous commençons par traiter deux cas particuliers importants.

DEUX EXEMPLES IMPORTANTS

Nous décrivons deux situations importantes pour lesquelles nous pouvons, grâce à l'étude de Théorie genérale, apporter immédiatement une réponse positive aux deux problèmes posés.

Nous considérons donc une réalisation $(\Omega, \underline{\underline{F}}_t, \underline{\underline{F}}, X_t, P^\mu)$ d'un processus droit X, de semi-groupe P_t, à valeurs dans un espace lusinien E. Ce processus est en particulier fortement markovien car d'après les hypothèses droites,les fonctions excessives sont continues à droite sur les trajectoires. Nous ne rentrons pas ici dans une description détaillée de ces processus, renvoyant le lecteur au livre remarquable de Getoor ([G1]), nous bornant seulement à rappeler au fur et à mesure des besoins les notions vraiment importantes et moins classiques.

2.52. DEFINITIONS: *Une fonction f, presque borélienne, est α-excessive si* $e^{-\alpha t} P_t f \leq f$ *pour tout t , et* $\lim_{t \to 0} P_t f = f$.
Une fonction q *est α-fortement surmédiane optionnelle, si pour toute loi* μ *sur* E, *le processus* $e^{-\alpha t} q(X_t)$ *est une* P^μ*-surmartingale forte par rapport à la tribu optionnelle*.
Les hypothèses droites entrainent que si f est une fonction α-excessive, le processus $e^{-\alpha t} f(X_t)$ est une surmartingale continue à droite, et donc aussi une surmartingale forte optionnelle.
D'autre part, si q est une fonction α-fortement surmédiane optionnelle, la fonction $\bar{q}$ égale à la limite décroissante de $P_t q$, lorsque t tend vers 0 est α-excessive. On vérifie alors très facilement que pour tout temps d'arrêt T des tribus $\underline{\underline{F}}_t$, l'égalité suivante est vraie: $E[\lim_{\varepsilon \to 0} e^{-\alpha(T+\varepsilon)} q(X_{T+\varepsilon})] = E[e^{-\alpha T} \bar{q}(X_T)]$.
La surmartingale forte $e^{-\alpha t} q(X_t)$ admet donc comme régularisée à droite la surmartingale $e^{-\alpha t} \bar{q}(X_t)$.

2.53. THEOREME: *Soient* q *une fonction α-surmédiane optionnelle et* **A** *un ensemble optionnel*(au sens où le processus $1_A(X)$ est optionnel)
La fonction $q_A^\alpha(x) = E_x[e^{-\alpha D^A}(q(X_{D^A}) 1_A(X_{D^A}) + \bar{q}(X_{D^A}) 1_{A^c}(X_{D^A}))]$
est α-fortementsurmédiane, où $D^A = \inf\{ t \geq 0, X_t \in A\}$.
Pour toute loi initiale μ, *le processus* $e^{-\alpha t} q_A^\alpha(X_t)$ *est la* P^μ-

enveloppe de Snell optionnelle du processus $e^{-\alpha t}q(X_t)1_A(X_t)$.
La fonction q_A^α s'appelle la réduite d'ordre α de q sur A.

PREUVE: Compte-tenu des remarques précédentes sur la régularisée à droite de la surmartingale forte $e^{-\alpha t}q(X_t)$, la proposition 2.30. et la relation 2.30.2. montrent que l'enveloppe de Snell du processus $e^{-\alpha t}q(X_t)\ 1_A(X_t)$ est la projection P^μ-optionnelle du processus $e^{-\alpha t}\ q_A^\alpha(X_t)$ qui satisfait donc à l'inégalité des surmartingales sur les couples de t.a. .

Posant $q^* = \lim_{t\to 0} P_t q_A^\alpha$, nous vérifions comme ci-dessus que le processus $e^{-\alpha t}\ q^*(X_t)$ est la régularisée à droite de la projection P^μ-optionnelle de $e^{-\alpha t}q_A^\alpha(X_t)$, car q^* est une fonction α-excessive. On a donc pour toute loi initiale μ et pour tout t.a. S des tribus $\underline{\underline{F}}_t$, $E^\mu[e^{-\alpha S}\ q_A^\alpha(X_S)] = E^\mu[e^{-\alpha S}(q^*(X_S)\vee q(X_S)1_A(X_S))]$ si nous tenons compte des liens entre l'enveloppe de Snell d'un processus et sa régularisée à droite.

Appliquée à $\mu=\varepsilon_x$ et $S=0$, nous voyons que $q_A^\alpha(x) = q^*(x)\vee q(x)\ 1_A(x)$ ce qui établit que la fonction q_A^α est optionnelle et du même coup que le processus $e^{-\alpha t}\ q_A^\alpha(X_t)$ est l'enveloppe de Snell de $e^{-\alpha t}q(X_t)\ 1_A(X_t)$. CQFD.

Le procédé de construction par approximation de l'enveloppe de Snell décrit aux paragraphes 2.49 et 2.50. permet d'établir simplement les propriétés recherchées de l'enveloppe de Snell lorsque le processus de gain est de la forme $e^{-\alpha t}g(X_t)$ et s.c.i. à droite sur les trajectoires pour toute loi P^μ. Une fois de plus, cette hypothèse de régularité qui assure que l'enveloppe de Snell est continue à droite simplifie considérablement les problèmes de construction et de résolution.(2.13. et 2.14.)

2.54. Nous aurons besoin de quelques notions plus précises de mesurabilité. Aussi, introduisons-nous la tribu $\underline{\underline{B}}_e$ engendrée par les fonctions excessives. Si f est mesurable par rapport à cette tribu, le processus $f(X_t)$ est optionnel pour toute loi P^μ .
Il est de plus établi dans ([G1]; p79) que P_t envoie pour tout $t\geq 0$

$b\underline{\underline{B}}_e$ dans lui-même.

2.54. THEOREME: Soit g une fonction positive, mesurable par rapport à la tribu engendrée par les excessives. On suppose de plus que le processus $Y_t = e^{-\alpha t} g(X_t)$ est pour toute loi P^μ s.c.i. à droite et de la classe (D).

Définissons $\rho(g) = \sup_{r \in Q^+} e^{-\alpha r} P_r g$ et $q^o = g \ldots q^n = \rho(q^{n-1})$

La suite q^n est une suite croissante de fonctions $\underline{\underline{B}}_e$-mesurables qui converge vers une fonction q.

Pour toute loi μ sur E, $e^{-\alpha t} q(X_t)$ est la P^μ-enveloppe de Snell du processus Y_t.

PREUVE: Il s'agit là de la traduction littérale du théorème 2.50. puisque compte-tenu des notations utilisées, la projection optionnelle du processus $Y_{r+.}$ est égale à $e^{-\alpha t} P_r g(X_t)$, processus optionnel car g est $\underline{\underline{B}}_e$-mesurable. Ces questions de mesurabilité étant résolues, il ne reste qu'à utiliser 2.50. CQFD.

2.55. Cette hypothèse de régularité portant sur le processus de gain ne va pouvoir être supprimée qu'au prix d'efforts importants mais tout à fait fondamentaux:

La théorie des ensembles analytiques permet d'établir la mesurabilité de certains sup non dénombrables de fonctions, et en particulier de $q(x) = \sup_{S \geq 0} E_x [e^{-\alpha S} g(X_S)]$

Le théorème de section fournit ensuite un procédé d'approximation par des noyaux d'arrêt justifiant les interversions de sup et d'espérance.

Afin d'isoler les difficultés, nous avons choisi de présenter d'abord en suivant ([M+]) la notion de réduite selon une maison de jeu et ses principales propriétés, qui présentent un intérêt intrinsèque. Appliquée au cadre des processus de Ray tout d'abord, puis des processus droits, cette notion permet de résoudre les problèmes associés à l'enveloppe de Snell des processus de la forme $e^{-\alpha t} g(X_t)$.

REDUITE SELON UNE MAISON DE JEU

2.56. On se donne donc un espace d'états E, métrique compact, muni de sa tribu borélienne $\underline{\underline{E}}$. On y distingue un point cimetière $\{\delta\}$. On désigne par $\underline{\underline{M}}^+$ le cône des mesures positives bornées et par $\underline{\underline{M}}_1^+$ le sous-ensemble des mesures μ telles que $\mu(E) \leq 1$. L'ensemble $\underline{\underline{M}}^+$ est un espace polonais pour la distance de Prokhorov ([LR]p118) qui est associée à la convergence étroite des mesures.

Du point de vue des jeux de hasard, qui justifie le vocabulaire employé ici, il est suggestif d'appeler les points de E fortunes, et les mesures positives de masse ≤ 1, jeux. Un joueur qui dispose de la fortune x ne peut en général pas jouer à n'importe quel jeu: il choisit dans un certain ensemble K(x), ensemble des jeux permis en x . Nous supposerons toujours pour simplifier que $\varepsilon_\delta \in K(x)$, c'est à dire que le joueur a le droit de cesser de jouer et que $K(\delta) = \varepsilon_\delta$.

DEFINITIONS: On appelle maison de jeu une partie K de $E \times \underline{\underline{M}}_1^+$, mesurable par rapport à la tribu produit, et dont les sections en x contiennent toutes la mesure ε_δ.

Pour toute fonction universellement mesurable v positive, on appelle réduite de v selon la maison de jeu K , et on note Kv la fonction $x \rightarrow \sup_{j \in K(x)} j(v)$

Il n'est pas évident à priori que la fonction Kv soit universellement mesurable. Toutefois, on a le résultat suivant:

2.57. THEOREME: Si la fonction v est analytique et positive, la réduite de v selon la maison de jeu K, Kv, est analytique.

Pour toute loi μ sur E, et pour tout $\varepsilon > 0$, il existe un noyau r(x,dy) tel que pour tout x , $r(x,.) \in K(x)$, et

(2.57 .1.) $$\int r(x,dy)\, v(y) \geq Kv(x) - \varepsilon \quad \text{si } Kv(x) < +\infty$$
$$\geq 1/\varepsilon \quad \text{si } Kv(x) = +\infty$$

REMARQUE: Un noyau du type r(x,dy) qui pour tout x appartient à K(x) est appellé noyau permis.

PREUVE: Il est établi dans (LR [LR] p118) que si v est une fonction analytique,(borélienne, universellement mesurable), l'application $\mu \to \mu(v)$, de $\underline{\underline{M}}_1^+$ dans $\overline{R}^+$ est analytique,(borélienne, universellement mesurable). Mais ceci entraine que pour tout $a>0$, l'ensemble $\{(x,j)\ ;\ j(v)> a\} \cap K$ est analytique , car, rappelons-le, tout borélien est analytique, et tout analytique universellement mesurable. D'après la propriété fondamentale des ensembles analytiques, la projection de cet ensemble, qui d'après la définition de Kv est égale à $\{Kv > a\}$, est encore analytique . Mais cette propriété valable pour tout $a>0$ est équivalente au fait que la fonction Kv est analytique et donc aussi universellement mesurable.

Pour toute loi μ sur E, on peut donc trouver une fonction borélienne w, égale à Kv μ.p.p. et minorant Kv.

Posant $H = \{(x,j)\in K\ ,\ j(v)> w(x) -\varepsilon$ si $w(x) <+\infty$

$> 1/\varepsilon$ si $w(x) = +\infty$ $\}$

on vérifie facilement en approximant par en-dessous w par des fonctions boréliennes étagées,que cet ensemble est analytique.

La coupe de H étant non vide par construction, d'après un théorème de section mesurable ([IR]p.104) , il existe une fonction borélienne r de E dans $\underline{\underline{M}}_1^+$, définie μ.p.p. telle que en tout point où r est définie $(x,r(x,dy))\in H$. Si r n'est pas définie en un point x nous la complétons par ε_δ de manière à avoir une fonction partout définie et appartenant à $K(x)$ pour tout x . CQFD .

2.58. COROLLAIRE: <u>Désignons par</u> $K^{(n)}(x)$ <u>le sous-ensemble de</u> $\underline{\underline{M}}_1^+$ <u>dont les éléments sont des noyaux</u> $s(x,dy)$ <u>qui se décomposent en</u> :

$$s(x,dy) = \int s_1(x,dy_1) \int s_2(y_1,dy_2) \ \dots\dots \int s_n(y_{n-1},dy)$$

<u>où pour chaque</u> i <u>les noyaux</u> $s_i(x,dy)$ <u>appartiennent à</u> $K(x)$.

(Cet ensemble représente les parties permises en n coups.)

<u>Pour toute fonction v analytique positive</u> , <u>la fonction</u> $K^n v$ <u>définie par récurrence par</u>: $K^1 v = Kv$ et $K^n v = K(K^{n-1}v)$ <u>est analytique et égale à</u> : $K^n v(x) = \sup_{s(x,.)\in K^{(n)}(x)} \int s(x,dy)v(y)$

<u>De plus, pour toute loi</u> μ <u>sur</u> E, <u>il existe un élément borélien de</u> $K^{(n)}(x)$, $s^n(x,.)$, <u>tel que</u> :

$$-\varepsilon + K^n v \le \int s^n(.,dy)\, v(y) \qquad \mu.\ p.p.$$

PREUVE: Il est clair que $K^n v(x) \ge \sup_{s(x,.)\in K^{(n)}(x)} s(x,v)$

D'autre part, d'après le théorème 2.57. pour toute loi μ, il existe des noyaux permis $s_i(x,dy)$ tels que:

$$-\varepsilon/2n + K(K^{n-1}v) < s_n(.,K^{n-1}v) \qquad \mu\ .p.p.$$

$$-\varepsilon/2n + K(K^{n-2}v) < s_{n-1}(.,K^{n-2}v) \qquad \mu s_n \quad p.p.$$

....

$$-\varepsilon/2n + Kv < s_1(.,v) \qquad \mu s_1 s_2 s_3 \dots s_{n-1} \quad p.p.$$

ce qui entraine que $K^n v - \varepsilon/2 \le s^n(.,v)$ μ .p.p.

où $s^n(.,.) = s_1 o s_2 o s_3 o \dots s_n(.,.)$

Cette relation appliquée aux masses de Dirac ε_x et intégrée permet l'identification indiquée de $K^n v$. CQFD.

REMARQUE: On suppose souvent que les sections $K(x)$ d'une maison de jeu contiennent la masse de Dirac ε_x, ce qui signifie qu'on peut ne pas jouer. La suite $K^n v$ est alors croissante et majore v . Si nous désignons par $K^{oo}v$ sa limite, on verifie facilement que $K(K^{oo}v) = K^{oo}v$ et que cette fonction est <u>la plus petite fonction K-surmédiane</u>, c'est-à- dire satisfaisant à $Kg \le g$, qui majore v. On l'appelle <u>la K-réduite</u> de v.

REDUITE DANS LE CADRE D'UN PROCESSUS DE RAY

2.59. Nous introduisons tout de suite quelques notations et définitions concernant ces processus, mais nous ne justifierons rien renvoyant le lecteur au livre déjà cité de Getoor ([G1]).

E désigne un espace métrique compact, auquel on adjoint un point cimetière $\{\delta\}$. Sur E est définie une résolvante de Ray $(U^\alpha)_{\alpha>0}$ de semi-groupe (P_t). On désigne par D l'ensemble borélien des points de non-branchement , c'est-à-dire que $D = \{x;\ P_o(x,.) \ne \varepsilon_x\}$.

DEFINITION: <u>On appelle réalisation du semi-groupe</u> P_t, <u>un terme</u> $(\Omega, \underline{\underline{H}}^o_t, \underline{\underline{H}}^o, Y_t, P^\mu;\ \mu\in M^+(E))$ <u>où</u> Y_t <u>est un processus</u> $\underline{\underline{H}}^o_t$<u>-mesurable, continu à droite à valeurs dans D, et ayant des limites à gauche dans E. On désigne par</u> $\underline{\underline{H}}^\mu_t$ <u>la complétée de</u> $\underline{\underline{H}}^o_t$ <u>à l'aide de tous les en-</u>

<u>semblables</u> $\mathbb{P}^\mu$<u>-négligeables de</u> $\underline{\underline{H}}^o$<u>, et on suppose</u> :

i) <u>la filtration</u> $\underline{\underline{H}}_t^\mu$ <u>est continue à droite</u>

ii) <u>pour tout</u> $\underline{\underline{H}}^\mu$-t.a. T, $E^\mu[f(Y_{t+T})/\underline{\underline{H}}_T^\mu] = P_t f(Y_T)$ p.s. si $T<+\infty$

iii) <u>si f est α-excessive pour un nombre α, le processus f(Y) est continu à droite et limité à gauche</u>.

Il est clair que cette définition n'aurait aucun intérêt sans le théorème suivant:

THEOREME: <u>Il existe une réalisation du semi-groupe</u> P_t.

Si Ω est l'espace des trajectoires càd à valeurs dans D et làg à valeurs dans E, muni de sa filtration naturelle associée au processus des coordonnées, on parle de <u>réalisation canonique</u>.

Une dernière convention: nous notons $\underline{\underline{B}}_e$ la tribu sur E engendrée par les fonctions excessives et par $\underline{\underline{W}}$ la tribu des fonctions f pour lesquelles le processus $f(Y_.)$ est optionnel pour toute loi $\mathbb{P}^\mu$. La propriété 2.59.iii) montre l'inclusion $\underline{\underline{B}}_e \subset \underline{\underline{W}}$.

2.60. Nous définissons sur l'espace $E \times \underline{\underline{M}}_1^+$ une maison de jeu K par

$$K = \{(x,\varphi) \ ; \ \varphi U^\alpha \leq U^\alpha(x,.) \quad \text{et} \quad \varphi P_o = \varphi \quad \text{ou} \quad \varphi = \varepsilon_\delta \}$$

L'application $\varphi \to \varphi U^\alpha$ étant manifestement borélienne de $\underline{\underline{M}}_1^+$ dans $\underline{\underline{M}}_1^+$ l'ensemble considéré est mesurable. Une autre manière de le décrire est de remarquer que ses sections sont constituées des mesures portées par D et qui <u>dominent</u> ε_x <u>au sens de l'ordre α-fort des mesures</u>, à savoir que pour toute fonction α-excessive f , on a : $\varphi(f) \leq P_o f(x)$, ce qu'on désigne aussi par $\varphi \models \varepsilon_x$

D'autre part, nous pouvons tout de suite remarquer que toutes les sections de K en x contiennent $P_o(x,.)$; comme le composé de deux noyaux dominés par ε_x l'est aussi, l'ensemble $K^{(n)}(x)$ est contenu dans $K(x)$. (2.58.). Compte-tenu de ce cadre particulier, les résultats précédents sur les maisons de jeu s'énoncent de la façon suivante:

2.61. THEOREME: <u>Nous considérons une fonction analytique v positive, et posons</u> $Kv(x) = \sup_{\varphi \in K(x)} \varphi(v)$.

<u>La fonction</u> Kv <u>est analytique et satisfait à</u> $Kv = K^n v$

(2.61.1.) $= \sup_{\varphi \in K^{(n)}(x)} \varphi(v)$

De même pour toute mesure positive μ sur E,

(2.61.2.) $\mu(Kv) = \sup_{s(x,.)\in K(x)} \mu(s(.,v))$

De plus, Kv étant la plus petite des fonctions K-surmédianes c'est-à-dire vérifiant $Kw \leq w$, qui majore v sur D, elle vérifie:

(2.61.3.) $Kv = K(Kv\,1_{\{\lambda Kv \leq v\}})$ pour tout $\lambda\in[0,1[$

PREUVE: L'inclusion de l'ensemble $K^{(n)}$ dans K montre aisément que la suite croissante $K^n v$, qui majore évidemment Kv est majorée par Kv, d'où l'identité $K^n v = K^2 v = Kv$.

La relation 2.61.2. résulte immédiatement de la majoration à après de Kv par un noyau permis(2.57.1.), μ.p.s.

Quant à la propriété d'approximation, elle est tout-à-fait analogue à celle établie pour l'enveloppe de Snell en Théorie Générale.

En effet, il est clair que si u est une fonction K-surmédiane qui majore v, Ku majore Kv. Mais u majore Ku, donc aussi la fonction K-surmédiane Kv.

D'autre part, si nous désignons par $\overline{Kv} = K[K(v1_{\{\lambda Kv \leq v\}})]$, $\overline{Kv}$ n'est pas réduite à 0 car l'ensemble $\{\lambda Kv \leq v\}$ n'est pas vide.

Mais la fonction K-surmédiane $\lambda Kv + (1-\lambda)\overline{Kv}$ est égale à Kv sur $\{\lambda Kv \leq v\}$, et à λKv sur le complémentaire. Elle majore donc partout v et donc aussi Kv. Cette inégalité implique que $\overline{Kv}$ qui par définition est majorée par Kv lui est en fait égale. CQFD.

Il est intéressant de comparer les notions de K-surmédiane et de surmédiane au sens habituel par rapport au semigroupe P_t.

2.62. PROPOSITION: Pour toute réalisation $(\Omega, \underline{\underline{H}}_t^o, Y_t, P^\mu; \mu\in\underline{\underline{M}}^+)$ du semigroupe P_t, la fonction Kv est fortement α-surmédiane, au sens où pour tout t.a. des tribus $\underline{\underline{H}}_t^o$, $E_x[e^{-\alpha T} Kv(Y_T)] = P_T^\alpha Kv(x) \leq Kv(x)$

Si de plus $\limsup_{t\to 0} P_t v(x) \geq v(x)$, la fonction Kv est α-excessive.

PREUVE: Il suffit évidemment de vérifier que le noyau $P_T^\alpha(.,dy)$ est un noyau permis au sens défini ci-dessus.

L'identité $P_T^\alpha \circ P_o = P_T^\alpha$ résulte de ce que le processus Y par hypothèse est à valeurs dans $D = \{x, P_o(x,.) = \varepsilon_x\}$. De plus, les fonctions excessives étant continues à droite sur les trajectoires, l'inégalité des surmartingales est vraie pour les t.a..

Le noyau P_T^α est donc bien un noyau permis.
La régularisée excessive de Kv, la fonction $K^+v = \lim_{t\to 0} P_t Kv$ majore $\limsup_{t\to 0} P_t v$ et donc v si la dernière condition est satisfaite. Cette fonction α-excessive, donc K-surmédiane, qui majore v et qui est majorée par Kv ne peut que lui être égale. CQFD.
REMARQUE: La condition $\limsup_{t\to 0} P_t v \geq v$ est évidemment à rapprocher de celle plus forte qui assure que si le processus $v(X_.)$ est s.c.i. à droite pour toute loi initiale μ sur E, l'enveloppe de Snell du processus $e^{-\alpha .}v(X_.)$ est de la forme $e^{-\alpha .}j(X_.)$, où la fonction j est α-excessive.(Théorème 2.54. et théorème 2.45.)

En fait nous aurons besoin de la réciproque de cette propriété, ou plus exactement du résultat suivant:

2.63. THEOREME: <u>Soit q une fonction universellement mesurable, α-fortement surmédiane par rapport à la réalisation canonique du semi-groupe</u> P_t,(définie sur l'espace W des trajectoires continues à droite à valeurs dans D, et ayant des limites à gauche à valeurs dans E).
<u>Pour toute mesure λ portée par D et pour toute mesure μ dominée par λ au sens de l'ordre fort d'ordre</u> α,

(2.63.1) $\mu(q) \leq \lambda(q)$

<u>En particulier, la fonction q est K-surmédiane et donc α-fortement surmédiane pour n'importe quelle réalisation du semi-groupe</u> P_t .

En d'autres termes, ce théorème affirme que si $\mu(f) \leq \lambda(f)$ pour toute fonction f α-excessive, alors la même inégalité est valable pour toutes les fonctions α-fortement surmédianes.
Cette propriété est beaucoup moins anodine que son énoncé simple pourrait le laisser croire. Elle est établie dans la littérature probabiliste([M7] et [A2] essentiellement) comme corollaire de la représentation des mesures μ qui dominent λ pour l'ordre α-fort, sous la forme λP_T^α , où T est un t.a. d'une réalisation du semi-groupe P_t , éventuellement plus grosse que la réalisation canonique. Ce très beau résultat, important et difficile à établir,

permet de décrire complétement l'ensemble de ces mesures qui dominent λ pour l'ordre α-fort et de montrer qu'il est faiblement relativement compact. On pourrait être tenté d'exploiter ce résultat dans le même esprit qu'en 2.46. , mais nous sommes souvent limités dans cette voie par le fait que la fonction v n'est pas continue en général.

QUELQUES PROPRIETES DES FONCTIONS α-FORTEMENT SURMEDIANES

2.64. Nous allons établir le théorème 2.63. en plusieurs étapes qui utilisent des outils mathématiques importants: tout d'abord, grâce à la théorie des capacités qui permet d'écrire la réduite d'ordre α de la fonction 1 sur un borélien B comme limite décroissante de fonctions excessives, on montre que le théorème 2.63 est vraie pour une telle fonction. Ce résultat est ensuite utilisé, en suivant Azéma ([A1]) pour montrer que les mesures μ qui dominent λ ne chargent pas les ensembles λ-négligeables et λ-polaires. Elles se réprésentent donc à l'aide d'une fonctionnelle additive gauche A dont nous précisons, grâce à la théorie générale par rapport au processus retourné, les propriétés . Elles nous permettront de montrer que 2.63.1 est satisfaite par toute fonction q α-fortement surmédiane optionnelle (2.52.) presque-borélienne. Pour montrer que la même inégalité est satisfaite pour une fonction q α-fortement surmédiane, on vérifie que le $\underline{\underline{T}}$-système $q(X_T)e^{-\alpha T}$ satisfait à l'inégalité des surmartingales sur les t.a. et que sa P^{λ}-projection optionnelle est une surmartingale forte, dont la régularisée continue à droite est égale à $e^{-\alpha t}q^+(X_t)$, où q^+ est la régularisée excessive de q. On peut alors montrer que cette surmartingale forte optionnelle est suffisamment proche d'une surmartingale forte de la forme $e^{-\alpha t}\, q^o(X_t)$ où q^o est borélienne pour pouvoir appliquer les résultats précedents.

Le lecteur aura compris de lui-même qu'il est sans aucun doute plus sage de se borner à la lecture de cette introduction et d'éviter, sauf motivation particulière les démonstrations qui suivent.

Je ne peux terminer ces remarques sur les fonctions fortement surmédianes sans citer le nom de J F.Mertens, à qui on doit l'essentiel des propriété de ces fonctions, mêmes si certaines ont été redémontrées ensuite parfois plus simplement. Il me semble que ces travaux remarquables,[M3] et [M4], n'ont pas toujours eu l'echo qu'ils méritaient.

Dans cette première étape, nous montrons que le théorème 2.63. est vrai pour les fonctions de la forme $e_B^\alpha(x) = E_x[e^{-\alpha D_B}]$ où B est un ensemble presque-borélien et D_B le début de l'ensemble $\{t\geq 0,\ X_t \in B\}$. grâce à un théorème de Shih ([61] p 83) qui étend aux processus de Ray un théorème de Hunt.

Dans tout ce paragraphe, ainsi que dans les suivants, nous travaillons sauf mention contraire, sur la réalisation canonique du semi-groupe. Voici le théorème de Shih:

2.65. THEOREME: <u>L'application qui à tout borélien B associe $\lambda(e_B^\alpha)$ est une capacité de Choquet continue à droite. Elle satisfait donc à:</u>

(2.65.1.) $$\lambda(e_B^\alpha) = \inf\{\lambda(e_G^\alpha);\ G \supseteq B\ ,\ G \text{ ouvert de } E\}$$
$$= \sup\{\lambda(e_K^\alpha)\ ;\ K \subseteq B\ \ K \text{ compact de } E\}$$

2.66. COROLLAIRE: <u>Soit B un ensemble presque-borélien contenu dans D. Toute mesure μ qui domine λ au sens de l'ordre fort vérifie</u>

(2.66.1.) $$\mu(e_B^\alpha) \leq \lambda(e_B^\alpha)$$

<u>En particulier, tout ensemble</u> A <u>λ-négligeable et λ-polaire</u> (c'est à dire que $\{X\in A\}$ est P^λ- evanescent) <u>est aussi μ-négligeable et μ-polaire.</u>

REMARQUE: Nous avons vu que le processus $e^{-\alpha t}\, e_B^\alpha(X_t)$ est l'enveloppe de Snell du processus $e^{-\alpha t}\, 1_B(X_t)$,(2.53.). Or le corollaire montre que e_B^α qui majore 1_B majore aussi la K-réduite de 1_B. Mais les propriétés de l'enveloppe de Snell permettent d'écrire que $e_B^\alpha(x) = \sup_{T\geq 0} E[e^{-\alpha T}1_B(X_T)] \leq \sup_{\mu\,|\!\!-\!\lambda} \mu(B)$.

La fonction e_B^α est donc la K-réduite de B, et la surmartingale associée est l'enveloppe de Snell du processus $e^{-\alpha t}1_B(X_t)$, et ce résultat est valable pour toute loi initiale et toute réalisation du semi-groupe P_t .

PREUVE: Nous appliquons l'approximation par au-dessus établie au théorème 2.65. d'un ensemble borélien par des ouverts qui le contiennent et dont les temps d'entrée convergent vers le début de l'ensemble borélien. Or pour tout ouvert G la fonction e_G^α est α-excessive, car le temps d'entrée et le début d'un ouvert coincident p.s. On a donc : $\mu(e_B^\alpha) = \inf_{G\supseteq B}\mu(e_G^\alpha) \le \inf_{G\supseteq B}\lambda(e_G^\alpha) = \lambda(e_B^\alpha)$.

Le cas des ensembles presque-boréliens se traite de la même façon car on peut trouver des ensembles boréliens qui les encadrent et dont la différence symétrique est λ-négligeable et λ-polaire , donc de réduite d'ordre α nulle λp.p. et donc aussi μ.p.p. Ces ensembles boréliens ont donc même réduite d'ordre α λ.p.p. et μ.p.p. CQFD.

Mais cette propriété des mesures de ne pas charger les ensembles λ-négligeables et λ-polaires permet de les représenter de la manière suivante:

2.67. THEOREME:<u>Toute mesure positive μ qui ne charge pas les ensembles λ-négligeables et λ-polaires se représente de la manière suivante:</u>

(2.67.1.) $$\mu(g) = E_\lambda\int_{[0,\infty]} e^{-\alpha s}\, g(X_s)\, dA_s$$

<u>où</u> A <u>est une fonctionnelle additive gauche,c'est à dire un processus croissant adapté, non nécessairement nul en</u> 0 <u>et vérifiant</u>

$$A_{t+s} = A_{t-} + A_s\circ\theta_t \quad P_\lambda\text{.p.s.}$$

Ce très beau théorème est du à Azéma,([A1]); il repose sur les techniques de retournement du temps et les propriétés des temps de retour coprévisibles.

2.68. Cette représentation peut être précisée lorsqu'on sait de plus que la mesure μ domine λ au sens de l'ordre α-fort.

PROPOSITION:<u>Supposons que</u> $\mu(f) \le \lambda(f)$ <u>pour toute fonction f α-excessive et désignons par</u> A <u>la f.a. gauche associée à μ par la formule</u> (2.67.1.). <u>La projection coprévisible de A est majorée par 1.</u>

<u>Pour toute fonction presque-borélienne h positive, nulle en dehors d'un ensemble semi-polaire</u> : $\mu(h) \le \lambda(h)$

PREUVE: La fonction h étant presque-borélienne, le processus $h(X)$ est P^λ-indistinguable d'un processus $h_o(X)$, où h_o est une fonction borélienne minorant h. L'ensemble $\{ h \neq h_o\}$ est λ-négligeable et λ-polaire. Il est donc aussi μ-négligeable et μ-polaire d'après le corollaire 2.66. On peut donc supposer h borélienne.

Si L est un temps de retour coprévisible au sens de ([A1]),(c'est à dire une v.a. à valeurs dans l'ensemble R^+ auquel on a adjoint un point supplémentaire désigné par ∂ et qui vérifie $L\circ\theta_T=(L-T)^+$,) le caractère coprévisible de L est traduit par l'existence d'une suite strictement décroissante de temps de retour L_n sur l'énsemble $\{L\geq 0\}$ et dont la limite est L. La fonction $h_L^\alpha(x) = E_x[e^{-\alpha L}; L\geq 0]$ est α-surmédiane, car L est un temps de retour, et limite croissante des fonctions excessives $E_x[e^{-\alpha L_n}; L_n>0]$.
L'inégalité $\mu(f)\leq \lambda(f)$ valable pour toute fonction α-excessive est également vérifiée par h_L^α, ainsi que d'ailleurs par toute limite monotone de fonctions α-excessives.
Utilisant la représentation de μ par une fonctionnelle gauche A, (Théorème 2.67), nous voyons que :

$$\mu(h_L^\alpha) = E_\lambda\int_{[o,\zeta[} e^{-\alpha s} E_{X_s}(e^{-\alpha L}, L\geq 0)\, dA_s = E_\lambda\int_{[o,\zeta[} 1_{\{s\leq L\}} e^{-\alpha L}\, dA_s$$
$$= E_\lambda[e^{-\alpha L} A_L;\ L\geq 0] \leq E_\lambda[e^{-\alpha L}; L\geq 0] = \lambda(h_L^\alpha)$$

Cette série d'inégalités valables pour tout temps de retour coprévisible implique, d'après ([A1]), que la projection coprévisible du processus A est majorée par 1 et donc que pour tout processus Z positif et coprévisible : $E_\lambda[e^{-\alpha L} Z_L A_L; L\geq 0] \leq E_\lambda[e^{-\alpha L} Z_L; L\geq 0]$

Nous revenons maintenant à la fonction h de l'énoncé de la proposition ,(supposée borélienne),et à l'ensemble aléatoire à coupes dénombrables $\{(\omega,t);\ h(X_t)> 0\}$. Cet ensemble est optionnel et coprévisible; il est donc contenu dans une réunion dénombrable de graphes de temps de retour coprévisibles L_n, P^λ.p.s. (ainsi que d'ailleurs dans une réunion dénombrable de graphes de temps d' arrêt.). On peut alors écrire que:

$$\mu(h) = E_\lambda[\Sigma_n h(X_{L_n})\, 1_{\{L_n\geq 0\}} \int e^{-\alpha s}\, 1_{[\![L_n]\!]}(s)\, dA_s]$$

$$= E_\lambda[\Sigma_n h(X_{L_n}) 1_{\{L_n \geq 0\}} e^{-\alpha L_n} (A_{L_n} - A^-_{L_n})] \leq \lambda(h) \qquad \text{C.Q.F.D.}$$

2.69. COROLLAIRE: Soit q une fonction α-fortement surmédiane optionnelle et presque-borélienne, portée par D.

Pour toute mesure μ qui domine λ au sens de l'ordre α-fort et portée par D, $\mu(q) \leq \lambda(q)$

PREUVE: Le processus $e^{-\alpha .}q(X.)$ est une surmartingale forte optionnelle de régularisée continue à droite $e^{-\alpha .}q^+(X.)$, où q^+ est la régularisée excessive de q. L'ensemble $\{(\omega,t);\ q(X_t) > q^+(X_t)\}$ est optionnel et à coupes dénombrable.

La fonction $h = q - q^+$ satisfait aux hypothèses du théorème 2.68. ce qui entraine que: $\mu(q) = \mu(q^+) + \mu(h) \leq \lambda(q^+) + \lambda(h) = \lambda(q)$.

Il nous reste, pour établir le théorème 2.63. en toute généralité, à éliminer les hypothèses de mesurabilité faites sur q dans l'énoncé du corollaire 2.69. à savoir optionnelle et presque-borélienne. Pour ce faire, nous allons d'abord montrer qu'à toute fonction α-fortement surmédiane, on peut associer un $\underline{T}$-surmartingalsystème sur la réalisation canonique du processus droit, puis nous montrerons comment on peut se ramener à utiliser la proposition 2.68.

Auparavant, nous rappelons un lemme donnant la caractérisation des temps d'arrêt algébriques définis sur l'espace canonique. Dû initialement à Courrège et Priouret, on pourra en trouver la preuve dans ([IR].p.237.).

2.70. LEMME: Sur l'espace canonique W, muni de sa filtration naturelle $\underline{F}^o_t$ et des opérateurs de translation habituels θ_t, nous considérons deux temps d'arrêt S et T tels que $S \leq T$

Il existe une v.a. $U(\omega,w)$ définie sur $W \times W$, à valeurs dans $\overline{R}^+$ et possédant les propriétés suivantes:

a) U est $\underline{F}^o_S \times \underline{F}^o_{oo}$ mesurable

b) $U(\omega,w) = 0$ si $S(\omega) = +oo$ ou si $S(\omega) < oo$ et $X_o(w) \neq X_S(\omega)$

c) Pour tout ω, $U(\omega,.)$ est un temps d'arrêt

d) $T(\omega) = S(\omega) + U(\omega,\theta_S\omega)$ pour tout ω.

2.71. LEMME: Soit q une fonction α-fortement surmédiane. Pour toute loi λ, la projection optionnelle du processus $e^{-\alpha .}q(X_.)$ pour la probabilité P^λ, Y, est une surmartingale forte de régularisée à droite $e^{-\alpha}q^+(X_.)$.(Nous travaillons sur la réalisation canonique du semi-groupe P_t.)

PREUVE: Il nous faut d'abord montrer que le processus $e^{-\alpha .}q(X_.)$ satisfait à l'inégalité des surmartingales sur les t.a. ou ce qui est équivalent que: $E_\lambda[e^{-\alpha S}q(X_S)] \geq E_\lambda[e^{-\alpha T}q(X_T)]$ si $S \leq T$.
Or si S et T sont des t.a. des tribus $\underline{\underline{F}}_t^o$, le lemme 2.70. nous montre que : $E_\lambda[e^{-\alpha T}q(X_T)] = E_\lambda[e^{-\alpha S} E_{X_S}[e^{-\alpha U(.,w)}q(X_{U(.,w)}(w))]]$

$$\leq E_\lambda[e^{-\alpha S}q(X_S)]$$

Cette inégalité reste valable si T est un temps d'arrêt des tribus $\underline{\underline{F}}_t^{o,+}$ car le lemme 2.70 s'étend aisément à de tels t.a., et même un t.a. des tribus $\underline{\underline{F}}_t$, car ils sont indistinguables de t.a. des tribus non complétées.

Remarquons que si $S>T$, on peut remplacer q par q^+ dans le membre de gauche de l'inégalité ci-dessus,car pour tout $\varepsilon>o$,

$$E_\lambda[e^{-\alpha T}q(X_T)\, 1_{\{T\geq S+\varepsilon\}}] \leq E_\lambda[e^{-\alpha(S+\varepsilon)}P_\varepsilon q(X_S)]$$

Après passage à la limite, il vient que:

$$E_\lambda[e^{-\alpha T}q(X_T)] \leq E_\lambda[e^{-\alpha S}q^+(X_S)] \quad \text{car } S>T .$$

Pour étendre cette inégalité au cas où S est un t.a. des tribus $\underline{\underline{F}}_t^{o,+}$, nous utilisons son approximation par une suite strictement décroissante de $\underline{\underline{F}}_t^o$ t.a. S_n,(par exemple $S+1/n$) et écrivons que: $E_\lambda[e^{-\alpha T}q(X_T)\, 1_{\{T>S_n\}}] \leq E_\lambda[e^{-\alpha S_n} q^+(X_{S_n})\, 1_{\{T>S_n\}}]$ ce qui donne après passage à la limite:

$$E_\lambda[e^{-\alpha T}q(X_T)\, 1_{\{T>S\}}] \leq E_\lambda[e^{-\alpha S}\, q^+(X_S)\, 1_{\{T>S\}}]$$

Mais cette inégalité entraine celle que nous cherchons à établir car $q^+ \leq q$. Nous avons ainsi montré que le processus $e^{-\alpha .}q(X_.)$ satisfait à l'inégalité des surmartingales sur les t.a .ce qui est équivalent à dire que sa projection optionnelle est une surmartingale forte.Il est clair d'autre part que sa régularisée à droite est le processus $e^{-\alpha .} q^{+}(X.)$.

2.72. LEMME: Le processus $e^{\alpha .} Y. - q^{+}(X.)$, nul en dehors d'un ensemble à coupes dénombrables est P^{λ}-indistinguable d'un processus de la forme $h_o(X.)$, où h_o est une fonction borélienne majorée par $q - q^{+}$.

PREUVE: Nous désignons par T_n une suite de t.a. dont la réunion des graphes contient l'ensemble optionnel, à coupes dénombrables $H = \{ e^{\alpha .} Y. - q^{+}(X.) > 0 \}$. Posant $\lambda^* = \Sigma_n \, 1/2^n \, \lambda P^{\alpha}_{T_n}$, nous pouvons trouver une fonction h_o borélienne, majorée par la fonction universellement mesurable $q - q^{+}$, et telle que $h_o = q - q^{+}$ λ^* .p.s. Mais la définition de la mesure λ^* entraine que cette égalité p.s. équivaut à l'indistinguabilité des processus $h_o(X.)$ et $e^{\alpha .} Y. - q^{+}(X.)$. CQFD.

Nous pouvons enfin conclure:

THEOREME: Soit q une fonction α-fortement surmédiane. Pour toute mesure μ qui domine λ au sens de l'ordre fort des fonctions α-excessives, $\mu(q) \leq \lambda(q)$.

En particulier, toute fonction α-fortement surmédiane (pour les t.a. de la réalisation canonique) est K-surmédiane, et donc aussi α-fortement surmédiane pour les t.a. de n'importe quelle réalisation.

PREUVE: Nous appliquons la proposition 2.68. à la fonction h_o construite au lemme 2.72., qui est nulle en dehors d'un ensemble semi-polaire . Mais utilisant la représentation de la mesure μ nous voyons que : $\mu(h_o) = E_{\lambda} \int_{[o,\zeta[} e^{-\alpha s} \, h_o(X_s) \, dA_s$

$= \mu(q - q^{+})$ car $h_o(X.)$ est projection P^{λ}-optionnelle de $(q - q^{+})(X.)$.

On obtient alors l'inégalité $\mu(q-q^{+}) \leq \lambda(q-q^{+})$, qui jointe au caractère excessif de q^{+} implique l'inégalité cherchée.

Les autres propriétés énoncées sont des simples conséquences de cette inégalité.

ENVELOPPE DE SNELL MARKOVIENNE

Nous considérons de nouveau une réalisation quelconque du semi-groupe P_t, $(\Omega, \underline{\underline{H}}_t, X_t, P^\lambda)$.
La longue discussion que nous venons de mener va nous permettre de résoudre rapidement le problème de la caractérisation de l'enveloppe de Snell d'un processus du type $e^{-\alpha.}g(X.)$

2.73. THEOREME: Soit g une fonction presque borélienne, positive ou bornée, et Kg la fonction définie par : $Kg(x) = \sup_{\mu|-\varepsilon_x} \mu(g)$ (où rappelons-le, le symbole $\mu|-\varepsilon_x$ signifie que la mesure μ domine ε_x au sens de l'ordre α-fort.). La fonction Kg est presque-borélienne et pour toute mesure positive λ sur E portée par D,

(2.73.1.) $\lambda(Kg) = \sup_{\mu|-\lambda} \mu(g) = \sup_{s(x,.)\in K(x)} \lambda(s(.,g))$

si $s(x,.)$ désigne un noyau permis au sens de (2.57.)

Pour toute loi initiale λ, et toute réalisation du semi-groupe P_t le processus $e^{-\alpha.}Kg(X.)$ est la P^λ-enveloppe de Snell du processus $e^{-\alpha.}g(X.)$.

PREUVE: Nous commençons par supposer g borélienne.
L'égalité des termes 1 et 3 de la relation 2.73.1 est établie au corollaire 2.58. Elle entraine immediatement que:

$\lambda(Kg) \leq \sup_{\mu|-\lambda}\mu(g) \leq \sup_{\mu|-\lambda}\mu(Kg) \leq \lambda(Kg)$ car la mesure $\lambda.s$ définie comme l'intégrale du noyau $s(.,dy)$ par λ domine λ si $s(x,dy)$ appartient à $K(x)$. Les autres termes de ces inégalités sont des conséquences de la majoration de g par Kg, et du caractère fortement surmédiane de Kg, compte-tenu du théorème 2.73.

En particulier si S et T sont deux t.a. tels que $S \leq T$, (de la réalisation considérée, bien sûr) la mesure λP_T^α domine λP_S^α et donc, toujours d'après le théorème 2.73., $\lambda P_T^\alpha(Kg) \leq \lambda P_S^\alpha(Kg)$ ou ce qui est équivalent, le processus $e^{-\alpha.}Kg(X.)$ satisfait à l'inégalité des surmartingales sur les t.a. Sa projection optionnelle est donc une surmartingale forte qui majore le processus $e^{-\alpha.}g(X.)$, et donc aussi sa P^λ-enveloppe de Snell J.

Il reste à montrer l'inégalité inverse, ce que nous ferons à partir de l'identité $Kg = K[Kg\, 1_{\{\lambda Kg \leq g\}}]$, $\lambda \in [0,1[$, établie au théorème 2.61.

Désignant par D_T^λ (resp. D^λ) le début après T de l'ensemble $\{X\in A^\lambda\}$,(resp le début) où A^λ est l'ensemble $\{\lambda Kg \leq g\}$, nous commençons par montrer que $Kg = P_{D^\lambda}^\alpha[Kg\, 1_{A^\lambda} + K^+g\, 1_{(A^\lambda)^c}]$, fonction que nous désignons provisoirement par q^α.

La fonction q^α est une fonction α-fortement surmédiane: pour tout t.a. T, tel que $D_T^\lambda > D^\lambda$, $P_T^\alpha q^\alpha \leq P_{D^\lambda}^\alpha[K^+g]$, car d'après le lemme 2.71. $e^{-\alpha\cdot}K^+g(X_\cdot)$ est la régularisée à droite du processus $e^{-\alpha\cdot}Kg(X_\cdot)$. Ceci entraine en particulier que:

$$E_x[e^{-\alpha D_T^\lambda}[Kg(X_{D_T^\lambda})\, 1_{A^\lambda}(X_{D_T^\lambda}) + K^+g(X_{D_T^\lambda})1_{(A^\lambda)^c}(X_{D_T^\lambda})]1_{\{D_T^\lambda > D^\lambda\}}]$$
$$\leq E_x[e^{-\alpha D^\lambda} K^+g(X_{D^\lambda})1_{\{D_T^\lambda > D^\lambda\}}]$$

La majoration de K^+g par Kg, ainsi que l'identité valable sur $\{D_T^\lambda = D^\lambda\}$ des processus que nous intéressent montrent aisément

$$P_T^\alpha q^\alpha \leq q^\alpha \quad \text{pour tout t.a. } T. \qquad \text{CQFD.}$$

Or la fonction q^α majore Kg sur A^λ, donc elle majore sa K-réduite $K(Kg\, 1_{A^\lambda})$ car d'après le théorème 2.72. elle est K-surmédiane . D'autre part, elle est majorée par $P_{D^\lambda}^\alpha[Kg]$ et donc aussi par Kg, puisque Kg est α-fortement surmédiane.Elle est donc égale à Kg.

Mais comme au théorème 2.38. cette propriété suffit à caractériser Kg. En effet, sur A^λ, le processus $e^{-\alpha\cdot}Kg(X_\cdot)$ est majoré par $1/\lambda\, e^{-\alpha\cdot}g(X_\cdot)$ et donc aussi par $1/\lambda\, J$ .Mais le processus J étant s.c.s. à droite sur les trajectoires, on a toujours:

$$\left.\begin{array}{ll} e^{-\alpha D_T^\lambda} Kg(X_{D_T^\lambda}) \leq 1/\lambda\, J_{D_T^\lambda} & \text{si } X_{D_T^\lambda} \in A^\lambda \quad \text{et} \\ e^{-\alpha D_T^\lambda} K^+g(X_{D_T^\lambda}) \leq 1/\lambda\, J_{D_T^\lambda} & \text{si } X_{D_T^\lambda} \notin A^\lambda \end{array}\right\} \text{si } D_T^\lambda < +\infty$$

On a donc pour tout t.a. T,

$$E_\lambda[e^{-\alpha T} Kg(X_T)] \leq E_\lambda[1/\lambda\, J_{D_T^\lambda}] \leq E_\lambda[1/\lambda\, J_T\, 1_{\{T<\infty\}}] \text{ pour tout } \lambda \text{ de } [0,1[$$

(Le lecteur excusera la confusion de notations entre la mesure initiale λ qui intervient dans le symbole E_λ, et le paramètre réel qui intervient dans A^λ.)

La projection optionnelle du processus $e^{-\alpha\cdot}Kg(X_\cdot)$ que nous notons H est indistinguable de J, P^λ.p.s. Ces deux processus ont donc même régularisée à droite $e^{-\alpha\cdot}K^+g(X_\cdot)$ et satisfont à:

$H = H^+ \vee e^{-\alpha\cdot}g(X_\cdot) = e^{-\alpha\cdot}[K^+g \vee g](X_\cdot)$, ce qui entraine en particulier que pour toute loi initiale λ portée par D, $\lambda(K^+g \vee g) = \lambda(Kg)$. Il reste à prendre $\lambda = \varepsilon_x$ si $x \in D$ pour déduire que $Kg = K^+g \vee g$, et donc que Kg est presque-borélienne, et même mesurable par rapport à la tribu engendrée par les fonctions excessives. Le processus $e^{-\alpha\cdot}Kg(X_\cdot)$ est optionnel, donc indistinguable de H , et donc de J. C'est l'enveloppe de Snell de $e^{-\alpha\cdot}g(X_\cdot)$.

Il reste à traiter le cas où g est presque-borélienne. Pour toute loi initiale λ portée par D, il existe deux fonctions boréliennes g_1 et g_2 encadrant g, et telles que l'ensemble $\{g_2-g_1>0\}$ soit λ-négligeable et λ-polaire. D'après le corollaire 2.66. cet ensemble est aussi μ-négligeable et μ-polaire pour toute mesure μ dominant λ, ce qui entraine que:
$\lambda(Kg_1) = \sup_{\mu|-\lambda}\mu(g_1) = \sup_{\mu|-\lambda}\mu(g_2) = \lambda(Kg_2)$.
Mais on a plus: d'après ce que nous venons de voir les processus $e^{-\alpha\cdot}Kg_1(X_\cdot)$ et $e^{-\alpha\cdot}Kg_2(X_\cdot)$ sont les enveloppes de Snell des processus indistinguables $e^{-\alpha\cdot}g_1(X_\cdot)$ et $e^{-\alpha\cdot}g_2(X_\cdot)$. Ce sont donc des processus indistinguables, et l'ensemble $\{Kg_2 > Kg_1\}$ est λ-négligeable et λ-polaire. La fonction Kg peut donc être encadrée pour chaque loi initiale portée par D, par des fonctions presque-boréliennes qui ne diffèrent que sur un ensemble négligeable et polaire. Elle est donc presque-borélienne, et on montre comme ci-dessus qu'élle satisfait alors à : $Kg = K^+g \vee g$
Elle est donc mesurable par rapport à la tribu engendrée par les fonctions excessives, si g l'est.

REDUITE ET PROCESSUS DROITS

On revient au problème initial de l'étude de la réduite d'un processus de la forme $e^{-\alpha\cdot}g(X_\cdot)$, lorsque X est un processus droit.
On désigne par E l'espace d'états de ce processus et par $\overline{E}$ son compactifié de Ray-Knight. Le semi-groupe de X est désigné par P_t, son prolongement à $\overline{E}$ par $\overline{P}_t$

Les liens existant entre le processus X et le processus de Ray associé à $\overline{P}_t$ sont décrits en détail dans le livre de Getoor([G1]). Nous les résumons dans le théorème suivant:

2.74. THEOREME: Designons par W l'espace des applications de R^+ dans E, qui sont continues à droite dans la topologie initiale et dans la topologie de Ray, et qui ont des limites à gauche dans $\overline{E}$ pour la Ray-topologie. X_t désigne les applications coordonnées et $\underline{\underline{F}}_t^o$ la tribu engendrée par $X_s, s \leq t$.
Pour chaque probabilité μ sur E, P^μ est la mesure construite sur $(W, \underline{\underline{F}}^o)$ à partir du semi-groupe P_t, et $\overline{P}^\mu$ celle construite à partir de $\overline{P}_t$. Les probabilités P^μ et $\overline{P}^\mu$ sont égales, et le terme $(X_t, \underline{\underline{F}}_t^o, P^\mu)$ est un processus de Markov admettant P_t (resp. $\overline{P}_t$) comme semi-groupe de transition si on considère E, (resp. $\overline{E}$) comme espace d'états.

REMARQUE: Les mesurabilités relatives à la topologie de Ray seront soulignées par un indice r: par exemple, $\underline{\underline{E}}_r$ désigne la tribu borélienne relative à la topologie de Ray, $\underline{\underline{E}}_r^n$ la tribu presque-borélienne, $\underline{\underline{B}}_e$ la tribu engendrée par les fonctions excessives, restreinte à E. Il est montré dans ([G1] p.79) que: $\underline{\underline{E}} \subset \underline{\underline{E}}_r \subset \underline{\underline{B}}_e^- \subset \underline{\underline{E}}_r^n$

Le processus X est donc la restriction à E d'un processus de Ray, qui est à valeurs dans E pour toute loi initiale portée par E. Pour étudier la réduite d'un processus de la forme $e^{-\alpha \cdot} g(X_\cdot)$ on peut se ramener à l'étude faite sur les processus de Ray et énoncer:

2.75. THEOREME: Soit g une fonction Ray-presque borélienne, restriction à E d'une fonction $\overline{g}$ Ray presqueborélienne, définie sur $\overline{E}$, nulle en dehors de $\overline{D}$.
Pour toute loi initiale λ sur E, le processus $e^{-\alpha \cdot} Kg(X_\cdot)$ est la P^λ-enveloppe de Snell du processus $e^{-\alpha \cdot} g(X_\cdot)$, où, pour tout x de E, $Kg(x) = \sup_{\mu \mid -\varepsilon_x} \mu(\overline{g})$ est la restriction à E de la réduite de $\overline{g}$. On a de plus $Kg = K^+ g \vee g$.

REMARQUE: Si Kg est mesurable par rapport à la tribu des excessives, le processus $e^{-\alpha \cdot} Kg(X_\cdot)$ est une surmartingale forte optionnelle pour n'importe quelle réalisation du semi-groupe P_t, comme peut le prouver un raisonnement analogue à celui fait au théorème 2.72.

C'est donc l'enveloppe de Snell du processus $e^{-\alpha .}g(X_.)$ pour n'importe quelle réalisation.

Nous pouvons résumer une partie des résultats obtenus au cours de cette étude en notant:

2.76. THEOREME: Soit g une fonction mesurable par rapport à la tribu engendrée par les fonctions excessives d'un semi-groupe droit. Pour toute réalisation du semi-groupe, le processus $e^{-\alpha .}Kg(X_.)$ est l'enveloppe de Snell du processus $e^{-\alpha .}g(X_.)$, où Kg est définie par $Kg(x) = \sup_{\mu \vdash \varepsilon_x} \mu(\bar{g})$ [où $\bar{g}$ est une fonction Ray-presque borélienne qui coincide avec g sur E.].

De plus, si pour toute suite monotone de t.a. T_n de limite T, $\limsup_n P^\alpha_{T_n} g(x) \leq P^\alpha_T g(x)$, le début D de l'ensemble $\{Kg = g\}$, qui est non vide, est un temps d'arrêt optimal.

PREUVE: Il s'agit simplement de la traduction au cadre considéré ici du théorème 2.43.

METHODES DE PENALISATION

2.77. Il est très important, en vue des applications d'avoir des procédés de construction par approximation de la réduite d'ordre α d'une fonction g, afin de pouvoir résoudre pratiquement le problème de l'arrêt optimal.

Nous avons déjà donné un tel procédé au théorème 2.50., en regardant les puissances successives de l'opérateur $R(g) = \sup_{r \in Q} P^\alpha_r g$

La méthode que nous allons décrire maintenant joue un rôle fondamental dans la résolution par les méthodes d'équations aux dérivées partielles, et plus précisement d'inéquations variationnelles des problèmes d'arrêt optimal associé à un processus de Markov à valeurs dans R^n, dont le générateur est un opérateur élliptique. Elle a été étendue par Robin dans ([R2]) au cadre d'un processus de Markov général, mais fondamentalement, on trouvera un exposé fort complet des usages que l'on peut faire d'un tel procédé dans le livre de Bensoussan-Lions. Nous avons tenu à la faire connaitre aux probabilistes car c'est une méthode puissante d'approximation, qui permet par ailleurs d'établir que pour un processus de Feller sur un espace compact, la réduite d'une fonction continue est une fonction continue, résultat important dont je ne connais pas d'autre démonstration.

L'objectif de la méthode est de donner une approximation de la réduite par des α-potentiels que l'on sait calculer et qui convergent en croissant, ou éventuellement uniformément sous des hypothèses supplémentaires. On leur impose de plus de payer un certain coût proportionnel à un nombre λ, chaque fois qu'ils sont inférieurs à la fonction g de départ. C'est ce qui motive le nom de méthode de pénalisation.

DEFINITION DU PROBLEME PENALISE ET REDUITE

Nous considérons un processus de Markov droit $(\Omega, \underline{\underline{F}}_t, X_t, P^x)$ de résolvante U^p; ζ désigne le temps de mort du processus.

2.78. DEFINITION: Soit g une fonction positive, universellement mesurable et bornée. On appelle solution du problème pénalisé, d'intensité λ, associé à g, une fonction h, universellement mesurable, telle que : $\quad h = \lambda\, U^\alpha (g-h)^+$

REMARQUE: Si nous avons besoin de rappeler la dépendance de h par rapport aux paramètres λ et g, on désignera par $H(\lambda,g)$ cette fonction.

Avant d'étudier l'existence d'une telle fonction, nous allons d'abord montrer son lien avec la notion de réduite, en montrant tout d'abord que la solution d'un problème pénalisé, si elle existe, est aussi solution d'un problème de contrôle stochastique d'un type particulier.

2.79. PROPOSITION: Nous supposons qu'il existe une solution h au problème pénalisé d'intensité λ, associé à g.

Pour tout t.a. T,

(2.79.1.) $$P_T^\alpha h(x) = \sup_{0\le v_s\le 1} E_x \int_T^\infty e^{-\alpha s - \int_T^s \lambda v_u\, du}\, g(X_s) \lambda v_s\, ds$$

où v_s est un processus progressivement mesurable.

Dans (2.79.1.) le sup est atteint pour le processus $v_s^* = 1_{\{(g-h)(X_s)\ge 0\}}$

PREUVE: Nous désignons par $M_s^T(v)$ le processus croissant, défini par: $M_s^T(v) = 1 - \exp -\lambda\int_{]T,\, s\vee T]} v_u\, du$. On a évidemment

(2.79.2.) $$dM_s^T(v) = (1-M_s^T(v))\lambda v_s ds$$

Nous pouvons alors calculer $P_T^\alpha h(x)$ de la façon suivante:

$$P_T^\alpha h(x) = E_x\int_T^{+\infty} e^{-\alpha s}(g-h)^+(X_s)\,\lambda ds = E_x\int_0^{\infty} e^{-\alpha s}(g-h)^+(X_s)(1-M_s^T(v))\lambda ds$$
$$+ E_x\int_0^{\infty} e^{-\alpha s}(g-h)^+(X_s)\, M_s^T(v)\,\lambda ds$$

Calculons ce dernier terme en utilisant une intégration par parties.

$$I_2 = E_x\int_0^{\infty} M_u^T(v)\int_u^{\infty} e^{-\alpha s}(g-h)^+(X_s)\,\lambda ds = E_x\int_0^{\infty} e^{-\alpha u}\, U^\alpha(g-h)^+(X_u)\lambda\, dM_u^T(v)$$

Il reste à utiliser que h étant solution du problème pénalisé $h = \lambda\, U^\alpha(g-h)^+$, pour voir que:

$$P_T^\alpha h(x) = E_x\int_0^{\infty} e^{-\alpha s}[(g-h)^+(X_s) + v_s h(X_s)](1-M_s^T(v))\,\lambda\, ds$$
$$= E_x\int_0^{\infty} e^{-\alpha s} g(X_s)\, dM_s^T(v)$$
$$+ E_x\int_0^{\infty} e^{-\alpha s}[(g-h)^+(X_s) - v_s(g-h)(X_s)](1-M_s^T(v))\lambda ds$$

Nous avons ainsi établi que pour tout v_s tel que: $0 \leq v_s \leq 1$

$$E_x\int_0^{\infty} e^{-\alpha s} g(X_s)\, dM_s^T(v) \leq P_T^\alpha h(x)$$ et qu'il y a égalité pour

$v_s^* = 1_{\{h(X_s) \leq g(X_s)\}}$. CQFD.

REMARQUE: L'identité (2.79.1) prouve aisément qu'il ne peut y avoir qu'une seule solution au problème pénalisé.

Cette même identité va également nous permettre de comparer solution du problème pénalisé et réduite d'ordre α.

2.80 THEOREME: Nous supposons toujours qu'il existe une solution au problème pénalisé, pour tout λ. Nous la notons h^λ. La suite des fonctions h^λ est une suite croissante qui converge vers la réduite d'ordre α de g, si $g(X_.)$ est continue à droite

PREUVE: La formule (2.79.1) permet d'établir facilement le caractère croissant de la suite h^λ, en remarquant que si $\lambda' \leq \lambda$ on a:

$$h^{\lambda'}(x) = \sup_{0\leq v_s \leq \lambda'/\lambda} E_x\int_0 e^{-\alpha s - \int_{[0,s]}\lambda v_u\, du}\, g(X_s)\,\lambda v_s\, ds \leq h^\lambda(x)$$

D'autre part, le processus croissant $M_t^o(v)$ est majoré par 1.
Le théorème 2.47. prouve alors immédiatement que pour tout $|v| \leq 1$ $E_x\int_{[o,oo]} e^{-\alpha s}\, g(X_s)\, dM_s^o(v) \leq Kg(x)$, où $Kg(x)$ est la réduite d'ordre α de g.

Si on ne veut pas utiliser le théorème 2.47. on peut redémontrer directement cette inégalité, en utilisant le changement de temps $j_s = \inf\{t,\ M_t^o(v) \geq s\}$. On a alors:

$$E_x\int_o^{oo} e^{-\alpha s}\, g(X_s)\, dM_s^o(v) = E_x\int_o^{M^o_{oo}(v)} e^{-\alpha j_s}\, g(X_{j_s})\, ds \leq \int_o^1 P^\alpha_{j_s} g(x)\, ds$$

$$\leq Kg(x) \quad \text{car } j_s \text{ est un t.a.}$$

Pour établir que la limite de cette suite croissante est $Kg(x)$, nous utilisons la convergence étroite sur R^+ de la suite de probabilités $e^{-\lambda t}\lambda\, dt$, et le fait que le processus $g(X_\cdot)$ est par hypothèse continu à droite et borné. On a alors:

$$E_x[e^{-\alpha T} g(X_T)] = \lim_{\lambda\to oo} E_x\int_T^{oo} e^{-\alpha s-\lambda(s-T)}\lambda g(X_s) ds \leq \lim_{\lambda\to oo} h^\lambda(x)$$

ce qui établit l'égalité cherchée.

COROLLAIRE: Nous supposons que g est l'α-potentiel d'une fonction bornée f, ($g = U^\alpha f$). La convergence de h^λ vers sa limite est alors uniforme.

En particulier, si les fonctions h^λ sont continues, il en est de même de la fonction Kg.

PREUVE: Un calcul tout à fait analogue à celui fait au cours de la preuve de 2.79. montre:

$$E_x\int_o^{oo} e^{-\alpha s} g(X_s)\, dM_s^T(1) = E_x\int_o^{oo} e^{-\alpha u} f(X_u)\, M_u^T(1)\, du \text{ et donc que}$$

$$|E_x[e^{-\alpha T} g(X_T)] - E_x\int_o^{oo} e^{-\alpha s} g(X_s)\, dM_s^T(1)\,| \leq \|f\|_{oo}.1/\alpha+\lambda.\ E_x(e^{-\alpha T})$$

Cette inégalité entraine en particulier que:

$$0 \leq Kg(x) - h^\lambda(x) \leq \|f\|_{oo} 1/\alpha+\lambda$$

REMARQUE: Si g_n est une suite de fonctions qui converge uniformément vers g, la réduite de g_n, Kg_n, converge uniformément vers Kg, car on a toujours: $-|g-g_n| + P^\alpha_T g_n(x) \leq P^\alpha_T g(x) \leq P^\alpha_T g_n(x) + |g-g_n|$ inégalité qui entraine que:

$$-|g-g_n| + Kg_n(x) \leq Kg(x) \leq Kg_n(x) + |g-g_n|$$

En particulier, toute fonction limite uniforme de potentiels,dont les solutions du problème pénalisé associé sont continues admet une réduite d'ordre α continue.

RESOLUTION DU PROBLEME PENALISE

Nous allons établir maintenant l'existence d'une solution au problème pénalisé. La démonstration se fait en plusieurs étapes: nous commençons par montrer que si le rapport λ/α est strictement inférieur à 1, une méthode de point fixe permet de résoudre simplement ce problème. Nous utilisons ce résultat pour construire une solution, dans le cas général, en utilisant une autre méthode de point fixe. La méthode proposée ici est directement adaptée de ([B3] et [R2]).

2.81. PROPOSITION: <u>Pour toute fonction g, mesurable par rapport à la tribu $\underline{\underline{B}}_e$ engendrée par les fonctions excessives, bornée, si le rapport $\lambda/\alpha < 1$, il existe une unique solution au problème pénalisé d'intensité λ, h^λ, $\underline{\underline{B}}_e$-mesurable et bornée telle que:</u>

$$h^\lambda = \lambda\, U^\alpha (g-h^\lambda)^+$$

<u>Si, de plus, l'espace E est compact, et la résolvante Féllérienne la solution du problème pénalisé associée à une fonction continue est une fonction continue.</u>

PREUVE: Nous construisons par récurrence la suite de fonctions

$$h_o = \lambda U^\alpha g \quad , \quad h_n = \lambda\, U^\alpha (g-h_{n-1})^+$$

Les inégalités en norme suivantes sont satisfaites:

$$\|h_n - h_{n-1}\| \leq \lambda/\alpha\, \|(g-h_{n-1})^+ - (g-h_{n-2})^+\| \leq \lambda/\alpha\, \|h_{n-1} - h_{n-2}\|$$

Par suite, si $\lambda/\alpha<1$ la suite h_n converge uniformément vers une fonction h, qui satisfait à

$$h = \lambda\, U^\alpha (g-h)^+$$

car la suite $(g-h_n)^+$ est uniformément bornée.

Dans le cas féllérien, les fonctions h_n sont continues si g est continue, ainsi que h limite uniforme des fonctions h_n.

REMARQUE: Rappelons qu'une résolvante est féllérienne, si elle est la transformée de Laplace d'un semi-groupe féllérien , c'est à dire $P_t g$ est continue si g est continue, et $P_t g$ converge uniformément vers g si t tend vers 0.

Or λ est destiné à tendre vers l'infini et α est fixé. La condition $\lambda<\alpha$ est donc vraiment restrictive. Notons toutefois que si h est solution du problème pénalisé d'ordre α associé à g elle satisfait à $h = U^{\alpha+p}[ph + \lambda(g-h)^+]$ pour tout $p>0$.(C'est l'équation résolvante.). C'est sous cette forme que nous allons résoudre le problème pénalisé, en construisant pour $\lambda < \alpha+p$ une solution w au problème:

$$w = U^{\alpha+p}[\, p\, w + \lambda(g-w)^+]$$

2.82. THEOREME: Pour toute fonction φ, $\underline{\underline{B}}_e$-mesurable et bornée, nous définissons $T\varphi$ comme l'unique fonction $\underline{\underline{B}}_e$-mesurable satisfaisant à:

$$T\varphi = U^{\alpha+p}\varphi + \lambda\, U^{\alpha+p}\,(g-T\varphi)^+ \qquad \text{si } \lambda < \alpha+p$$

L'application T est croissante et lipschitzienne d'ordre $1/\alpha+p$ (au sens où $|\,T\varphi - T\psi\,| \leq 1/\alpha+\lambda\ |\varphi-\psi|$)

En particulier, la suite w_n définie par récurrence par:

$w_o = 0$, $\quad w_n = T(p\, w_{n-1})$ est croissante et converge uniformément vers une fonction w, solution de $w = T(\ p\, w\ )$, ou ce qui est équivalent, vérifiant : $w = \lambda\, U^{\alpha}(g-w)^+$

Si la résolvante est féllérienne et la fonction g contimue, il en est de même de la fonction w .

PREUVE: Nous commençons par remarquer que $T\varphi$ est bien définie, car $T\varphi - U^{\alpha+p}\varphi$ est solution du problème pénalisé d'ordre $\alpha+p$ associé à la fonction $g - U^{\alpha+p}\varphi$.

Des calculs analogues à ceux faits au cours de la démonstration de la proposition 2.79, montrent que :

$$T\varphi(x) = \sup_{0\leq v_s\leq 1} E_x\int_0^{\infty} e^{-(\alpha+p)s}\ [g(X_s)\ dM_s^o(v) + \varphi(X_s)(1-M_s^o(v))]\ ds.$$

$$= \sup_{0\leq v_s\leq 1}\ \Gamma(\varphi,v)(x)$$

Nous déduisons de cette identité le caractère croissant de T, ainsi que les majorations suivantes:

$$|\Gamma(\varphi,v) - \Gamma(\psi,v)| \leq\ |U^{\alpha+p}|\varphi-\psi||\ \leq 1/\alpha+p\ \ |\varphi-\psi|$$

Ces majorations unifomes restent valables pour les sup, d'où

$$|\ T\varphi - T\psi\ |(x)\ \leq 1/\alpha+p\ \ |\varphi-\psi|$$

Il est alors clair que la suite w_n est croissante car $0\leq W_1$ entraine

que $w_1 \leq w_2$ et donc $w_n \leq w_{n+1}$.
L'inégalité $\|w_n - w_{n-1}\| \leq p/\alpha+p \; \|w_{n-1} - w_{n-2}\|$ implique que que la suite w_n converge uniformément vers une fonction w, solution de $w = T(\, p\, w\,)$. L'équation résolvante montre que cette solution est solution du problème pénalisé d'ordre α, associé à g. CQFD.

COROLLAIRE: Considérons un processus de Feller sur un espace compact E, et g une fonction continue bornée.
Pour tout λ>0, la solution au problème pénalisé associée à g est continue, et converge uniformément lorsque λ→∞, vers la réduite d'ordre α de g, qui est donc une fonction continue.

PREUVE: Ce corollaire est une conséquence immédiate des résultats qui viennent d'être établis, et de l'approximation uniforme des fonctions continues par des potentiels de fonctions continues, dans le cadre des processus de Feller. La remarque 2.80. permet alors de conclure.

REMARQUE: Lorsque le processus de Markov considéré est à valeurs dans R^n, associé à un opérateur elliptique A, la régularité des solutions du problème pénalisé et de la réduite d'ordre α d'une fonction régulière est étudié en détail dans ([B3]) grâce aux méthodes d'inéquations variationnelles, que nous ne pouvons évidemment exposer ici. Ces méthodes sont très importantes dans la pratique car elles fournissent des procédés récursifs de construction de la réduite.

CHAPITRE III

CONTROLE CONTINU DANS UN MODELE TRES FORTEMENT DOMINE

Nous exposons dans ce chapitre une généralisation de l'exemple B du contrôle de diffusion exposé au chapitre I, à une situation suffisamment générale pour rendre compte de la pluspart des problèmes étudiés dans la littérature, en particulier ceux concernant les processus ponctuels ou le contrôle des diffusions. Les idées utilisées pour la résolution de ce problème dans le cadre de la théorie générale sont classiques, et dues surtout à M.H.Davis ([D1]) ou Boel et Varaya ([B1]). Toutefois, nous avons essayé de nous placer sous des hypothèses minimales, quitte à utiliser pour résoudre des résultats très fins de la théorie des semimartingales. Le plan est classique, compte-tenu du premier chapitre: après avoir précisé la forme particulière du processus de coût minimal conditionnel dans ce problème de contrôle, nous énonçons lorsque les probabilités P^u sont équivalentes à une même probabilité P, des conditions suffisantes d'existence d'un contrôle optimal, choisi parmi ceux qui minimisent un certain hamiltonien. Sous des hypothèses de continuité sur les coefficients, nous montrons que l'ensemble des densités des probabilités P^u par rapport à P est un ensemble faiblement relativement compact, lorsqu'on suppose que ces densités sont des martingales exponentielles strictement positives, et déduisons de cette propriété que tout contrôle qui minimise l'hamiltonien mis en évidence dans le critère d'optimalité est un contrôle optimal.

Nous résolvons ensuite le cas markovien, toujours sous des hypothèses de régularité sur les coefficients, en montrant qu'on peut se borner à ne considérer que des contrôles étagés le long de temps d'arrêt . Ensuite, nous montrons que le coût minimal conditionnel associé à cet ensemble de contrôle étagé peut s'écrire sous la forme $C^u_T + w(X_T)$, où w est une fonction indépendante

de la loi initiale, que nous construisons à l'aide de techniques familières en Contrôle impulsionnel,([L4] et [E2]) en utilisant les propriétés des réduites d' ordre α associées à un semi-groupe dépendant d'un paramètre. Cette méthode, décrite pour la première fois en ([E2]), est originale et permet de donner une solution correcte à un problème souvent maltraité dans la littérature.
D'autre part, les hypothèses faites sont beaucoup plus générales que celles faites habituellement dans l'étude du contrôle continu markovien.
Enfin nous abordons le cas du contrôle mixte, associé à un contrôle continu et au choix de l'instant d'arrêt optimal. Sous des hypothèses faibles, nous montrons rapidement comment les techniques développées tout au long de ce cours, tant en arrêt optimal qu'en contrôle continu permettent d'apporter une solution à ce problème, en procédant d'abord par une étude en Théorie Générale, puis en utilisant les résultats obtenus, ainsi que la méthode d'approximation par des contrôles étagés décrite précédemment pour résoudre le cas Markovien.
Les résultats de ce paragraphe sont entierement nouveaux.

LES DONNEES DU PROBLEME

3.2. Nous considérons une base stochastique $(\Omega, \underline{\underline{F}}_t, P, \zeta)$ (satisfaisant aux conditions habituelles de la Théorie Générale des Processus), qui décrit l'évolution du processus contrôlé jusqu'au temps terminal ζ.
La tribu des <u>processus observables</u> est la tribu optionnelle $\underline{\underline{O}}$ de la filtration $\underline{\underline{F}}$, et la chronologie des <u>temps d'observation</u> celle $\underline{\underline{T}}$ de tous les t.a. Nous sommes donc dans une situation à <u>observation complète.</u>
L'ensemble des <u>contrôles admissibles</u> est contenu dans celui des processus optionnels à valeur dans un espace lusinien $(U, \underline{\underline{U}}, \partial)$

Le contrôleur agit sur la loi du phénomène, tout en restant dans un modèle dominé, et même équivalent, au sens où, pour tout contrôle admissible u, la loi P^u associée sur $\underline{\underline{F}}_\zeta$ est équivalente à une probabilité P. Nous exploitons tout de suite cette hypothèse en introduisant les martingales L^u, qui sont les versions continues à droite et limitées à gauche du processus des densités des restrictions de P^u à la tribu $\underline{\underline{F}}_t$ par rapport à P. En d'autres termes, pour tout $\underline{F}$.t.a. S et tout A de $\underline{\underline{F}}_S$, $P^u(A) = E(1_A L^u_S)$

3.3 Nous supposons que ces densités sont des martingales exponentielles. Plus précisement:

HYPOTHESES: A tout contrôle admissible u, nous associons une martingale locale N^u, nulle en zéro, et dont les sauts sont strictement minorés par -1.

Designant par L^u la martingale exponentielle associée à N^u, et aussi notée $\mathcal{E}(N^u)$, unique solution de l'équation différentielle

(3.3.1.) $$Z_t = 1 + \int_0^t Z_{s-}\, dN^u_s$$

L^u est une martingale locale strictement positive, dont nous supposons que arrêtée à ζ, c'est une martingale uniformément intégrable, dont la v.a. terminale L^u_ζ est la densité de P^u par rapport à P.

3.4. Les propriétés des martingales exponentielles ont été très étudiées dans la littérature. On pourra en trouver un bilan très complet dans ([J] p.190...) ou plus accessible dans ([IB]p.258) , pour ne citer que quelques références de base. Nous rappelons tout de suite quelques résultats parmi les plus importants, dont nous servirons dans la suite.([J]p.190 à 192.)

PROPOSITION: Soit N une semi-martingale, nulle en 0. L'équation

(3.4.1.) $$Z_t = 1 + \int_0^t Z_{s-}\, dN_s$$

admet une solution unique dans l'ensemble des semimartingales, donnée par: (3.4.2.) $$L_t = \exp[N_t - N_o - \langle N\rangle^c_t] \prod_{o<s\leq t} (1 + \Delta N_s)\, e^{-\Delta N_s}$$

où $\Delta N_s = N_s - N_{s-}$ désigne le saut de N à l'instant s et $\langle N\rangle^c$ le crochet oblique de la partie martingale continue de N

- Les sauts de L sont liés à ceux de N par:

(3.4.3.) $$L = (1 + \Delta N)\, L^-$$

- Si N est une martingale locale, dont les sauts sont minorés par -1, L est une surmartingale positive qui s'annule sur $[R,+\infty[$ où $R = \inf\{t>0,\ 1+\Delta N_t = 0\}$.

3.5 Nous allons traduire sur N^u les hypothèses de compatibilité que nous avons dégagées au premier chapitre.

(3.5.1.) L'ensemble $\mathcal{D}$ des contrôles admissibles est stable par bifurcation (1.6.) et même plus généralement par recollement, c'est à dire que si u et v sont deux contrôles de le contrôle $u\overset{S}{o}v$ défini par $u\,1_{[0,S]}+v\,1_{]S,+\infty[}$ appartient à $\mathcal{D}$.

(3.5.2.) Si $v\in\mathcal{D}(u,S)$ $N^u_{t\wedge S} = N^v_{t\wedge S}$

La formule (3.4.2.) montre alors que $L^u_{t\wedge S} = L^v_{t\wedge S}$ ce qui implique que les probabilités P^u sont compatibles au sens de 1.5.

(3.5.3.) Nous précisons de plus la dépendance entre le passé et le futur en supposant que:

$N^{u\overset{S}{o}w}_{t\vee S} - N^u_S = N^{v\overset{S}{o}w}_{t\vee S} - N^v_S$ pour tous contrôles u et v de

En termes de densité, cela entraine que:

$L^{u\overset{S}{o}w}_t = L^u_t\ \mathcal{E}(N^w_{t\vee S} - N^w_S)$

Ces densités se factorisent donc en un produit de deux termes, le premier ne dépendant que des valeurs du contrôle avant S, le second ne dépend que des valeurs du contrôle après S exclus

REMARQUE: Les conditions (3.5.2.) et (3.5.3.) sont manifestement satisfaites si les martingales locales N^u sont des intégrales stochastiques par rapport à des données de référence, indépendantes du contrôle, de processus, qui, eux sont des fonctions du contrôle. (cf. Exemple B du chapitre I.)

3.6. Il reste à préciser la forme de la fonction de perte. Nous supposons qu'elle est la valeur en ζ d'un processus à variation intégrable, adapté, C^u. (L'intégrabilité est considérée ici par rapport à P^u) . Si $t<\zeta$, C^u_t représente le coût d'évolution associé à la politique de contrôle u, et le saut de C^u à l'instant ζ représente le <u>coût terminal</u>.

Nous faisons sur C^u les mêmes hypothèses de compatibilité que sur N^u, à savoir:

(3.6.1.) $C^u_{t\wedge S} = C^v_{t\wedge S}$ si $v \in \mathcal{D}(u,S)$

(3.6.2.) $C^u_{t\vee S} - C^u_S = C^v_{t\vee S} - C^v_S$ si u et v coincident après S,

plus une hypothèse de bornitude uniforme sur les potentiels engendrés par C^u:

(3.6.3.) Désignant par $X^u_S = E^u[C^u_\zeta - C^u_{S}/\underline{\underline{F}}_S]$ le potentiel engendré par C^u, nous supposons ces processus uniformément bornés (en S, et $u \in \mathcal{D}$) et positifs.

FONCTION DE VALEURS ET CRITERE D'OPTIMALITE

Si nous tenons compte des hypothèses faites sur le système contrôlé au sens de 1.7. $(\Omega, \underline{\underline{F}}_t, \underline{\underline{T}}, \underline{\underline{O}}^+, L^u.P)$, et sur la fonction de perte, la dépendance en u du coût minimal conditionnel est facile à préciser, ce qui permet de formuler le critère d'optimalité sous une forme particulièrement simple.

Nous précisons tout d'abord le coût minimal conditionnel(1.3):

3.7. PROPOSITION: <u>Soit</u> J(u,S) <u>le coût minimal conditionnel</u>, <u>défini par</u>

$$J(u,S) = \operatorname{essinf}_{v\in\mathcal{D}(u,S)} E^v[C^v_\zeta/\underline{\underline{F}}_S]$$

<u>Il existe un processus</u> W , <u>optionnel</u>, <u>continu à droite et limité à gauche</u>, <u>appelé fonction de valeurs</u> , <u>tel que</u> $C^u + W$ <u>agrège le</u> $\underline{\underline{T}}$<u>-système</u> $(J(u,S))_{S\in\underline{\underline{T}}}$.

PREUVE: Nous avons montré en 1.21. l'existence d'une sousmartingale s.c.i. à droite sur les trajectoires, J^u, optionnelle, qui agrège le $\underline{\underline{T}}$ -système $(J(u,S))$, P^u.p.s. donc aussi P.p.s. puisque P^u et P sont équivalentes.

De plus, les hypothèses de type factorisation faites sur N^u et C^u (3.5.2. , 3.5.3., 3.6.1. ,3.6 .2.) entrainent que:

$$J^u_S - C^u_S = P^u\text{-}\operatorname{essinf}_{v\in\mathcal{D}(u,S)} X^v_S = P\text{-}\operatorname{essinf}_{w\in\mathcal{D}} X^w_S$$

car les potentiels X^u_S ne dépendent manifestement que des valeurs du contrôle u postérieures à S exclus, et il existe grâce à l'opération de recollement $u \overset{S}{o} v$ une bijection entre $\mathcal{D}$ et $\mathcal{D}(u,S)$. Le processus optionnel $J^u - C^u$ est donc indistinguable du processus optionnel $W = J^{u_o} - C^{u_o}$ (où u_o est un élément fixé de $\mathcal{D}$) et $C^u + W$ est donc un représentant de J^u.

Il reste à montrer la régularité à droite de W, en notant tout d'abord que $C^u + W$ est s.c.i. à droite et C^u continu à droite, et W donc s.c.i. à droite.

D'autre part, par construction $E^{u_o}[W_S] = \inf_{v \in \mathcal{D}(u_o,S)} E^{u_o}[X_S^v]$

Le processus W est donc égal en espérance à un inf de processus continus à droite en espérance; il est s.c.s. à droite en espérance. Mais son caractère s.c.i. est équivalent à la propriété d'être s.c.i. à droite en espérance. W est donc continu à droite en espérance. Comme il est optionnel, nous avons vu que cela était équivalent au fait d'être indistinguable d'un processus continu à droite.(2.42. à 2.44.). Il existe donc une version càdlàg de W pour P^{u_o}, donc pour P qui lui est équivalente. CQFD.

Nous pouvons énoncer le critère d'optimalité en tenant compte de la forme particulière de J^u:

3.8. CRITERE D'OPTIMALITE : <u>Il existe un processus optionnel</u> W, <u>càdlàg, tel que</u> $E^u(W_o) = J_o$ <u>pour tout</u> u <u>de</u> $\mathcal{D}$ <u>et</u> $C^u + W$ <u>est une P^u-sousmartingale positive</u>

$C^{u^*} + W$ <u>est une P^{u^*}-martingale positive si et seulement si u* est optimal</u>, et alors $W = X^{u^*}$ P^{u^*} .p.s.

PREUVE: C'est la stricte traduction du théorème 1.17.

PRINCIPE DU MINIMUM

Nous allons rendre ce critère plus opératoire en ramenant toute l'étude sous la probabilité P.

Nous aurons besoin de la forme suivante du théorème de Girsanov, qui décrit les liens entre les sousmartingales sous P^u et celles sous P. On en trouvera la preuve dans ([J.th.2.28.])

3.9. PROPOSITION: <u>Si</u> X <u>est un processus optionnel, les propriétés suivantes sont équivalentes:</u>

a) X est une semimartingale spéciale pour P^u

b) X est une semimartingale pour P et $\hat{X} = X + [X,N^u]$ est une semimartingale spéciale.

Si B est le processus prévisible à variation finie qui intervient dans la décomposition de $\hat{X}$ sous P, (on dira que B est associé à $\hat{X}$), B est associé à X sous P^u.

En particulier X est une sousmartingale si et seulement si $\hat{X}$ en est une.

REMARQUE: Pour tout ce qui touche la théorie des semimartingales nous renvoyons le lecteur au livre de Dellacherie_Meyer ([IB]) où on trouvera un exposé très clair de la théorie, et au livre de Jacod où on trouvera l'ensemble des résultats les plus fins sur ce sujet .([J.])

Nous nous contenterons de rappeler au fur à mesure les notions les moins classiques, lorsqu'elles jouent un rôle important dans la question qui nous préoccupe. Rappelons qu'une semimartingale est spéciale si elle admet une décomposition en une martingale locale et un processus à variation finie prévisible; cette décomposition est alors unique. D'autre part toute sousmartingale est spéciale. ([IBp232.]

Appliquant cette propriété au coût minimal conditionnel, il vient:

3.10. THEOREME: L'ensemble des semimartingale $\hat{W}$, qui satisfont à :

- $\hat{W}_\zeta = 0$ P.p.s.
- pour tout u de $\hat{J}^u = C^u + \hat{W} + [C^u + \hat{W}, N^u]$ est une P-sousmartingale

possède un plus grand élément W .

Un contrôle u* est optimal si et seulement si $\hat{J}^{u*}$ défini par $\hat{J}^{u*} = C^{u*} + W + [C^{u*} + W, N^{u*}]$ est une P-martingale.

Le processus à variation finie et prévisible associé à $\hat{J}^u$ sous P, Σ^u est un processus croissant, qui est constant si et seulement si u est optimal.

PREUVE: La proposition 3.9. montre que $C^u + \hat{W}$ est une P^u-sousmartingale qui admet pour condition frontière C^u_ζ . La proposition

1.18 prouve alors la première partie du théorème, et $C^u + W$ est le coût minimal conditionnel. Il suffit ensuite d'appliquer le critère d'optimalité pour conclure à la seconde partie de ce théorème . CQFD.

REMARQUE: Nous voyons qu'un contrôle optimal satisfait nécéssairement à $\Sigma^{u*} \leq \Sigma^u$ pour tout u de $\mathcal{D}$, et $\Sigma_0^{u*} = W_0$.

Nous allons montrer maintenant que si l'ensemble des densités satisfait à une hypothèse supplémentaire de relative compacité, les seuls processus croissants qui valent W_0 en 0 et minorent tous les processus Σ^u sont les processus constants.

3.11. HYPOTHESE: (HA) <u>L'ensemble</u> $= \{L_\zeta^u , u \in \mathcal{D}\}$ <u>est uniformément intégrable et son adhérence faible est contenue dans un ensemble de v.a. strictement positives.</u>

REMARQUE: Nous verrons plus loin des conditions simples portant sur les martingales N^u pour que cette hypothèse auxilliaire dans la formulation que nous donnons ici, mais fondamentale pour la résolution du problème, soit satisfaite.

3.12. THEOREME: <u>Le seul processus croissant valant</u> W_0 <u>en 0, qui minore tous les processus croissants</u> Σ^u, $u \in \mathcal{D}$ <u>est le processus constant.</u>

PREUVE: Nous notons tout d'abord que pour tout t.a. S, par construction, $W_S = P\text{-essinf}_{u \in \mathcal{D}} X_S^u$. Le processus W est donc borné d'après l'hypothèse 3.6.3. et engendré par le processus à variation finie, sous P^u, $\Sigma^u - C^u$.

La condition frontière $W_\zeta = 0$ entraine donc que $0 = E^u[\Sigma_\zeta^u - C_\zeta^u]$.

Si nous désignons maintenant par Σ^* un processus croissant, valant W_0 en 0 et qui minore tous les processus Σ^u, nous voyons que: $E^u[\Sigma_\zeta^*] \leq E^u[C_\zeta^u]$ et donc que $\inf_{u \in \mathcal{D}} E^u[\Sigma_\zeta^*] \leq \inf_{u \in \mathcal{D}} E^u[C_\zeta^u] = J_0$

Mais, par construction, toutes les probabilités P^u restreintes à la tribu $\underline{\underline{F}}_0$ sont égales à P, ce qui entraine que $J_0 = E^u[W_0]$ pour tout u. L'inégalité précédente peut alors encore s'écrire

$$\inf_{u \in \mathcal{D}} E^u[\Sigma_\zeta^* - \Sigma_0^*] = 0$$

Considérons maintenant une suite u_n de contrôles admissibles, qui permettent de réaliser l'inf considéré ci-dessus, à savoir telle que: $\lim_n E^{u_n}[\Sigma^*_\zeta - \Sigma^*_o] = 0$. D'après l'hypothèse (HA) (3.11.), l'ensemble $\mathcal{L}$ est relativement compact pour la topologie $\sigma(L^1, L^{oo})$ puisque formé d'un ensemble uniformément intégrable de v.a. de L^1; on peut extraire de cette suite u_n une sous-suite(notée encore u_n) de contrôles admissibles telles que les densités associées $L_\zeta^{u_n}$ convergent pour la topologie faible. vers une v.a. L^* strictement positive. Ceci implique en particulier que pour tout entier K strictement positif, $E[\, L^*(\Sigma^*_\zeta - \Sigma_o) \wedge K\,] = 0$ et donc que $\Sigma^*_\zeta - \Sigma^*_o = 0$ p.s. puisque Σ^* est un processus croissant . CQFD.

3.13. COROLLAIRE: <u>Sous l'hypothèse</u> (HA), <u>une condition nécessaire et suffisante pour qu'un contrôle</u> u* <u>soit optimal est que</u> :

$$\Sigma^{u^*} \le \Sigma^u \quad P.p.s. \quad \text{pour tout } u \text{ de } \mathcal{D}.$$

<u>LE MODELE FORTEMENT DOMINE</u>

3.14.

Nous précisons maintenant la forme des martingales N^u qui interviennent dans la définition des probabilités P^u, en supposant qu'elles sont dominées, c'est à dire des intégrales stochastiques de données fondamentales indépendantes du contrôle.
Des hypothèses de bornitude raisonnables sur les intégrands nous permettent de vérifier que l'hypothèse (HA) est satisfaite. Nous utilisons pour montrer ce résultat des propriétés très fines des semimartingales, dues essentiellement à Yor,([Y1]). Dans le paragraphe suivant, nous explicitons la forme des processus croissants Σ^u, pour montrer que sous des hypothèses de dépendance continue des coefficients par rapport au contrôle, il en existe un plus petit que tous les autres.

Dans cette partie du cours, nous allons être obligés de faire un usage beaucoup plus systématique de la théorie des semimartingales, ce qui va nous contraindre à un minimum de rappels.

3.15. Considérant toujours l'espace $(\Omega, \underline{\underline{F}}, \underline{\underline{F}}_t, P)$, nous désignons par $\underline{\underline{P}}$ la tribu prévisible sur $\Omega\times R^+$, et si E désigne un espace lusinien, muni de sa tribu borélienne, par $\widetilde{\underline{\underline{P}}}$ la tribu $\underline{\underline{P}}\times\underline{\underline{E}}$.

Une première donnée de référence est <u>une martingale locale continue $\underline{M}$</u>, à valeurs dans R^n, dont les composantes sont désignées par M^i, $i = 1....n$. Nous désignons suivant l'habitude par $\langle M^i,M^j\rangle$ l'unique processus à variation finie continu tel que $M^iM^j - \langle M^i,M^j\rangle$ soit une martingale locale. Il est bien connu que chacun de ces crochets est dominé par le processus croissant $A = \Sigma_{i=1}^{i=n} \langle M^i,M^j\rangle$. Nous désignons par $a = (a^{ij})$ une matrice symétrique des densités prévisibles, au sens où :

$$\langle M^i,M^j\rangle_t = \int_0^t a^{ij}(s)\, dA_s \qquad \text{P.p.s.}$$

Nous aurons souvent à considérer des intégrales stochastiques par rapport à $\underline{M}$ de processus prévisibles à valeurs dans R^n. En suivant ([J] p143.) nous désignons par $\underline{\underline{L}}^q(\underline{M})$ l'ensemble suivant :

$\underline{\underline{L}}^q(\underline{M}) = \{\ \underline{H}$ prévisibles, à valeurs dans R^n, tels que $[{}^t\underline{H}\ a\ \underline{H}\ .A\ ]^{q/2}$ soit intégrable $\}$

L'intégrale stochastique des processus $\underline{H}$ de $\underline{\underline{L}}^q(\underline{M})$, ${}^t\underline{H}\ .\underline{M}$ est alors bien définie et admet ${}^t\underline{H}\ a\ \underline{H}\ .\ A$ comme processus croissant.

3.16.

Nous nous donnons d'autre part une <u>mesure aléatoire à valeurs entières</u> et positives, σ-finie, μ, définie sur $\Omega\times R^+\times E$, optionnelle, de la forme $\mu = \Sigma_n\ \varepsilon_{(T_n,\xi_{T_n})}$ où T_n est une suite de t.a. et (ξ_{T_n}) une suite de v.a. à valeurs dans E et $\underline{\underline{F}}_{T_n}$-mesurable. Le caractère σ-fini de μ est équivalent à l'existence d'un élément h de $\widetilde{\underline{\underline{P}}}$ strictement positif, et tel que si $\mu(h) = \Sigma_n h(T_n,\xi_{T_n})$, $E[\mu(h)] < +\infty$.

Il est montré dans ([J] chap. III) que sous ces hypothèses il existe une unique mesure aléatoire prévisible, ν, de la forme $\nu(\omega,dt,dy) = n(\omega,t,dy)\ .\ d\widetilde{A}_t$, où $\widetilde{A}$ est le processus croissant prévisible, projection duale prévisible du processus croissant intégrable, $\mu(h\ 1_{[o,t]})$, et $n(\omega,t,dy)$ une mesure de transition de $\underline{\underline{P}}$ vers $\underline{\underline{E}}$. ν qui est caractérisée par la relation

pour tout W de $\tilde{\underline{\underline{P}}}$ positif, $E[\mu(W)] = E[\nu(W)]$
s'appelle <u>la projection duale prévisible de la mesure</u> μ.

3.17. Les propriétés des mesures aléatoires et de l'intégrale stochastique par rapport aux mesures martingales sont exposées dans ([J]chap.III.). Nous les rappelons en partie ici en essayant de les justifier intuitivement ici, en référence avec la théorie de l'intégrale stochastique par rapport aux semimartingales supposée connue.

Nous désignons par S l'ensemble optionnel $S = \cup_n [\![T_n]\!]$ et remarquons que si $J = \{\Delta\tilde{A} > 0\}$, J est le support prévisible de S, au sens où :

(3.17.1.) pour tout t.a. T prévisible, $[\![T]\!] \cap S = \emptyset \Leftrightarrow [\![T]\!] \cap J = \emptyset$

En effet, par construction de ν pour tout t.a. prévisible T et tout processus $\tilde{\underline{\underline{P}}}$-mesurable positif, W,
$E[W(T,\xi_T)\, 1_S(T);\, T< +\infty] = E[\nu(W\, 1_{[\![T]\!]});\, T<+\infty]$ ce qui montre que:

(3.17.2.) <u>le processus prévisible</u> $\hat{W} = \nu(1_{\{.\}}W)$ est la projection prévisible du processus $W(t,\xi_t)\, 1_S(t)$. En particulier, $\Delta\tilde{A}$ est la projection prévisible du processus $h(t,\xi_t)\, 1_S(t)$ ce qui entraine (3.17.1.) car h est strictement positif.

3.18. En vue de définir l'intégrale stochastique par rapport à la mesure martingale $\mu-\nu$, nous notons que si W est un processus $\tilde{\underline{\underline{P}}}$-mesurable, tel que $E[\mu(|W|)] < +\infty$, le processus à variation intégrable, $Q_t = W*(\mu-\nu)_t = (\mu-\nu)(W1_{[0,t]})$ est une martingale purement discontinue dont les sauts valent

(3.18.1.) $\Delta Q_t = (\mu-\nu)(W1_{\{t\}}) = W(t,\xi_t) - \hat{W}(t,\xi_t)$

Si de plus cette martingale est de carré intégrable, ou ce qui est équivalent si $[Q,Q] = \sum_s (\Delta Q)_s^2$ est intégrable, la projection duale prévisible du processus $[Q,Q]$ notée $\langle Q,Q\rangle$ vaut

(3.18.2.) $\langle Q,Q\rangle = \nu(W-\hat{W})^2 + \Sigma_{s\in J}(1-\alpha)_s\, \hat{W}^2(s,\xi_s)$ où $\alpha = \hat{1}$

Toujours en suivant ([J] chap.III 3.63. etc .) on montre que plus généralement, si W appartient à $\underline{\underline{G}}^1(\mu)$ c'est à dire:

(3.18.3.) $\underline{\underline{G}}^1(\mu) = \{W\in\tilde{\underline{\underline{P}}}\, ;(\Sigma_{s\in S\cup J}[(\mu-\nu)(W1_{\{s\}})]^2)^{1/2}$ est intégrable$\}$

on peut définir une martingale notée Q(W) ou $W*\mu-\nu$ telle que

(3.18.4.) $\Delta(W*\mu-\nu) = (\mu-\nu)(W1_{\{.\}})$

avec la convention habituelle que si on a une forme indéterminée elle vaut +oo.

La condition d'appartenance à $\underline{\underline{G}}^1(\mu)$ n'est pas toujours facile à vérifier. Aussi nous pourrons être amenés à utiliser l'inclusion suivante due à Lépingle ([L5]) , à savoir $\underline{\underline{\mathcal{G}}}^1(\mu) \subset \underline{\underline{G}}^1(\mu)$ où

(3.18.5.) $\mathcal{G}^1(\mu) = \{W \in \tilde{\underline{\underline{P}}} \; ; \; E[\mu(W^2)] < +\infty\}$

REMARQUE: Il est clair que toutes ces notions se simplifient considérablement si la mesure aléatoire est quasi-continue à gauche ce qui signifie que ses temps de sauts sont totalement inaccessibles soit encore que le processus croissant $\tilde{A}$ est continu ou que l'ensemble J est evanescent.

3.19. Avant de conclure ces rappels, précisons quelques notations classiques sur les espaces de semimartingales. Nous suivons toujours ([J]) pour nos références.

$\underline{\underline{A}}$: ensemble des processus à variation intégrable [J].0.34.

$\underline{\underline{M}}_{loc}$ ensemble des martingales locales [J] 0.36.

$\underline{\underline{S}}$ ensemble des semimartingales [J] 29.

$\underline{\underline{H}}^q = \{ X \in \underline{\underline{M}}_{loc} \; ; \; E[\sup_t |X_t|^q] < +\infty \}$ [J] 2.2

$= \{ X \in \underline{\underline{M}}_{loc} \; ; \; E([X,X]^{q/2}) < +\infty \}$ [J] 2.34

Si X est une martingale locale, on désigne par:

$\underline{\underline{L}}^q(X) = \{H \in \underline{\underline{P}} \; ; \; (H^2.[X,X])^{q/2} \in \underline{\underline{A}} \}$ [J] 2.40.

Si $\underline{X}$ est une martingale locale vectorielle de composantes X^i, on désigne par A le processus croissant $\Sigma_{i=1}^{i=n} [X^i,X^i]$ et par $a = (a^{ij})$ la matrice des densités optionnelles de $[X^i,X^j]$ par rapport à A

$\underline{\underline{L}}^q(\underline{X}) = \{ \underline{H}$ prévisibles à valeurs dans R^n, tels que:

$({}^t\underline{H} \, a \, \underline{H} \, . \, A)^{q/2} \in \underline{\underline{A}} \}$ [J] 4.59.

Si μ est une mesure aléatoire positive σ-finie optionnelle, à valeurs entières, au sens de 3.17 et 3.18. ,on désigne par :

$\underline{\underline{G}}^q(\mu) = \{ W \in \tilde{\underline{\underline{P}}} \; ; \; (\Sigma_{s \in SUJ} (W-\hat{W})^2(s))^{q/2} \in \underline{\underline{A}} \}$ [J] 3.62.

$\underline{\underline{G}}^1(\mu) = \{ W \in \tilde{\underline{\underline{P}}} \; ; \; E[\mu(W^2)^{1/2}] < +\infty \}$

3.20. Ces données de base étant reprécisées, nous introduisons les paramètres du contrôleur.

Nous considérons deux espaces lusiniens D_1 et D_2 et nous nous donnons :

(3.20.1.) - une application φ de $\Omega\times R^+\times D_1$ dans R^n, $\underline{\underline{R}}\otimes\underline{\underline{D}}_1$ -mesurable

- une application ψ de $\Omega\times R^+\times E\times D_2$ dans R, $\tilde{\underline{\underline{R}}}\otimes\underline{\underline{D}}_2$-mesurable.

Un contrôle est alors un processus prévisible u à valeurs dans l'espace produit $D_1\times E^{D_2}$, où on munit l'espace E^{D_2} des applications de D_2 dans E de la tribu borélienne. On désignera en général un tel contrôle u par les processus $d_1(\omega,t)$ et $d_2(\omega,t,.)$ de ses coordonnées. Les processus φ^{d_1} et ψ^{d_2} définis respectivement par :

$\varphi^{d_1}(\omega,t) = \varphi(\omega,t,d_1(\omega,t))$ et $\psi^{d_2}(\omega,t,y) = \psi(\omega,t,y,d_2(\omega,t,y))$

sont respectivement $\underline{\underline{P}}$ et $\tilde{\underline{\underline{P}}}$ -mesurables

(3.20.2.) On suppose qu'il existe un processus prévisible Φ appartenant à $\underline{\underline{L}}^1(\underline{M})$ tel que pour tout $d_1(.,.)$ de $\underline{\underline{P}}$,

$|\varphi^{d_1}| \leq |\Phi|$ P.p.s.

(3.20.3.) et qu'il existe un processus Ψ $\tilde{\underline{\underline{P}}}$-mesurable , de $\underline{\underline{G}}^1(\mu)$

tel que pour tout $d_2(.,.,.)$ $|(\mu-\nu)(\psi^{d_2} 1_{\{.\}})| \leq |(\mu-\nu)(\Psi 1_{\{.\}})|$

REMARQUE: La condition (3.20.3.) traduit une condition de bornitude uniforme des sauts des intégrales stochastiques par rapport à $(\mu-\nu)$ des processus ψ^{d_2}. Elle peut paraitre difficile à vérifier puisqu'elle ne porte pas directement sur les processus ψ^{d_2} . Nous verrons qu'elle se vérifie assez facilement dans les modèles classiques, des processus ponctuels d'une part, des processus de diffusion d'autre part car dans cette dernière situation la mesure μ est supposée quasi-continue à gauche et il suffit d'imposer alors que les processus ψ^{d_2} sont uniformément majorés.

Les conditions (3.20.2.) et (3.20.3.) impliquent que les processus φ^{d_1} et ψ^{d_2} appartiennent resp. à $\underline{\underline{L}}^1(\underline{M})$ et $\underline{\underline{G}}^1(\mu)$. On peut donc définir les intégrales stochastiques ${}^t\varphi^{d_1}.\underline{M}$ et $\psi^{d_2}.(\mu-\nu)$.

3.21. A tout contrôle u $=(d_1(.),d_2(.,.))$, nous associons la martingale uniformément intégrable,(en fait dans $\underline{\underline{H}}^1$ d'après les hypothèses de bornitude faites sur φ et ψ.)

(3.21.1.) $N^u = {}^t\varphi^{d_1}.\underline{M} + \psi^{d_2}.(\mu-\nu)$

Les sauts de N^u valent $\Delta N^u = (\mu-\nu)(\phi^{d_2} 1_{\{.\}})$. Nous les supposons stricement minorés par -1.

Nous aurons parfois à faire l'hypothèse plus forte suivante:

(3.21.2.) Il existe un processus optionnel s(t) , strictement positif tel que: pour tout contrôle u de $\mathcal{D}$ $\Delta N^u \geq s(.) > 0$

L'exponentielle $L^u = \mathcal{E}(N^u)$ est alors une surmartingale strictement positive.

DEFINITION: <u>L'ensemble des contrôles admissibles est l'ensemble des processus prévisibles</u> $u = (d_1(.), d_2(.,.))$ <u>à valeurs dans</u> $U = D_1 \times E^{D_2}$ <u>muni de sa tribu borélienne</u> , <u>tels que:</u>

$$(\mu-\nu)(\phi^{d_2} 1_{\{.\}}) + 1 > 0 \quad P. p.s.$$

<u>et tels que l'exponentielle</u> $L^u = \mathcal{E}(N^u)$, <u>arrétée en</u> ζ <u>soit une martingale uniformément intégrable</u>.

Nous nous ramenons ainsi à la situation décrite en 3.3 et 3.5. les conditions de compatibilité précisées en (3.5.1.)et (3.5.2.) et (3.5.3.) étant manifestement satisfaites.

REMARQUE: Nous reviendrons sur l'hypothèse d'uniforme intégrabilité des martingales exponentielles L^u . La littérature sur ce sujet est fort abondante et Jacod y consacre un chapitre dans son livre.([J] chap.VIII) . En particulier, si μ est quasi-continue à gauche, nous verrons que des conditions portant sur Φ et Ψ seulement assureront que cette hypothèse est satisfaite pour tous les contrôles.

3.22. Comme nous l'avons annoncé, nous allons d'abord vérifier que l'hypothèse (HA) est vérifiée. Plus précisément:

THEOREME: <u>Sous les hypothèses 3.20., et si de plus :</u>

- <u>Il existe un processus optionnel</u> s(t) <u>strictement positif</u>, <u>telque :</u> $\Delta N^u + 1 \geq s(.) > 0$ P.p.s.
- <u>L'ensemble</u> $\mathcal{L}$ <u>des v.a.</u> L^u_ζ , $u \in \mathcal{D}$ <u>est uniformément intégrable</u>.

<u>L'ensemble</u> $\mathcal{L}$ <u>est faiblement relativement compact, et son adhérence est formée de v.a. strictement positives</u>.

En d'autres termes, l'hypothèse (HA) est satisfaite.

Les ensembles relativement compacts pour la topologie $\sigma(L_1, L_{oo})$ étant les ensembles de v.a. uniformément intégrables, ce théorème est une conséquence immédiate du beau résultat suivant du à Yor,([Y1]) dans le cas des intégrales stochastiques par rapport à une martingale locale et que les résultats de [J] permettent de généraliser aux intégrales stochastiques par rapport aux mesures aléatoires. Soulignons que pour l'établir, aucun théorème de représentation de martingales n'est nécessaire, contrairement aux premières démonstrations de cette propriété que l'on peut trouver dans la littérature sur le contrôle, par exemple ([D1]) ou ([D3]).

3.23. THEOREME: <u>Nous désignons par $\mathcal{E}$ l'ensemble des martingales exponentielles de la forme $\mathcal{E}(N)$, où N est une intégrale stochastique: $N = {}^t\varphi . \underline{M} + \psi.(\mu-\nu)$,où les processus φ sont prévisibles à valeurs dans R^n, majorés uniformément par un processus Φ de $\underline{\underline{L}}_1(\underline{M})$ et les processus ψ $\tilde{\underline{\underline{P}}}$-mesurables; on suppose qu'il existe un processus Ψ de $\underline{\underline{G}}_1(\mu)$ tel que :</u>

$$|(\mu-\nu)(\psi\, 1_{\{.\}})| \leq |(\mu-\nu)(\Psi\, 1_{\{.\}})| \quad \text{P.p.s.}$$

<u>On suppose aussi qu'il existe un processus optionnel $s(.)$, strictement positif tel que: $1 + (\mu-\nu)(\psi\, 1_{\{.\}}) \geq s(.) > 0$ P. p.s.</u>

<u>L'ensemble des v.a. terminales $\mathcal{E}_{oo}$ des éléments de $\mathcal{E}$ est un sous-ensemble convexe fermé dans L^1 pour les topologies faibles et fortes.</u>

La preuve du théorème s'établit en plusieurs étapes. On établit d'abord le caractère convexe de $\mathcal{E}_{oo}$.

3.24. LEMME: <u>L'ensemble $\mathcal{E}_{oo}$ est convexe.</u>

PREUVE: On désigne par $\mathcal{U} = \{(\varphi,\psi) \in \underline{\underline{P}} \times \tilde{\underline{\underline{P}}}$ tels que $|\varphi| \leq \Phi$, et $1+(\mu-\nu)(\psi 1_{\{.\}}) \geq s(.)>0$, $|(\mu-\nu)(\psi 1_{\{.\}})| \leq |(\mu-\nu)(\Psi 1_{\{.\}})|$ $\}$
Considérons (φ^1,ψ^1) et (φ^2,ψ^2) deux éléments de $\mathcal{U}$ et $\alpha \in]0,1[$.
Si $L = \alpha\, \mathcal{E}(N^1) + (1-\alpha)\, \mathcal{E}(N^2)$, L est une martingale locale strictement positive qui satisfait donc à :

$L = 1 + L_- .(1/L_- . L) = 1 + L_-.({}^t\varphi^*.\underline{M} + \psi^*.(\mu-\nu))$ où où $\varphi^* = 1/L_-[\alpha\varphi^1\, \mathcal{E}(N^1)_- + (1-\alpha)\, \varphi^2\, \mathcal{E}(N^2)_-]$

$\psi^* = 1/L_-[\alpha\, \psi^1\, \mathcal{E}(N^1)_- + (1-\alpha)\, \psi^2\, \mathcal{E}(N^2)_-]$

On vérifie facilement que les processus φ^* et ψ^* appartiennent à l'ensemble $\mathcal{U}$. CQFD.

3.25. PREUVE du théorème 3.23.

Le caractère convexe de $\mathcal{E}_{oo}$ permet de n'établir le théorème que dans le cas de la fermeture forte, qui coincide avec la fermeture faible.

Nous considérons donc une suite $L(n) = \mathcal{E}(N(n))$ de martingales de $\mathcal{E}$, dont les v.a. terminales convergent dans L^1 vers une v.a. H_{oo}. Nous désignons par H. la martingale associée.

Yor a montré,(nous suivons l'exposé de son résultat dans([J] p122.)) qu'il existe une suite T_m de t.a. tendant en croissant vers +oo p.s. et une sous-suite n_k d'entiers tels que: pour tout m , les martingales $L(n_k)^{T_m}$ appartiennent à $\underline{\underline{H}}^1$ et convergent vers H^{T_m} dans $\underline{\underline{H}}^1$ de manière uniforme au sens où:

(3.25.1.) $\sup_{t<T_m} |L(n_k)_t - H_t| \leq m$ pour tout k .

Dans toute la suite nous désignerons cette sous-suite par L(n), et les martingales $L(n)^{T_m}$ par $L(n,m)$.

Ces martingales étant des intégrales stochastiques par rapport à $\underline{M}$ et$(\mu-\nu)$, il en est de même de leur limite, car les espaces d'intégrales stochastiques sont fermés dans $\underline{\underline{H}}^1$.([J]p.143 et p.134.)

Il existe donc des processus g et G, $\underline{\underline{P}}$ et $\widetilde{\underline{\underline{P}}}$-mesurables tels que:

(3.25.2.) $H^{T_m} = 1 + {}^t g \cdot \underline{M}^{T_m} + G.(\mu-\nu)^{T_m}$

(3.25.3.) avec $g = \lim_n L(n)_-\, \varphi(n)$ dans $\underline{\underline{L}}^1(\underline{M}^{T_m})$

et $(\mu-\nu)(G1_{\{.\}}) = \lim_n L(n)_-\, (\mu-\nu)(\psi(n)1_{\{.\}})$ p.s.

(quitte à ne considérer qu'une sous-suite.)

D'après (3.25.1.) les processus $L(n)_-$ sont uniformément bornés en n sur $[0,T_m]$, de même que par hypothèse les processus $\varphi(n)$ et $(\mu-\nu)(\psi(n)1_{\{.\}})$. Le théorème de Lebesgue dominé pour les intégrales stochastiques montre qu'on peut remplacer $L(n)_-$ dans les expressions (3.25.3) par sa limite H_- . Il vient alors:

(3.25.4.) $g = H_-^{T_m} \lim_n \varphi(n)$ et $(\mu-\nu)(G1_{\{.\}}) = H_-^{T_m} \lim_n (\mu-\nu)(\psi(n)1_{\{.\}})$

Posant $\varphi^* = \liminf \varphi(n)$ et $\widetilde{\psi}^* = \lim_n (\mu-\nu)(\psi(n) 1_{\{.\}})$, ceci s'écrit encore $g = \underline{H}^T m . \varphi^*$ et $(\mu-\nu)(G 1_{\{.\}}) = \underline{H}^T m . \widetilde{\psi}^*$.
Pour revenir à G connaissant $\widetilde{G} = (\mu-\nu)(G 1_{\{.\}})$, il suffit de remarquer en suivant ([J] p.103) que :

$$G = \widetilde{G} + (1/1-a)\, \nu(\widetilde{G})\, 1_{\{a<1\}} \qquad \text{où } a = \nu(1_{\{.\}})$$

Si nous définissons ψ^* à partir de $\widetilde{\psi}^*$ de la même manière, nous voyons que $H^T m$ est solution de l'équation stochastique

$$H^T m = 1 + \underline{H}^T m . ({}^t\varphi^* . \underline{M}^T m + \psi^* . (\mu-\nu)^T m)$$

C'est donc une martingale exponentielle, strictement positive car les sauts de la partie purement discontinue de la martingale dont on considère l'exponentielle valent $\widetilde{\psi}^*$ par construction et sont donc minorés par $s(.) - 1$.
D'autre part le procédé de construction montre clairement que:

$$|\varphi^*| \leq \Phi \quad \text{et que} \quad |\widetilde{\psi}^*| \leq |(\mu-\nu)(\Psi 1_{\{.\}})| \qquad P.\ p.s.$$

L'ensemble $\mathscr{C}$ est donc bien fermé dans $\underline{\underline{H}}^1_{loc}$. CQFD.

ETUDE DES HAMILTONIENS

Dans tout ce paragraphe, nous supposons que les hypothèses (3.20. , 3.21. , 3.22.) sont satisfaites. Nous venons de voir que la condition (HA) est aussi vérifiée.
Il nous reste à préciser la forme de la fonction de perte, puis celle des processus croissants Σ^u associés, pour établir ensuite que sous des hypothèses de dépendance continue des coefficients par rapport aux contrôles, il en existe un plus petit que tous les autres.

3.26. Nous supposons que le coût est également fortement dominé c'est à dire qu'il peut s'écrire :

(3.26.1.) $C^u = c_1(.,d_1(.)) . K + c_2(.,.,d_2(.,.)) * \mu$

où K est un processus croissant prévisible
$c_1(\omega,t,d_1)$ est un processus $\underline{\underline{P}} \times \underline{\underline{D}}_1$, majoré en module par un processus γ_1 prévisible.
$c_2(\omega,t,y,d_2(y))$ est $\widetilde{\underline{\underline{P}}} \times \underline{\underline{E}}^D 2$-mesurable et borné par un processus

γ_2 $\underline{\underline{\tilde{P}}}$-mesurable pour tout $d_2(y)$.

(3.26.2.) Désignant par C^* le processus croissant $\gamma_1 * K + \gamma_2 * \mu$ nous supposons que pour tout u de $\mathfrak{D}$, le potentiel $E^u[C^*_\zeta - C^*_{S}/\underline{\underline{F}}_S]$ est uniformément borné en S et u

3.27 Nous proposons de donner, dans le modèle fortement dominé que nous venons de décrire, la forme des processus Σ^u introduits au théorème 3.10 et qui jouent un rôle fondamental dans la résolution du problème d'optimalité. Rappelons que ce sont les processus croissants associés, sous P^u, à la semimartingale $C^u + W$.

THEOREME: Sous les hypothèses précédentes, la semimartingale W est bornée et associée à un processus à variation finie prévisible, S , sous la probabilité P.

De plus, il existe : - un processus prévisible w à valeurs dans R^n

- un processus $\underline{\underline{\tilde{P}}}$-mesurable $\tilde{w}$

- un processus prévisible $w^* = {}^P(\Delta W\, 1_{S^c \cap J})/1 - a$

tels que , si nous désignons par $\delta\phi^{d_2}$ le processus

$$\delta\phi^{d_2}(\omega,t,y) = \phi^{d_2}(\omega,t,y) - \nu(\phi^{d_2} 1_{\{\cdot\}})(\omega,t)$$

(3.27.1.) $$a(\omega,t) = 1 - \delta 1 = \nu(1_{\{\cdot\}})\,(\omega,t)$$

(3.27.2.) $$\Sigma^u = S + c_1^{d_1} * K + ({}^t\phi^{d_1} . a\, w) . A + \nu[(\tilde{w} - w^*)\,\delta\phi^{d_2} + c_2^{d_2}(1 + \delta\phi^{d_2})]$$

Ce que nous pouvons encore écrire sous la forme :

(3.27.3.) $$\Sigma^u = [h_1^{d_1} + \alpha_3\, n(h_2^{d_2})] . B$$

où B est le processus croissant prévisible $B = S + K + A + \tilde{A}$ et où on a repris la décomposition de ν en $n(\omega,t,dy) . d\tilde{A}_t(\omega)$. (3.16.) et posé $S = s . B$, $K = \alpha_1 . B$ $A = \alpha_2 . B$ $\tilde{A} = \alpha_3 . B$

(3.27.4) $$h_1^d = s + \alpha_1\, c_1^{d_1} + \alpha_2\, ({}^t\phi^{d_1} . a\, w)$$

(3.37.5) $$h_2^d = (\tilde{w} - w^*)\,\delta\phi^{d_2} + c_2^{d_2}\,(1 + \delta\phi^{d_2})$$

PREUVE : Le théorème 3.10. montre que Σ^u est aussi le processus croissant prévisible associé, sous P, à la sousmartingale

$$J^u = C^u + W + [C^u + W , N^u]$$

Mais W est associé à S qui est prévisible. Il suffit donc de préciser la projection duale prévisible du processus à variation finie $B^u = C^u + S + [C^u + W, N^u]$, dont la partie continue $B^{u,c}$ est égale à $B^{u,c} = C^{u,c} + S^c + \langle W-S, N^{u,c}\rangle$

et la partie purement discontinue à

$B^{u,d} = C^{u,d} + S^d + \Sigma (\Delta W + \Delta C^u) \Delta N^u$

Nous étudions séparément chacun des deux termes.

a) Le processus $B^{u,c}$ est continu donc prévisible. Il suffit d'expliciter le crocher $\langle W-S, N^{u,c}\rangle$, en notant qu'il existe un processus vectoriel prévisible w tel que pour tout φ de $\underline{\underline{L}}^1(\underline{M})$, $\langle W-S, {}^t\varphi . \underline{M}\rangle = {}^t\varphi . a\, w * A$

Si la matrice a est diagonale, il s'agit du vecteur des densités de $\langle W-S, M^i\rangle$ par rapport à A. Dans le cas général, l'intégrale stochastique ${}^tw . \underline{M}$ est la projection de la martingale W-S sur le sous-espace stable engendré par $\underline{M}$. Rappelons que tout étant continu, nous travaillons avec des processus localement de carré intégrables .

Il vient alors facilement que:

$B^{u,c} = c_1^{d_1} . K^c + S^c + {}^t\varphi^{d_1} . a\, w * A$

b) Pour étudier le deuxième terme, il suffit de préciser les paramètres de la projection duale prévisible du processus à variation localement intégrable , $\widetilde{B} = \Sigma (\Delta W + \Delta C^u) \Delta N^u + \Delta C^u$

en séparant ce qui se passe sur S et sur son complémentaire.

Dans le calcul de la projection duale prévisible de $1_S * \widetilde{B}$, on peut remplacer ΔW par son éspérance conditionnelle sur la tribu $\widetilde{\underline{\underline{P}}}$ par rapport à la mesure $M_\mu(H) = E[\mu(H)]$, que nous désignons par $\widetilde{w}$ ([J] p.76 et 103.)

Les deux processus $1_S * \widetilde{B}$ et $\mu[(\widetilde{w} + c_2^{d_2}) \delta\phi^{d_2} + c_2^{d_2}]$, où on a posé $\delta\phi^{d_2} = \phi^{d_2} - \nu(\phi^{d_2} 1_{\{.\}})$, ont même projection duale prévisible $\nu[(\widetilde{w} + c_2^{d_2})\delta\phi^{d_2} + c_2^{d_2}]$.

D'autre part $1_{S^c} * \widetilde{B} = - \Sigma\, \Delta W\, \nu(\phi^{d_2} 1_{\{.\}})\, 1_{S^c \cap J}$ est un processus à variation intégrable, dont la projection duale prévisible est égale à $-\Sigma\, {}^P(\Delta W\, 1_{S^c \cap J})\, \nu(\phi^{d_2} 1_{\{.\}})$.

mais $\nu(\phi^{d_1} 1_{\{.\}}) = \nu(\delta\phi^{d_2} 1_{\{.\}})\ 1/1-a$ comme on le vérifie facilement, ce qui permet d'écrire $(1_S c * \tilde{B})^p$ sous la forme $-\nu(w^* \delta\phi^{d_2})$. Regroupant les différents termes, nous établissons (3.27.2.). Les autres relations sont évidentes. CQFD.

3.28. Nous pouvons préciser encore un peu la dépendance des processus Σ^u par rapport aux contrôles

DEFINITION: Les fonctions définies sur $\Omega \times R^+ \times D_1 \times R^n$ et sur $\Omega \times R^+ \times E \times D_2 \times R$ et mesurables,

(3.28.1.) $H_1(\omega,t,d_1,p) = s(\omega,t) + \alpha_1(\omega,t)\ c_1(\omega,t,d_1) + \alpha_2(\omega,t)\ {}^t\varphi(\omega,t,d_1)\ .\ p$

(3.28.2.) $H_2(\omega,t,y,d_2,q) = \delta\phi^{d_2}(\omega,t,y)\ q + c_2(\omega,t,y,d_2)(1 + \delta\phi^{d_2}(\omega,t,y))$

s'appellent les hamiltoniens associés au problème de contrôle. Ils sont liés aux processus $h_1^{d_1}$ et $h_2^{d_2}$ introduits en (3.27.) par:

(3.28.3.) $h_1^{d_1} = H_1(.,.,d_1(.),p^*(.))$ où $p^* = a\ w$

(3.28.4.) $h_2^{d_2} = H_2(.,.,.,d_2(.,.),q^*(.,.,.))$ où $q^* = \tilde{w} - w^*$

REMARQUE: L'hamiltonien H_2 dépend du contrôle d_2 par l'intermédiaire du processus $\delta\phi^{d_2}$. C'est donc sur ce processus que nous serons amenés à faire les hypothèses de régularité nécessaires pour pouvoir conclure. Rappelons toutefois que $\delta\phi$ et ϕ sont liés par la relation : $\phi = \delta\phi + \nu(\delta\phi\ 1_{\{.\}})\ {}^1/_{1-a}$

UN.RESULTAT D'EXISTENCE

3.29. Il nous reste à faire des hypothèses de continuité pour pouvoir conclure.

HYPOTHESE:
- Les fonctions $c_1(.,.,d_1)$ et $\varphi(.,.,d_1)$ sont continues en d_1.
- Les fonctions $c_2(.,.,.,d_2)$ et $\delta\phi(.,.,.,d_2)$ sont continues en d_2.
- Les hamiltoniens H_1 et H_2 atteignent leur minimum sur D_1 et D_2. (Il suffit par exemple que D_1 et D_2 soient compacts.)

<u>Nous désignons par</u> $H_1^*(\omega,t,p) = \inf_{d_1} H_1(\omega,t,d_1,p)$

<u>et par</u> $H_2^*(\omega,t,y,q) = \inf_{d_2} H_2(\omega,t,y,d_2,q)$

REMARQUE: La continuité en d_1, resp d_2, de ces hamiltoniens assure que les fonctions H_1^* et H_2^* ont les mêmes propriétés de mesurabilité en (ω,t,p)(resp.(ω,t,y,q)) que les fonctions H_1 et H_2, car l'inf est alors atteint le long d'une suite dénombrable.

3.30 Le problème dans un premier temps est de choisir une fonction mesurable en (ω,t,p)(resp.(ω,t,y,q)) qui réalise l'inf. Il sera ensuite aisé de construire un contrôle optimal en remplaçant p et q dans cette fonction par les processus p^* ou q^*. En d'autres termes, on cherche une section mesurable des ensembles

$A_1 = \{(\omega,t,d_1,p)\ ;\ H_1^*(\omega,t,p) = H_1(\omega,t,d_1,p)\}$

$A_2 = \{(\omega,t,y,d_2,q)\ \ H_2^*(\omega,t,y,q) = H_2(\omega,t,y,d_2,q)\}$

Grâce aux hypothèses de continuité faites sur les coefficients nous pouvons utiliser le lemme suivant cité par Benès [B2] .

THEOREME: <u>Soient</u> $(M, \underline{\underline{M}})$ <u>un espace mesurable</u>, F <u>et</u> V <u>deux espaces métriques séparables</u>, $k(x,y)$ <u>une application de</u> $M{\times}V$ <u>dans</u> F, <u>continue en</u> y <u>pour tout x</u>, $\underline{\underline{M}}$<u>-mesurable en</u> x <u>pour tout</u> y, z <u>une application</u> $\underline{\underline{M}}$<u>-mesurable à valeurs dans</u> F <u>telle que</u> :

$\{(x,y)\ ;\ k(x,y) = z(x)\}$ <u>ait une projection non vide, c.à.d.</u>

$\{x\ ;\ \exists\ y\ k(x,y) = z(x)\}$ <u>est non vide</u>.

<u>Il existe une application</u> α, $\underline{\underline{M}}$<u>-mesurable telle que</u>:

$$z(x) = k(x,\alpha(x))$$

REMARQUE: Si l'espace $(M, \underline{\underline{M}})$ est muni d'une mesure positive, ce résultat serait valable sans l'hypothèse de continuité sur k , et α serait définie à un ensemble négligeable près. Il s'agit alors d'un théorème de section au sens de Dellacherie.([D6])

3.31. THEOREME : <u>Sous les hypothèses</u> 3.20.,3.22.,3.28.,3.29., <u>il existe un contrôle</u> $u^* = (d_1^*(.), d_2^*(.,.))$ <u>qui minimise les processus</u> Σ^u. <u>Si de plus la martingale</u> L^{u^*} <u>est uniformément intégrable, ce contrôle admissible est optimal</u>.

PREUVE: Nous désignons par $\delta_1(\omega,t,p)$ et $\delta_2(\omega,t,y,q)$ des applications mesurables qui d'après les hypothèses 3.29 et le théorème 3.30 réalisent l'inf des hamiltoniens, à savoir :

$H_1^*(\omega,t,p) = H_1(\omega,t,\delta_1(\omega,t,p),p)$

$H_2^*(\omega,t,y,q) = H_2(\omega,t,y,\delta_2(\omega,t,y,q),q)$

Le contrôle $d_1^*(\omega,t) = \delta_1(\omega,t,p^*(\omega,t))$ et

$d_2^*(\omega,t,y) = \delta_2(\omega,t,y,q^*(\omega,t,y))$

satisfait à la condition : $\Sigma^{u^*} \leq \Sigma^u$ pour tout u de .
D'après le corollaire 3.13., si u* est admissible, donc en particulier si $L_\cdot^{u^*}$ est une martingale uniformément intégrable, c'est un contrôle optimal.

CONDITIONS D'UNIFORME INTEGRABILITE

3.32. Afin de clôre cette étude, il nous reste à énoncer quelques critères d'uniforme intégrabilité pour les martingales exponentielles $L^u = \mathcal{E}(N^u)$ portant sur les coefficients φ^u et ψ^u et même parfois sur les coefficients Φ et Ψ, qui les majorent, (3.20.2.) et (3.20.3.) .
Puis nous donnerons quelques conditions suffisantes pour que ces martingales aient des v.a. terminales L_ζ^u de puissance $r \in]1,+\infty[$ uniformément intégrable.
Toutefois ces critères sont surtout cités à titre d'exemple et le lecteur aura tout intérêt à consulter directement le chapitre VIII de ([J]) qui fait le point sur la question, du moins en ce qui concerne les premiers critères. Pour les seconds, il faut lire ([L7]) qui est la seule étude que je connaisse sur ce sujet.

Les notations et hypothèses sont celles du théorème 3.23.et 3.27.
Si φ est $\underline{\underline{P}}$-mesurable et ψ $\underline{\underline{\tilde{P}}}$-mesurable , nous définissons

$B(2,\varphi,\psi)^p = {}^t\varphi\, a\varphi \,.A + (\psi - \hat{\psi})^2/1+|\psi-\hat{\psi}| * \nu + \Sigma\, (1-a)\, \hat{\psi}^2/1+|\hat{\psi}|$

où $\hat{\psi} = \nu(\psi 1_{\{.\}})$ et $a = \hat{1} = \nu(1_{\{.\}})$

$C(\varphi,\gamma) = 1/2\ {}^t\varphi a\varphi.\, A + \Sigma\, \mathrm{Log}(1+\gamma) - \gamma./1+\gamma.$ où γ est un processus optionnel nul en dehors d'une infinité au plus dénombrable, c'est à dire nul en dehors d'un ensemble mince.

THEOREME: <u>Supposons</u> φ <u>dans</u> $\underline{\underline{L}}^1(M)$ <u>et</u> ψ <u>dans</u> $\underline{\underline{G}}^1(\mu)$ <u>et posons</u>
$N = {}^t\varphi \,.\, \underline{M} + \psi.\,\mu - \nu$.

<u>Si le processus croissant</u> $B(2,\varphi,\psi)^p$ <u>est borné, la martingale</u>

$\mathcal{E}(N)$ est uniformément intégrable.

- Si $\gamma = \Delta N = (\mu-\nu)(\psi 1_{\{.\}})$ et si $E[\exp C_{oo}(\varphi,\gamma)] < +oo$ la martingale $\mathcal{E}(N)$ est uniformément intégrable.

REMARQUE: Le premier critère est dit prévisible borné, le second optionnel intégrable. Il est montré dans ([J]) qu'ils ne sont pas strictement équivalents.

Il ne s'agit en fait que de quelques-uns des critères cités dans ([J]), que nous avons retenus car ils permettent de ramener à des conditions portant sur Φ et Ψ le problème de l'uniforme intégrabilité des martingales L^u $u\in\mathcal{D}$.

3.33. COROLLAIRE : Nous supposons que le processus $B(2,\Phi,\Psi)^p$ est borné, ou que le processus $C(\Phi,\gamma)$ où $\gamma = |(\mu-\nu)(\Psi 1_{\{.\}})|$ satisfait à $E[\exp C_{oo}(\Phi,\gamma)] < +oo$.

Alors, pour tout u de $\mathcal{D}$, les martingales L^u sont uniformément intégrables.

PREUVE: La fonction $x^2/1+x$ étant croissante sur R^+, les conditions (3.20.2) et (3.20.3.) prouvent que :

$B(2,\Phi,\Psi)^p \geq B(2,\varphi^{d_1},\psi^{d_2})^p$ pour tout u de $\mathcal{D}$

On a aussi utilisé le fait que le processus $\Sigma\, (\Psi-\hat{\Psi})^2/1+|\Psi-\hat{\Psi}|$ domine fortement tous les processus $\Sigma(\Delta N^u)^2\, /1+|\Delta N^u|$.

Il en est donc de même de leur projection duale prévisible, $B(2,\Phi,\Psi)^p - {}^t\Phi\, a\Phi\, .A$ et $B(2,\varphi^{d_1},\psi^{d_2}) - {}^t\varphi^{d_1} a\, \varphi\, .\, A$.

On montre de même que $C_{oo}(\Phi,\gamma) \geq C_{oo}(\varphi^{d_1}, \Delta N^u)$ si $u\in\mathcal{D}$.

3.34. Les critères d'appartenance à $\underline{\underline{L}}^r$ pour les v.a. terminales des martingales exponentielles sont un peu moins fins que les précédents. De plus, ils exigent souvent une condition sur les sauts des martingales considérées.

Les démonstrations de ([L7]) prouvent en général non seulement l'appartenance à $\underline{\underline{L}}^r$ mais également des majorations de $E[L_\zeta^{u,r}]$, qui nous permettrons d'établir l'intégrabilité uniforme de cette famille de v.a.

THEOREME: Soit N une martingale.

a) S'il existe $\delta>0$, t.q. $\Delta N \geq -1+\delta$ et si $[N,N]$ est borné par C

$E[\mathcal{E}(N)^r] \leq \exp(r-1/r \,.\, k\, C)$ avec $r = 1/(1-\delta/2)$

b) Si $\Delta N \geq -1$ et si N est uniformément intégrable, la condition $E[\exp r N_{\infty}] < +\infty$ entraine que $E[\mathcal{E}(N)^r] \leq E[\exp rN_{\infty}] < +\infty$

Cette hypothèse est satisfaite en particulier si $\Delta N \geq 0$ et si $E[\exp 2r^2 [N,N]_{\infty}]$ est fini, à cause de l'inégalité:

$E[\exp r N_{\infty}] \leq E[\exp 2 r^2 [N,N]_{\infty}]^{1/2}$

c) Si le crochet $\langle N,N\rangle$ existe et s'il existe $k>2$ t.q.

$E[\exp k/2 \langle N,N\rangle_{\infty}] < +\infty$, $E[|\mathcal{E}(N)|^r_{\infty}] \leq E[\exp k/2 \langle N,N\rangle_{\infty}]^{1-r/2}$

où $r = 2k/ k+2$

Si $\Delta N \geq 0$ et si $k\in]1,4[$ alors

$E[\mathcal{E}(N)^r_{\infty}] \leq E[\exp k/2 \langle N,N\rangle_{\infty}]^{1-r/\sqrt{k}}$ et $r = k/ 2\sqrt{k} -1$

Nous pouvons là aussi essayer d'énoncer une condition sur Φ et Ψ pour que l'hypothèse d'intégrabilité uniforme de l'ensemble des v.a. terminales L^u_ζ soit satisfaite.

3.35. COROLLAIRE: Sous les hypothèses ci-dessus,

a) Si le processus s(.) qui minore les sauts de $1 + \Delta N^u$ est minoré par $\delta>0$ et si $C_. = {}^t\Phi a\Phi.A + \Sigma\, (\mu-\nu)(\Psi 1_{\{.\}})^2$ est borné ou si $E[\exp 2\, r^2\, C_{\infty}] < +\infty$ et $s(.) \geq 1$

b) Si la projection duale prévisible de C existe et si $E[\exp k/2\; C^p_{\infty}] < +\infty$ pour $k>2$, l'ensemble $\{ L^u_\zeta \,;\, u\in\mathcal{D}\}$ est uniformément intégrable .

PREUVE: Le théorème 3.34. prouve que sous ces hypothèses, il existe $r>1$ t.q. $\sup_{u\in\mathcal{D}} E[(L^u_\zeta)^r] < +\infty$, ce qui d'après le lemme de Lavallée-Poussin ,([LR]p.38) entraine la propriété recherchée.

CONTROLE DE PROCESSUS PONCTUELS

La littérature sur ce problème est abondante. Citons quelques titres importants: [B7],[B11],[B12],[D2],[D3],[D5],[E3],[E4],[P2] [R1]. En suivant [D3] , nous présentons d'abord le cas du processus à un saut, nous plaçant ainsi dans la ligne de ([LR]p.239)et [C1]) qui traite en détail de ce processus , et généralisons ensuite.

3.36 Nous considérons un processus ponctuel à un saut ξ à l'instant T, à valeurs dans un espace lusinien $(E,\underline{\underline{E}})$ et sa réalisation sur l'espace canonique :

$$\Omega = R^+ \times E \quad , \quad \underline{\underline{F}}_{oo} = \underline{\underline{B}}(R^+) \times \underline{\underline{E}}$$

T désigne la projection de Ω sur R^+ et X le processus défini par: $X_t(\omega) = x_o$ si $t<T(\omega)$, $= \xi(\omega)$ si $t \geq T(\omega)$,où ξ est une v.a. à valeurs dans E.

On désigne par $\underline{\underline{F}}^o_t$ la tribu engendrée par $(X^-_{t\wedge T}, t\wedge T)$. Toute v.a. $\underline{\underline{F}}^o_t$ -mesurable est donc constante sur $t \leq T$.

Les tribus $\underline{\underline{F}}^o_{t+}$ sont les tribus $\underline{\underline{F}}^o_t$ rendues continues à droite, et lorsque une loi P est donnée sur Ω , $\underline{\underline{F}}_t$ désigne la complétée de la manière habituelle de $\underline{\underline{F}}^o_{t+}$ à l'aide des ensembles P-négligeables de $\underline{\underline{F}}_{oo}$. Les processus prévisibles sont alors déterministes sur $[\![0,T]\!]$.

3.37. Nous munissons Ω d'une probabilité P et désignons par $F(t) = P(T>t)$. Nous supposons pour simplifier que $F(t) > 0$,sinon on travaillerait avec un temps de mort égal à $c = \inf\{ t;\ F(t) = 0\}$.

La mesura aléatoire $\mu = \varepsilon_{(T,\xi)}$ est optionnelle, σ-finie, et admet une projection duale prévisible ν de la forme :

(3.37.1.) $$\nu(]0,t] \times A) = \int_{]0,t\wedge T]} n(s,A)\, dA_s$$

où $n(.,dy)$ est une mesure de transition de R^+ vers E et A un processus croissant réel, lié à F par la relation :

(3.37.2.) $dA = -\ 1/F_{s-}\ dF$ avec $\Delta A < 1$ car $F>0$ et $n(.,1) = 1$.

Il est montré dans ([D3]) et ([J]p.86) que le couple (n,A) détermine P de manière unique et que de plus, si Q est une probabilité sur Ω, absolument continue par rapport à P, n^Q et A^Q sont absolument continues par rapport à n et A , de densité $\beta(.,.)$ au sens où : si $\alpha(.) = n(.,\beta(.,.))$, $n^Q = \beta/\alpha\ .\ n$ et $dA^Q = \alpha .\ dA$.

La martingale $(dQ/dP)_{\underline{\underline{F}}_t} = L_t$ est alors égale à :

(3.37.3.) $$L_t = \beta(T,\xi)\ \exp-\int_{[o,T]}(\alpha(s)-1)dA^c_s \prod_{s<T}(1+\gamma_s)\ 1_{\{T\leq t\}} + \exp-\int_{[o,t]}(\alpha(s)-1)\ dA^c_s \prod_{s\leq t}(1+\gamma_s)\ 1_{\{T>t\}}$$

où $\gamma_s = (1-\alpha(s))\Delta A_s / (1-\Delta A_s)$

3.38. LEMME: L <u>est une martingale exponentielle</u> $\mathcal{E}(N)$ <u>où</u> $N = \psi . \mu-\nu$ <u>et</u> $\psi(\omega,t,y) = \beta(t\wedge T(\omega),y) - 1 - \gamma(t\wedge T(\omega))$

PREUVE: D'après 3.4., si L est de la forme $\mathcal{E}(\overline{N})$, les sauts de L et de $\overline{N}$ sont liés par la relation $L = (1+\Delta\overline{N}) L_-$ et donc nécessairement $\Delta N = 1_{\{.<T\}} \gamma_. + 1_{[\![T]\!]}(\beta(T,\xi)-1)$,
Compte-tenu des égalités $n(.,1) = 1$ et $n(.\beta) = \alpha(.)$, on vérifie facilement que si ψ a la forme indiquée dans l'énoncé de ce lemme,

$$\Delta N = \psi(T,\xi)\, 1_{[\![T]\!]} - \Delta A\, n(.,\psi) = 1_{[\![T]\!]}[\beta(T,\xi) - 1 - \gamma(T) - \Delta A_T\, \alpha(T) - \Delta A_T(1+\gamma(T))] + 1_{\{.<T\}}[\Delta A.(1+\gamma_.) - \Delta A.\alpha(.)]$$

$$= 1_{[\![T]\!]}(\beta(T,\xi) -1) + 1_{\{.<T\}}\, \gamma_. \qquad = \Delta N$$

Les deux martingales purement discontinues $\overline{N}$ et N qui ont mêmes sauts sont donc égales.

3.39. Pour décrire les paramètres du contrôleur, nous supposons donnée une fonction β définie sur $\Omega \times E \times D$ à valeurs dans R^+ telle que :

(3.39.1) $0 < c_2 \leq \beta(s,y,d) \leq c_3$ et telle que pour tout application mesurable d(.) de E dans D,

(3.39.2.) $\alpha(s,d) = \int n(s,dy)\, \beta(s,y,d(y)) \leq \inf(c_4, 1-\theta(s)/\Delta A_s)$

où c_2, c_3, c_4 sont des constantes et $\theta(.)$ une fonction strictement positive sur $\{\Delta A > 0\}$.

Un contrôle est un processus de la forme $u(t) = d(t\wedge T, X_{t\wedge T})$ auquel on associe $\beta^u(t,y) = \beta(t,y,d(t,y))$

(3.39.3.)
$$\alpha^u(t) = \int n(t,dy)\, \beta^u(t,y)$$
$$\gamma^u(t) = (1 - \alpha^u(t)\Delta A_t / (1 -\Delta A_t)$$

On pose $\psi^u(\omega,t,y) = \beta^u(t\wedge T(\omega),y) - 1 - \gamma^u(t\wedge T(\omega))$

(3.39.4.) $N^u = \psi^u . \mu-\nu \qquad L^u = \mathcal{E}(N^u)$

Il est facile de vérifier que les hypothèses de bornitude faites sur les coefficients assurent que :

$1 + \Delta N^u = \beta^u(T,\xi)\, 1_{[\![T]\!]} + 1_{\{.<T\}}(1 + \gamma_.)$ est strictement positif, et que les martingales N^u et L^u sont uniformément intégrables. De plus, toutes les martingales L^u sont manifestement majorées par

par KL^o , où L^o est la martingale exponentielle associée à $\beta = c_2$. L'ensemble des v.a. terminales est alors majoré par une v.a. intégrable. Il est donc uniformément intégrable.
Les hypothèses décrites dans le modèle fortement dominé sont donc satisfaites.

Il reste à définir la fonction de coût, que nous supposons de la forme:

(3.39.5.) $C^u_\cdot = c(T,\xi,d(T,\xi))\, 1_{\{T \leq \cdot\}}$ où c est borné et positif.

3.40. Dans ce modèle, les coûts conditionnels ont une forme particuliérement simple.

LEMME: <u>Avec les notations du premier chapitre.</u>

$$W_t = 1_{\{t < T\}}\, w(t) \quad \text{où ; } w(t) = dF.\text{essinf } v(t,u)$$

<u>avec</u> $v(t,u) = E^u[C^u_{T/T>t}]$

$$= 1/F^u_t \int_{]t,+00]} F^u_{s-}\, dA_s \int c(s,y,d(s,y))\beta^u(s,y)n(s,dy)$$

<u>et</u> $F^u_t = \exp - \alpha^u.A^c_t \quad \prod_{s\leq t}(1 - \alpha^u_s\, \Delta A_s)$

PREUVE: Dans ce modèle canonique, on a:

$\Gamma^u_t = E^u[C^u_{oo}/_{\underline{\underline{F}}t}] = 1_{\{T \leq t\}}\, C^u_T + 1_{\{t < T\}}\, v(t,u)$, car les v.a. de $\underline{\underline{F}}_t$ sont constantes sur $\{t < T\}$.

La forme de $v(t,u)$ est une conséquence immédiate du fait que la loi du couple (T,ξ) sous P^u est donnée par la probabilité $- n^u(s,dy)\, dF^u$ où $n^u = \beta^u/\alpha^u . n$ et $dF^u_s/ F^u_{s-} = \alpha^u_s .dA_s$

Il suffit ensuite d'écrire l'expression de $v(t,u)$ en tenant compte de cette loi.

Il reste à prendre le P-essinf des processus $1_{\{.<T\}}\, v(t,u)$, continus à droite en t. D'après l'appendice A2 , on obtient un processus de la forme $1_{\{. < T\}}\, w(t)$, où $w(t)$ est un inf dénombrable de fonctions $v(t,u)$.

Mais alors par définition d'un essinf de processus, on peut affirmer que $\{\omega, \exists t < T(\omega)\ v(t,u) < w(t)\}$ est P-evanescent , ou ce que est équivalent que : $\{y, \exists\, t< y\, ,\, v(t,u) < w(t)\}$ est dF-evanescent. Mais cela entraine en particulier que le début de l'ensemble $\{ v(.,u) < w(.)\}$ est infini dF.p.s. car $F > 0$. $w(.)$ minore donc dF.p.s. tous les processus $v(t,u)$. Or par ailleurs nous avons vu que $w(.)$ était un inf dénombrable de telles fonctions. C'est donc le dF-essinf $v(.,u)$.

REMARQUE: Le critère d'optimalité permet d'affirmer que s'il existe un contrôle qui réalise l'inf dans l'expression de W_t , il est optimal. Or il peut être facile de chercher à minimiser l'expression $\int c^u \beta^u n(.,dy)$, mais plus délicat de minimiser F^u_{s-}/F^u_t .

L'étude générale permet de se ramener à un problème de minimisation plus simple, et que l'on sait résoudre.

La version du théorème 3.27. adaptée au problème que nous envisageons ici est la suivante :

THEOREME: Soit S le processus croissant prévisible associé à W. Pour tout u de , le processus

$$\Sigma^u_t = S_t + \int_0^{t\wedge T} dA_s\Big[\int n(s,dy)[c(s,y,d(s,y))\beta^u(s,y) - w(s)(\alpha^u(s)-1)]\Big]$$

est un processus croissant.

Si toutes les fonctions qui interviennent dépendent continument de d , le contrôle $d^*(s,y)$, qui satisfait à :

$$[c^{u*}_s - w(s)]\,\beta^{u*}_s = \inf_{d\in D}\,[c(s,.,d) - w(s)]\,\beta^d(s,.)$$

est un contrôle optimal.

PREUVE: Rappelons que Σ^u est la projection duale prévisible du processus $B^u = C^u + S + [C^u + W, N^u]$.

Compte-tenu de la forme de C^u et de ΔN^u, cette expression se transforme en :

$$B^u_t = S_t + 1_{\{T\le t\}}[C^u_T + (C^u_T - w(T-))(\beta^u_T - 1) - \Delta w(T)\,\gamma^u(T)] + \Sigma_{s\le t\wedge T}\,\Delta w(s)\,\gamma^u(s)$$

dont la projection duale prévisible est égale à:

$$\Sigma^u_t = S_t + \Sigma_{s\le t\wedge T}\,\Delta w(s)\,\gamma^u(s) + \int_0^{t\wedge T} dA_s \int n(s,dy)[c^u_s\,\beta^u_s - w(s-)(\alpha^u_s - 1) - \Delta w(s)\,\gamma^u(s)]$$

Compte-tenu de la forme de γ^u, nous voyons que:

$\Sigma_{s\le t\wedge T}\,\Delta w(s)[\gamma^u(s) - \Delta A_s\,\gamma^u(s)] = 0$, ce qui prouve la forme de Σ^u .

Le critère d'optimalité prouve alors le caractère optimal de d* .

3.42. Il reste , en suivant ([D3], [D5]) à étudier les processus ponctuels multivariés, sur lesquels on trouvera toutes les informations nécessaires dans ([J] p.83.)
On désigne par (T_n, ξ_n) les points de ce processus et par $G_{n+1}(dt,dy)$ la loi conditionnelle de (T_{n+1},ξ_{n+1}) par rapport à la tribu engendrée par les v.a. (T_p,ξ_p) si $p\leq n$.
On suppose la perte de la forme

$$\Sigma_k r^k c_k[\omega_{k-1},T_k, \xi_k, d(T_k,\xi_k)]$$

et on applique l'étude précédente à la loi $G_{n+1}(.,.)$ dans l'intervalle $]T_n,T_{n+1}]$, et on obtient de la même façon par recollement l'existence d'un contrôle optimal.
REMARQUE: L'hypothèse selon laquelle nous ne considérons que des probabilités équivalentes est assez restrictive dans la pratique mais fondamentale dans le point de vue adopté ici. Les travaux de [P2],[G3],[B7], montrent que dans le cas markovien, et sous des hypothèses fortes de régularité des coefficients, on peut se passer de cette hypothèse pour établir l'existence d'un contrôle optimal.

3.43. Pour terminer, nous citerons un "exemple concret" , repris de ([D5]), qui illustre assez bien le genre de problème qu'on peut être amené à résoudre.

Un marchand des quatre saisons commence sa journée avec un stock de N ananas un peu trop mûrs, qui, s'ils ne sont pas vendus à la fin de la journée devront être jetés. Le marchand a la liberté de modifier ses prix continuellement, tout au long de la journée, ce qui a évidemment une influence sur le nombre de clients et leur désir d'acheter. Quelle doit être sa politique pour maximiser son revenu?

On peut modéliser ce problème à l'aide d'un processus ponctuel, en désignant par x_t le nombre d'objets en stock et

u_t le contrôle qui représente le prix par objet, $u_t \in [0,\bar{u}]$ où $\bar{u}$ est le prix maximum acceptable. Nous supposons que les instants d'arrivée des clients à l'échoppe suivent la loi d'un processus ponctuel, d'intensité $l(t,u_t)$, qui dans un modèle simple peut être supposée de la forme $l(t)(1 - \Phi(u_t))$, où $l(t)$ est la densité d'arrivée des clients et $\Phi(u_t)$ la fraction qui s'en retourne sans acheter. Les clients sont supposés acheter au plus M objets, $M \leq N$, avec une propention à l'achat mesurée par une distribution de probabilité dépendant de u, $(q_1(u), q_2(u), \ldots q_M(u))$.
On dispose d'un coût terminal $d(x)$ si $x>0$, qui représente par exemple le coût d'un voyage à la décharge.
On a donc un processus ponctuel à valeurs dans $E = \{1,2, \quad N\}$ dont les points (T_k,ξ_k) ont pour loi conditionnelle celle associée à n_k , dA^k définis par:

pour $\xi_{k-1} \geq 1$, on pose $A^k(t) = t$ et

$$n_k(\omega_{k-1},t,\{i\}) = 1/M \quad \text{pour} \quad i = \xi_{k-1}-1,\ldots,1 \vee (\xi_{k-1}-M)$$
$$n_k(\omega_{k-1},t,\{0\}) = (M-\xi_{k-1}+1)/M \quad \text{si } M > \xi_{k-1}$$
$$= 0 \quad \text{sinon}$$

Si $\xi_{k-1} = 0$, on pose $A^k(t) = 0$ et n_k arbitraire.
Il reste à définir les densités $\alpha(t,u,\omega) = l(t,u_t(\omega))$ et $\beta(t,i,u,\omega) = M\, q_{x_{t-}-i}(u)$ si $i = x_{t-}-1,\ldots, 1 \vee x_{t-}-M$

$$\beta(t,o,u,\omega) = 1_{\{x_{t-} \leq M\}}(M / M-x_{t-}+1)(\Sigma_{x_{t-} \leq j \leq M}\ q_j(u))$$

qui permettent grâce aux formules précédentes de définir des probabilités équivalentes à condition de supposer que $l(t,u)$ et $q_i(u)$ sont minorés par un nombre strictement positif, ce qui ici n'a rien d'absurde.

Il reste à préciser la forme de la fonction de gain par journée de T_f heures. Le revenu brut du commerçant est donné par $R(u) = \Sigma_{s \leq T_f} - u_s \Delta x_s - d(x_{T_f})$.
Le problème est de trouver une politique de prix optimale, c'est à dire qui minimise $E^u[-R(u)]$, que nous pouvons résoudre avec les techniques que nous venons de décrire.

COMPARAISON DES PROBLEMES DE CONTROLE

3.44. Nous revenons à l'étude générale faite dans le cas du modèle fortement dominé, et considérons deux ensembles de contrôles admissibles $\overline{\mathfrak{D}}$ et $\mathfrak{D}$ avec $\overline{\mathfrak{D}} \subseteq \mathfrak{D}$. Par exemple, $\overline{\mathfrak{D}}$ est l'ensemble $\mathfrak{D}_e$ des contrôles étagés de la forme $\Sigma\, \delta^i(T_n,.)\, 1_{]T_n,T_{n+1}]}$.
Nous supposons les ensembles $\overline{\mathfrak{D}}$ et $\mathfrak{D}$ stables par bifurcation (1.6.)
Ils définissent ainsi deux problèmes de contrôle différents, auxquels on peut associer les fonctions de valeurs $\overline{W}$ et W.
Nous proposons d'énoncer des conditions suffisantes pour qu'elles soient indistinguables. Il convient de noter tout de suite que l'inclusion $\overline{\mathfrak{D}} \subseteq \mathfrak{D}$ implique que $\overline{W} \geq W$.
Pour établir la réciproque, sous des hypothèses supplémentaires bien sûr, nous utilisons la forme du processus $\overline{\Sigma}^u$ associé à $\overline{W}$ pour tout u de $\overline{\mathfrak{D}}$ par le théorème 3.27.
PROPOSITION: Il existe des processus $\overline{p}$ et $\overline{q}$,respectivement $\underline{\underline{P}}$ et $\underline{\underline{\tilde{P}}}$-mesurables, tels que, pour tout u de $\overline{\mathfrak{D}}$
$\overline{h}_1^{d_1} = H_1(.,.,d_1(.),\overline{p}(.,.))$ et $\overline{h}_2^{d_2} = H_2(.,.,.,d_2(.,.,.),\overline{q}(.,.,.))$
et $\overline{\Sigma}^u = [\overline{h}_1^{d_1} + \alpha_3 n(\overline{h}_2^{d_2})\,]\,.\,B$ soit un processus croissant.

Nous allons essayer d'étendre cette propriété à tous les éléments de $\mathfrak{D}$. Pour ce faire, nous aurons besoin d'une majoration uniforme de $\overline{h}_2^{d_2}$, qui permette d'affirmer ensuite que $n(\overline{h}_2^{d_2})$ dépend continûment de d_2.

3.45. LEMME: Nous supposons que $c_2^{d_2}(1 + \delta\phi^{d_2})$ est majoré uniformément en d_2 par un processus Ψ_2, positif, $\underline{\underline{\tilde{P}}}$-mesurable et μ-intégrable. et que $|\delta\phi^{d_2}|$ est majoré uniformément par un processus appartenant à $\underline{\underline{G}}(\mu)$, Ψ_1 .
Le processus $H_2(.,.,d_2,\overline{q}(.,.,.))$ est majoré uniformément en d_2 par un processus $\underline{\underline{\tilde{P}}}$-mesurable et ν-localement intégrable.

PREUVE: Les hypothèses faites entrainent qu'il suffit en fait d'établir que :$(\tilde{\overline{W}} - W^*)\, \delta\phi^{d_2}$ peut être majoré en module par un pro-

Pour établir ce résultat, nous utilisons les critères d'appartenance à $\underline{\underline{G}}_1(\mu)$, tels qu'on peut les trouver dans ([J]p.99).
Ils montrent en particulier que si $f(x) = x^2/_{1+|x|}$, les processus $f(\tilde{\tilde{W}})$ et $f(\delta\psi^{d_2})$ sont localement ν-intégrables.
Mais $\Delta\overline{W}$ étant borné, il en est de même des processus $\tilde{\tilde{W}}$ et $\overline{W}^*$.
Nous désignons par k un majorant ≥ 1 . Ceci entraine en particulier que $\tilde{\tilde{W}}^2$ est localement ν-intégrable.
Il reste à majorer :

$$|(\tilde{\tilde{W}} - \overline{W}^*)\delta\psi^{d_2}| \leq 1/2[\tilde{\tilde{W}}^2 + \overline{W}^{*2} + 4k \ f(\delta\psi^{d_2})] \leq K[\tilde{\tilde{W}}^2 + \overline{W}^{*2} + f(\Psi_1)]$$

Tous ces processus sont localement intégrables par rapport à ν.
CQFD.

3.46 THEOREME: <u>Nous supposons que les hypothèses de continuité de</u> 3.29. <u>sont satisfaites ainsi que les majorations du lemme</u> 3.45.
a) <u>Si l'ensemble $\overline{\mathfrak{D}}$ contient les contrôles constants, la fonction de valeurs associée est identique à la fonction de valeurs portant sur l'ensemble des contrôles prévisibles admissibles, à valeurs dans</u> $D_1 \times D_2$, <u>c'est à dire ne dépend pas de</u> y.
b) <u>Si $\overline{\mathfrak{D}}$ contient tous les contrôles de la forme</u> $(d_1, d_2(y))$ <u>et s'il existe une mesure</u> m, <u>sur</u> E, <u>positive et bornée telle que</u> :

$$n(\omega,t,dy) \ll m$$

<u>la fonction de valeurs associée à $\overline{\mathfrak{D}}$ coincide avec celle associée à tous les contrôles</u> $\underline{\underline{P}} \times \tilde{\underline{\underline{P}}}$ — mesurables.

REMARQUE: En lisant cet énoncé, il convient de ne pas oublier que par hypothèse, l'ensemble $\overline{\mathfrak{D}}$ est stable par bifurcation, ce qui entraine en gros que, puisqu'il contient les contrôles constants il contient aussi les contrôles étagés du type de ceux évoqués en 3.44.

PREUVE: Le raisonnement est sensiblement le même dans les deux cas : nous nous proposons de montrer que sous ces hypothèses , pour tout contrôle u de $\mathfrak{D}$ et non plus seulement de $\overline{\mathfrak{D}}$, on peut définir un processus $\overline{\Sigma}^u$ de manière naturelle à partir de H_1 et H_2 comme dans la proposition 3.44. qui est encore un processus croissant. Mais cette propriété est équivalente au fait que, pour tout u de $\mathcal{D}$, $C^u + \overline{W} + [C^u + \overline{W}, N^u]$ est une sous-martingale, ou ce qui est encore équivalent, $C^u + \overline{W}$ est une P^u-sous martingale pour tout u de $\mathcal{D}$. Le théorème 3.10 montre alors que $\overline{W}$ est nécessairement majorée par la fonction de valeurs W associée au problème $\mathcal{D}$, ce qui, compte-tenu de l'inégalité inverse qui est évidente prouve l'égalité.

a) Sous les hypothèses de a), il est clair, grâce à la majoration uniforme établie au lemme 3.45. que l'application $\overline{h}_1^{d_1} + \alpha_3 n(h_2^{d_2})$ est continue en d_1 et d_2. Les espaces D_1 et D_2 étant supposés métriques séparables, on peut utiliser une suite dénombrable dense pour construire un ensemble N prévisible dB-négligeable, et tel que :

$\forall(\omega,t) \notin N$, pour tous$(d_1,d_2)$, $h_1^{d_1}(\omega,t) + \alpha_3(\omega,t)\, n(\omega,t,h_2^{d_2}) \geq 0$.

Mais on peut alors remplacer dans cette expression d_1 et d_2 par des processus prévisibles sans en changer le signe, et c'est ce que l'on cherchait.

b) Dans le cas où les contrôles constants dépendent de y, il faut arriver à mettre une topologie métrisable et séparable sur les fonctions mesurables de E dans D_2, pour pouvoir faire le même genre d'opération. Ne pouvant y arriver directement, nous travaillons sur les classes de m-équivalence de telles fonctions que nous désignons par δ, munies de la distance $m(d(\delta^1,\delta^2)\wedge 1)$ où d est une distance sur D_2. Nous leur associons des familles de processus $\phi(\omega,t,y,\delta)$ qui sont tous égaux v.p.s. à cause de l'hypothèse de domination. L'application $\delta \to \phi(\omega,t,y,\delta)$ est alors continue et on peut raisonner comme dans le cas a) .CQFD.

REMARQUE: Dans le cas a), les hamiltoniens à minimiser vont avoir une forme différente de celle décrite en (3.28.) si on veut ne pas devoir sortir de la classe des contrôles prévisibles. Il faut en particulier minimiser directement $n(h_2^{d_2})$, dont nous venons de montrer que c'est une fonction continue de d_2. Sous les hypothèses de a), il existe donc un contrôle prévisible optimal.

LE CAS MARKOVIEN

3.47 Comme pour les problème d'arrêt optimal, l'étude des problèmes de contrôles continus a souvent été menée dans un cadre markovien, où les données en particulier ne dépendent que de l'état d'un processus de Markov. Le problème est là encore de savoir si on peut trouver un contrôle optimal pour toute loi initiale, et qui ne dépend que de l'état du processus.
Ce problème a souvent été abordé dans la littérature, mais sauf dans de rares exceptions,([B4]), les démonstrations prouvant qu'il existe une version de la fonction de valeurs markovienne, c'est à dire associée à l'ensemble $\mathcal{D}_m$ des contrôles prévisibles markoviens de la forme $(d_1(X_{t-}), d_2(X_{t-}))$ indépendante de la loi initiale, sont inexactes. L'erreur généralement commise consiste à admettre (sans démonstration) que le coût minimal conditionnel défini à partir de $\mathcal{D}_m$ est une sousmartingale, alors que l'ensemble $\mathcal{D}_m$ n'est pas stable par bifurcation.

Ne pouvant travailler directement sur les contrôles markoviens, nous allons utiliser en suivant ([E2]) les contrôles étagés prévisibles de la forme $\Sigma\ \delta_n^i\ 1_{]T_n, T_{n+1}]}$ et ramener la construction de la fonction de valeurs associée, par des procédés itératifs à celle associée à des problèmes d'arrêt optimal dépendant d'un paramètre. Les techniques utilisées sont très proches de celles du contrôle impulsionnel exposées en ([L4]) . Un lien certain existe aussi avec la méthode des semi-groupes affines employées par Nisio ,([N3]), méthode qui revient à utiliser des contrôles étagés à des temps fixes. Mais cette classe n'est pas suffisamment riche por résoudre les problèmes du contrôle markovien, sauf sous des hypothèses de régularité très fortes.

3.48. HYPOTHESES : Nous contrôlons l'évolution d'un processus droit à valeurs dans un espace lusinien $(E, \underline{\underline{E}})$, $X = (\Omega, \underline{\underline{F}}_t, X_t, \theta_t, P_x)$ de durée de vie ζ. Nous désignons par $\overline{E}$ le compactifié de Ray-Knight de E.

L'action du contrôleur se traduit par une modification de la loi de X en une probabilité P_x^u par rapport à laquelle le processus peut perdre son caractère markovien, mais qui reste équivalente à P_x.

Le modèle est le même que celui décrit en [3.20.-3.29.] mais on suppose de plus que:

- $\underline{M}$ est une martingale fonctionnelle additive continue par rapport à toute loi P_x. Ceci entraine que le processus croissant A est une fonctionnelle additive continue et que la matrice des densités prévisibles a est de la forme $a(X-)$.
- μ est une mesure aléatoire à valeurs entières, optionnelle, fonctionnelle additive. Sa projection duale prévisible ν est aussi une mesure fonctionnelle additive, qui se désagrège en $n(\omega,t,dy).d\tilde{A}$ où $\tilde{A}$ est une f.a. prévisible. Cette décomposition peut être choisie indépendante de la loi initiale.
- Le processus croissant K est une f.a. prévisible.
- Il existe des fonctions φ, c_1,(ψ, c_2) respectivement $\underline{\underline{E}} \times \underline{\underline{D}}_1$ ou $\underline{\underline{E}} \times \underline{\underline{E}} \times \underline{\underline{D}}_2$ mesurables, et continues en d_1 ou d_2.

Une politique de contrôle est un couple $u = (d_1(\omega,s), d_2(\omega,s,y))$ $\underline{\underline{P}} \times \underline{\underline{\tilde{P}}}$ -mesurable, à laquelle on associe les processus $\varphi^{d_1} = \varphi(X_-, d_1(.))$, $\psi^{d_2} = \psi(X_-,.,d_2(.,.))$ (resp $c_1^{d_1}$ et $c_2^{d_2}$) et on suppose φ et ψ, c_1 et c_2 suffisamment bornées pour que les hypothèses du modèle fortement dominé soient satisfaites. En particulier on désigne par $N^u = {}^t\varphi^{d_1} .\underline{M} + \psi^{d_2} .(\mu-\nu)$ et par $L^u = \mathcal{E}(N^u)$.

Notons que sous la loi $P_x^u = L_\zeta^u . P_x$ le processus n'est plus markovien, sauf si les contrôles sont markoviens, c'est à dire de la forme $(d_1(X_-), d_2(X_-,y))$. On désigne par $V_C^u(x)$ le potentiel associé au processus croissant C^u, lorsque le contrôle u est non aléatoire.

CONSTRUCTION DE LA FONCTION DE VALEURS ASSOCIEE A DES CONTROLES ETAGES

3.49. Il est clair que si la fonction de valeurs peut être choisie endépendamment de la loi initiale, elle peut s'écrire $w(X_.)$ où $w(x) = \inf_{u\in\mathfrak{D}_e} E^u_x[C^u_\zeta]$.

Pour établir la mesurabilité de w et ses propriétés, nous utilisons une procédure de contrôle impulsionnel telle que celles décrites en ([L4]), en ne travaillant que sur des contrôles étagés, c'est à dire de la forme:

$$d_i(.) = \delta^o_i 1_{\{0\}} + \Sigma_{0\leq k\leq n} \delta^k_i 1_{]T_k,T_{k+1}]} \qquad T_o = 0 \text{ p.s.}$$

et $T_n = +oo$ si $T_n > \zeta$, et $\delta^k_i \in \underline{\underline{F}}_{T_k}$ ou $\underline{\underline{F}}_{T_k} \times \underline{\underline{E}}$ suivant que $i = 1$ ou 2.

Si u appartient à $\mathfrak{D}_e$, c'est à dire de la forme que nous venons de décrire, les v.a. C^u_ζ et N^u_ζ se décomposent en :

$$C^u_\zeta = \Sigma_{0\leq k\leq +oo} \int_{]T_k,T_{k+1}]} [c_1(X_{s-},\delta^k_1)dK_s + \int_E c_2(X_{s-},y,\delta^k_2(y)\ \mu(ds\ xdy)]$$

$$N^u_\zeta = \Sigma_{0\leq k\leq oo}[\int_{]T_k,T_{k+1}]} \varphi(X_{s-},\delta^k_1)\ d\underline{M}_s + 1_{]T_k,T_{k+1}]}\psi(X_-,.,\delta^k_2(.))\int(\mu-\nu)$$

Faire choix d'une politique de contrôle dans l'ensemble des contrôles étagés, c'est donc déterminer des instants de sauts $T_1, T_2, \ldots T_n$, ainsi que l'amplitude des sauts $u^k = (\delta^k_1 , \delta^k_2)$. Nous sommes donc exactement dans une procédure de contrôle impulsionnel, mais sans coût d'impulsion au sens où on ne paye aucun coût spécifique lorsqu'on décide de sauter.

3.50. La fonction de valeurs associée à $\mathfrak{D}_e$, W^e , est construite par approximation à partir de celle associée aux ensembles $\mathfrak{D}_n$ des contrôles étagés à n sauts,($T_{n+1} = +oo$). Ces ensembles ne sont pas stables par bifurcation, car en modifiant un contrôle à un t.a. quelconque, on introduit en général un saut supplémentaire et on construit ainsi un contrôle de $\mathfrak{D}_{n+1}$, sauf si la bifurcation a lieu à un instant de sauts des contrôles considérés.

DEFINITIONS: $\mathfrak{D}_n$ désigne l'ensemble des contrôles étagés qui ont n sauts au plus, ($T_{n+1} = +oo$).

$\mathfrak{D}_n(v,S)$ designe l'ensemble des contrôles de $\mathfrak{D}_n$, qui valent

v en Q et dont le premier saut a lieu à l'instant S, et
$w_n(x) = \inf_{u\in \mathcal{D}_n} E^u_x[C^u_\zeta]$.

REMARQUE: $w_1(x) = \inf_{(v,S)} \inf_{u\in \mathcal{D}_1(v,S)} E^v_x[C^v_S + V_C^{U(.)}(X_S)]$
où $U(.)$ représente u^+_S .
Si on peut intervertir inf et espérance, il vient :

$$w_1(x) = \inf_{(v,S)} E^v_x[C^v_S + \inf_{u\in \mathcal{D}_0} V^u_C(X_S)]$$

Plus généralement, nous allons montrer que:

$$w_n(x) = \inf_{(v,S)} E^v_x[C^v_S + w_{n-1}(X_S)]$$

L'opérateur suivant va donc jouer un rôle fondamental:

3.51. DEFINITIONS: Pour toute fonction g universellement mesurable sur $E\times U$, nous définissons :

$$Jg(x) = \inf_{(v,S)} E^v_x[C^v_S + e^{-\alpha S} g(X_S,v)]$$

et $\quad mg(x) = \inf_v g(x,v)$

REMARQUE: L'opérateur J est construit à partir des réduites affines de g, $R^v_* g(x) = \inf_{S\geq 0} E^v_x[C^v_S + e^{-\alpha S} g(X_S,v)]$ pour les semi-groupes P^v_t et de l'inf en v du résultat obtenu.

3.52. Afin d'établir la mesurabilité en v des réduites ainsi construites, nous allons considérer v comme une v.a. d'état au même titre que x. Pour cela, il est nécessaire que v appartienne à un espace lusinien, ce qui est le cas si les contrôles $d_2(.)$ sont constants , ou si on peut munir l'ensemble des applications mesurables de E dans D_2,(éventuellement leurs classes d'équivalence par rapport à une mesure bien choisie,(3.46.b))) d'une structure d'espace lusinien. Nous supposerons donc toujours que nous sommes dans l'une ou l'autre de ces situations.

Nous allons rappeler quelques définitions et propriétés des reduites, dans cette situation.

Nous posons $Q_t g(x,v) = P^v_t g(.,v)(x)$.

U étant lusinien, Q_t est manifestement un semi-groupe droit dont une réalisation est donnée par le processus $X_t = (X_t, U_o)$, où U_o est une v.a. constante à valeurs dans U.

Plus précisément, nous désignons par:

$\overline{\Omega} = \Omega \times U$, $\overline{\underline{F}}_t = \underline{F} \times \underline{U}^*$, si $\underline{U}^*$ est la complétée universelle de $\underline{U}$ et par $\overline{X}_t(\omega,u) = (X_t(\omega),U_o(u))$.

A toute loi initiale λ sur $E \times U$, nous associons la probabilité sur $\overline{\Omega}$, $\overline{P}_\lambda$ définie par : $d\overline{P}_\lambda = \lambda(dx,dv)\, P_x^v \times \varepsilon_v$, où P_x^v est la probabilité sur Ω associée au processus droit de semi-groupe P_t^v .

Le théorème 2.76. permet alors de préciser les propriétés de mesurabilité des réduites considérées par rapport au semi-groupe, Q_t, ainsi que leur lien avec le problème envisagé ici.

3.53. PROPOSITION: Pour toute fonction g, bornée, et Ray-analytique (c'est-à-dire analytique par rapport au Q_t compactifié de Ray de $E \times U$) la fonction :

$$R^v g(x) = \sup_{S\geq 0} E_x^v[e^{-\alpha S} g(X_S,v)] = \sup_{\mu|-\varepsilon_{(x,v)}} \mu(g)$$

est Ray-analytique , et pour toute loi initiale λ sur $E\times U$ le processus $e^{-\alpha .} R^v g(X.)$ est la $\overline{P}_\lambda$ -enveloppe de Snell du processus $e^{-\alpha .} g(X.)$.

De plus, pour toute loi initiale λ sur E , on a , P_λ .p.s.

(3.53.1.) $$\operatorname{essup}_{S\geq T_n} E_\lambda^u[e^{-\alpha S} g(X_S,U_n)/\underline{F}_{T_n}] = e^{-\alpha T_n^\lambda} R^{U_n} g(X_{T_n})$$

où u est un contrôle de $\mathcal{D}_n$, de dernier temps de saut T_n , et de valeur U_n, $\underline{F}_{T_n}$ -mesurable, en T_n.

PREUVE: La seule chose à vérifier d'après 2.76. est la relation (3.53.1.) , que nous allons établir sous forme intégrée.

Designons par $\nu(h) = E_\lambda^u[e^{-\alpha T_n} h(X_{T_n},U_n)]$, et par $\mu_S(h)$ $E_\lambda^u[e^{-\alpha S} h(X_S,U_n);\ S\geq T_n]$.

Nous vérifions facilement que $\mu_S|-\nu$, car si $U^\alpha f(x,v) = U^{\alpha,v} f(.,v)(x$

$$\mu_S(U^\alpha f) = E_\lambda^u[e^{-\alpha S} E_{X_S}^{U_n} \int e^{-\alpha t} f(X_t,U_n)dt\ ] = E_\lambda^u[\int_{[S,+oo]} e^{-\alpha t} f(X_t,U_n)dt]$$

$$\leq \nu(U^\alpha f) \qquad \text{si f est positive.}$$

Mais nous avons établi au théorème 2.63. que cette inégalité est encore valable pour toute fonction α-fortement surmédiane par rapport au semi-groupe Q_t , ce qui entraine en particulier que:

$\mu_S(g) \leq \mu_S(R^\bullet g(.)) \leq \nu(R^\bullet g(.)) \leq \sup_{S\geq T_n} E^u_\lambda[e^{-\alpha S} g(X_S, U_n)]$
d'où l'égalité :

$$\nu(R^\bullet g(.)) = \sup_{S\geq T_n} \mu_S(g) \quad . \qquad \text{CQFD.}$$

Il reste à vérifier la mesurabilité des sup en v des fonctions ainsi définies. L'outil des fonctions analytiques est parfaitement adapté, comme nous l'avons déjà vu au chapitre II.

3.54. PROPOSITION: Soit $h(x,v)$ une fonction Ray-analytique et bornée. La fonction $Mh(x) = \sup_{v\in U} h(x,v)$ est Ray-analytique, et pour toute mesure μ sur E, il existe $v(.)$, $\underline{\underline{U}}$-mesurable, telle que: μ.p.s. $\quad Mh(x) \leq h(x,v(x)) + \varepsilon$
En particulier, pour tout espace de probabilité $(W, \underline{\underline{G}}, Q)$ complet,
(3.54.1.) $\quad Q\text{-essup}_{U\in \underline{\underline{G}}}\, h(Z,U) = Mh(Z)$ si Z est une v.à. $\underline{\underline{G}}$-mesurable.
PREUVE: La première partie de l'énoncé est une simple conséquence du théorème fondamental des fonctions analytiques, qui assure que le sup d'une famille de fonctions analytiques est analytique, (du moins sous les hypothèses de l'énoncé). Quant à l'existence de $v(.)$, il s'agit tout simplement d'un théorème de section. (2.57.) Reste à établir (3.54.1), après avoir noté que par définition $Mh(Z) \geq h(Z,U)$. Mais le théorème de section montre l'existence d'une suite $v_n(.)$ de fonctions $\underline{\underline{U}}$-mesurables telles que:
Q.p.s. $\quad Mh(Z) \leq h(Z,v_n(Z)) + 1/n \leq \text{essup}_{U\in \underline{\underline{G}}}\, h(Z,U) + 1/n$
CQFD.
COROLLAIRE: Pour toute fonction g Ray-analytique bornée, la fonction $Jg(.)$ (3.51.) est Ray-analytique .
PREUVE: Il suffit de remarquer que $h = V^\bullet_C(.) - g(.,.)$ est Ray-ananlytique, donc aussi $R^\bullet h(.)$ et que
$Jg \;=\; -\; M[-V^\bullet_C(.) + R^\bullet(V^\bullet_C - g(.,.)]$ pour conclure.

Les propositions 3.53. et 3.54 permettent d'établir aisément le petit lemme suivant, fondamental pour l'étude des fonctions de valeurs $w_n(.)$.

3.55. LEMME: Pour tout contrôle u de $\mathcal{D}_n$, de dernier temps de saut T_n

$$P^u_\lambda\text{.p.s. } e^{-\alpha T_n} Jg(X_{T_n}) = \operatorname{essinf}_{S\geq T_n, V_n \in \underline{\underline{F}}_{T_n}} E^v_\lambda[C^v_S - C^v_{T_n} + e^{-\alpha S} g(X_S, V_n) / \underline{\underline{F}}_{T_n}]$$

où v est le contrôle de $\mathcal{D}_{n+1}$ qui coïncide avec u jusqu'en T_n et vaut V_n en S, qui est alors son dernier temps de saut.

Plus généralement:

THEOREME: Pour tout contrôle u de $\mathcal{D}$, nous désignons par $T_n(u)$ le temps du n-ième saut, et par $V_n(u)$ sa valeur.

Les puissances successives de J, $J^n g$, sont les fonctions de valeurs associées aux problèmes de contrôle $\mathcal{D}_n$, au sens où

$$J^n g(x) = \inf_{v\in\mathcal{D}_n} E^v_x[C^v_{T_n}(v) + e^{-\alpha T_n(v)} g(X_{T_n(v)})]$$

De plus,

(3.55.1.) $$J^k g(X_{T_n(u)}) = P_\lambda\text{-}\operatorname{essinf}_{\substack{v\in \mathcal{D}_{n+k} \\ v(.\wedge T_n(u)) = u(.\wedge T_n(u))}} E^v_\lambda[C^v_{T_{n+k}}(v) - C^v_{T_n}(u) + G_{n+k} / \underline{\underline{F}}_{T_n}]$$

où $$G_{n+k} = e^{-\alpha T_{n+k}(v)} g(X_{T_{n+k}(v)}, V_{n+k}(v))$$

PREUVE: Il suffit d'appliquer le lemme précédent un certain nombre de fois, compte-tenu de ce que l'ensemble des contrôles étagés étant stable par bifurcation, on peut à chaque étape intervertir essinf et espérance conditionnelle.

Il reste à étudier le comportement de la suite $J^n g$ quand n tend vers $+\infty$. Nous pouvons tout de suite remarquer que c'est une suite décroissante, car $Jg \leq g$, et bornée en module, qui converge donc vers une limite notée J^*g, dont nous précisons les propriétés.

3.56. THEOREME: Nous notons par J^*g la limite de la suite décroissante $J^n g$, pour toute fonction g Ray-analytique et bornée.

On a:

(3.56.1.) $$J^*g = J^*(mg)$$

(3.56.2.) $$J^*(V^{\cdot}_C(.)) = \rho^*(.) = \inf_{u\in\mathcal{D}_e} E^u_x[C^u_\zeta]$$

(3.56.3.) pour toute loi initiale λ et tout t.a.S. P^u_λ .p.s.

$$J^*g(X_S) = \operatorname{essinf}_{u\in\mathcal{D}_e, T\geq S} E^u_\lambda[C^u_T - C^u_S + e^{-\alpha T} mg(X_T) / \underline{\underline{F}}_S]$$

(3.56.4.) $$J^*g(x) = \inf_{v\in\mathcal{D}_e, T\in \underline{\underline{T}}} E^v_x[C^v_T + e^{-\alpha T} mg(X_T)]$$

PREUVE: Pour établir la première relation, nous utilisons le fait que Jg est majoré par mg et les inégalités:

$$J^*g = \lim_n J^n(Jg) \leq \lim_n J^n(mg) \leq \lim_n J^n g$$

La seconde est une conséquence simple de la propriété de Markov et de l'égalité (3.55.1.)
Les dernières sont un peu moins immédiates. Nous notons d'abord que la relation (3.56.1) nous permet de ne considérer que des fonctions g indépendantes de v.
Mais d'après (3.55.1.) $J^n g(x) = \inf_{v \in \mathfrak{D}_e, T \in \underline{T}, v^T \in \mathfrak{D}_{n-1}} E_x^v[C_T^v + e^{-\alpha T} g(X_T)]$ car un contrôle de $\mathfrak{D}$ considéré jusqu'à l'instant $T_n(v)$ est un contrôle étagé qui arrêté à cet instant appartient à $\mathfrak{D}_{n-1}$.
La limite est alors aisée à préciser, car les ensembles $\mathfrak{D}_n$ tendent en croissant vers $\mathfrak{D}_e$. On démontrerait de même (3.56.3.)

3.57. COROLLAIRE: <u>Pour toute loi initiale λ, le processus $\rho^*(X.)$ est la fonction de valeurs associée au problème de contrôle considéré.</u>
La seule chose à vérifier est que le processus $\rho^*(X.)$ est optionnel. Or le processus $e^{-\alpha.}\rho^*(X.)-\rho^*(X_o)) + C^u o$ est une $P_\lambda^u o$-sous martingale qui tend vers $C_\zeta^u o - \rho^*(X_o)$ si $t \to \zeta$.
Ceci entraine que la fonction $V_C^u o - \rho^*(x)$ est α-excessive, car la sousmartingale que nous venons de décrire est continue à droite en espérance. Le processus $\rho^*(X.)$ est donc $P_\lambda^u o$ continu à droite sur les trajectoires pour toute loi initiale λ, et cette propriété est vraie P_λ .p.s. car les probabilités sont équivalentes.

REMARQUE: La fonction J^*g est manifestement associée, d'après (3.56.4), à un problème de contrôle mixte, portant à la fois sur le contrôle continu étagé u et sur l'instant d'arrêt T. Nous utiliserons ce résultat un peu plus loin dans la résolution de ce problème de contrôle.(3.65. et suivants.).

3.58. Nous venons d'établir que la fonction de valeurs W_t est de la forme $e^{-\alpha.}\rho^*(X.)$, et ceci quelque soit la loi initiale. Nous avons donc ainsi résolu la première partie du problème soulevé en 3.47. Il nous reste à montrer l'existence d'un contrôle markovien, indépendant de la loi initiale. Les contrôles markoviens ne sont évidemment pas des contrôles étagés, aussi nous devons d'abord faire référence au théorème de comparaison des fonctions de valeurs associées à des problèmes de contrôle différents pour pouvoir conclure que sous les hypothèses du théorème 3.46. la fonction de valeurs associée à des contrôles étagés est identique à celle associée à l'ensemble des contrôles prévisibles admissibles., prouvant ainsi que cette dernière est markovienne.

Les théorèmes 3.27 et 3.31 montrent ensuite que pour établir l'existence d'un contrôle markovien, il suffit de montrer d'abord que les hamiltoniens H_1 et H_2, (déf.3.28) ne dépendent que de l'état du processus, puis qu'il en est de même des processus p^* et q^*. Nous avons donc à préciser le caractère markovien des densités de fonctionnelles additives par rapport à une fonctionnelle additive de référence, coefficients $s(.)$,$\alpha_1(.)$, $\alpha_2(.)$ etc... ainsi que des paramètres intervenant dans la projection de la semi-martingale fonctionnelle additive, $\rho^*(X.) - \rho^*(X_o)$ sur le sous-espace stable engendré par $\underline{M}$ d'une part, $\mu-\nu$ de l'autre. Dans tous les cas, les résultats de ([C2] chap.3 et6) montrent que ceci ne sera vrai que si la fonctionnelle additive K est continue , et si la mesure μ est quasi-continue à gauche, ou ce qui est équivalent si $\widetilde{A}$ est continue.

On a alors le résultat suivant:

3.59. THEOREME: Nous supposons que les hypothèses de continuité de 3.29 sont satisfaites, ainsi que les majorations de 3.45. Nous supposons de plus K.et $\widetilde{A}$ continues.

Alors, a) Si l'ensemble de contrôle est l'ensemble des processus prévisibles admissibles,$(d_1(.),d_2(.))$ dont la deuxième composante ne dépend pas de l'état ξ. du saut de μ,

b) Si l'ensemble de contrôle est l'ensemble des processus $\underline{\underline{P}} \times \widetilde{\underline{\underline{P}}}$ mesurables admissibles et si le noyau $n(.,.,dy)$ est dominé par une mesure m positive sur E,

il existe, dans le cas a) **un contrôle** $(d_1^*(X_-),d_2^*(X_-))$ **optimal dans la classe des contrôles prévisibles**

dans le cas b) un contrôle $(d_1^*(X_-), d_2^*(X_-,y))$ **optimal dans la classe des contrôles** $\underline{\underline{P}} \times \underline{\underline{\tilde{P}}}$ **-mesurables.**

PREUVE: Les hypothèses faites montrent que le noyau $n(\omega,t,dy)$ admet une version de la forme $n(X_-,dy)$,([C2].th6.19.).

De plus, le théorème 6.27 de ([C2]) prouve que les processus $\tilde{w}$ et w ,(théorème 3.27.) sont de la forme $w(X_-)$ et $w(X_-,y)$.

De plus, les fonctionnelles additives K et A étant continues les densités peuvent également être choisies de la forme $\alpha_1(X_-)$, $\alpha_2(X_-)$,(théorème 3.27.) d'après le célèbre théorème de Motoo, ([C2]th.3.55.). Réunissant toutes ces propriétés nous voyons que les hamiltoniens sont markoviens, ainsi que les processus p* et q*.

Pour conclure dans le cas a), nous utilisons la remarque 3.46. qui souligne que dans ce cas l'hamiltonien à minimiser est le processus $n(h_2^{d_2})$, qui dépend continûment de d_2 . Les hypothèses faites entrainent qu'il est de la forme $n(X_-,h_2(X_-,.,d_2))$ et donc qu'un contrôle optimal sera de la forme $d_2^*(X_-)$.

On procède de même pour minimiser l'hamiltonien dépendant de d_1.

Dans le cas b), les hypothèses faites permettent de montrer que la fonction de valeurs associée aux contrôles prévisibles étagés dépendant du processus ξ. est la même que celle associée à tous les contrôles $\underline{\underline{P}} \times \underline{\underline{P}}$ -mesurables. Les hamiltoniens à minimiser sont ceux décrits en 3.28..Ils sont manifestement markoviens et le théorème 3.30 montre qu'un contrôle optimal peut être choisi markovien.

CONTROLE DE PROCESSUS DE DIFFUSION A SAUTS

3.60. Un exemple très classique de contrôle en situation fortement dominée, telle que nous venons de décrire est le contrôle des processus de diffusion à sauts à valeurs dans R^n. Mais le cadre du modèle fortement dominé s'adapte aisément à l'étude de nombreux autres problèmes de contrôle, markoviens ou non; contrôle de processus de réflexion, de processus de sauts ,etc .... dans lesquels certaines martingales ou mesures-martingales jouent un rôle prépondérant, mais aussi plus généralement dans le contrôle de processus de Markov, pour lesquels on resterait dans le modèle dominé.

La littérature sur le contrôle des diffusions est très abondante: dans le cas continu, on peut se référer à:([B4],[B6],[D1],[D4], [D10],[D12],[E5],[E6],[F1],[F2],[F3],[F4],[F5],[G3],[K1],[K2],[K3], [K6],[K7],[N2],[N1],[N3],[P3]), et dans le cas avec sauts, à ([B7],[L3]).

LE PROBLEME DES MARTINGALES

3.61. Soit Ω l'espace $D(R^+,R^n)$ des applications càdlag à valeurs dans R^n, et $\underline{\underline{F}}^o_t$ la tribu engendrée par les coordonnées $X_s, s\leq t$. Nous désignons par $a(.)$ une fonction définie sur R^n, à valeurs dans l'ensemble des matrices carrées d'ordre n, symétriques positives et bornées.

$n(x,dy)$ est une mesure positive, σ-finie, sur $R^n-\{o\}$ telle que: $n(x,y^2\wedge 1)$ soit bornée.

Pour toute fonction de classe C^2 à support compact, $(\in C^2_K)$, on désigne par f_{x_i} la dérivée partielle par rapport à x_i , et par f_{x_i,x_j} la dérivée d'ordre 2 par rapport à x_i, x_j , et on désigne par Lf l'opérateur intégro-différentiel ,

$$Lf = 1/2 \ \Sigma_{i,j} \ a_{i,j} f_{x_i,x_j} + \int [f(.+y)-f(.)- 1_{\{|y|\leq 1\}}\Sigma_i y_i f_{x_i}(.)]n(.,dy)$$

DEFINITION: Une probabilité P sur Ω est dite solution au problème des martingales, associé à L , et partant de x à l'instant 0, si $P(X_o=x) = 1$, et $f(X.) - \int_o^{.} Lf(X_s)ds$ est une P-martingale pour toute f de C^2_K .

Il est rappelé dans ([L3]) que cette condition de martingale est équivalente à la propriété suivante:

nous désignons par μ la mesure aléatoire à valeurs entières définie par $\mu = \Sigma_s \varepsilon_{(s,\Delta X_s)}$ où ΔX représente le saut de X.

(3.61.1.) La P-projection duale prévisible de la mesure μ est la mesure $\nu(dt,dy) = n(X_{t-},dy)\, ds$

(3.61.2) Le processus $\underline{M}. = X.-X_o - \Sigma_{s\leq .} \Delta X_s 1_{\{|\Delta X_s|>1\}} - y 1_{\{|y|\leq 1\}} \cdot \mu-\nu$ est une martingale locale continue de processus croissant $a(X.)\,.t$.

3.62. LEMME: Soient φ un élément de $\underline{\underline{L}}^1_{loc}(\underline{M})$ et ψ de $\underline{\underline{G}}^1_{loc}(\mu)$ pour la probabilité P_λ. On pose $N = {}^t\varphi \,.\, \underline{M} + \psi \,.\, \mu-\nu$, et on suppose que $1 + \psi > 0$ et que $\mathcal{E}(N)$ est une martingale uniformément intégrable.

Si on définit sur $\underline{\underline{F}}_\zeta$ $Q = L_\zeta . P$ où $L = \mathcal{E}(N)$ pour toute fonction $f \in C^2_K$, $f(X.) - \int_0^t L_{(\varphi,\psi)} f(X_s)\, ds$ est une Q- martingale locale si :

$$L_{(\varphi,\psi)} f = 1/2\, \Sigma_{i,j}\, a_{ij} f_{x_i x_j} + \langle {}^t\varphi a + \int_{|u|\leq 1} u\psi(.,u) n(.,du),\ f_{x.} \rangle$$
$$+ \int [f(.+y) - f(.) - 1_{\{|y|\leq 1\}} \langle y, f_{x.}(.)\rangle (1 + \psi(.,y))\, n(.,dy)$$

REMARQUE: On dit encore que Q est une solution au problème des martingales associé à $L_{(\varphi,\psi)}$, et on peut montrer que si P est l'unique solution associée à L, alors Q est l'unique solution associée à $L_{(\varphi,\psi)}$.

PREUVE: D'après la proposition 3.9., $f(X.)$ est une Q-semimartingale associée au même processus à variation finie prévisible que: $Lf(X.) . t + [f(X.),N]$ dont la projection duale prévisible est, d'après la formule d'Ito, égale à

$Lf(X.) \,.\, t + \langle \varphi, a\, \mathrm{grad} f\rangle \,.\, t + (\Sigma\ \Delta f(X.)\Delta N.)^p$

Mais $(\Sigma \Delta f(X.)\Delta N.)^p = [\int n(X.,dy)[f(X.+y) - f(X.)]\ \psi(X.,y)] \,.\, t$

Il nous reste à regrouper ce dernier terme avec $Lf(X.) \,.\, t$ et à noter qu'à condition de séparer ce qui se passe pour le terme en $\mathrm{grad} f(X.)$ sur $\{|y|\leq 1\}$ ou sur son complémentaire, on met facilement en evidence $L_{(\varphi,\psi)} f(X.) \,.\, t$. CQFD.

3.63. LE PROCESSUS CONTROLE

Les données de référence sont l'espace de probabilité canonique

$(\Omega, \underline{\underline{F}}^o_t, X_t)$, l'opérateur intégro-différentiel L, et une famille de probabilités P_x, uniques solutions aux problèmes des martingales issus de x.

On se donne par ailleurs une v.a. ζ indépendante, de loi exponentielle de paramètre α. On sait alors que le terme $(\Omega, \underline{\underline{F}}^o_t, X_t, P_x)$ considéré jusqu'en ζ seulement est un processus de Hunt.

μ et $\underline{M}$ sont les termes définis en (3.61.1.) et (3.61.2.) et $h(y) = |y|^2 \wedge 1$.

Les fonctions $\varphi(x,d_1)$, $c_1(x,d_1)$ sont supposées continues en d_1 et bornées uniformément en: d_1.

Les fonctions $\psi(x,y,d_2)$ et $c_2(x,y,d_2)$ sont supposées continues en d_2, définies pour $y \neq 0$, et majorées par:

$0 < s_o < s(x,y) \leq 1 + \psi(x,y,d_2)$ et $|\psi(x,y,d_2)|^2 \leq A\, h(y)$ si $y \neq 0$.

$|c_2(x,y,d_2)| \leq C_4\, h(y)$.

Comme dans le modèle fortement dominé, un contrôle est un processus $(d_1(s,\omega), d_2(s,\omega,y))$ auquel on associe les processus φ^u et ψ^u definis par :

$\varphi^u(\omega,s) = \varphi(X_{s-}(\omega), d_1(\omega,s))$ et $\psi^u(\omega,s,y) = \psi(X_{s-}(\omega), y, d_2(\omega,s,y))$.

On définit de même les processus c^u_1 et c^u_2.

3.64. LEMME: <u>Les martingales</u> $L^u_{\cdot\wedge\zeta}$ <u>sont uniformément intégrables et</u> $\{ L^u_\zeta \,;\, u \in \mathcal{D}\}$ <u>est uniformément intégrable si</u> α <u>est assez grand.</u>

REMARQUE: Nous n'avons pas chercher à énoncer les conditions minimales sur φ et ψ pour que ces deux propriétés soient satisfaites. On trouvera dans ([L3]) par exemple des conditions un peu plus faibles.

PREUVE: Nous appliquons les critères énoncés en 3.32. → 3.35.

Le critère prévisible borné 3.32. montre que pour tout z, $L^u_{\cdot\wedge z}$ est une martingale uniformément intégrable. Il suffit ensuite d'intégrer en z suivant une loi exponentielle de paramètre α pour en déduire que $L^u_{\cdot\wedge\zeta}$ est aussi une martingale uniformément intégrable.

Ensuite, nous vérifions que sous les hypothèses faites, et avec les notations de 3.35.,

$C^p_\zeta = k_1$ (trace $a(X_\cdot) \cdot t)_\zeta + k_2 (n(X_\cdot,h) \cdot t)_\zeta \leq K \zeta$
car par hypothèse les fonctions tracea(.) et $n(.,h)$ sont bornées.
Par suite , $E_x[\exp k\, C^p_\zeta] \leq \int_{R^+} \alpha\, e^{-\alpha z}\, e^{kKz}\, dz = \alpha/_{\alpha-kK}$ si α est grand.
Notre modèle satisfait donc aux hypothèses du théorème 3.59. si nous ne considérons que des contrôles prévisibles, et si $n(.,dy)$ est dominé par une mesure m aux hypothèses faites dans le cas général. Il existe donc un contrôle markovien optimal dans chacune des deux situations considérées.

3.65. REMARQUE: Le critère d'optimalité repose sur la décomposition de la fonction de valeurs $\rho^*(X_\cdot)$, que nous connaissons explicitement si elle est de claasse C^2, grâce à la formule d'Ito.
Avec les notations du théorème 3.27. on a alors $S = L\rho^*(X_\cdot) \cdot t$, $w = \mathrm{grad}\rho^*(X_\cdot)$ et $W = \rho^*(X_{\cdot -}+y) - \rho^*(X_\cdot)$
Sous de telles hypothèses, il est clair que ρ^* satisfait à l'inéquation : (3.65.1.) si la fonctionnelle additive K est égale à $t\Lambda\zeta$,

$$\inf_{u=(d_1,d_2(.))} c_1(.,d_1) + \int n(.,dy) c_2(.,y,d_2)(1+\psi(.,y,d_2(.,y))) + L_{(\varphi^u,\psi^u)}\rho^* - \alpha\,\rho^* = 0$$

Réciproquement, et c'est le point de vue adopté dans les méthodes de résolution utilisant les inéquations variationnelles, s'il existe une fonction ρ solution de l'inéquation (3.65.1.) , le processus $c_1^u * t\Lambda\zeta + (c_2^u * \mu)_{t\Lambda\zeta} + \rho(X_{t\Lambda\zeta})$ est alors manifestement une P^u-sousmartingale pour tout u, ce qui implique d'après le théorème 3.10. que $\rho \leq \rho^*$.
Mais les hypothèses faites impliquant que l'inf est atteint dans l'inégalités 3.65.1. pour un contrôle($d_1^o(.)$, $d_2^o(.,.)) = u_o$ ρ est donc de la forme $V^u_{C^o}$, fonction qui majore ρ^* par définition.

CONTROLE MIXTE

3.66. L'exemple que nous traitons maintenant est un bon exercice d'application des techniques mises en oeuvre tout au long de ces trois chapitres. Il permet de résoudre dans un cadre très général

un problème qui n'avait de solution pour le moment que dans le cadre des diffusions fortement fellériennes.([B5] , et [K3]).
Le problème est le suivant: le contrôleur agit sur la loi du processus de manière continue, tout en restant dans un modèle fortement dominé, et il doit faire choix à la fois d'un instant d'arrêt et d'une politique d'évolution qui optimisent un critère de la forme $C^u_. + Y_.$.
Plus précisément, nos notations et hypothèses sont celles du modèle fortement dominé. Nous les utilisons sans les rappeler, et nous nous donnons de plus un processus Y optionnel et borné, tel que : $Y_{\infty} = 0$.
On cherche donc un couple (u^*,T^*) qui maximise

$\hat{\Gamma}^{u,T} = E^u[C^u_T + Y_T]$ où C^u représente le gain d'évolution et Y le gain d'arrêt.

La loi P^u est régie par une martingale exponentielle du type $\mathcal{E}(N^u)$ décrit ci-dessus.
Nous allons montrer que pour résoudre ce problème, on peut se ramener à choisir d'abord le temps d'arrêt optimal T^*, puis à résoudre ensuite un problème de contrôle continu du type de celui que nous venons d'exposer, à condition de travailler jusqu'au temps T^* seulement.

3.67. L'étude repose évidemment sur le principe d'optimalité de Bellman

THEOREME: <u>Nous posons</u> $\hat{J}(S,u) = P.\text{essup}_{v^S=u^S,\, T\geq S}\ E^v[C^v_T + Y_{T}/\underline{\underline{F}}_S]$

i) $\hat{J}(S,u)$ <u>est un</u> P^u<u>-surmartingalsystème qui se décompose en</u> $\hat{J}(S,u) = C^u_S + \hat{W}(S)$

ii) <u>Un contrôle</u> (u^*,T^*) <u>est optimal si et seulement si</u>

- $\hat{W}(T^*) = Y_{T^*}$ p.s.
- $\hat{J}(S\wedge T^*,u^*)$ <u>est un</u> P^{u^*}<u>-martingalsystème.</u>

PREUVE: Il s'agit évidemment du principe d'optimalité décrit en 1.17.adapté à la situation qui nous intéresse. Nous utilisons évidemment que l'ensemble $\{\hat{\Gamma}(v,S,T);\ v^S = u^S\ ,\ T \geq S\}$ est filtrant croissant , si $\hat{\Gamma}(v,S,T) = E^v[C^v_T + Y_{T}/\underline{\underline{F}}_S]$.

La décomposition de $\hat{J}(S,u)$ en $C^u_S + \hat{W}(S)$ repose sur le fait que $\hat{\Gamma}(v,S,T)$ est indépendant de u, si $v^S = u^S$, c'est à dire ne dépend que des valeurs de v postérieures à S.
Le critère d'optimalité résulte alors, comme précédemment, de la série d'inégalités :

$$E^{u^*}[\hat{J}(S\wedge T^*,u^*)] = \sup_{v^{S\wedge T^*} = u^{*S\wedge T^*}} \hat{\Gamma}^{v,T^*} \le \sup_{v,T} \hat{\Gamma}^{v,T} = \hat{\Gamma}^{u^*,T^*}$$
$$\le E^{u^*}[\hat{J}(S\wedge T^*,u^*)]$$

qui sont donc en fait des égalités.
On note ensuite que $\hat{W}(S) \ge Y(S)$ pour établir les deux termes du critère.
REMARQUE: Ce théorème est évidemment à rapprocher des deux critères d'optimalité que nous avons établi dans le problème d'arrêt optimal et dans le problème de contrôle continu.

3.68. En utilisant un procédé d'approximation tout à fait analogue à celui utilisé en arrêt optimal, on montre :
THEOREME: $\hat{J}(S,u)$ <u>est le plus petit surmartingalsystème compatible, qui majore</u> $C^u_S + \hat{W}(S)$. <u>Il existe un processus optionnel</u> $\hat{W}.$, <u>qui agrège</u> $\hat{W}(S)$.
<u>De plus, si nous désignons par</u> $D^\varepsilon_S = \inf\{t\ge S\ ,\ \hat{W}_t \le \hat{Y}_t + \varepsilon\}$

(3.68.1) $\hat{J}(S,u) = P.\ \text{esssup}_{v^S = u^S} E^v[\hat{J}(D^\varepsilon_S,v)_{/\underline{\underline{F}}_S}]$ <u>si $\hat{J}(S,u)$ est borné.</u>

<u>Si le processus</u> $Y.$ <u>est càdlàg, il existe une version càdlàg de</u> $\hat{W}.$ <u>et de</u> $\hat{J}^u_. = C^u + \hat{W}$

PREUVE: La démonstration est assez standard. La première partie du théorème est établie en 1.18 et 1.21.
Pour établir (3.68.1.) nous procédons comme dans le cadre de l'arrêt optimal , en considérant $\hat{J}^\lambda(S,u)$ qui est le plus petit surmartingal-système compatible qui majore $\hat{J}(S,u)$ sur l'ensemble $\{\lambda\hat{J}(S,u) \le C^u_S + \hat{W}_S\}$, ensemble non vide car sinon $\hat{J}(S,u)$ ne serait pas le plus petit surmartingalsystème qui majore $C^u + \hat{W}$. Mais $(1-\lambda)\hat{J}^\lambda(S,u) + \lambda\hat{J}(S,u)$ est un surmartingalsystème qui majore $C^u_S + \hat{W}_S$, et donc aussi $\hat{J}(S,u)$. $\hat{J}^\lambda(S,u)$ qui est majoré par définition par $\hat{J}(S,u)$ le majore donc, d'après ce que nous venons d'établir, et ces deux surmartingal-

systèmes sont donc égaux.

Mais si $\hat{J}(S,u)$ est borné , $\{\lambda\hat{J}(S,u) \leq C^u_S + Y_S\} \subset \{\hat{W}_S \leq (1-\lambda)\hat{J}(S,u) + Y_S\}$
$\subset \{\hat{W}_S \leq Y_S + \varepsilon\}$

si ε est bien choisi.

Mais:

$$\hat{J}(S,u) \leq P\text{-esssup}_{v^S = u^S, T \geq D^\varepsilon_S} E^v[\hat{J}(T,v)/\underline{\underline{F}}_S] \leq P\text{-esssup}_{v^S = u^S} E^v[\hat{J}(D^\varepsilon_S,v)/\underline{\underline{F}}_S]$$
$$\leq \hat{J}(S,u).$$

La première inégalité est une conséquence immédiate de la propriété d'approximation que nous venons d'établir, les autres viennent de ce que $\hat{J}(S,u)$ est un surmartingalsystème compatible, (1.10.). Il est établi en 1.21. que $\hat{J}(S,u)$ s'agrège en un processus $\hat{J}^u$ làdlàg pour P^u donc pour P, qui satisfait à $(\hat{J}^u)^+ \leq \hat{J}^u$. Traduit en terme de $\hat{W}$, ceci entraine que $C^u + \hat{W}^+$ est un surmartingal-système qui majore $C^u + Y$, si Y est càdlàg et qui est donc indistinguable de $C^u + \hat{W}$. CQFD.

3.69. Comme dans le problème d'arrêt optimal, il ne reste plus qu'à faire tendre ε vers 0. Les ensembles suivants jouent alors un rôle important: (on suppose dans cette partie que Y est càdlàg)

$$\hat{H}^-_{D_S} = \{ D^\varepsilon_S \text{ croit strictement vers une limite } D_S\} \subset \{\hat{W}^-_{D_S} = Y^-_{D_S}\}$$

$$\hat{H}_{D_S} = \{ D^\varepsilon_S \text{ est constante à partir d'un certain moment.}\}$$
$$\subset \{ \hat{W}_{D_S} = Y_{D_S} \}$$

En passant à la limite dans (3.68.1.) , $\hat{J}$ étant supposé borné, nous voyons que :

$$\hat{J}(S,u) = \text{esssup}_{v^S = u^S} E^v[1_{\hat{H}^-_{D_S}} \hat{J}^{v-}_{D_S} + 1_{\hat{H}_{D_S}} \hat{J}^v_{D_S}/\underline{\underline{F}}_S] =$$

$$\text{esssup}_{v^S = u^S} E^v[1_{\hat{H}^-_{D_S}} (C^v + Y)^-_{D_S} + 1_{\hat{H}_{D_S}} (C^v + Y)_{D_S}/\underline{\underline{F}}_S]$$

En particulier, si le processus $C^u + Y$ est régulier, au sens où il n'a pas de saut prévisible, le temps d'arrêt D_S restreint à $\hat{H}^-_{D_S}$ étant prévisible, on a :

THEOREME : <u>Si le processus $\hat{J}$ est borné et si le processus $C^u + Y$</u>

<u>est continu à droite et régulier</u>

(3.69.1.) $\hat{J}(S,u) = P\text{-esssup}_{v^S = u^S} E^v[C^v_{D_S} + Y_{D_S}/\underline{F}_S]$

REMARQUE: Sous de telles hypothèses, on sait qu'il existe un t.a. optimal qui maximise $E^v[C^v_T + Y_T]$, mais il dépend de v à priori.

3.70. En particulier, $\hat{J}_0 = \sup_{v\in\mathcal{D}} E^v[C^v_D + Y_D]$ où D est le début de l'ensemble $\{ Y = \hat{W} \}$, non vide.
On s'est donc ramené à <u>un problème de contrôle continu de temps terminal D,</u> dont la fonction de valeurs vaut $\hat{W}_{t\wedge D}$.
On est alors tout à fait dans la situation étudiée ci-dessus, à condition d'utiliser comme processus à variation finie:

$$\hat{C}^u_\cdot = C^u_\cdot + Y_D 1_{\{D\leq \cdot\}}$$

Il suffit de supposer que les coefficients vérifient les hypothèses du théorème 3.46. jusqu'à l'instant D <u>pour qu'il existe un contrôle optimal</u>, obtenu en minimisant les hamiltoniens associés à $\hat{W}_{t\wedge D}$.

3.71. Le cas markovien se traite aisément à partir des résultats précédents. Les notations et hypothèses sont celles de 3.48.
On suppose de plus que Y est de la forme $g(X.)\, e^{-\alpha.}$
Le théorème 3.56. prouve que la fonction $J^*g(x)$ définie par
$J^*g(x) = \sup_{v\in\mathcal{D}_e,\ T\geq 0} E^v_x[C^v_T + e^{-\alpha T} g(X_T)]$ est Ray-analytique
et que $C^u_S + J^*g(X_S)e^{-\alpha S}$ est le gain maximal conditionnel associé au problème de contrôle mixte. Mais si g est continue à droite sur les trajectoires, le T-système $C^u_S + J^*g(X_S)e^{-\alpha S}$ est continu à droite en espérance, et la fonction $J^*g - V^u_C$ est α-P^u excessive. et donc continue à droite sur les trajectoires. Le processus $J^*g(X.)$ est optionnel, et $e^{-\alpha.}\, J^*g(X.)$ est la fonction de valeurs $\hat{W}$.
Le temps d'arrêt optimal est alors le début D de l'ensemble $\{ J^*g = g \}$ et le problème de contrôle continu est donc celui associé à un processus droit tué en D.

D'après le théorème 3.59. , nous ne savons établir l'existence d'un contrôle markovien que si la partie purement discontinue de C^u est quasi-continue à gauche., hypothèse que nous pouvons faire raisonnablement sur C^u , mais qui n'est en général pas vérifiée par C^u car le temps d'arrêt D n'est en général pas totalement inaccessible. Dans ce cadre, on ne saura donc établir l'existence d'un contrôle markovien que si g est nulle.
C'est en particulier la situation étudiée en ([B5]) dans un cadre beaucoup plus limité.
Mais alors, sous les hypothèses du théorème 3.59. et si J^*_o est bornée, où J^*_o est la fonction J*g associée à g = 0 , il existe un contrôle markovien optimal.

APPENDICE

Nous exposons ici les propriétés essentielles des ess-inf de famille de v.a. ou de processus , qui ont joué un rôle important dans toute cette étude.

Si la première notion est classique, la seconde a été développée dans ([D7]), article auquel nous nous référerons systématiquement.

A.1. Nous considérons un espace de probabilité complet $(\Omega, \underline{\underline{F}}, P)$ et sur cet espace une famille $(Y^i)_{i \in I}$ de v.a. à valeurs dans $\overline{\mathbb{R}}$.

DEFINITION: On dit qu'une v.a. Y est le P-essinf Y^i si et seulement si:

a) $Y \leq Y^i$ P. p.s. pour tout $i \in I$

b) Si Z est une v.a. telle que $Z \leq Y^i$ pour tout $i \in I$ P.p.s. alors $Z \leq Y$ P.p.s.

On a alors le résultat d'existence suivant:

THEOREME: Pour toute famille $(Y^i)_{i \in I}$ de v.a. il existe un P-essinf $Y^i = Y$, et $Y = \inf_{i \in J} Y^i$ où J est une partie dénombrable de I .

PREUVE: Nous commençons par envisager le cas où les v.a. Y^i sont des indicatrices d'ensembles mesurables A^i, et nous désignons par J_o un ensemble dénombrable qui minimise $P(B_J)$, où J décrit les parties dénombrables de I et B_J désigne l'ensemble $\cap_{i \in J} A^i$.

Il est clair que $P(B_{J_o} \cap A^i) = P(B_{J_o})$ et donc que :

$B_{J_o} \subseteq A^i$ P.p.s. et aussi que si $C \subseteq A^i$ P.p.s. $\forall i \in I$

$C \subseteq B_{J_o}$ P.p.s.

L'indicatrice de B_{J_o} est donc le P-essinf des Y^i .

Pour passer au cas général, nous posons $A^{i,r} = \{ Y^i \geq r \}$ si $r \in \mathbb{Q}$

Si J_1 est une partie dénomrable de I telle que pour tout $r \in \mathbb{Q}$

$\inf_{i \in J_1} A^{i,r} = \text{esssinf}_{i \in I} A^{i,r}$ P.p.s. , on a clairement

$$\inf_{j \in J_1} Y^j = \text{essinf}_{i \in I} Y^i \quad .$$

CQFD.

Nous avons beaucoup utilisé que si la famille $(Y^i)_{i\in I}$ est filtrant décroissante , essinf et espérance conditionnelle peuvent être intervertis.

A.2. PROPOSITION: <u>Si la famille</u> $(Y^i)_{i\in I}$ <u>est filtrante décroissante, pour toute sous-tribu</u> $\underline{\underline{G}}$ <u>de</u> $\underline{\underline{F}}$,

$$E[\text{essinf } Y^i/_{\underline{\underline{G}}}] = \text{P-essinf}_{i\in I} E[Y^i/_{\underline{\underline{G}}}] \quad \text{P.p.s.}$$

PREUVE: Le membre de droite est manifestement minoré à priori par le membre de gauche. Le caractère filtrant décroissant de la famille Y^i, permetde construire une suite Y^n décroissante qui converge vers essinf Y^i . Le membre de gauche s'écrit donc comme $\inf_n E[Y^n/_{\underline{\underline{G}}}]$ et il est donc minoré par le membre de droite. D'où l'égalité recherchée. CQFD.

A.3. Nous avons également utilisé le théorème analogue pour les processus, tel qu'il est énoncé dans ([D7]). Notons tout de suite qu'il ne peut être vrai en toute généralité, c'est à dire sans condition de régularité sur les processus , car il est manifestement déjà faux dans le cas de l'espace réduit à un p point.

Nous supposons donc donné un espace de probabilité satisfaisant aux conditions habituelles, $(\Omega,\underline{\underline{F}},\underline{\underline{F}}_t,P)$ et une famille non vide de processus mesurables $(X^i)_{i\in I}$.

Nous dirons que <u>X est essentiellement minoré par</u> Y si l'ensemble $\{ X > Y \}$ <u>est P-évanescent</u>.

DEFINITION : <u>Un processus</u> X <u>est le</u> P-<u>essinf des</u> X^i <u>si</u> X <u>minore essentiellement tous les</u> X^i <u>et si tout processus Y qui minore essentiellement tous les</u> X^i <u>minore X, essentiellement.</u>

Enonçons tout de suite le théorème de Dellacherie.

THEOREME: <u>Soit</u> $(X^i)_{i\in I}$ <u>une famille non vide de processus mesurables, vérifiant la condition suivante: pour tout</u> i <u>et tout</u> ω , <u>la trajectoire</u> $t\to X^i_t(\omega)$ <u>est une fonction s.c.s. pour la topologie droite, ou la topologie gauche.</u>

<u>Il existe une partie dénombrable J de I telle que:</u>

$\inf_{j\in J} X^j = \text{essinf}_{i\in I} X^i$ <u>où l'égalité est entendue au sens des processus evanescents.</u>

PREUVE: Comme dans le cas des v.a. on peut se borner à considérer des processus X^i, indicatrices d'ensembles mesurables H^i, dont les coupes sont fermées pour la topologie droite,(resp. gauche.) Nous désignons par $\overline{H}^i$ l'adhérence des ensembles H^i, coupe par coupe, qui est mesurable d'après ([D6], IV.89.) . Il est bien connu que $\overline{H}^i$ est indistinguable de l'adhérence $\bigcup_{r\in Q} [D^i_r]$ où $D^i_r = \inf\{t\geq r\ (\omega,t)\in H^i\}$.

Soit J une partie dénombrable de I telle que, pour chaque r

$$\sup_{j\in J} D^j_r = \text{esssup}_{i\in I} D^i_r .$$

Il est alors clair que : $\inf_{j\in J} \overline{H}^j = \text{essinf}_{i\in I} \overline{H}^i$ car si U est une v.a. dont le graphe passe dans $\inf_{j\in J} \overline{H}^j$, sur l'ensemble $\{ k/2^n \leq U < k+1/2^n \}$ il est clair que pour tout j de J , $r_n \leq D^j_{r_n} \leq U$ où $r_n = k/2^n$, soit $r_n \leq \sup_{j\in J} D^j_{r_n} \leq U$.

Mais par définition, $r_n \leq D^i_{r_n} \leq \sup_{j\in J} D^j_{r_n}$, ce qui entraine que sur l'ensemble considéré le graphe de U est contenu dans $\overline{H}^i$.

La suite est plus délicate et plus technique.

Pour tout i, l'ensemble $\overline{H}^i - H^i$ est contenu dans l'ensemble des points isolés à droite,(resp. à gauche) de $\overline{H}^i$ et donc $K - \overline{H}^i$ si $K = \inf_{j\in J} \overline{H}^j$ est contenu dans l'ensemble L des points de K isolés à droite,(resp. à gauche.) . Or L est la reunion d'une suite de graphes de v.a. L_n . Nous désignons par β_n la mesure sur $\underline{\underline{F}} \times B(R^+)$ definie par $\beta_n(Z) = E(Z_{L_n} ; L_n < +\infty)$ et par m la mesure $\Sigma_n 1/2^n \beta_n$.

Soit J' une partie dénombrable telle que :

$\inf_{j'\in J'} H^{j'} = \text{m-essinf}_i H^i$

En d'autres termes , J' permet de réaliser le P-essinf des v.a. $H^i_{L_n}$.

Si nous posons $J^* = J \cup J'$ et $H = \inf_{j\in J^*} H^j$, H est clairement le P-essinf des H^i .

A.4. CORollaire: <u>Sous les hypothèses du théorème A3.</u> , <u>il existe donc un processus mesurable</u> X <u>tel que pour toute v.a.</u> $U \geq 0$

$$(P\text{-essinf } X^i)_U = X_U = P\text{-essinf } (X^i_U) \quad \text{sur} \quad \{U < +\infty\}$$

REMARQUE: Sous cette forme, il s'agit d'un résultat d'agrégation. Il est d'ailleurs utilisé comme tel dans ([D9]).

PREUVE: Désignons par χ_U le P-essinf des v.a. X^i_U .

Il est clair par construction que $X_U \leq \chi_U$ P.p.s.

Mais X est atteint selon un inf dénombrable, et on a donc l'inégalité dans l'autre sens . CQFD.

BIBLIOGRAPHIE

[IR] C.Dellacherie P.A.Meyer — Probabilités et Potentiel. Chap I à IV. Nouvelle édition Hermann. 1977.

[?IB] C.Dellacherie P.A.Meyer — Probabilités et Potentiel Chap.V à VIII. Nouvelle édition. Hermann. I980.

[J] J.Jacod — Calcul stochastique et problèmes de Martingales. Lect.Notes in Math.n°714. Springer 1979.

[A1] J.Azéma — Le retournement du temps. Ann.Sci.Ecole Normale Supérieure .4ème série G.p.439-519.(1973.)

[A2] J.Azéma P.A.Meyer — Une nouvelle représentation du type Skorohod Sem.ProbaVIII. Lect in Math.n°381. Springer.1974.

[B1] J.Barter R.V.Chacon — Compactness of stopping times. Z.f.W.n°40-p.169-182. 1977

[B2] V.E.Benès — Existence of optimal stochastic control law. SIAM.J.of Control.t-9.p.446-472. 1971.

[B3] A.Bensoussan J.L.Lions — Applications des inéquations variationnelles au Contrôle Stochastique. Dunod.1978.

[B4] J.M.Bismut — Théorie probabiliste du Contrôle des diffusions Mém.Am.Math.Soc. 4 -1.130- 1976.

[B5] " " — Dualité convexe, temps d'arrêt optimal et contrôle stochastique. ZfW.38. p.169-198. 1976.

[B6] " ": — Linéar quadratic optimal stochastic contrôl with random coefficients SIAM J. of Control n)14.p.419-444. 1976.

[B7] " " — Control of jump processes and applications Bull.SMF.t.106. 1. p.25-60. 1978.

[B8] " " — Temps d'arrêt optimal, quasi-temps d'arrêt et retournement du temps. Ann.of Proba. à paraitre .

[B9] J.M.Bismut Contrôle des systèmes linéaires quadratiques: applications de l'intégrale stochastique.
Sém.Proba.XII.Lect.Notes in Math.n°649. p.180-264. 1978.Springer.

[B10] J.M.Bismut B.Skalli Temps d'arrêt optimal, théorie générale des processus, et processus de Markov.
ZfW n°39. p.301-313. 1977.

[B11] R.Boel P.Varaiya Optimal control of jump processes
SIAM.J.of Control n° 13.p.1022-1061. 1975.

[B12] R.Boel P.Variya E.Wong Martingales on jump processes. Part I: représentation results.PartII,applications.
SIAM.J.of Control. 13.5.p.999-1061. 1975.

[C1] C.S.Chou P.A.Meyer Sur la représentation des martingales comme intégrales stochastiques dans les processus ponctuels.
Sém.Proba IX.LectNotes in Math.n°465. p.226-236. Springer 1974.

[C2] E.Cinlar J.Jacod. P.Protter M.J.Sharpe Semimartingales et Processus de Markov. (à paraitre.)

[D1] M.H.A.Davis On the existence of optimal policies in stochastic contrôl.
SIAM.J.of Contrôl.n°11.pp.587-594. 1973.

[D2] " " The représentation of martingales of jump processes
SIAM.J.of Contrôl.n°14.pp623-638. 1976.

[D3] M.H.A.Davis R.J.Elliott Optimal contrôl of jump process
ZfW.n°40. pp.183-202. 1977

[D4] M.H.A.Davis P.Varaiya Dynamic programming conditions for partially observable stochastic système.
SIAM.J.of Contrôl .n°11.pp.226261. 1973.

[D5] M.H.A.Davis C.B.Wan Existence of optimal contrôls for stochastic jump processes.
SIAM.J.of Contrôl.n°17.pp.511-524. 1979.

[D6] C.Dellacherie <u>Capacités et processus stochastiques</u>
Springer n°67. 1972.

[D7] " "" Sur l'existence de certains essinf et esssup de familles de processus mesurables.
Sem.Proba.XII Lect.Notes in Math.n°649. 1977 . pp.512-514.

[D8]	C.Dellacherie E.Lenglart	Sur des problèmes de régularisation, recollement et interpolation en théorie des martingales. (A paraitre.)
[D9]	" "	Recollement de v.a. en un processus. (A paraitre.)
[D10]	T.Duncan P.Varayia	On the solution of a stochastic control système. Siam.J.of Control n°9 pp 354-371. 1971.
[D11]	E.B. Dynkin	The optimum choice of the instant for stopping Markov Process. Dokl.Akad. Nauk.SSSR. n°150.pp238-240. (1963)
[D12]	E.B. Dynkin	<u>Controlled Markov Process</u> Springer Verlag 1979.
[E1]	N.EL Karoui	Arrêt optimal prévisible Proc. Oberwolfach.1977. Lect. Notes in Math. n° 695 . pp. 1- 13 . 1978.
[E2]	N.EL Karoui J .P.Lepeltier B.Marchal	Arrêt optimal dépendant d'un paramètre et contrôle continu markovien (A paraitre 1980).
[E3]	R.J.Elliott	Lévy systèmes and absolutely continuous changes of mesure for a jump process. J. Math.Anal.appl. n°61. pp785-796. 1977.
[E4]	" "	Stochastics intégrals for martingales of a jump processes with partially accessible jump times. ZfW n° 36 pp. 213-226 . 1976.
[E5]	" "	The optimal control of a stochastic systèms. SIAM.J. of Control n°15. pp.736-778. 1977.
[E6]	" "	Stochastic control théory and stochastic différential systèms Proc. Lect.Notes Cont. Inf. n°16 . pp.142-155. . 1979.
[E7]	" "	A stochastic minimum principle Bull.Am.Math.Soc. n°82. pp.944-946. 1976.
[F1]	W.Fleming	Optimal continuous parameter stochastic control SIAM. Rev. n°11 . 1969.
[F2]	W.Fleming R.Rishel	<u>Optimal deterministic and stochastic control</u> Springer Verlag Berlin 1975.

[F3] M.Fujisaki — On the stochastic control of a Wiener process.
J.Math.Kyoto Uni. n°18-2 pp.229-238. 1978.

[F4] " " — On the uniquess of optimal controls
Sem Proba XIII. Lect.Not.in Math. n°721. pp.548-557 . 1979.

[F5] " " — Contrôle stochastique continu et martingales
(A paraitre 1980.)

[G1] R.K.Getoor — Markov processes: Ray processus and Right processes.
Lect. Notes in Math.n°440 . 1975.

[G2] I.I.Gikhman, A.V.Skorokhod — Stochastic différential équations: I, II, III
Springer Verlag,Berlin 1972.

[G3] " " — Controlled Stochastic process
Springer Verlag 1979.

[J1] ou [J] J.Jacod — Calcul stochastique et problèmes des martingales.
Lect.Notes in Math.n°714. 1979.

[K1] Y.A.Kogan — On the optimal control of a non terminating process with reflexion.
Th. of Proba.Appl. vol.14. pp.496-502. 1969.

[K2] M.V.Krylov — Control of solution of a stochastic intégral équation.
Th. of Proba.Appl. vol 27. pp.114-131. 1972.

[K3] " " — Optimal stopping of controlled diffusion of controlled diffusion processes
Proc.of Third Japan-USSR Esymposium
Lect.Notes in Math. n°550.pp.324-334 . 1976.

[K4] " " — Controlled Diffusion processes
Springer Verlag vol14. 1980.

[K5] H .J.Kushner — Necessary conditions for continuous parameter stochastic optimization problèms.
SIAM.J. of Control vol.10.n°3 . 1972.

[K6] " " — Existence results for optimal stochastic controls.
J.Optimization Théory.Appl. n°15. pp347-359. 1975.

[L1] E.Lenglart — Transformation des martingales locales par changement absolument continu de probabilité.
ZfW n°39. pp.65-70. 1977 .

[L2] E.Lenglart — Tribu de Meyer et théorie des processus. Sém. Proba.XIV. Lect.Notes in Math.n°784. pp.500-546. 1980.

[L3] J.P.Lepeltier, B.Marchal. — Sur l'existence de politiques optimales en contrôle intégro-différentiel. Ann.IHP.B.t13.pp. 45-97. 1977.

[L4] " " — Théorie générale du contrôle impulsionnel (A paraitre . 1980.)

[L5] D.Lépingle — Une inégalité de martingales Sém. Proba.XII.Lect. Notes in Math.n°649 pp. 134-138. 1978.

[L6] " ", J.Mémin — Sur l'intégrabilité uniforme des martingales exponentielles. ZfWn°42. pp. 175-203. 1978.

[L7] " " — Intégrabilité uniforme et dans L^r des martingales exponentielles (A paraitre.)

[L8] R.S.Liptser, A.N.Shirayev — <u>Statistics of random process</u> N.Y. Springer . 1977.

[M1] M.A.Maingueneau — Temps d'arrêt optimaux et théorie générale Sém. Proba XII.Lect.Notes in Math.n°649 pp457-468. 1978.

[M2] J.Mémin — Conditions d'optimalité pour un problème de contrôle portant sur une famille dominée de probabilités. Journée du contrôle - Metz. Mai 1976.

[M3] J.F.Mertens — Théorie des processus stochastiques généraux. Application aux surmartingales. ZfW.n°26. pp. 119-139. 1973.

[M5] P.A.Meyer — <u>Probabilités et potentiel</u> Hermann.(Ancienne version 1966.)

[M6] " " — Un cours sur lesintégrales stochastiques Sém.Proba.X.Lect.Notes in Math.n° 511 pp.246-354. 1976.

[M7] " " — Réduites et jeux de hasard Sém.Proba VII.Lect.Notes in Math.n°321. pp.155-172. 1973.

[M8] " " — Convergence faible et compacité des t.a. d'après Baxter et Chacon. Sém.Proba. XII. Lect.Notes in Math.n°649 pp411-424.

[M9] G.Mokobodski — Elements extrémaux pour le balayage. Sém.Brelot-Choquet-Deny n°5 1969-1970.

[N1] M.Nisio Remarks on stochastic optimal control
Jap.M.Math. n°1 pp.159-183. 1975.

[N2] " " Some remarks on stochastic optimal controls
Proc.of Third Japan-URSS Symposium
Lect.Notes in Math.n°550.pp446-460. 1976.

[N3] " " On stochastic optimal controls and enveloppe of Markovian semi-groupe
Proc. of Int.Symp.Kyoto. pp.297-325. 1976.

[P1] T.Parthasarathy Selections théorèmes and their applications
Lect.Notes in Math. n°263. 1972.

[P2] S.R.Pliska Controlled jump processes
Stochastic Processes Appl. n°3 pp.259-282 . 1975.

[P3] M.L.Putermann Optimal control of diffusion process with réflection
J.Opt.Th. and App. vol22n°1.pp.103-119. 1977.

[R1] R.Rishel A minimum principle for controlled jump processes
Lect.Notes in Eco.Math.Systèm.n°107.
pp. 493-508. 1975.

[R2] M.Robin Contrôle impulsionnel des Processus de Markov.
Thèse d'état.Université Paris IX-Dauphine.
1977.

[S1] A.N.Shirayev Optimal Stopping Rules
Springer Berlin 1978.

[S2] C.Striebel Martingales conditions for optimal control of continuous time stochastic systèm.
Int.Workshop on Stoch.Filtering and Contrôl.Los Ang. Mai 1974.

[Y1] M.Yor Sous-espaces denses dans L^1 ou dans H^1.
Sém.Proba.XII.Lect.Notes in Math n°649.
pp.265-310. 1978.

Nicole EL KAROUI
Ecole Normale Supérieure
5, rue Boucicaut
92260 - Fontenay-aux-roses.

FILTRAGE NON LINEAIRE
ET EQUATIONS AUX DERIVEES PARTIELLES
STOCHASTIQUES ASSOCIEES

Etienne PARDOUX

Originally published in: *Ecole d'Eté de Probabilités de Saint-Flour XIX – 1989*, Lecture Notes in Mathematics, Vol. **1464**, 67–163, DOI: 10.1007/BFb0085168, © Springer-Verlag Berlin Heidelberg 1991, Reprint by Springer-Verlag Berlin Heidelberg 2012

TABLE DES MATIERES

E. PARDOUX : "FILTRAGE NON LINEAIRE ET EQUATIONS AUX DERIVEES PARTIELLES STOCHASTIQUES ASSOCIEES"

4. Continuité du filtre par rapport à l'observation

5. Deux applications du calcul de Malliavin au filtrage non linéaire

6. Filtres de dimension finie et filtres de dimension finie approchés

Introduction

Le filtrage non linéaire est une partie de la théorie des processus stochastiques qui est fortement motivée par les applications, et qui se situe au carrefour de nombreuses théories mathématiques. Il a motivé aussi bien l'étude des changements de probabilité et de filtration en théorie générale des processus, que de nombreux travaux sur les équations aux dérivées partielles stochastiques. Il a posé le célèbre problème de l'innovation (cf. section 2.2 ci-dessous) qui n'est toujours pas complètement résolu. Il a été un des domaines privilégiés d'application du calcul de Malliavin. Il a produit des résultats qui sont essentiels pour le contrôle stochastique des systèmes partiellement observés, et l'analogie avec les problèmes de contrôlabilité des systèmes déterministes a conduit à des conditions de non existence de filtres de dimension finie.

Pendant que le filtrage non linéaire suscitait des travaux théoriques riches et variés, la conception d'algorithmes efficaces utilisables en pratique butait sur d'énormes difficultés. D'un côté le filtrage de Kalman étendu des ingénieurs ne reposait jusque très récemment sur aucune mathématique sérieuse et son efficacité est très aléatoire. Par ailleurs, la résolution numérique des équations du filtrage non linéaire soulève de grosses difficultés en dehors des cas d'école en dimension un ou deux. Cependant, quelques progrès ont été enregistrés dans ce domaine ces dernières années.

Le but de ce cours est de présenter la théorie du filtrage non linéaire, ainsi que des éléments de théorie des équations aux dérivées partielles stochastiques et du calcul de Malliavin, avec leurs applications au filtrage. Enfin, outre le filtre de Kalman-Bucy et ses généralisations, on présente des algorithmes de calcul approché du filtre dans deux cas particuliers.

Le premier chapitre présente trois exemples, précise la classe des problèmes de filtrage qui sera considérée dans les sections suivantes, et rappelle quelques liens entre équations différentielles stochastiques et équations aux dérivées partielles du second ordre.

Le second chapitre établit les équations générales du filtrage non linéaire, et accessoirement de la prédiction et du lissage. Il se termine par une application en statistique des processus.

Le troisième chapitre présente des résultats sur les équations aux dérivées partielles stochastiques et leur application au filtrage, à savoir des théorèmes d'unicité et de régularité de la solution de l'équation de Zakai.

Le quatrième chapitre donne des résultats de continuité du filtre par rapport à l'observation.

Le cinquième chapitre présente les idées essentielles du calcul de Malliavin, et deux applications (très différentes l'une de l'autre) en filtrage : l'absolue continuité de la loi conditionnelle, et la non existence d'un "filtre de dimension finie". Ce chapitre se termine par un résultat de non existence d'un filtre de dimension finie démontré sans le calcul de Malliavin.

Enfin le dernier chapitre présente une partie des filtres de dimension finie connus (le filtre de Kalman-Bucy, et sa généralisation au cas conditionnellement gaussien) et deux filtres de dimension finie approchés : l'un dans le cas d'un grand rapport signal sur bruit, l'autre dans une situation "sans bruit de dynamique".

La lecture de ce texte nécessite une bonne connaissance du calcul stochastique d'Itô (par rapport au processus de Wiener) et des équations différentielles stochastiques, ainsi que des connaissances en analyse fonctionnelle.

Je remercie Paul-Louis Hennequin de m'avoir invité à donner ce cours à St Flour et l'auditoire pour l'intérêt qu'il a manifesté. La frappe du texte a été effectuée par Ephie Deriche et Noëlle Tabaracci. Qu'elles en soient remerciées, ainsi que Fabien Campillo qui m'a beaucoup aidé à corriger et à fignoler le texte.

Chapitre 1

Le problème du filtrage stochastique

1.1 Des exemples

Exemple 1.1.1 *Estimation de la position d'un satellite au cours de son orbite de transfert* L'orbite de transfert est une orbite elliptique, qui est une transition entre le lancement du satellite et l'orbite géostationnaire. Le mouvement du satellite est décrit en première approximation par l'action du champ de gravitation de la terre. Cela donne une équation de la mécanique du type "$F = m\gamma$", qui peut s'écrire sous la forme :

$$\frac{dX_t}{dt} = f(X_t)$$

avec $X_t \in \mathbb{R}^6$ (trois paramètres de position, trois paramètres de vitesse). Cependant, le satellite ne suit pas exactement le mouvement correspondant à la solution de cette équation, car en écrivant l'équation on a négligé :

- la non sphéricité de la terre,
- l'influence d'autres corps (lune, soleil),
- le frottement atmosphérique,
- la pression de radiation,...

Signalons que certains de ces phénomènes (en particulier le 1er et le 3^{è}) sont plus sensibles au voisinage du périgée que dans les autres phases du mouvement. On est donc amené, pour prendre en compte à la fois les perturbations aléatoires et l'imperfection de la modélisation, à rajouter des termes stochastiques dans l'équation du mouvement :

$$\frac{dX_t}{dt} = f(X_t) + g(X_t)\frac{dW_t}{dt}$$

que l'on interprète sous la forme d'une EDS au sens de Stratonovich :

$$dX_t = f(X_t)\,dt + g(X_t) \circ dW_t\ .$$

Pour suivre un satellite, on dispose de n stations radar (dans le cas des vols d'Ariane, trois stations radar situées à Kourou, Toulouse et Pretoria) qui mesurent suivant les cas soit seulement la distance station–satellite, soit en outre des angles de site et de gisement. La i–ième station radar reçoit le signal :

$$y_{i,t} = h_i(t, X_t) + \eta_{i,t} \ , \ 1 \leq i \leq n$$

où $\eta_{i,t}$ est un bruit de mesure. Notons qu'en pratique chaque station ne reçoit des signaux que lorsque le satellite est dans une portion restreinte de la trajectoire. Le reste du temps, on peut considérer que la fonction h_i correspondante est nulle (la station ne reçoit que du bruit). Signalons qu'en pratique on reçoit des mesures en temps discret, i.e. à des instants $t_1 < t_2 < \cdots$. Nous n'étudierons que des modèles en temps continu, mais bien entendu tous les algorithmes que l'on utilise sont en temps discret.

Le problème de filtrage, ou d'"estimation" de la position du satellite se résume de la façon suivante : à chaque instant t, on cherche à "estimer" X_t au vu des observations jusqu'à l'instant t, i.e. connaissant $\mathcal{Y}_t = \sigma\{y_{i,s}\,;\, 1 \leq i \leq n,\, 0 \leq s \leq t\}$. En fait on va calculer la loi conditionnelle de X_t sachant $\mathcal{Y}_t$ (dans certains cas, on se contente de chercher à déterminer l'espérance conditionnelle). Dans ce problème particulier, le but de ce filtrage est de commander au bon moment la manœuvre de passage de l'orbite de transfert à l'orbite géostationnaire.

Exemple 1.1.2 *Trajectographie passive* Dans ce problème, le "porteur" "écoute" un "bruiteur" qu'il cherche à localiser. La situation envisagée n'étant pas nécessairement pacifique, le "porteur" écoute de façon purement passive, sans envoyer de signal, afin de ne pas se faire repérer. Le résultat est que les seules quantités mesurées sont des angles. Dans le cas où le bruiteur est un navire, il est raisonnable de supposer qu'il suit un mouvement rectiligne et uniforme, i.e.

$$\frac{dX_t}{dt} = V \ , \quad X_0 = P$$

et on observe

$$y_t = h(t, X_t) + \eta_t \, .$$

Si l'on considère (P, V) comme un paramètre déterministe inconnu, on tombe sur un problème de statistique classique. On peut proposer des estimateurs pour (P, V), par exemple l'estimateur du maximum de vraisemblance. Mais ces estimateurs ne sont pas récursifs : une fois que l'on a estimé (P, V) au vu des observations $(y_s; 0 \leq s \leq t)$, si l'on veut "rafraîchir l'estimation" en utilisant les observations $(y_s; t \leq s \leq t + h)$, il faut recommencer les calculs depuis le début. Si l'on choisit une approche bayésienne, c'est à dire que l'on choisit une loi a priori pour (P, V), alors cette loi apparaît comme la loi initiale (i.e. à l'instant $t = 0$) du couple $\{(X_t, V_t)\}$ solution de

$$\begin{cases} \dfrac{dX_t}{dt} = V_t \ , \\[2mm] \dfrac{dV_t}{dt} = 0 \ , \\[2mm] (X_0, V_0) \text{ de loi donnée ,} \end{cases}$$

qui est le processus non observé, l'observation étant de la forme :

$$y_t = h(t, X_t) + \eta_t \, .$$

La solution du problème sera alors "récursive", comme on le constatera au chapitre 2, au sens où, connaissant la loi conditionnelle de X_t sachant $\mathcal{Y}_t = \sigma\{y_s; 0 \leq s \leq t\}$, on n'a plus besoin de réutiliser les observations faites aux instants antérieurs à t pour calculer la loi conditionnelle de X_{t+h} sachant $\mathcal{Y}_{t+h} = \sigma\{y_s; 0 \leq s \leq t+h\}$.

Le problème de filtrage non linéaire que nous venons d'énoncer peut paraître "trivial". Il est vrai que du point de vue de la théorie qui va suivre, il est assez pauvre. Mais du point de vue algorithmique, il possède essentiellement les difficultés des problèmes de filtrage non linéaires plus généraux que nous considèrerons dans la suite.

Exemple 1.1.3 *Un problème d'estimation en radio–astronomie* Afin d'estimer certaines caractéristiques d'une étoile, on effectue une expérience d'interférométrie à l'issue de laquelle on recueille un signal qui admet la représentation suivante :

$$y_t = a \exp\left[i\,(b + X_t)\right] + \eta_t \, , \quad t \geq 0$$

où $i = \sqrt{-1}$, $\{\eta_t\}$ est un bruit de mesure complexe, et $\{X_t, t \geq 0\}$ est une perturbation aléatoire de moyenne nulle, qui provient de la turbulence atmosphérique. Le problème est d'estimer au mieux les paramètres a et b caractéristiques de l'étoile visée au vu des observations. L'approche la plus simple consiste à négliger la perturbation $\{X_t\}$. Mais elle peut conduire à de mauvais résultats lorsque cette perturbation est importante. Le Gland [53] a proposé de modéliser le processus X_t comme un processus d'Ornstein–Uhlenbeck stationnaire du type :

$$dX_t = -\beta\, X_t\, dt + \sigma\, \sqrt{2\beta}\, dW_t$$

où $\{W_t\}$ est un processus de Wiener standard réel. Notons que la mesure invariante de $\{X_t\}$ est la loi $N(0, \sigma^2)$, et que β est une constante de temps. Les deux paramètres β et σ ont donc une interprétation "physique" simple. En outre, on peut les estimer, par exemple en visant au préalable une étoile dont les paramètres caratéristiques (a, b) sont connus.

Le problème de filtrage associé au problème que nous venons d'énoncer consisterait à calculer à chaque instant t la loi conditionnelle de X_t sachant $\mathcal{Y}_t = \sigma\{y_s; 0 \leq s \leq t\}$. En tant que tel, ce problème ne nous intéresse pas. Mais le problème de l'estimation des paramètres a et b, sur la base de l'observation *partielle* de y_t (X_t n'est pas observé) est très lié au problème de filtrage. En fait, pour calculer la vraisemblance du couple (a, b), il faut résoudre les équations du filtrage (voir ci–dessous la section 2.6). □

Deux conclusions peuvent être tirées de ces quelques exemples. La première est qu'il existe des problèmes appliqués qui se formulent comme problèmes de filtrage. La seconde est que le filtrage est utile comme étape dans des problèmes de statistique de processus partiellement observés. Pour d'autres applications du filtrage et du lissage en statistique, voir Campillo, Le Gland [15]. C'est aussi une étape essentielle dans le contrôle des processus partiellement observés, voir Fleming, Pardoux [27], El Karoui, Hu Nguyen, Jeanblanc–Picqué [25], Bensoussan [8]

1.2 La classe de problèmes considérés

Il existe beaucoup de "familles" de problèmes de filtrage, suivant que le problème est en temps discret ou continu, et que les processus considérés sont à valeurs dans un ensemble dénombrable, un espace euclidien, ou un espace de dimension infinie, suivant aussi le type de processus que l'on considère.

Nous nous limiterons dans ce cours à considérer le filtrage de processus de diffusion (à valeurs dans un espace euclidien), en temps continu. Plus précisément, reprenons l'exemple 1.1.1 ci–dessus. Le processus non observé $\{X_t\}$ est un processus M–dimensionel, solution d'une EDS (que nous écrirons désormais au sens d'Itô) :

$$(1.1) \qquad X_t = X_0 + \int_0^t f(X_s)\,ds + \int_0^t g(X_s)\,dB_s$$

et on observe le processus N–dimensionel :

$$y_t = h(X_t) + \eta_t .$$

Une hypothèse essentielle dans toute la théorie du filtrage est que le processus bruit de mesure $\{\eta_t\}$ est un "*bruit blanc*", i.e. la dérivée (au sens des distributions) d'un processus de Wiener, *de covariance non dégénérée*. Comme il est équivalent d'observer $\{y_s; 0 \leq s \leq t\}$ ou $\{\int_0^s y_r\,dr; 0 \leq s \leq t\}$, on appellera dorénavant observation le processus $\{Y_t\}$ donné par

$$(1.2) \qquad Y_t = \int_0^t h(X_s)\,ds + W_t$$

où $\{W_t\}$ est un processus de Wiener. La transformation qui vient d'être faite a pour but d'éviter de faire appel à des processus généralisés. Il y a cependant certains avantages (mais aussi des inconvénients !) à travailler directement avec le processus $\{y_t\}$. C'est ce qu'ont proposé récemment Kallianpur, Karandikar [42].

Reprenons le modèle (1.1)–(1.2), et réécrivons–le de façon plus générale, en tenant compte du fait que les Wiener $\{B_t\}$ et $\{W_t\}$ ne sont pas nécessairement indépendants, et que les coefficients peuvent dépendre du processus $\{Y_t\}$.

$$\begin{cases} X_t &= X_0 + \int_0^t b(s,Y,X_s)\,ds + \int_0^t f(s,Y,X_s)\,dV_s + \int_0^t g(s,Y,X_s)\,dW_s \,, \\ Y_t &= \int_0^t h(s,Y,X_s)\,ds + \int_0^t k(s,Y)\,dW_s \end{cases}$$

où $\{V_t\}$ et $\{W_t\}$ sont des processus de Wiener standard indépendants à valeurs dans $\mathbb{R}^M$ et $\mathbb{R}^N$ respectivement, globalement indépendants de X_0. Les coefficients peuvent dépendre à chaque instant s de toute la portion de trajectoire $\{Y_r; 0 \leq r \leq s\}$. Cette hypothèse est fondamentale pour les applications en contrôle stochastique, où les coefficients dépendent d'un contrôle qui lui même est une fonction arbitraire du passé des observations. Par contre, on ne fait dépendre les coefficients que du présent de X, ce qui fait que le processus $\{X_t\}$ est "conditionnellement markovien". Cette propriété est fondamentale pour que l'on puisse obtenir une équation d'évolution pour la loi conditionnelle de X_t sachant $\mathcal{Y}_t$.

Remarquons enfin que le coefficient devant le bruit d'observation ne dépend pas de X. S'il dépendait de X, alors on aurait une observation non bruitée de X, à savoir la variation quadratique de $\{Y_t\}$. Or on ne sait pas écrire les équations du filtrage dans une telle situation.

1.3 Liens entre EDS et EDP. Quelques rappels

Nous chercherons au chapitre 2 une équation qui régit l'évolution de la loi conditionnelle de X_t, sachant $\mathcal{Y}_t$. Il est utile de rappeler les résulats que l'on a dans le cas beaucoup plus simple où l'on n'a pas d'observation, et où on s'intéresse à l'évolution de la loi "a priori" de X_t.

Supposons que $\{X_t\}$ est un processus M–dimensionnel solution de l'EDS :

$$X_t = X_0 + \int_0^t f(s, X_s)\, ds + \int_0^t g(s, X_s)\, dW_s \tag{1.3}$$

où $\{W_t\}$ est un Wiener standard M–dimensionnel, $f : \mathbb{R}_+ \times \mathbb{R}^M \to \mathbb{R}^M, g : \mathbb{R}_+ \times \mathbb{R}^M \to \mathbb{R}^{M^2}$ sont mesurables et localement bornées. On supposera que l'EDS (1.3) possède une unique solution (soit au sens "fort", soit au sens "faible"), ce qui fait que $\{X_t\}$ est un processus de Markov. Son générateur infinitésimal est l'opérateur aux dérivées partielles :

$$L_t = \frac{1}{2} a^{ij}(t,x) \frac{\partial^2}{\partial x^i \partial x^j} + f^i(t,x) \frac{\partial}{\partial x^i}$$

où $a(t,x) = gg^*(t,x)$ et nous avons utilisé, comme nous le ferons toujours dans la suite, la convention de sommation sur indices répétés. Remarquons qu'au moins si $g \in C^{0,1}(\mathbb{R}_+ \times \mathbb{R}^M)$, on peut écrire (1.3) au sens de Stratonovich :

$$X_t = X_0 + \int_0^t \bar{f}(s, X_s)\, ds + \int_0^t g_i(s, X_s) \circ dW_s^i$$

avec $\bar{f}(t,x) = f(t,x) - \frac{1}{2} \frac{\partial g_i}{\partial x}(s,x)\, g_i(s,x)$, et g_i est le i–ème vecteur colonne de la matrice g, $\frac{\partial g_i}{\partial x}$ désigne la matrice $\left(\frac{\partial g_i^j}{\partial x^k}\right)_{j,k}$. Considérons les opérateurs aux dérivées partielles de 1er ordre :

$$U_{0,t} = \bar{f}^j(t,x) \frac{\partial}{\partial x^j},\; U_{1,t} = g_1^j(t,x) \frac{\partial}{\partial x^j}, \ldots,\; U_{M,t} = g_M^j(t,x) \frac{\partial}{\partial x^j},\; t \geq 0 \,.$$

Il est utile de noter que l'opérateur L_t peut se réécrire sous la forme :

$$L_t = \frac{1}{2} \sum_{i=1}^M U_{i,t}^2 + U_{0,t} \,.$$

Soit maintenant $\varphi \in C_c^\infty(\mathbb{R}^M)$ (l'espace des fonctions C^∞ à support compact de $\mathbb{R}^M$ dans $\mathbb{R}$). Il résulte de la formule d'Itô :

$$\varphi(X_t) = \varphi(X_0) + \int_0^t L_s \varphi(X_s)\, ds + M_t^\varphi$$

où $\{M_t^\varphi\}$ est une martingale. Pour $t \geq 0$, notons μ_t la loi de probabilité de X_t. En prenant l'espérance dans l'égalité ci–dessus, on obtient l'équation de Fokker–Planck :

$$\mu_t(\varphi) = \mu_0(\varphi) + \int_0^t \mu_s(L_s \varphi)\, ds \,. \tag{1.4}$$

Cette équation peut se réécrire, au sens des distributions :

$$\frac{\partial \mu_t}{\partial t} = L_t^* \mu_t \ , \quad t \geq 0 \, .$$

Dans le cas où pour tout $t \geq 0$ μ_t possède une densité $p(t,x)$, cette équation devient une EDP "usuelle" :

$$\frac{\partial p}{\partial t}(t,x) = \frac{1}{2} \frac{\partial^2}{\partial x^i \partial x^j}(a^{ij}p)(t,x) - \frac{\partial}{\partial x^i}(f^i p)(t,x) \, .$$

Nous allons maintenant énoncer une formule de Feynman–Kac. Considérons l'EDP parabolique rétrograde :

$$(1.5) \quad \begin{cases} \dfrac{\partial v}{\partial s}(s,x) + L_s v(s,x) + \rho\, v(s,x) = 0 \ , \quad 0 \leq s \leq t \ , \\ v(t,x) = \varphi(x) \end{cases}$$

où $\rho \in C_b([0,t] \times \mathbb{R}^M)$, $\varphi \in C_c(\mathbb{R}^M)$. Sous des hypothèses ad hoc sur les coefficients de L_t, cette équation admet une unique solution dans un espace convenable. Supposons en outre que cette solution soit la limite des solutions obtenues en régularisant les coefficients de L, ρ et φ. On a alors la formule suivante :

$$(1.6) \qquad v(s,x) = E\left(\varphi\,(X_t^{sx}) \exp\left[\int_s^t \rho(r, X_r^{sx})\, dr\right]\right)$$

où

$$(1.7) \qquad X_t^{sx} = x + \int_s^t f(r, X_r^{sx})\, dr + \int_s^t g(r, X_r^{sx})\, dW_r \ , \quad t \geq s \, .$$

Il suffit d'établir la formule (1.6) dans le cas où tous les coefficients sont réguliers; on passe ensuite à la limite à la fois dans l'EDP (1.5) et dans l'EDS (1.7). Dans le cas des coefficients réguliers, $v \in C_b^{1,2}([0,t] \times \mathbb{R}^M)$, et on peut appliquer la formule d'Itô au processus $v(r, X_r^{sx}) \exp[\int_s^r \rho(u, X_u^{sx})\, du]$, $s \leq r \leq t$:

$$v(s,x) + \int_s^t \left(\frac{\partial v}{\partial r} + L_r v + \rho\, v\right)(r, X_r^{sx})\, e^{\int_s^r \rho(u, X_u^{sx})\, du}\, dr + M_t^{v,\rho} =$$

$$= v(t, X_t^{sx})\, e^{\int_s^t \rho(r, X_r^{sx})\, dr}$$

où $\{M_r^{v,\rho}, s \leq r \leq t\}$ est une martingale. Il reste à utiliser le fait que v satisfait (1.5) et à prendre l'espérance pour obtenir (1.6).

L'approche que nous venons de décrire permet de montrer que "la" solution de l'EDP rétrograde (1.5) satisfait (1.6). On pourrait aussi définir $v(s,x)$ par (1.6), et montrer que cette quantité satisfait l'EDP (1.5). Cette dernière démarche est peut–être plus classique. Elle sera exposée dans un cadre plus complexe au chapitre 2.

On vient de voir certaines connexions entre les processus de diffusion et les EDP paraboliques du deuxième ordre. Dans la suite du cours, on verra le lien entre "diffusions conditionnelles" et EDP paraboliques stochastiques du deuxième ordre.

Chapitre 2

Les équations du filtrage non linéaire, de la prédiction et du lissage

2.1 Formulation du problème

Soit $\{(X_t, Y_t);\ t \geq 0\}$ un processus à valeurs dans $\mathbb{R}^M \times \mathbb{R}^N$, solution du système différentiel stochastique :

$$(2.1)\quad \begin{cases} X_t = X_0 + \int_0^t b(s,Y,X_s)\,ds + \int_0^t f(s,Y,X_s)\,dV_s + \int_0^t g(s,Y,X_s)\,dW_s \\ Y_t = \int_0^t h(s,Y,X_s)\,ds + \int_0^t k(s,Y)\,dW_s \end{cases}$$

où X_0 est un v.a. de dimension M indépendant du processus de Wiener standard $\{(V_t, W_t)\}$ à valeurs dans $\mathbb{R}^M \times \mathbb{R}^N$, tous définis sur un espace de probabilité filtré $(\Omega, \mathcal{F}, \mathcal{F}_t, P)$. On peut remarquer que le coefficient k du bruit d'observation ne dépend pas de X (cf. chapitre 1).

On supposera pour fixer les idées que $(\Omega, \mathcal{F}, \mathcal{F}_t, P)$ est l'espace canonique du processus $\{(X_t, Y_t)\}$, c'est à dire que :

$$\begin{aligned} \Omega &= \Omega_1 \times \Omega_2\,, \\ \Omega_1 &= C(\mathbb{R}_+;\,\mathbb{R}^M),\ \Omega_2 = C(\mathbb{R}_+;\,\mathbb{R}^N)\,, \\ X_t(\omega) &= \omega_1(t),\ Y_t(\omega) = \omega_2(t)\,, \\ \mathcal{F} &= \text{la tribu borélienne de } \Omega \vee \mathcal{N}\,, \\ \mathcal{F}_t &= \sigma\{(X_s, Y_s)\,;\, 0 \leq s \leq t\} \vee \mathcal{N} \end{aligned}$$

où $\mathcal{N}$ est la classe des ensembles de P–mesure nulle.

P est donc la loi de probabilité du processus (X, Y). On notera P^X et P^Y les lois marginales.

b, f, g et h sont des applications de $\mathbb{R}_+ \times C(\mathbb{R}_+;\,\mathbb{R}^N) \times \mathbb{R}^M$ à valeurs respectivement dans $\mathbb{R}^M$, $\mathbb{R}^{M\times M}$, $\mathbb{R}^{M\times N}$ et $\mathbb{R}^N$. On suppose qu'elles sont mesurables, l'espace de départ étant muni de la tribu $\mathcal{P}_2 \otimes B_M$, et l'espace d'arrivée de la tribu borélienne correspondante, et que $k : \mathbb{R}_+ \times C(\mathbb{R}_+; \mathbb{R}^N) \to \mathbb{R}^{N\times N}$ est $\mathcal{P}_2 \,/\, \mathcal{B}_{N\times N}$ mesurable. $\mathcal{P}_2$ désigne la tribu des parties progressivement mesurables de $\mathbb{R}_+ \times \Omega_2$, et $\mathcal{B}_M$ désigne la tribu borélienne de $\mathbb{R}^M$. Rappelons que la tribu $\mathcal{P}_2$ est la plus petite tribu qui rend mesurable toutes les applications $\varphi : \mathbb{R}_+ \times \Omega_2 \to \mathbb{R}$ qui sont telles que leur restriction à $]0,t[\times\Omega_2$ est $\mathcal{B}([0,t]) \otimes \mathcal{F}_t$ mesurable, pour tout $t \geq 0$.

Remarque 2.1.1 Rappelons que notre motivation pour permettre une dépendance arbitraire des coefficients par rapport au passé de $\{Y_t\}$ vient du contrôle stochastique. □

On pourra dans la suite supposer que le problème de martingales associé à (2.1) est bien posé (i.e. que le système différentiel stochastique (2.1) admet une solution unique en loi). On peut trouver dans la littérature plusieurs jeux d'hypothèses sur les coefficients qui entraînent cette propriété. Pour l'instant, nous supposerons que $\{(X_t, Y_t);\ t \geq 0\}$ est un processus continu et $\mathcal{F}_t$ adapté satisfaisant (2.1).

Nous allons maintenant préciser les hypothèses sur les coefficients.

On suppose

$$(H.1) \qquad k(t,y) = k^*(t,y) > 0.$$

et on pose :

$$\begin{aligned} a(t,y,x) &= f\,f^*(t,y,x) + g\,g^*(t,y,x)\ , \\ e(t,y) &= k\,k(t,y),\ , \\ t \in \mathbb{R}_+, y &\in C(\mathbb{R}_+;\ \mathbb{R}^N),\ x \in \mathbb{R}^M\ . \end{aligned}$$

Désignons par Λ (resp. Σ) la collection des fonctions de $\mathbb{R}_+ \times \Omega_2 \times \mathbb{R}^M$ (resp. $\mathbb{R}_+ \times \Omega_2$) dans $\mathbb{R}$ qui sont des coordonnées de l'un des vecteurs $b, a, k^{-1}h$ (resp. de la matrice e). On suppose :

(H.2) λ (resp. σ) est localement bornée sur $\mathbb{R}_+ \times \Omega_2 \times \mathbb{R}^M$ (resp. sur $\mathbb{R}_+ \times \Omega_2$) $\forall \lambda \in \Lambda$ (resp. $\forall \sigma \in \Sigma$).

On pose enfin, pour $t \geq 0$:

$$Z_t = \exp\left(\int_0^t (\,e^{-1}(s,Y)h(s,Y,X_s),\, dY_s\,) - -\frac{1}{2}\int_0^t \mid k^{-1}(s,Y)h(s,Y,X_s)\mid^2\, ds\right)$$

et on pose les hypothèses suivantes (qui ne seront pas toujours supposées être satisfaites) :

(H.3) pour tous $t > 0$, $n \in \mathbb{N}$, pour toute fonction mesurable $\rho\ : \Omega_2 \to [0,1]$ tels que $\rho(y) = 0$ si $\sup_{0\leq s\leq t} |y(s)| > n$,

$$E\left[\rho(Y)\int_0^t \mid k^{-1}(s,Y)h(s,Y,X_s)\mid^2\, ds\right] < \infty\ ,$$

$$(H.4) \qquad E(Z_t^{-1}) = 1\ , \quad \forall\, t \geq 0.$$

Lorsque l'hypothèse $(H.4)$ est satisfaite, on définit une nouvelle probabilité $\overset{\circ}{P}$, appelée "probabilité de référence", sur $(\Omega, \mathcal{F})$, caractérisée par :

$$\left.\frac{d\overset{\circ}{P}}{dP}\right|_{\mathcal{F}_t} = Z_t^{-1}, \quad t \geq 0 .$$

Il resulte alors du théorème de Girsanov que, sous $\overset{\circ}{P}$, $\{(V_t, \overline{Y}_t);\ t \geq 0\}$ est un $\mathcal{F}_t$–processus de Wiener standard à valeurs dans $\mathbb{R}^M \times \mathbb{R}^N$, où :

$$\overline{Y}_t = \int_0^t k^{-1}(s, Y)\, dY_s .$$

Afin d'assurer l'indépendance sous $\overset{\circ}{P}$ de $\{Y_t\}$ et de $(X_0, \{V_t\})$, on va supposer que, si $\mathcal{Y}_t = \sigma(Y_s;\ 0 \leq s \leq t) \vee \mathcal{N}$ et $\overline{\mathcal{Y}}_t = \sigma(\overline{Y}_s;\ 0 \leq s \leq t) \vee \mathcal{N}$:

$$\mathcal{Y}_t = \overline{\mathcal{Y}}_t, \quad t \geq 0 .$$

Remarquons que l'on a toujours $\overline{\mathcal{Y}}_t \subset \mathcal{Y}_t$, et que l'inclusion inverse est vraie si l'EDS

$$\xi_t = \int_0^t k(s, \xi)\, d\overline{Y}_s$$

admet une unique solution forte, donc par exemple dès que :

$(H.5)$ l'application $y \to k(t, y)$ est localement lipchitzienne, uniformément par rapport à t dans un compact.

Notre premier but est d'établir les équations du filtrage. Afin que la technique n'obscurcisse pas les idées générales, nous allons tout d'abord considérer un cas particulièrement simple.

2.2 Les équations du filtrage dans le cas où $k = I$ et tous les coefficients sont bornés.

Dans cette section, on considèrera le modèle :

$$(2.2) \quad \begin{cases} X_t &= X_0 + \int_0^t b(s, Y, X_s) ds + \int_0^t f(s, Y, X_s)\, dV_s + \int_0^t g(s, Y, X_s)\, dW_s \\ Y_t &= \int_0^t h(s, Y, X_s) ds + W_t \end{cases}$$

et on suppose que les coefficients $b, f, g,$ et h sont *bornés* par une constante uniforme c.

Dans ce cas, $(H.4)$ est évidemment satisfaite, et en outre pour tout $t \geq 0$ les restrictions de P et $\overset{\circ}{P}$ à $\mathcal{F}_t$ sont équivalentes, et :

$$\left.\frac{dP}{d\overset{\circ}{P}}\right|_{\mathcal{F}_t} = Z_t, \quad t \geq 0 .$$

Proposition 2.2.1 *Pour tout $t \geq 0$ et $\xi \in L^1(\Omega, \mathcal{F}_t, P)$, $\xi\, Z_t \in L^1(\Omega, \mathcal{F}_t, \overset{\circ}{P})$ et*

$$E(\xi \,/\, \mathcal{Y}_t) = \frac{\overset{\circ}{E}\,(\xi\, Z_t \,/\, \mathcal{Y}_t)}{\overset{\circ}{E}\,(Z_t \,/\, \mathcal{Y}_t)} .$$

Preuve La première affirmation est évidente. Comme $Z_t > 0$ P *p.s.*, donc aussi $\overset{\circ}{P}$ *p.s.*, $\overset{\circ}{E}(Z_t / \mathcal{Y}_t) > 0$ $\overset{\circ}{P}$ *p.s.* et P *p.s.*, donc le membre de droite de l'égalité est bien défini *p.s.* Il suffit d'établir le résultat pour $\xi \geq 0$. Soit η une v.a.r. ≥ 0 et $\mathcal{Y}_t$ mesurable,

$$\begin{aligned}
E(\xi\eta) &= \overset{\circ}{E}(\xi\eta Z_t) \\
&= \overset{\circ}{E}(\eta\, \overset{\circ}{E}(\xi Z_t / \mathcal{Y}_t)) \\
&= \overset{\circ}{E}\left(\eta \frac{Z_t}{\overset{\circ}{E}(Z_t / \mathcal{Y}_t)} \overset{\circ}{E}(\xi Z_t / \mathcal{Y}_t)\right) \\
&= E\left(\eta \frac{\overset{\circ}{E}(\xi Z_t / \mathcal{Y}_t)}{\overset{\circ}{E}(Z_t / \mathcal{Y}_t)}\right)
\end{aligned}$$

□

L'identité ci–dessus est souvent appelée en filtrage la "formule de Kallianpur–Striebel". Elle permet de ramener le calcul d'espérances conditionnelles sous P à des calculs d'espérance conditionnelle sous $\overset{\circ}{P}$. Quel est l'intérêt de $\overset{\circ}{E}(\cdot / \mathcal{Y}_t)$ par rapport à $E(\cdot / \mathcal{Y}_t)$?

Remarquons qu'une *v.a.* $\mathcal{F}_t$ mesurable est (en gros) une fonction de $(X_0;\ V_s,\ 0 \leq s \leq t)$ et de $(Y_s,\ 0 \leq s \leq t)$, et ces deux "objets" sont indépendants sous $\overset{\circ}{P}$. Donc $\overset{\circ}{E}(\cdot / \mathcal{Y}_t)$ est en fait une intégrale par rapport à la loi de $(X_0;\ V_s,\ 0 \leq s \leq t)$.

Remarquons en outre que, avec ξ comme dans l'énoncé de la Proposition 2.2.1, pour tout $s \geq 0$,

$$\overset{\circ}{E}(\xi Z_t / \mathcal{Y}_t) = \overset{\circ}{E}(\xi Z_t / \mathcal{Y}_{t+s}) .$$

En effet, $\mathcal{Y}_{t+s} = \mathcal{Y}_t \vee \sigma(Y_{t+u} - Y_t;\ 0 \leq u \leq s) = \mathcal{Y}_t \vee \mathcal{Y}^t_{t+s}$, et sous $\overset{\circ}{P}$ $\mathcal{Y}^t_{t+s}$ et $\mathcal{F}_t$ sont indépendantes. On a donc avec

$$\mathcal{Y}_\infty \triangleq \bigvee_{t>0} \mathcal{Y}_t ,$$

$$\overset{\circ}{E}(\xi Z_t / \mathcal{Y}_t) = \overset{\circ}{E}(\xi Z_t / \mathcal{Y}_\infty) . \tag{2.3}$$

Dans la suite, on écrira $\overset{\circ}{E}(\xi Z_t / \mathcal{Y})$ pour $\overset{\circ}{E}(\xi Z_t / \mathcal{Y}_\infty)$. Notons que (2.3) résulte de ce que l'on conditionne par rapport à la filtration d'un $\overset{\circ}{P}$–processus de Wiener.

Avant d'établir l'équation de Zakai, indroduisons quelques familles d'opérateurs aux dérivées partielles, indexées par $(t,y) \in \mathbb{R}_+ \times \Omega_2$. Pour $\varphi \in C^2_b(\mathbb{R}^M)$, on note (avec la convention de sommation sur indices répétés) :

$$\begin{aligned}
L_{ty}\varphi(x) &= \frac{1}{2} a^{ij}(t,y,x)\frac{\partial^2 \varphi}{\partial x^i\, \partial x^j}(x) + b^i(t,y,x)\frac{\partial \varphi}{\partial x^i}(x) , \\
A^j_{ty}\varphi(x) &= f^{lj}(t,y,x)\frac{\partial \varphi}{\partial x^l}(x), \quad j = 1,\dots,M , \\
B^i_{ty}\varphi(x) &= g^{li}(t,y,x)\frac{\partial \varphi}{\partial x^l}(x), \quad i = 1,\dots,N , \\
L^i_{ty}\varphi(x) &= h^i(t,y,x)\varphi(x) + B^i_{ty}\varphi(x), \quad i = 1,\dots,N .
\end{aligned}$$

(Attention : $y \in C(\mathbb{R}_+;\ \mathbb{R}^N)$, $x \in \mathbb{R}^M$!).

On définit maintenant deux processus à valeurs dans l'espace $\mathcal{M}_+(\mathbb{R}^M)$ des mesures finies sur $\mathbb{R}^M$.

Définition 2.2.2 *Soit* $\{\sigma_t,\ t \geq 0\}$ *et* $\{\Pi_t,\ t \geq 0\}$ *les processus à valeurs dans* $\mathcal{M}_+(\mathbb{R}^M)$ *définis par :*

$$\begin{aligned} \sigma_t(\varphi) &= \overset{\circ}{E}\,(\varphi(X_t) Z_t \,/\, \mathcal{Y}_t)\ , \\ \Pi_t(\varphi) &= E(\varphi(X_t) \,/\, \mathcal{Y}_t)\ , \end{aligned}$$

$t \geq 0,\ \varphi \in C_b(\mathbb{R}^M)$.

Le fait que les formules ci–dessus définissent bien des mesures aléatoires σ_t et Π_t résulte de ce que l'application $\varphi \to (\sigma_t(\varphi), \Pi_t(\varphi))$ est p.s. continue, si l'on munit $C_b(\mathbb{R}^M)$ de la topologie de la convergence uniforme sur tout compact.

Notons que $\sigma_0 = \Pi_0 =$ loi de X_0. On peut maintenant établir l'équation de Zakai (aussi appelée équation de Duncan–Mortensen–Zakai).

Théorème 2.2.3 *Si tous les coefficients de (2.2) sont bornés, alors pour tout* $\varphi \in C_b^2(\mathbb{R}^M)$,

$$(Z) \qquad \sigma_t(\varphi) = \sigma_0(\varphi) + \int_0^t \sigma_s(L_{sY}\,\varphi) ds + \int_0^t \sigma_s(L^i_{sY}\,\varphi)\, dY^i_s\ .$$

Preuve Remarquons tout d'abord que

$$\begin{aligned} X_t &= X_0 + \int_0^t [\,b(s,Y,X_s) - g\,h(s,Y,X_s)\,]ds + \\ &\quad + \int_0^t f(s,Y,X_s)\, dV_s + \int_0^t g(s,Y,X_s)\, dY_s\ . \end{aligned}$$

Utilisons la formule d'Itô :

$$\begin{aligned} \varphi(X_t) &= \varphi(X_0) + \int_0^t L_{sY}\,\varphi(X_s) ds - \int_0^t h^i(s,Y,X_s)\, B^i_{sY}\,\varphi(X_s) ds + \\ &\quad + \int_0^t A^l_{sY}\,\varphi(X_s)\, dV^l_s + \int_0^t B^i_{sY}\,\varphi(X_s)\, dY^i_s\ , \\ Z_t &= 1 + \int_0^t Z_s\, h^i(s,Y,X_s)\, dY^i_s\ , \\ Z_t \varphi(X_t) &= \varphi(X_0) + \int_0^t Z_s\, L_{sY}\,\varphi(X_s) ds + \int_0^t Z_s\, A^l_{sY}\,\varphi(X_s)\, dV^l_s + \\ &\quad + \int_0^t Z_s\, L^i_{sY}\,\varphi(X_s)\, dY^i_s\ . \end{aligned}$$

Il reste à prendre $\overset{\circ}{E}\,(\cdot \,/\, \mathcal{Y})$ des deux membres de cette égalité, à commuter l'espérance conditionnelle et l'intégrale de Lebesgue et à utiliser le Lemme 2.2.4. □

Lemme 2.2.4 *Soit* $\{U_t,\ t \geq 0\}$ *un processus* $\mathcal{F}_t$*–progressif t.q.*

$$E \int_0^T U_t^2\, dt < \infty,\ \forall\, T \geq 0\ ,$$

alors

$$\begin{aligned} \overset{\circ}{E}\left(\int_0^t U_s dV^j_s \,/\, \mathcal{Y}\right) &= 0\ , \quad t \geq 0\ , \quad j = 1, \ldots, M\ , \\ \overset{\circ}{E}\left(\int_0^t U_s dY^i_s \,/\, \mathcal{Y}\right) &= \int_0^t \overset{\circ}{E}\,(U_s \,/\, \mathcal{Y})\, dY^i_s\ , \quad t \geq 0\ , \quad i = 1, \ldots, N\ . \end{aligned}$$

Preuve Notons que si $\xi \in L^2(\Omega, \mathcal{F}_t, \mathring{P})$, pour calculer $\mathring{E}\ (\xi \,/\, \mathcal{Y})$, il suffit de calculer $\mathring{E}\ (\xi\eta)$, pour tout $\eta \in \mathbf{S}_t$, où $\mathbf{S}_t \subset L^2(\Omega, \mathcal{Y}_t, \mathring{P})$ et $\mathbf{S}_t$ est total dans $L^2(\Omega, \mathcal{Y}_t, \mathring{P})$. On choisit

$$\mathbf{S}_t = \left\{\eta = \exp\left(\int_0^t \rho_s^i \, dY_s^i - \frac{1}{2}\int_0^t |\, \rho_s \,|^2 \, ds\right), \rho \in L^2(0,t;\ \mathbb{R}^N)\right\} ,$$

$$\eta = 1 + \int_0^t \eta_s \, \rho_s^i \, dY_s^i \, ,$$

$$\mathring{E}\left(\eta \int_0^t U_s \, dV_s^j\right) = 0 \, ,$$

$$\begin{aligned}\mathring{E}\left(\eta \int_0^t U_s \, dY_s^i\right) &= \mathring{E} \int_0^t \eta_s \, \rho_s^i \, U_s \, ds \\ &= \mathring{E} \int_0^t \eta_s \, \rho_s^i \; \mathring{E}\ (U_s \,/\, \mathcal{Y}) ds \\ &= \mathring{E}\left(\eta \int_0^t \mathring{E}\ (U_s \,/\, \mathcal{Y}) \, dY_s^i\right)\end{aligned}$$

□

L'équation de Zakai que nous venons d'établir a l'avantage d'être une équation linéaire. Remarquons que l'on a :

$$\Pi_t = \sigma_t(\mathbf{1})^{-1} \, \sigma_t$$

où $\mathbf{1}$ désigne la fonction constante égale à 1.

Nous allons maintenant établir l'équation de Kushner–Stratonovich satisfaite par Π_t. Pour cela, il nous faut d'abord donner une expression pour $\sigma_t(\mathbf{1})$.

Proposition 2.2.5 $\sigma_t(\mathbf{1}) = \mathring{E}\ (Z_t \,/\, \mathcal{Y})$ *est donnée par :*

$$\mathring{E}\ (Z_t \,/\, \mathcal{Y}) = \exp\left[\int_0^t \Pi_s(h^i(s,Y,\cdot)) \, dY_s^i - \frac{1}{2}\int_0^t |\, \Pi_s(h(s,Y,\cdot)) \,|^2 \, ds\right] .$$

Preuve

$$Z_t = 1 + \int_0^t Z_s \, h^i(s,Y,X_s) \, dY_s^i \, .$$

D'après le Lemme 2.2.4 et la Proposition 2.2.1,

$$\begin{aligned}\mathring{E}\ (Z_t \,/\, \mathcal{Y}) &= 1 + \int_0^t \mathring{E}\ (Z_s \, h^i(s,Y,X_s) \,/\, \mathcal{Y}) \, dY_s^i \\ &= 1 + \int_0^t \mathring{E}\ (Z_s \,/\, \mathcal{Y}) \Pi_s(h^i(s,Y,\cdot)) \, dY_s^i \, .\end{aligned}$$

Théorème 2.2.6 *Si tous les coefficients de (2.2) sont bornés, alors pour tout* $\varphi \in C_b^2(\mathbb{R}^M)$,

$$(KS) \quad \begin{aligned}&\Pi_t(\varphi) = \Pi_0(\varphi) + \int_0^t \Pi_s(L_{sY} \, \varphi) ds + \\ &+ \int_0^t [\Pi_s(L_{sY}^i \, \varphi) - \Pi_s(h^i(s,Y,\cdot))\Pi_s(\varphi)] \, [\, dY_s^i - \Pi_s(h^i(s,Y,\cdot) ds] \, .\end{aligned}$$

Preuve Il résulte de la Proposition 2.2.5 et de la formule d'Itô :

$$\begin{aligned}\sigma_t(1)^{-1} &= 1-\int_0^t \sigma_s^{-1}(1)\,\Pi_s(h^i(s,Y,\cdot))\,dY_s^i \\ &\quad +\int_0^t \sigma_s^{-1}(1)\mid \Pi_s(h(s,Y,\cdot))\mid^2\,ds\,.\end{aligned}$$

On utilise maintenant (Z) et à nouveau Itô :

$$\begin{aligned}\sigma_t(1)^{-1}\,\sigma_t(\varphi) &= \sigma_0(\varphi)+\int_0^t \sigma_s^{-1}(1)\,\sigma_s(L_{sY}\,\varphi)ds \\ &\quad +\int_0^t \sigma_s^{-1}(1)\,\sigma_s(L_{sY}^i\,\varphi)\,dY_s^i \\ &\quad -\int_0^t \sigma_s^{-1}(1)\,\sigma_s(\varphi)\,\Pi_s(h^i(s,Y,\cdot))\,dY_s^i \\ &\quad +\int_0^t \sigma_s^{-1}(1)\,\sigma_s(\varphi)\mid \Pi_s(h(s,Y,\cdot))\mid^2\,ds \\ &\quad -\int_0^t \sigma_s^{-1}(1)\,\sigma_s(L_{sy}^i\,\varphi)\Pi_s(h^i(s,Y,\cdot))ds\,.\end{aligned}$$

Il reste à se souvenir que $\Pi_t = \sigma_t(1)^{-1}\sigma_t$ □

Remarquons que si l'on pose :

$$I_t = Y_t - \int_0^t \Pi_s(h(s,Y,\cdot))ds$$

l'équation (KS) se réécrit :

$$\begin{aligned}\Pi_t(\varphi) &= \Pi_0(\varphi)+\int_0^t \Pi_s(L_{sY}\,\varphi)\,ds + \\ &\quad +\int_0^t [\Pi_s(L_{sY}^i\,\varphi)-\Pi_s(h^i(s,Y,\cdot))\Pi_s(\varphi)]\;dI_s^i\,.\end{aligned}$$

On remarque que l'équation de $\Pi_t(\varphi)$ contient le terme que l'on retrouve dans l'équation pour la loi a priori de $\{X_t\}$, $\Pi_s(L_{sY}\,\varphi)$, plus un terme "dirigé" par l'innovation $\{I_t\}$.

Remarquons que l'on a :

$$Y_t = \int_0^t h(s,Y,X_s)\,ds + W_t = \int_0^t \Pi_s(h(s,Y,\cdot))\,ds + I_t\,.$$

On va voir que la seconde écriture est la décomposition de $\{Y_t\}$ comme $\mathcal{Y}_t$–semimartingale. Essayons tout d'abord de donner une interprétation intuitive de la terminologie "processus d'innovation".

$$I_{t+dt} - I_t \simeq Y_{t+dt} - Y_t - \Pi_t(h(t,Y,\cdot))\,dt\,,$$

$I_{t+dt} - I_t$ est la partie "innovante" de la nouvelle observation obtenue entre t et $t+dt$, puisque c'est la différence entre la nouvelle observation et ce que l'on s'attendait à observer au vu des observations précédentes. Cette interprétation serait plus claire en temps discret.

Proposition 2.2.7 *$\{I_t\,,\,t\geq 0\}$ est un $P-\mathcal{Y}_t$ processus de Wiener standard.*

Preuve Il est clair que I_t est une semi–martingale $\mathcal{Y}_t$–adaptée, et que $< I >_t = t$. Il reste à montrer que c'est une $\mathcal{Y}_t$–martingale. Soit $0 \leq s < t$.

$$\begin{aligned} E(I_t - I_s \,/\, \mathcal{Y}_s) &= E(E(W_t - W_s \,/\, \mathcal{F}_s) \,/\, \mathcal{Y}_s) + \\ &+ E\left[\int_s^t (h(r,Y,X_r) - E(h(r,Y,X_r) \,/\, \mathcal{Y}_r)\, dr \,/\, \mathcal{Y}_s\right] \\ &= 0 \end{aligned}$$

□

Remarquons que l'égalité :

$$Y_t = \int_0^t \Pi_s(h(s,Y,\cdot))\, ds + I_t$$

est en fait une équation différentielle stochastique du type :

(2.4)
$$Y_t = \int_0^t \Lambda_s(Y)\, ds + I_t$$

avec $\Lambda : \mathbb{R}_+ \times \Omega_2 \to \mathbb{R}^N$ progressivement mesurable. D'où la conjecture naturelle que $\mathcal{Y}_t \subset \mathcal{F}_t^I$, soit $\mathcal{Y}_t = \mathcal{F}_t^I$, appelée “conjecture de l'innovation”.

Mais Tsirel'son a montré par un contre–exemple que le fait que Y était solution d'une équation du type (2.4) n'impliquait pas que $\mathcal{Y}_t \subset \mathcal{F}_t^I$. Plusieurs démonstrations fausses de la conjecture de l'innovation ont été publiées, dont nous tairons les références. Par contre, il semble bien que le résultat d'Alinger et Mitter [2] soit correct. Les hypothèses d'Alinger et Mitter sont les suivantes : les coefficients b, f et h ne dépendent pas de y (mais ne sont pas nécessairement bornés) et $g \equiv 0$. En outre,

$$E\int_0^t |\, h(s,X_s)\,|^2\, ds < \infty, \quad \forall t > 0\,.$$

Remarquons que – indépendamment de la réponse à la conjecture de l'innovation – on sait que toute $\mathcal{Y}_t - P$ martingale de carré intégrable est une intégrale stochastique par rapport à $\{I_t\}$. Ce résultat est la clé d'une dérivation directe de l'équation (KS) – voir Fujisaki–Kallianpur–Kunita [31] et Pontier–Stricker–Szpirglas [78]

2.3 Les équations du filtrage dans le cas général

On revient au modèle (2.1), et on supposera dans toute la suite que les hypothèses $(H.1)$, $(H.2)$ et $(H.5)$ sont satisfaites sans éprouver le besoin de le rappeler. On a tout d'abord la :

Proposition 2.3.1 *Sous l'hypothèse* $(H.4)$, $\{Z_t,\ t \geq 0\}$ *et une* $\mathring{P} - \mathcal{F}_t$ *martingale et* $\{\mathring{E}\,(Z_t \,/\, \mathcal{Y});\ t \geq 0\}$ *est une* $\mathring{P} - \mathcal{Y}_t$ *martingale.*

Preuve Remarquons que $\forall\, t \geq 0$,

$$\overset{\circ}{E}\,(Z_t) = E(Z_t\, Z_t^{-1}) = 1\,.$$

La première affirmation résulte alors de ce que Z_t est une surmartingale d'espérance constante. Il est clair que $\overset{\circ}{E}\,(Z_t\,/\,\mathcal{Y})$ est $\mathcal{Y}_t$–mesurable, et $\overset{\circ}{P}$–intégrable puisque Z_t l'est. Si ξ est $\mathcal{Y}_s$ mesurable et bornée,

$$\begin{aligned}\overset{\circ}{E}\,[\overset{\circ}{E}\,(Z_t\,/\,\mathcal{Y})\xi] &= \overset{\circ}{E}\,[Z_t\,\xi]\\ &= \overset{\circ}{E}\,[Z_s\,\xi]\\ &= \overset{\circ}{E}\,[\overset{\circ}{E}\,(Z_s\,/\,\mathcal{Y})\xi]\end{aligned}$$

On a utilisé le fait que $\{Z_t\}$ est une $\overset{\circ}{P}-\mathcal{F}_t$ martingale. □

Il résulte alors de résultats "bien connus" sur les martingales par rapport à la filtration d'un processus de Wiener (bien connus dans le cas des martingales de carré intégrable, mais le résultat s'étend à toutes les martingales) :

Corollaire 2.3.2 *Le processus $\{\overset{\circ}{E}\,(Z_t\,/\,\mathcal{Y});\ t \geq 0\}$ possède une version à trajectoires continues.*

Nous pourrons donc supposer dorénavant, sous l'hypothèse $(H.4)$, que les trajectoires du processus $\{\overset{\circ}{E}\,(Z_t\,/\,\mathcal{Y});\ t \geq 0\}$ sont bornées sur tout intervalle compact. Toujours en supposant $(H.4)$ vérifiée, on définit Π_t et σ_t comme à la section précédente. On reprend les autres notations de cette section, à ceci près que les opérateurs L^i_{ty}, $i = 1\ldots, N$, sont maintenant donnés par :

$$L^i_{ty}\,\varphi(x) = (e^{-1}h)^i\,(t,y,x)\,\varphi\,(x) + (k^{-1})^{ji}\,B^j_{ty}\,\varphi(x)$$

et on pose en outre $\overline{L}^i_{ty} = k^{ij}(t,y)L^j_{ty}$.

On a à nouveau le :

Théorème 2.3.3 *Sous l'hypothèse $(H.4)$, pour tout $\varphi \in C^2_c(\mathbb{R}^M)$,*

$$(Z)\qquad \sigma_t(\varphi) = \sigma_0(\varphi) + \int_0^t \sigma_s(L_{sY}\,\varphi)\,ds + \int_0^t \sigma_s(L^i_{sY}\,\varphi)\,dY^i_s\,.$$

Preuve Le début de la preuve suit celle du Théorème 2.2.3. On obtient :

$$\begin{aligned}Z_t\,\varphi(X_t) &= \varphi(X_0) + \int_0^t Z_s\,L_{sY}\,\varphi(X_s)\,ds\,+\\ &\quad + \int_0^t Z_s\,L^i_{sY}\,\varphi(X_s)\,dY^i_s + \int_0^t Z_s\,A^j_{sY}\,\varphi(X_s)\,dV^j_s\,,\end{aligned}$$

on ne peut pas appliquer directement le Lemme 2.2.4 pour prendre $\overset{\circ}{E}\,(\cdot\,/\,\mathcal{Y})$ dans l'égalité ci–dessus. On pose :

$$S_n = \inf\{t;\ |\,X_t\,| \vee |\,Y_t\,| \geq n\},\quad \chi_n(t) = 1_{[0,S_n]}(t)\,,$$

$$Z_{t\wedge S_n}\,\varphi(X_{t\wedge S_n}) = \varphi(X_0) + \int_0^t \chi_n(s) Z_s\, L_{sY}\, \varphi(X_s)\, ds + \int_0^t \chi_n(s)\, L^i_{sY}\, \varphi(X_s)\, dY^i_s + \int_0^t \chi_n(s) Z_s\, A^j_{sY}\, \varphi(X_s)\, dY^j_s\,,$$

on peut maintenant prendre $\mathring{E}\,(\cdot\,/\,\mathcal{Y})$ comme dans la preuve du Théorème 2.2.3, d'où :

$$\mathring{E}\,(Z_{t\wedge S_n}\,\varphi(X_{t\wedge S_n})\,/\,\mathcal{Y}) = \mathring{E}\,\varphi(X_0) + \int_0^t \mathring{E}\,(\chi_n(s) Z_s\, L_{sY}\, \varphi(X_s)\,/\,\mathcal{Y})\, ds + \int_0^t \mathring{E}\,(\chi_n(s) Z_s\, L^i_{sY}\, \varphi(X_s)\,/\,\mathcal{Y})\, dY^i_s\,.$$

On déduit de la convergence dans $L^1(\mathring{P})$:

$$\mathring{E}\,(Z_{t\wedge S_n}\,\varphi(X_{t\wedge S_n})\,/\,\mathcal{Y}) \to \mathring{E}\,(Z_t\,\varphi(X_t)\,/\,\mathcal{Y})$$

en $\mathring{P}$ probabilité. En outre,

$$\begin{aligned} |\mathring{E}\,(\chi_n(s) Z_s\, L_{sY}\, \varphi(X_s)\,/\,\mathcal{Y})| &\le \mathring{E}\,(Z_s \mid L_{sY}\, \varphi(X_s) \mid /\,\mathcal{Y}) \\ &\le \sup_{s\le t} \mathring{E}\,(Z_s\,/\,\mathcal{Y})\, E\,(\mid L_{sY}\, \varphi(X_s) \mid /\,\mathcal{Y}) \end{aligned}$$

et cette dernière quantité est ds–intégrable sur $[0,t]$ p.s. On peut donc passer à la limite p.s. dans l'intégrale de Lebesgue. Enfin

$$\begin{aligned} [\mathring{E}\,(\chi_n(s) Z_s\, L^i_{sY}\, \varphi(X_s)\,/\,\mathcal{Y})]^2 &\le [\mathring{E}\,(Z_s \mid L^i_{sY}\, \varphi(X_s) \mid /\,\mathcal{Y})]^2 \\ &\le \sup_{s\le t} \left([\,\mathring{E}\,(Z_s\,/\,\mathcal{Y})]^2\, [\,E\,(\mid L^i_{sY}\, \varphi(X_s) \mid /\,\mathcal{Y})]^2 \right) \end{aligned}$$

et cette dernière quantité est ds–intégrable sur $[0,t]$ p.s. On peut donc finalement passer à la limite en $\mathring{P}$ probabilité dans l'intégrale stochastique, grâce au Lemme 2.3.4. □

Lemme 2.3.4 *Soit $(\Omega, \mathcal{F}, \mathcal{F}_t, P, W_t)$ un processus de Wiener réel standard,*

$$\{\varphi_n(t),\ t \ge 0,\ n \in \mathbb{N}\} \text{ et } \{\varphi(t),\ t \ge 0\}$$

des processus stochastiques progressivement mesurables à valeurs dans $\mathbb{R}$ tels que

$$\int_0^t \varphi(s)^2\, ds < \infty \ p.s.,$$

$$\int_0^t \mid \varphi_n(s) - \varphi(s) \mid^2\, ds \to 0 \text{ en probabilité quand } n \to \infty\,.$$

Alors

$$\sup_{s\le t} \left| \int_0^s \varphi(r)\, dW_r - \int_0^s \varphi_n(r)\, dW_r \right| \to 0$$

en probabilité, quand $n \to \infty$.

Etablissons tout d'abord le :

Lemme 2.3.5 *Soit $(\Omega, \mathcal{F}, \mathcal{F}_t, P, W_t)$ un processus de Wiener standard et $\{\varphi(t);\ t \geq 0\}$ un processus progressivement mesurable, t.q*

$$\int_0^t \varphi^2(s)ds < \infty \quad p.s.$$

Alors pour tout $t, \varepsilon, N > 0$,

$$P\left(\sup_{0\leq s\leq t}\left|\int_0^s \varphi(r)\,dW_r\right| > \varepsilon\right) \leq P\left(\int_0^t \varphi^2(s)ds > N\right) + \frac{N}{\varepsilon^2}\,.$$

Preuve Posons $\tau_N = \inf\{t;\ \int_0^t \varphi^2(s)ds \geq N\}$,

$$\varphi^N(s) = \varphi(s)\,1_{[0,\tau_N]}(s)\,.$$

$$\begin{aligned} P\left(\sup_{0\leq s\leq t}\left|\int_0^s \varphi(r)\,dW_r\right| > \varepsilon\right) &\leq P(\tau_N < T) + P\left(\sup_{0\leq s\leq t}\left|\int_0^s \varphi^N(r)\,dW_r\right| > \varepsilon\right) \\ &\leq P\left(\int_0^T \varphi^2(s)ds > N\right) + \frac{N}{\varepsilon^2} \end{aligned}$$

□

Preuve du Lemme 2.3.4 En utilisant le Lemme 2.3.5, il suffit de remarquer que $\forall \eta > 0$,

$$\limsup_{n\to\infty} P\left(\int_0^t |\,\varphi_n(s) - \varphi(s)\,|^2\, ds > \eta\right) = 0$$

□

Nous allons maintenant établir l'équation (KS). Pour cela, il nous faut tout d'abord généraliser la Proposition 2.2.5 :

Proposition 2.3.6 *Sous les hypothèses (H.3) et (H.4), pour tout $t > 0$,*

$$\begin{aligned} \mathring{E}\,(Z_t\,/\,\mathcal{Y}) &= \exp\left[\int_0^t (e^{-1}(s,Y)\Pi_s(h(s,Y,\cdot)),\ dY_s) - \right. \\ &\left. -\frac{1}{2}\int_0^t |\,k^{-1}(s,Y)\Pi_s(h(s,Y,\cdot))\,|^2\ ds\right]. \end{aligned}$$

Preuve S_n et χ_n étant définis comme dans la démonstration précédente,

$$Z_{t\wedge S_n} = 1 + \int_0^t \chi_n(s) Z_s (e^{-1}(s,Y)h(s,Y,X_s),\ dY_s)\,,$$

$\chi_n\, b^{-1}(s,Y)h(s,Y,X_s)$ et $E\int_0^t \chi_n\, Z_s^2\, ds$ sont bornés par des constantes dépendantes de n. On obtient donc comme à la Proposition 2.2.5 :

$$\mathring{E}\,(Z_{t\wedge S_n}\,/\,\mathcal{Y}) = 1 + \int_0^t \mathring{E}\,(Z_s\,/\,\mathcal{Y})(e^{-1}(s,Y)E[h(s,Y,X_s)\chi_n(s)\,/\,\mathcal{Y}],\ dY_s)\,.$$

A nouveau, $Z_{t\wedge S_n} \to Z_t$ dans $L^1(\mathring{P})$ quand $n \to \infty$, ce qui permet de passer à la limite dans le membre de gauche de l'égalité. En outre

$$\begin{aligned}
&\int_0^t \mid e^{-1}(s,Y)E[h(s,Y,X_s)\chi_n(s) \,/\, \mathcal{Y}] \mid^2 ds \\
&\leq E\left(\int_0^t \mid e^{-1}(s,Y)h(s,Y,X_s)\chi_n(s) \mid^2 ds \,/\, \mathcal{Y}\right) \\
&\leq E\left(\int_0^t \mid e^{-1}(s,Y)h(s,Y,X_s) \mid^2 ds \,/\, \mathcal{Y}\right) \\
&< \infty
\end{aligned}$$

grâce à $(H.3)$. On conclut comme au Théorème 2.3.3. □

Théorème 2.3.7 *Sous l'hypothèse* $(H.3)$, *pour tout* $\varphi \in C_C^2(\mathbb{R}^M)$,

$$\begin{aligned}
\Pi_t(\varphi) &= \Pi_0(\varphi) + \textstyle\int_0^t \Pi_s(L_{sY}\varphi)\, ds + \\
(KS) \qquad & \int_0^t \left[\Pi_s(\overline{L}^i_{sY}\varphi) - \Pi_s((k^{-1}h)^i(s,Y,\cdot))\,\Pi_s(\varphi)\right] \times \\
& \times \left[(k^{-1}(s,Y)dY_s)^i - \Pi_s((k^{-1}h)^i(s,Y,\cdot))ds\right] .
\end{aligned}$$

Preuve On va approcher notre problème de filtrage par un problème qui satisfasse l'hypothèse $(H.4)$. Remarquons que $\chi_n(t) = \chi_n(t,Y,X)$ est progressivement mesurable, de $\mathbb{R}_+ \times \Omega$ à valeurs dans $[0,1]$. On pose

$$\begin{aligned}
b_n(t,Y,X) &= \chi_n(t,Y,X)\, b(t,Y,X_t) , \\
f_n(t,Y,X) &= \chi_n(t,Y,X)\, f(t,Y,X_t) , \\
g_n(t,Y,X) &= \chi_n(t,Y,X)\, g(t,Y,X_t) , \\
h_n(t,Y,X) &= \chi_n(t,Y,X)\, h(t,Y,X_t) , \\
k_n(t,y) &= (k(t,Y) - I)\,\rho_n(t,Y) + I , \\
e_n(t,y) &= k_n(t,Y)\, k_n(t,Y)
\end{aligned}$$

où $\rho_n(t,Y) = \alpha_n(\sup_{s\leq t}|Y_s|)$, avec $\alpha_n \in C^\infty(\mathbb{R}_+;[0,1])$, $\alpha_n(z) = 1$ pour $0 \leq z \leq n$, et $\alpha_n(z) = 0$ pour $z \geq 2n$.

Considérons le processus $\{(X_t^n, Y_t^n), t \geq 0\}$ défini par $X_t^n = X_{t\wedge S_n}$, et $\{Y_t^n\}$ est l'unique solution (grâce à $(H.5)$) de l'EDS :

$$Y_t^n = Y_{t\wedge S_n} + \int_{t\wedge S_n}^t k_n(s,Y^n)\, dW_s .$$

Alors

$$\left\{\begin{aligned}
X_t^n &= X_0 + \int_0^t b_n(s,Y^n,X^n)\, ds + \int_0^t f_n(s,Y^n,X^n)\, dV_s \\
&\qquad + \int_0^t g_n(s,Y^n,X^n)\, dW_s , \\
Y_t^n &= \int_0^t h_n(s,Y^n,X^n)\, ds + \int_0^t k_n(s,Y^n)\, dW_s .
\end{aligned}\right.$$

On pose

$$Z_t^n = Z_{t\wedge S_n} = \exp\left[\int_0^t (e_n^{-1}(s,Y^n)\,h_n(s,Y^n,X^n), dY_s^n) \right.$$
$$\left. -\frac{1}{2}\int_0^t \left|k_n^{-1}(s,Y^n)\,h_n(s,Y^n,X^n)\right|^2 ds\right] .$$

Il est facile de montrer que $E[(Z_t^n)^{-1}] = 1$, et il existe une unique probabilité $\mathring{P}_n$ sur $(\Omega, \mathcal{F})$ telle que

$$\left.\frac{d\mathring{P}_n}{dP}\right|_{\mathcal{F}_t} = (Z_t^n)^{-1}, \quad t \geq 0.$$

On pose $\mathcal{Y}_t^n = \sigma(Y_s^n; 0 \leq s \leq t) \vee \mathcal{N}$, $\mathcal{Y}^n = \vee_{t\geq 0}\mathcal{Y}_t^n$, et pour $\psi : \mathbb{R}_+ \times \Omega \to \mathbb{R}$ progressivement mesurable et tel que $E|\psi(t,X,Y)| < \infty$, on pose

$$\begin{aligned} \sigma_t^n(\psi) &= \mathring{E}_n\left(\psi(t,X^n,Y^n)Z_t^n \,/\, \mathcal{Y}^n\right) , \\ \Pi_t^n(\psi) &= E\left(\psi(t,X^n,Y^n) \,/\, \mathcal{Y}_t^n\right) . \end{aligned}$$

On montre alors comme à la section précédente que pour $\varphi \in C_C^2(\mathbb{R}^M)$,

$$\begin{aligned} \Pi_t^n(\varphi) &= \Pi_0(\varphi) + \int_0^t \Pi_s^n(L_n\varphi)\,ds + \\ &\quad + \int_0^t \left[\Pi_s^n(\overline{L}_n^i\varphi) - \Pi_s^n(\varphi)\,\Pi_s^n((k_n^{-1}\,h_n(s,\cdot,Y))^i)\right] \times \\ &\quad \times \left[k_n^{-1}(s,Y)dY_s^n\right)^i - \Pi_s\left((k_n^{-1}h_n)^i(s,Y^n,\cdot)ds\right] . \end{aligned}$$

Il reste à prendre la limite quand $n \to \infty$ dans cette égalité. Le passage à la limite repose sur les lemmes suivants :

Lemme 2.3.8

(i) Si $\theta \in L^2(\Omega,\mathcal{F},P)$ et $t \geq 0$, $\Pi_t^n(\theta) \to \Pi_t(\theta)$ dans $L^2(\Omega,\mathcal{F},P)$ quand $n \to \infty$.

(ii) Soit $\{\theta_t, \theta_t^n\,;\, n \in \mathbb{N}\}$ des processus progressivement mesurables tels que

(ii.a) $\theta_t^n = \theta_t$, $0 \leq t \leq S_n$, p.s.

(ii.b) $\{\theta_t^n; n \in \mathbb{N}\}$ est uniformément de carré intégrable par rapport à $P \times \lambda$ sur $\Omega \times [0,t]$.

Alors

$$E\int_0^t |\Pi_s^n(\theta_s^n) - \Pi_s(\theta_s)|^2\,ds \to 0 .$$

Lemme 2.3.9 *Soit ψ et $\{\psi_n, n \in \mathbb{N}\}$ des processus progressivement mesurables t.q. pour tout $t > 0$, $p \in \mathbb{N}$, l'ensemble $\bar{B}_{tp} = B^{tp} \cup (\cup_n B_n^{tp})$ soit borné, avec*

$$\begin{aligned} B^{tp} &= \left\{\psi(s,x,y)\,;\, s \in [0,t],\, \sup_{0\leq s\leq t} |y(s)| \leq p\right\} , \\ B_n^{tp} &= \left\{\psi_n(s,x,y)\,;\, s \in [0,t],\, \sup_{0\leq s\leq t} |y(s)| \leq p\right\} , \end{aligned}$$

et tels que $\psi_n(s,x,y) = \psi(s,x,y)$ *sur* $[0, S_n]$. *Alors pour tout* $q \geq 1$, $t > 0$,

$$\int_0^t |\Pi_s^n(\psi_n) - \Pi_s(\psi)|^q \, ds \to 0$$

en probabilité, quand $n \to \infty$.

Lemme 2.3.10 *Soit* $\{\alpha_t, \alpha_t^n \, ; \, t \geq 0, \, n \in \mathbb{N}\}$ *des processus progressivement mesurables à valeurs dans* $\mathbb{R}^N$, *tels que pour tout* $t > 0$,

(i) $\displaystyle\int_0^t \left(|\alpha_s|^2 + |\alpha_s^n|^2\right) ds < \infty$ *p.s.*, $n \in \mathbb{N}$,

(ii) $\displaystyle\int_0^t (\alpha_s - \alpha_s^n)^2 \, ds \to 0$ *en probabilité quand* $n \to \infty$.

Alors pour tout $t > 0$,

$$\int_0^t \alpha_s^n \, \rho_n^{-1}(s, Y^n) \, dY_s^n \to \int_0^t \alpha_s \, \rho^{-1}(s, Y) \, dY_s$$

en probabilité, quand $n \to \infty$.

Les détails des démonstrations du Théorème et des Lemmes, qui sont dûs à D. Michel et l'auteur, seront publiés ultérieurement.

2.4 Le problème de la prédiction

Supposons que l'on veuille calculer la loi conditionnelle de X_t, sachant $\mathcal{Y}_s$ (avec $0 < s < t$), ou, ce qui revient au même, $E(\varphi(X_t)/\mathcal{Y}_s)$. Nous allons voir que ce problème, dit de prédiction, se ramène aisément à un problème de filtrage, à condition que les coefficients du système ne dépendent pas de l'observation Y. Considérons donc le processus $\{(X_t, Y_t); t \geq 0\}$ solution du système différentiel stochastique :

$$(2.5) \qquad \begin{cases} X_t &= X_0 + \displaystyle\int_0^t b(s, X_s) \, ds + \int_0^t f(s, X_s) \, dV_s + \int_0^t g(s, X_s) \, dW_s \, , \\[2ex] Y_t &= \displaystyle\int_0^t h(s, X_s) \, ds + W_t \, , \end{cases}$$

les coefficients étant tous supposés mesurables, et pour simplifier bornés. Soit maintenant $\{U_t, t \geq 0\}$ un processus de Wiener standard à valeurs dans $\mathbb{R}^N$ indépendant de tous les processus ci–dessus, et soit le processus :

$$\bar{Y}_t = \int_0^{t \wedge s} h(r, X_r) \, dr + W_{t \wedge s} + U_t - U_{t \wedge s} \, .$$

Alors, pour $s < t$, il est clair que (avec des notations évidentes) :

$$E\left(\varphi(X_t) \, / \, \mathcal{Y}_s\right) = E\left(\varphi(X_t) \, / \, \bar{\mathcal{Y}}_t\right) \, .$$

Mais le membre de droite de cette égalité est une quantité à laquelle on peut appliquer les résultats des sections précédentes. Si l'on définit les mesures $\bar{\sigma}_t$ et $\bar{\Pi}_t$ par analogie avec les notations ci-dessus (mais avec $\mathcal{Y}_\cdot$ remplacé par $\bar{\mathcal{Y}}_\cdot$), on obtient l'équation de Zakai de la prédiction :

$$\text{(ZP)} \qquad \bar{\sigma}_t(\varphi) = \sigma_0(\varphi) + \int_0^t \bar{\sigma}_r(L_r\varphi)\,dr + \int_0^{s\wedge t} \bar{\sigma}_r(L_r^i\varphi)\,dY_r^i$$

et l'équation de Kushner-Stratonovich de la prédiction :

$$(KSP) \qquad \begin{aligned} \bar{\Pi}_t(\varphi) &= \Pi_0(\varphi) + \textstyle\int_0^t \bar{\Pi}_r(L_r\varphi)\,dr + \\ & \quad + \int_0^{s\wedge t} \left[\bar{\Pi}_r(L_r^i\varphi) - \bar{\Pi}_r(\varphi)\,\bar{\Pi}_r((h(r,\cdot,Y))^i)\right] \times \\ & \quad \times \left[dY_r^i - \bar{\Pi}_r^i(h^i)\,dr\right] . \end{aligned}$$

Notons que $\bar{\Pi}_t(\varphi) = \bar{\sigma}_t^{-1}(1)\,\bar{\sigma}_t(\varphi) = \bar{\sigma}_s^{-1}(1)\,\bar{\sigma}_t(\varphi)$, $0 \leq s \leq t$, et que au delà de l'instant s, ces deux équations se ramènent à l'équation de Fokker-Planck. Remarquons que l'on peut aussi obtenir (ZP) en prenant $\overset{\circ}{E}(\cdot \,/\, \mathcal{Y}_s)$ dans (Z), et (KSP) en prenant $E(\cdot \,/\, \mathcal{Y}_s)$ dans (KS). On peut traiter le cas où les coefficients dépendent à chaque instant t de l'observation courante Y_t, en considérant $\{Y_r\}$ comme un processus observé jusqu'à l'instant s, et non observé au delà de l'instant s (on écrira alors entre s et t l'evolution de la loi conditionnelle du couple (X_r, Y_r), sachant $\mathcal{Y}_s$).

2.5 Le problème du lissage

Nous allons maintenant considérer le problème du calcul de $E[\varphi(X_s) \,/\, \mathcal{Y}_t]$, avec $0 \leq s < t$. Pour alléger les notations, on supposera que $t = 1$, et on cherchera à calculer $E[\varphi(X_t) \,/\, \mathcal{Y}_1]$, avec $0 \leq t < 1$. Les résultats de cette section proviennent pour l'essentiel de Pardoux [69]. Pour simplifier, on va d'abord considérer le cas où les coefficients ne dépendent pas de l'observation, i.e. on considère le système :

$$(2.6) \qquad \begin{cases} X_t = X_0 + \int_0^t b(s,X_s)\,ds + \int_0^t f(s,X_s)\,dV_s + \int_0^t g(s,X_s)\,dW_s , \\ Y_t = \int_0^t h(s,X_s)\,ds + W_t \end{cases}$$

et on suppose pour simplifier que tous les coefficients sont mesurables et *bornés*.

On pose comme ci-dessus :

$$L_t\varphi(x) = \frac{1}{2}\sum_{i,j=1}^M a^{ij}(t,x)\,\frac{\partial^2\varphi}{\partial x^i \partial x^j}(x) + \sum_{i=1}^M b^i(t,x)\,\frac{\partial\varphi}{\partial x^i}(x) ,$$

et on suppose en outre que pour toute condition initiale $(s,(x,0))$, le problème de martingales associé au système différentiel stochastique :

$$\begin{cases} dX_t = [b(t,X_t) - gh(t,X_t)]\,dt + f(t,X_t)\,dV_t + g(t,X_t)\,d\overset{\circ}{W}_t , \\ dY_t = d\overset{\circ}{W}_t \end{cases}$$

possède une unique solution $\overset{\circ}{P}_{sx}$, qui est une mesure de probabilité sur $C([s,1];\mathbb{R}^{M+N})$.

Avec les notations du paragraphe 2.2, on voit que le problème de lissage se ramène à la détermination d'une loi conditionnelle "non normalisée" μ_t donnée par :

$$\mu_t(\varphi) = \overset{\circ}{E}\,(\varphi(X_t)\,Z_1\,/\,\mathcal{Y})\,.$$

Rappelons que $\sigma_t(\varphi) = \overset{\circ}{E}\,(\varphi(X_t)\,Z_t\,/\,\mathcal{Y})$. Contrairement à ce qui se passait pour le problème de filtrage, cette définition de σ_t (où l'on conditionne par $\mathcal{Y}$ plutôt que par $\mathcal{Y}_t$) est cruciale. On pose :

$$v(t,x) = \overset{\circ}{E}_{tx}\,(Z_1^t\,/\,\mathcal{Y})$$

où $Z_1^t = (Z_t)^{-1}\,Z_1$, et $\overset{\circ}{E}_{tx}$ est l'espérance sous $\overset{\circ}{P}_{tx}$. On notera ci-dessous $\mathcal{Y}_1^t = \sigma\{Y_r - Y_t\,;\, t \le r \le 1\} \vee \mathcal{N}$.

On a le :

Théorème 2.5.1

$$\mu_t(\varphi) = \sigma_t\,(\varphi\, v(t,\cdot))\,.$$

Corollaire 2.5.2

$$E[\varphi(X_t)\,/\,\mathcal{Y}_1] = \mu_t(1)^{-1}\,\mu_t(\varphi)\,.$$

Preuve Le corollaire résulte immédiatement du théorème et de la proposition 2.2.1. □

Le théorème est une conséquence immédiate des deux lemmes :

Lemme 2.5.3

$$\overset{\circ}{E}\,[\varphi(X_t)\,Z_1\,/\,\mathcal{Y}] = \overset{\circ}{E}{}^{\mathcal{Y}}\left[\varphi(X_t)\,Z_t\;\overset{\circ}{E}{}^{\mathcal{Y}}_{t,X_t}\,(Z_1^t)\right]\,.$$

Preuve Il suffit de démontrer que $\forall\theta$ v.a.r. $\mathcal{Y}_t$–mesurable et bornée, et $\forall\lambda$ v.a.r. $\mathcal{Y}_1^t$ mesurable et bornée, les produits scalaires dans $L^2(\Omega,\overset{\circ}{P})$ avec $\theta\lambda$ des deux membres de l'égalité ci-dessus coïncident. On va utiliser ci-dessous la propriété de Markov du processus $\{(X_r, Y_{r\vee t} - Y_t)\,;\, r \ge 0\}$, dont l'état à l'instant t ne dépend que de X_t.

$$\begin{aligned}
\overset{\circ}{E}\,[\varphi(X_t)\,Z_1\,\theta\,\lambda] &= \overset{\circ}{E}\,[\varphi(X_t)\,Z_t\theta\;\overset{\circ}{E}{}^{\mathcal{F}_t}\,(Z_1^t\,\lambda)] \\
&= \overset{\circ}{E}\,[\varphi(X_t)\,Z_t\theta\;\overset{\circ}{E}_{t,X_t}\,(Z_1^t\,\lambda)] \\
&= \overset{\circ}{E}\left[\theta\,\lambda\;\overset{\circ}{E}{}^{\mathcal{Y}}\,[\varphi(X_t)\,Z_t\;\overset{\circ}{E}{}^{\mathcal{Y}}_{t,X_t}\,(Z_1^t)]\right]
\end{aligned}$$

□

Lemme 2.5.4 *Soit $(x,\omega) \to G(x,\omega)$ une application $\mathcal{B}_N \otimes \mathcal{Y}_1^t$ mesurable, de $\mathbb{R}^N \times \Omega_2$ à valeurs dans $\mathbb{R}_+$. Alors :*

$$\overset{\circ}{E}\,[G(X_t)\,Z_t\,/\,\mathcal{Y}] = \sigma_t(G)\,.$$

Preuve Par le théorème des classes monotones, il suffit d'établir l'égalité pour une fonction G de la forme :

$$G(x,\omega) = \mathbf{1}_B(x)\,\mathbf{1}_A(\omega)$$

avec $B \in \mathcal{B}_N$, $A \in \mathcal{Y}_1^t$. On utilise les notations du lemme précédent.

$$\begin{aligned}
\overset{\circ}{E}\,[\mathbf{1}_B(X_t)\,Z_t\,\mathbf{1}_A\,\theta\,\lambda] &= \overset{\circ}{E}\,[\mathbf{1}_B(X_t)\,Z_t\,\theta]\;\overset{\circ}{E}\,[\mathbf{1}_A\,\lambda] \\
&= \overset{\circ}{E}\,[\sigma_t(\mathbf{1}_B)\,\theta]\;\overset{\circ}{E}\,[\mathbf{1}_A\,\lambda] \\
&= \overset{\circ}{E}\,[\sigma_t(\mathbf{1}_B)\,\mathbf{1}_A\,\theta\,\lambda]
\end{aligned}$$

et $\sigma_t(\mathbf{1}_B)\,\mathbf{1}_A = \sigma_t(\mathbf{1}_B\,\mathbf{1}_A)$. □

Le théorème se réécrit :

$$\frac{d\mu_t}{d\sigma_t}(x) = v(t,x)\,.$$

Notre prochaine étape consiste à établir l'équation satisfaite par $v(t,x)$. Notons tout de suite que $v(1,x) = 1$, $\forall x$, et que $v(t,x)$ est $\mathcal{Y}_1^t$ mesurable. Nous allons d'abord donner une dérivation "formelle" de l'équation satisfaite par v (dérivation qui peut se justifier sous des hypothèses ad hoc !).

Supposons que $\forall t \in [0,1]$, $v(t,\cdot) \in \mathbf{C}^2(\mathbb{R}^M)$ p.s. Il résulte alors de la formule d'Itô que pour $0 \le s < r \le 1$,

$$\begin{aligned}
Z_r^s\,v(r,X_r) &= v(r,X_s) + \int_s^r Z_\theta^s\,L_\theta v(r,X_\theta)\,d\theta + \\
&\quad + \int_s^r Z_\theta^s\,\nabla v(r,X_\theta)\,f(\theta,X_\theta)\,dV_\theta + \int_s^r Z_\theta^s\,L_\theta^i v(r,X_\theta)\,dY_\theta^i\,.
\end{aligned}$$

Notons que le fait que $v(r,\cdot)$ est aléatoire ne pose pas de problème, puisqu'il est $\mathcal{Y}_1^r$ adapté, et que $\mathcal{Y}_1^r$ et $\mathcal{Y}_r$ sont indépendants.

Discrétisons l'intervalle $[t,1]$ par $t = t_0^n < t_1^n < \cdots < t_n^n = 1$, avec $t_k^n = t + \frac{1-t}{n}k$. Dans la suite on écrira t_k pour t_k^n. D'après la formule ci–dessus,

$$\begin{aligned}
Z_{t_{k+1}}^{t_k}\,v(t_{k+1},X_{t_{k+1}}) &= v(t_{k+1},X_{t_k}) + \int_{t_k}^{t_{k+1}} Z_\theta^{t_k}\,L_\theta v(t_{k+1},X_\theta)\,d\theta \\
&\quad + \int_{t_k}^{t_{k+1}} Z_\theta^{t_k}\,\nabla v(t_{k+1},X_\theta)\,f(\theta,X_\theta)\,dV_\theta \\
&\quad + \int_{t_k}^{t_{k+1}} Z_\theta^{t_k}\,L_\theta^i v(t_{k+1},X_\theta)\,dY_\theta^i\,.
\end{aligned}$$

Prenons $\overset{\circ\mathcal{Y}}{E}_{t_k,x}$ dans cette égalité :

$$\begin{aligned}
v(t_k,x) &= v(t_{k+1},x) + \int_{t_k}^{t_{k+1}} \overset{\circ\mathcal{Y}}{E}_{t_k,x}\,(Z_\theta^{t_k}\,L_\theta v(t_{k+1},X_\theta))\,d\theta \\
&\quad + \int_{t_k}^{t_{k+1}} \overset{\circ\mathcal{Y}}{E}_{t_k,x}\,(Z_\theta^{t_k}\,L_\theta^i v(t_{k+1},X_\theta))\,dY_\theta^i\,.
\end{aligned}$$

Sommant de $k = 0$ à $n-1$, et en prenant la limite quand $n \to \infty$ dans l'égalité ainsi obtenue (cette étape demande bien sûr une justification pour devenir rigoureuse), on obtient

$$v(t,x) = 1 + \int_t^1 L_s v(s,x)\,ds + \int_t^1 L_s^i v(s,x)\,dY_s^i$$

ou encore

$$
(2.7)\qquad \begin{cases} d_t v(t,x) + L_t v(t,x)\,dt + L_t^i v(t,x)\,dY_t^i = 0\ , \\ \\ v(1,x) = 1\ . \end{cases}
$$

Remarquons que v étant adapté à $\mathcal{Y}_1^t$, l'intégrale stochastique

$$
\int_t^1 L_s^i v(s,x)\,dY_s^i
$$

est une "intégrale de la formule d'Itô rétrograde", i.e. une intégrale par rapport au "processus de Wiener rétrograde" $\{Y_s^i - Y_1^i; t \leq s \leq 1\}$ (faire le changement de variable $u = 1 - s$ pour retrouver une intégrale "progressive"). Une telle intégrale est — comme une intégrale d'Itô usuelle — un cas particulier de l'intégrale de Skorohod, voir ci-dessous Définition 5.2.1. Il n'y a donc pas lieu d'utiliser une notation différente de celle de l'intégrale d'Itô.

On va maintenant réécrire l'équation (2.7). On considère maintenant $\{v(t,x);\ 0 \leq t \leq 1,\ x \in \mathbb{R}^d\}$ comme un processus $\{v(t);\ 0 \leq t \leq 1\}$ à valeurs dans un espace de fonctions de x (qui est bien sûr un espace de dimension infinie, et qui en pratique sera un espace de Hilbert — ce pourrait être plus généralement un espace de Banach).

$$
(2.8)\qquad \begin{cases} dv(t) + L_t v(t)\,dt + L_t^i v(t)\,dY_t^i = 0\ , \quad 0 \leq t \leq 1\ , \\ \\ v(1) = 1\ . \end{cases}
$$

Posons :

$$
\begin{aligned}
\rho(x) &= (1+|x|^2)^{-M}\ , \\
L_\rho^2 &= L^2(\mathbb{R}^M; \rho(x)\,dx)\ , \\
H_\rho^1 &= \{u \in L_\rho^2;\ \partial u/\partial x^i \in L_\rho^2,\ 1 \leq i \leq M\}\ .
\end{aligned}
$$

En outre $M_r^2(0,1;V)$ désignera l'espace $L^2((0,1)\times\Omega,\ \mathcal{P}_r,\ dt \times dP; V)$, ou $\mathcal{P}_r$ est la tribu qui rend mesurable les processus continus à gauche et $\mathcal{Y}_1^t$ adaptés.

Il résulte des résultats du chapitre 3 ci-dessous le :

Théorème 2.5.5 *Supposons satisfaite l'une des deux conditions suivantes :*

(i) $ff^*(t,x) \geq \alpha I > 0,\ \forall x$; *et* f *est de classe* C^1 *en* x, $\frac{\partial f}{\partial x^1}, \ldots, \frac{\partial f}{\partial x^M}$ *étant bornées.*

(ii) f *est de classe* C^2 *en* x, b, g, h *sont de classe* C^1 *en* x, *toutes les dérivées étant bornées.*

Alors l'équation (2.8) possède une unique solution :

$$
v \in M_r^2(0,1;H_\rho^1) \cap L^2(\Omega; C([0,1]; L_\rho^2))\ .
$$

On a alors la "formule de Feynman–Kac stochastique" (Pardoux [68]) :

Proposition 2.5.6 *v désignant l'unique solution de l'équation (2.8) (au sens du théorème 2.5.5), on a l'égalité suivante $d\mathring{P} \times dx$ p.p. :*

$$
v(t,x) = \mathring{E}_{tx}\,[Z_1^t\,/\,\mathcal{Y}]\ .
$$

Preuve On va indiquer la démonstration proposée par Krylov–Rosovskii. Soit $\theta \in L^\infty(0,1;\mathbb{R}^N)$. On pose :

$$\rho_t = \exp\left(\int_t^1 (\theta_s, dY_s) - \frac{1}{2}\int_t^1 |\theta_s|^2\, ds\right)$$

ou encore, d'après la formule d'Itô rétrograde

$$\begin{cases} d\rho_t &= -\rho_t\,(\theta_t, dY_t)\,, \quad 0 \le t \le 1\,, \\ \rho_1 &= 1\,. \end{cases}$$

Posons $V(t) = \rho_t v(t)$. Soit $u \in C_c^\infty(\mathbb{R}^M)$. En appliquant à nouveau la formule d'Itô pour calculer la différentielle de $(V_t, u) = \rho_t\,(v(t), u)$, $(\cdot,\cdot)$ désigne le produit scalaire dans $L^2(\mathbb{R}^M)$,

$$\begin{aligned} d(V(t), u) + (LV(t), u)\, dt + (L^i V(t), u)\, dY_t^i + \theta_t^i\,(V(t), u)\, dY_t^i + \\ + \theta_t^i\,(L^i V(t), u)\, dt = 0\,. \end{aligned}$$

Ceci étant vrai $\forall u \in C_c^\infty(\mathbb{R}^M)$, il est facile d'en déduire que $\bar{V}(t) = \mathring{E}\; V(t)$ satisfait :

$$\begin{cases} \dfrac{d}{dt}\bar{V}(t) + L\bar{V}(t) + \theta_t^i L^i \bar{V}(t) = 0\,, \quad 0 \le t \le 1\,, \\ \bar{V}(1) = 1\,. \end{cases}$$

Il en résulte de la formule de Feynman-Kac "usuelle" que :

$$\bar{V}(t,x) = E_{tx}^\theta \left\{\exp\left[\int_t^1 (\theta_s, h(s, X_s))\, ds\right]\right\}$$

où P_{tx}^θ est la loi de probabilité sur $C([t,1];\mathbb{R}^M)$ de la solution de l'équation différentielle stochastique :

$$\begin{cases} dX_s &= [b(s,X_s) + g(s,X_s)\,\theta_s]\, ds + f(s,X_s)\, dV_s + g(s,X_s)\, dW_s^\theta\,, \quad s \ge t\,, \\ X_t &= x\,. \end{cases}$$

Il résulte du théorème de Girsanov que :

$$\begin{aligned} \left.\frac{dP_{tx}^\theta}{d\,\mathring{P}_{tx}}\right|_{\mathcal{F}_1^t} &= \exp\left[\int_t^1 (\theta_s + h(s,X_s), dY_s) - \frac{1}{2}\int_t^1 |\theta_s + h(s,X_s)|^2\, ds\right] \\ &= \rho_t\, Z_1^t \exp\left[-\int_t^1 (\theta_s, h(s,X_s))\, ds\right] \end{aligned}$$

d'où l'on tire

$$\bar{V}(t,x) = \mathring{E}_{tx}\,[Z_1^t\, \rho_t]\,,$$

soit

$$\mathring{E}_{tx}\,[v(t,x)\, \rho_t(\theta)] = \mathring{E}_{tx}\,[Z_1^t\, \rho_t(\theta)]\,.$$

Or $\{\rho_t(\theta)\,;\,\theta\in L^\infty(t,1;\mathbb{R}^N)\}$ est total dans $L^2(\Omega,\mathcal{Y}_1^t,\overset{\circ}{P}_{tx})$, et $v(t,x)$ est $\mathcal{Y}_1^t$ mesurable. On en déduit alors aisément que :

$$v(t,x) = \overset{\circ}{E}_{tx}\,[Z_1^t\,/\,\mathcal{Y}_1^t]$$

ce qui entraîne la proposition. □

La loi conditionnelle non normalisée du lissage à l'instant t s'obtient en résolvant l'équation progressive (Z) de 0 à t, et l'équation rétrograde (2.8) de 1 à t. On peut aussi établir une équation pour l'évolution de cette loi non normalisée, voir Pardoux [71].

Remarquons que l'on peut penser exprimer, à l'aide du calcul stochastique non adapté, la différentielle de μ_t. Mais il ne semble pas possible d'écrire une équation pour μ_t qui fasse intervenir μ_t seul, et non le couple $(\mu_t, v(t))$.

Notons $\Lambda_t = \mu_t(1)^{-1}\,\mu_t$. Alors, comme $\mu_1(1) = \sigma_t(v(t,\cdot)) = \sigma_1(1)$

$$\frac{d\Lambda_t}{d\Pi_t}(x) = \frac{\sigma_1(1)}{\sigma_t(1)}\,v(t,x)\ .$$

Sous des hypothèses de régularité ad hoc sur les coefficients, on peut établir, à l'aide du calcul stochastique non adapté, une équation pour

$$u(t,x) = \frac{\sigma_1(1)}{\sigma_t(1)}\,v(t,x)$$

qui s'écrit sous forme de Stratonovich :

$$\begin{aligned} du(t) + Au(t)\,dt + L_t^i u(t)\circ dY_t^i + u(t)\,\Pi_t(h^i)\circ dY_t^i = \\ = \left[L_t^i u(t) + \Pi_t(h_t^i) + \frac{1}{2}u(t)\,\Pi_t(L_t^i h^i)\right]\,dt \end{aligned}$$

avec $A = L - \frac{1}{2}\sum_i (L^i)^2$. Remarquons que, contrairement au système des équations pour (σ, v), le système des équations pour (Π, u) est couplé : il faut résoudre l'équation (KS) pour Π jusqu'à l'instant final 1 avant de résoudre l'équation satisfaite par u.

Finalement, dans le cas où les coefficients dépendent du passé des observations, on s'attend à ce que $v(t) = d\mu_t/d\sigma_t$ satisfasse une EDPS rétrograde analogue à (2.8), mais cette fois on a besoin du calcul stochastique non adapté pour lui donner un sens. Nous allons écrire l'équation sous forme Stratonovich, sans donner les conditions sous lesquelles on peut l'établir, renvoyant à Ocone–Pardoux [67] pour les détails.

On suppose que pour tout $x\in\mathbb{R}^M$, les processus $g(t,Y,x)$ et $h(t,Y,x)$ possèdent une variation quadratique jointe avec Y_t, et on pose :

$$\begin{aligned} \bar{g}^{li}(t,Y,x) &= \frac{d}{dt} < g^{li}(\cdot,Y,x), Y^i >_t\ , \quad \bar{g}^l = \sum_{i=1}^N \bar{g}^{li}\ , \\ \bar{h}^i(t,Y,x) &= \frac{d}{dt} < h^i(\cdot,Y,x), Y^i >_t\ , \quad \bar{h} = \sum_{i=1}^N \bar{h}^i\ . \end{aligned}$$

On note alors $\bar{L}$ l'opérateur L^1 avec $(g^{\cdot 1}, h^1)$ remplacé par $(\bar{g}^{\cdot}, \bar{h})$. Posons finalement :

$$\tilde{A}_{tY} = A_{tY} - \frac{1}{2}\bar{L}_{tY}\ .$$

L'équation satisfaite par v s'écrit alors :

$$(2.9)\qquad \begin{cases} dv(t) + \tilde{A}_{tY}v(t)\,dt + L^i_{tY}v(t)\ \circ dY^i_t = 0\,, & 0 \le t \le 1\,, \\ v(1) = 1\,. \end{cases}$$

Notons qu'il n'existe pas à ce jour — à notre connaissance — de résultat d'existence ou unicité pour l'équation (2.9). Dans le cas où les coefficients ne dépendent que de Y à l'instant courant t, on peut établir et étudier l'équation (2.9) (ou sa version sous forme Itô) à l'aide de la théorie du grossissement d'une filtration (voir Pardoux [69]).

2.6 Application en statistique des processus : calcul de la vraisemblance

On se place ici pour simplifier dans le cadre de la section 2.2, en supposant que les dérives b et h dépendent d'un paramètre inconnu $\theta \in \Theta$, où Θ est un borélien de $\mathbb{R}^p$. On suppose donc que b (*resp.* h) est une application bornée de $\Theta \times \mathbb{R}_+ \times C(\mathbb{R}_+;\, \mathbb{R}^N) \times \mathbb{R}^M$ à valeurs dans $\mathbb{R}^M$ (*resp.* dans $\mathbb{R}^N$), qui est $\Sigma \otimes \mathcal{P}_2 \otimes \mathcal{B}_M\,/\,\mathcal{B}_N$ (*resp.* $/\,\mathcal{B}_M$) mesurable, où Σ désigne la trace de $\mathcal{B}_p$ sur Θ. f, g étant comme à la section 2.2, on suppose que pour chaque $\theta \in \Theta$ il existe une probabilité P_θ sur $(\Omega, \mathcal{F})$ et un $P_\theta - \mathcal{F}_t$ processus de Wiener standard $\{(V^\theta_t,\, W^\theta_t)';\ t \ge 0\}$ à valeurs dans $\mathbb{R}^M \times \mathbb{R}^N$ tel que :

$$(2.10)\qquad \begin{cases} dX_t &= b_\theta(t, Y, X_t)dt + f(t, Y, X_t)dV^\theta_t + g(t, Y, X_t)dW^\theta_t\,, \\ dY_t &= h_\theta(t, Y, X_t)dt + dW^\theta_t\,. \end{cases}$$

On supposera en outre que

$$a(t, y, x) = (ff^* + gg^*)(t, y, x) \ge \alpha\, I,\ \forall (t, y, x) \in \mathbb{R}_+ \times C(\mathbb{R}_+;\, \mathbb{R}^N) \times \mathbb{R}^M$$

et que le problème de martingales associé à l'équation (2.10) est bien posé.

A l'instant t, on dispose de l'observation $\{Y_s;\ 0 \le s \le t\}$. Le modèle statistique correspondant à ce problème est : $(\Omega_2, \mathcal{Y}_t, P_\theta, \theta \in \Theta)$. A chaque $\theta \in \Theta$, on associe la "loi conditionnelle non normalisée" de X_t sachant $\mathcal{Y}_t$, σ^θ_t. $\{\sigma^\theta_t;\ t \ge 0\}$ satisfait une équation de Zakai paramétrée par θ. On a le :

Théorème 2.6.1 *Le modèle statistique $(\Omega_2, \mathcal{Y}_t, P_\theta, \theta \in \Theta)$ est dominé, et une fonction de vraisemblance est donnée par :*

$$\theta \to \sigma^\theta_t(1)\,.$$

Preuve On pose :

$$\begin{aligned} Z^\theta_t &= \exp\left(\int_0^t (h_\theta(s, Y, X_s),\, dY_s) - \frac{1}{2}\int_0^t \mid h_\theta(s, Y, X_s) \mid^2 ds\right)\,, \\ V^\theta_t &= \exp\left(\int_0^t (a^{-1}\overline{b}_\theta(s, Y, X_s),\, dX_s) - \frac{1}{2}\int_0^t \mid a^{-1/2}\overline{b}_\theta(s, Y, X_s) \mid^2 ds\right) \end{aligned}$$

où $\bar{b}_\theta = b_\theta - gh_\theta$. Il résulte des hypothèses faites ci-dessus que $\{(Z_t^\theta, V_t^\theta);\ t \geq 0\}$ est une P_θ martingale. On définit alors la mesure suivante sur $(\Omega, \mathcal{F}_t)$ (dont il est facile de voir qu'elle ne dépend pas de θ) :

$$\frac{dQ}{dP_\theta|_{\mathcal{F}_t}} = (Z_t^\theta\, V_t^\theta)^{-1} .$$

Alors Q est une mesure dominante, et

$$\begin{aligned} \frac{dP_\theta|_{\mathcal{Y}_t}}{dQ} &= E_Q(V_t^\theta Z_t^\theta \mid \mathcal{Y}_t) \\ &= \mathring{E}_\theta\,(Z_t^\theta \mid \mathcal{Y}_t) \\ &= \sigma_t^\theta(1)\,. \end{aligned}$$

En effet $\mathring{P}_\theta\ |_{\mathcal{Y}_t} = Q$, c'est la mesure de processus de Wiener standard sur $C([0,t];\mathbb{R}^N)$, et pour tout $\Lambda \in \mathcal{Y}_t$,

$$\begin{aligned} E_Q(V_t^\theta Z_t^\theta \Lambda) &= \mathring{E}_\theta\,(Z_t^\theta \Lambda) \\ &= \mathring{E}_\theta\,(\mathring{E}_\theta\,(Z_t^\theta \mid \mathcal{Y}_t)\Lambda) \\ &= E_Q(\mathring{E}_\theta\,(Z_t^\theta \mid \mathcal{Y}_t)\Lambda) \end{aligned}$$

□

On vient de voir que la solution de l'équation de Zakai permet de calculer une vraisemblance dans un problème de statistique de processus partiellement observé. Pour certains algorithmes d'estimation on a même besoin des équations du lissage et du calcul stochastique non adapté, voir Campillo, Le Gland [15].

Chapitre 3

Equations aux dérivées partielles stochastiques. Applications à l'équation de Zakai

3.1 Equations d'évolution déterministes dans les espaces de Hilbert.

Nous allons établir quelques résultats qui nous serviront dans la suite. Signalons tout de suite que la nécessité de considérer plusieurs espaces de Hilbert inclus les uns dans les autres vient de ce que les opérateurs aux dérivées partielles que nous considérerons (et qui ont déjà été introduits au chapitre 2) sont des opérateurs *non bornés*. On se donne deux espaces de Hilbert V et H, avec $V \subset H, V$ dense dans H avec injection continue. On identifie H avec son dual. Alors H s'identifie à un sous ensemble de V'. Autrement dit, on a le schéma :

$$V \subset H \subset V',$$

on notera respectivement $\|\cdot\|$, $|\cdot|$ et $\|\cdot\|_*$ les normes dans V, H et V', par $(\cdot,\cdot)$ le produit scalaire dans H, et par $< \cdot,\cdot >$ le produit de dualité entre V et V'. On se donne enfin $T > 0$.

Dans la suite, V et H seront des espaces de Sobolev : $V = H^{s+1}(\mathbb{R}^M)$, $H = H^s(\mathbb{R}^M)$, $s \in \mathbb{R}$; le choix canonique étant $s = 0$ (alors $H = L^2(\mathbb{R}^M)$). La définition de ces espaces de Sobolev sera donnée à la section 3.4.

Lemme 3.1.1 *Soit $t \to u(t)$ une fonction absolument continue de $[0,T]$ dans V', t.q. en outre $u \in L^2(0,T;V)$ et $\frac{du}{dt} \in L^2(0,T;V')$. Alors $u \in C([0,T];\ H)$, $t \to |u(t)|^2$ est absolument continue et*

$$\frac{d}{dt}|u(t)|^2 = 2 < u(t),\ \frac{du}{dt}(t) > \text{ p.p. dans } [0,T].$$

Preuve Il est facile de prolonger u à $\mathbb{R}$ de telle sorte que u soit à support compact, $u \in L^2(\mathbb{R};V)$, $\frac{du}{dt} \in L^2(\mathbb{R};V')$. En régularisant, on approche u par une suite $u_n \in C^1(\mathbb{R};V)$

à support compact t.q. $u_n \to u$ dans $L^2(\mathbb{R}; V)$ et $\frac{du_n}{dt} \to \frac{du}{dt}$ dans $L^2(\mathbb{R}; V')$. En outre,

$$\begin{aligned} |u_n(t)|^2 &= 2\int_{-\infty}^t (u_n(s), \frac{du_n}{ds}(s))ds \\ &= 2\int_{-\infty}^t < u_n(s), \frac{du_n}{ds}(s) > ds\,, \end{aligned}$$

on en déduit aisément que $u_n \to u$ dans $C(\mathbb{R}; H)$, et le résultat. □

On considère maintenant un opérateur $A \in \mathcal{L}(V, V')$ t.q. $\exists \lambda$ et $\gamma > 0$ avec :

$$< Au, u > +\lambda |u|^2 \geq \gamma \|u\|^2, \ \forall u \in V\,. \tag{3.1}$$

Théorème 3.1.2 *Sous l'hypothèse (3.1), si $u_0 \in H$ et $f \in L^2(0,T;V')$, alors l'équation suivante possède une unique solution :*

$$\begin{cases} (i) & u \in L^2(0,T;V)\,, \\ (ii) & \frac{du}{dt} + Au(t) = f(t) \ p.p. \ dans \ (0,T)\,, \\ (iii) & u(0) = u_0\,. \end{cases} \tag{3.2}$$

Preuve (esquisse) Les hypothèses (3.2–i) + (3.2–ii) entraînent, d'après le Lemme 3.1.1, que $u \in C([0,T]; H)$, ce qui fait que la condition (3.2–iii) a un sens.

Supposons qu'il existe une solution u à (3.2). Alors, d'après le Lemme 3.1.1,

$$|u(t)|^2 + 2\int_0^t < Au(s), u(s) > ds = |u_0|^2 + 2\int_0^t < f(s), u(s) > ds\,,$$

on utilise maintenant (3.1) et Cauchy–Schwarz :

$$\begin{aligned} |u(t)|^2 + 2\gamma \int_0^t \|u(s)\|^2 ds &\leq |u_0|^2 + \frac{1}{\gamma}\int_0^t \|f(s)\|_*^2 ds + \\ &\quad + \gamma \int_0^t \|u(s)\|^2 ds + 2\lambda \int_0^t |u(s)|^2 ds\,. \end{aligned}$$

On tire alors du Lemme de Gronwall :

$$|u(t)|^2 \leq \left(|u_0|^2 + \frac{1}{\gamma}\int_0^T \|f(t)\|_*^2 dt \right) e^{2\lambda T}\,, \tag{3.3}$$

$$\int_0^T \|u(t)\|^2 dt \leq \left(|u_0|^2 + \frac{1}{\gamma}\int_0^T \|f(t)\|_*^2 dt \right) \frac{e^{2\lambda T}}{\gamma}\,. \tag{3.4}$$

L'unicité résulte immédiatement de ces inégalités. Pour établir l'existence, on approche l'équation (3.2) (par exemple en dimension finie par une méthode de Galerkin), et on établit une estimation uniforme du type (3.3)–(3.4) pour la suite correspondante. Il reste à montrer que toute limite d'une sous suite convergeant faiblement est solution de (3.2). □

Remarque 3.1.3 Le résultat du théorème serait encore vrai avec A dépendant du temps, pourvu que $A \in L^\infty(0,T; \mathcal{L}(V,V'))$ et que (3.1) soit satisfaite avec des constantes λ et γ indépendantes de t.

□

3.2 Equations d'évolution stochastiques dans les espaces de Hilbert

On reprend le cadre ci-dessus, et on se donne un processus de Wiener standard N–dimensionel $(\Omega, \mathcal{F}, \mathcal{F}_t, P, W_t)$. Etant donné X un espace de Hilbert réel séparable, on pose :

$$M^2(0,T;X) \triangleq L^2((0,T)\times\Omega, \mathcal{P}, dP\times dt;\ X)\ ,$$
$$M^2(X) \triangleq \bigcap_{T>0} M^2(0,T;X)$$

où $\mathcal{P}$ désigne la tribu progressive sur $\mathbb{R}_+ \times \Omega$. Si $\varphi \in M^2(X^N)$, on définit l'intégrale stochastique :

$$\int_0^t \varphi_s \cdot dW_s = \sum_{i=1}^N \int_0^t \varphi_s^i dW_s^i, \quad t \geq 0$$

qui est une martingale continue de carré intégrable à valeurs dans X.

Si $u \in X$, $\psi \in M^2(X)$, $\varphi \in M^2(X^N)$, alors le processus $\{u_t,\ t \geq 0\}$ défini par :

$$u_t = u + \int_0^t \psi_s\, ds + \int_0^t \varphi_s \cdot dW_s$$

est une semi-martingale continue à valeurs dans X, et on a la formule d'Itô suivante pour la norme dans X au carré :

$$|u_t|^2 = |u|^2 + 2\int_0^t (u_s, \psi_s)\, ds + 2\int_0^t (u_s, \varphi_s)\cdot dW_s + \sum_{i=1}^N \int_0^t |\varphi_s^i|^2 ds\ .$$

On va maintenant généraliser à la fois cette formule d'Itô et le Lemme 3.1.1 (on reprend le cadre $V \subset H \subset V'$ de la section 3.1) :

Lemme 3.2.1 *Supposons donnés $u \in H$, $\psi \in M^2(V')$ et $\varphi \in M^2(H^N)$ tels le processus $\{u_t\}$ à valeurs dans V' défini par :*

$$u_t = u + \int_0^t \psi_s\, ds + \int_0^t \varphi_s \cdot dW_s, \quad t \geq 0$$

vérifie $u \in M^2(V)$. Alors $u \in \bigcap_{T>0} L^2(\Omega;\ C([0,T];\ H))$, et :

$$(3.5) \qquad |u_t|^2 = |u|^2 + 2\int_0^t < u_s, \psi_s > ds + 2\int_0^t (u_s, \varphi_s)\cdot dW_s + \sum_{i=1}^d \int_0^t |\varphi_s^i|^2 ds\ .$$

Le lemme est une conséquence de la :

Proposition 3.2.2 *Soit $A \in \mathcal{L}(V, V')$ qui satisfait (3.1), u, φ et ψ donnés comme au Lemme 3.2.1. Alors l'équation suivante a une solution unique :*

$$(3.6) \qquad \begin{cases} \{u_t\} \in M^2(0,T;\ V)\ , \\ du_t + Au_t\, dt = \psi_t\, dt + \varphi_t \cdot dW_t, \quad 0 \leq t \leq T\ , \\ u_0 = u \end{cases}$$

qui satisfait en outre les conclusions du Lemme 3.2.1.

Preuve Remarquons que l'existence de A résulte de faits élémentaires sur les applications de dualité. Pour déduire le Lemme de la Proposition, il suffit de vérifier que le processus $\{u_t\}$ du Lemme est solution de l'équation (3.6) avec $\{\psi_t\}$ remplacé par $\{\psi_t + Au_t\}$. L'unicité de la solution est une conséquence du Théorème 3.1.2.

L'existence est facile à démontrer si l'on suppose en outre que $\varphi \in M^2(0,T;\, V^d)$. Car alors $\{u_t\}$ résout l'équation (3.6) si et seulement si $\{\bar{u}_t\}$ défini par

$$\bar{u}_t = u_t - \int_0^t \varphi_s \cdot dW_s$$

résout l'équation :

$$\begin{cases} \bar{u} \in L^2(0,T;\, V) \text{ p.s. ,} \\ \dfrac{d\bar{u}_t}{dt} + A\bar{u}_t = \psi_t - A\left[\int_0^t \varphi_s \cdot dW_s\right], \quad 0 \le t \le T\,, \\ \bar{u}_0 = u\,, \end{cases}$$

à laquelle on peut appliquer le Théorème 3.1.2. En outre, toujours avec l'hypothèse supplémentaire ci-dessus, (3.5) se déduit du Lemme 3.1.1 à l'aide d'une intégration par parties. Finalement, on montre à l'aide de (3.5) et de l'inégalité de Burkholder que $u \in M^2(0,T;\, V) \cap L^2(\Omega;\, C([0,T];\, H))$. Soit enfin $\{\varphi_n\} \subset M^2(0,T;\, V^d)$ t.q. $\varphi_n \to \varphi$ dans $M^2(0,T;\, H^d)$. On déduit alors de (3.5) que la suite $\{u_t^n\}$ correspondante est de Cauchy dans $M^2(0,T;\, V) \cap L^2(\Omega; C([0,T];\, H))$, et que sa limite $\{u_t\}$ est solution de (3.6). □

Remarquons que l'on dispose d'une formule d'Itô plus générale que celle du Lemme 3.2.1 (qui est vraie lorsque V est un espace de Banach):

Corollaire 3.2.3 *Supposons satisfaites les hypothèses du Lemme 3.2.1. Soit $\Phi : H \to \mathbb{R}$ une application deux fois Fréchet différentiable qui satisfait :*

(i) Φ, Φ' et Φ'' sont localement bornées.

(ii) Φ et Φ' sont continues de H à valeurs dans $\mathbb{R}$ et H respectivement

(iii) $\forall Q \in \mathcal{L}^1(H)$, $u \to Tr[Q\Phi''(u)]$ est continue de H dans $\mathbb{R}$.

(iv) Si $u \in V$, $\Phi'(u) \in V$, et Φ' est continue de "V fort" dans "V faible".

(v) $\exists k$ t.q. $\|\Phi'(u)\| \le k(1 + \|u\|)$, $u \in V$.

Alors :

$$\begin{aligned} \Phi(u_t) = \Phi(u) \quad &+ \quad \int_0^t < \Phi'(u_s),\, \psi_s > ds + \int_0^t (\Phi'(u_s),\, \varphi_s) \cdot dW_s \\ &+ \quad \frac{1}{2}\int_0^t (\Phi''(u_s)\, \varphi_s^i,\, \varphi_s^i)\, ds\,. \end{aligned}$$

Preuve Le corollaire se démontre exactement comme le Lemme 3.2.1, à l'aide de l'approximation utilisée à la Proposition 3.2.2. □

Donnons maintenant un résultat plus général d'existence et d'unicité de la solution d'une EDPS de type parabolique. On se donne maintenant, outre $A \in \mathcal{L}(V, V')$, $B \in \mathcal{L}(V; H^N)$, $u \in H$, $f \in M^2(0,T;V')$ et $g \in M^2(0,T;H^N)$. On suppose satisfaite l'hypothèse de "coercivité" (ou "ellipticité") suivante : $\exists\, \lambda, \gamma > 0$ t.q.

$$2 < Au, u > + \lambda |u|^2 \geq \gamma \|u\|^2 + \sum_{i=1}^{N} |B_i u|^2, \; u \in V \,. \tag{3.7}$$

On a alors le :

Théorème 3.2.4 *Sous les hypothèses ci-dessus (en particulier la condition (3.7)), l'équation :*

$$\begin{cases} \{u_t\} \in M^2(0,T;V) \,, \\ du_t + (Au_t + f_t)\, dt = (Bu_t + g_t) \cdot dW_t \,, \; 0 \leq t \leq T \,, \\ u_0 = u \,, \end{cases} \tag{3.8}$$

a une solution unique.

Preuve Il est clair que toute solution de (3.8) satisfait les conclusions du Lemme 3.2.1, donc en particulier si $\{u_t\}$ est une solution,

$$\begin{aligned} |u_t|^2 + 2\int_0^t < Au_s + f_s, u_s > ds = \\ = |u|^2 + 2\int_0^t (Bu_s + g_s, u_s) \cdot dW_s + \sum_{i=1}^{N} \int_0^t |B_i u_s + g_s^i|^2 ds \end{aligned} \tag{3.9}$$

d'où l'on tire, grâce à (3.7) :

$$\begin{aligned} E(|u_t|^2) + \gamma E \int_0^t \|u_s\|^2 ds \;\; &\leq \;\; |u|^2 + \lambda E \int_0^t |u_s|^2 ds \\ &+ \;\; \frac{\gamma}{2} E \int_0^t \|u_s\|^2 ds + \frac{3}{\gamma} E \int_0^t \|f_s\|_*^2 ds + \\ &+ \;\; (1 + \frac{3N}{\gamma}) \sum_{i=1}^{N} E \int_0^t |g_s^i|^2 ds, \; 0 \leq t \leq T \end{aligned}$$

et en utilisant le lemme de Gronwall :

$$\begin{aligned} E(|u_t|^2) \;\; &\leq \;\; e^{\lambda T} \left(|u|^2 + cE \int_0^T \|f_t\|_*^2 dt + \bar{c} \sum_{i=1}^{N} E \int_0^T |g_t^i|^2 dt \right) , \\ E \int_0^T \|u_s\|^2 ds \;\; &\leq \;\; \frac{2e^{\lambda T}}{\gamma} \left(|u|^2 + c\, E \int_0^T \|f_t\|_*^2 dt + \bar{c} \sum_{i=1}^{N} E \int_0^T |g_t^i|^2 dt \right) . \end{aligned}$$

On tire alors de (3.9), à l'aide de l'inégalité de Burkholder pour $p = 1$:

$$E(\sup_{t \leq T} |u_t|^2) \leq \tilde{c}\left(|u|^2 + c\int_0^T E\|f_t\|^2 dt + \bar{c}\sum_{i=1}^N E\int_0^T |g_t^i|^2 dt\right).$$

La démonstration se termine alors comme au Théorème 3.1.2. □

Remarque 3.2.5 L'unicité est vraie même si $\gamma = 0$ dans (3.7). □

Remarque 3.2.6 Soit $A \in L^\infty((0,T) \times \Omega,\ \mathcal{P},\ dt \times dP;\ \mathcal{L}(V,V'))$ et $B \in L^\infty((0,T) \times \Omega,\ \mathcal{P},\ dt \times dP;\ \mathcal{L}(V;\ H^N))$ qui satisfont la condition (3.7) avec des constantes λ et γ indépendantes de (t,ω). Alors le Théorème 3.2.4 se généralise aisément à cette situation. □

3.3 Application à l'équation de Zakai

Nous revenons à la situation de la section 2.2. On choisit

$$(\Omega,\ \mathcal{F},\ \mathcal{F}_t,\ P,\ W_t) = (C(\mathbb{R}_+;\ \mathbb{R}^N),\ \mathcal{Y},\ \mathcal{Y}_t,\ Q,\ Y_t)\ ,$$

où Q est la mesure de Wiener sur $C(\mathbb{R}_+;\ \mathbb{R}^N)$. Supposons que pour tout $(t,y) \in \mathbb{R}_+ \times C(\mathbb{R}_+;\ \mathbb{R}^N)$, les applications $x \to a^{jl}(t,y,x)$ et $x \to g^{li}(t,y,x)$, $1 \leq i,j \leq M$, $1 \leq l \leq N$, sont des éléments de l'espace de Sobolev $W^{1,\infty}(\mathbb{R}^M)$. C'est à dire que l'on suppose que $a^{ij}(t,y,\cdot)$ est bornée et que ses dérivées premières au sens des distributions sont également des fonctions bornées ; on supposera que toutes les bornes en question sont indépendantes de (t,y). Rappelons que tous les autres coefficients qui interviendront ci-dessous seront également supposés bornés. On peut réécrire les opérateurs L_{ty}, L^i_{ty} sous la forme :

$$\begin{aligned} L_{ty} &= \frac{1}{2}\frac{\partial}{\partial x^l}\left[a^{jl}(t,y,x)\frac{\partial}{\partial x^j}\cdot\right] + \bar{b}^j(t,y,x)\frac{\partial}{\partial x^j}\ , \\ L^i_{ty} &= \frac{\partial}{\partial x^l}[g^{li}(t,y,x)\cdot] - \frac{\partial g^{li}}{\partial x^l}(t,y,x) + h^i(t,y,x) \end{aligned}$$

avec $\bar{b}^j(t,y,x) = b^j(t,y,x) - \frac{1}{2}\frac{\partial a^{jl}}{\partial x^l}(t,y,x)$. On choisit maintenant $V = H^1(\mathbb{R}^M)$, $H = L^2(\mathbb{R}^M)$ (c'est le choix le plus naturel du point de vue des EDP !), où $H^1(\mathbb{R}^M)$ est l'espace de Sobolev :

$$H^1(\mathbb{R}^M) = \left\{u \in L^2(\mathbb{R}^M);\ \frac{\partial u}{\partial x^j} \in L^2(\mathbb{R}^M),\ 1 \leq j \leq M\right\}.$$

Alors V' s'identifie avec l'espace de distributions $H^{-1}(\mathbb{R}^M)$ (la définition de $H^s(\mathbb{R}^M)$, s réel quelconque, sera donnée dans la section suivante).

Il est facile de voir que si L^* désigne l'adjoint de l'opérateur L et L^{i*} celui de l'opérateur L^i, alors

$$\begin{aligned} &L^* \in L^\infty((0,T) \times \Omega;\ \mathcal{L}(V,V')) \text{ et} \\ &L^{i*} \in L^\infty((0,T) \times \Omega;\ \mathcal{L}(V,H)),\ 1 \leq i \leq N,\ \forall T > 0. \end{aligned}$$

Soit $u \in H^1(\mathbb{R}^M)$. Alors :

(3.10)
$$-2 < L^*_{ty}u, u > -\sum_{i=1}^{N} |L^{i*}_{ty}u|^2 =$$
$$= \int_{\mathbb{R}^M} [a^{jl}(t,y,x) - (gg^*)^{jl}(t,y,x)] \frac{\partial u}{\partial x^j}(x) \frac{\partial u}{\partial x^l}(x) dx$$
$$+ \int_{\mathbb{R}^M} \alpha^j(t,y,x) \frac{\partial u}{\partial x^j}(x)\, u(x)\, dx + \int_{\mathbb{R}^M} \beta(t,y,x)\, u^2(x)\, dx$$

avec $\alpha^j = -2\bar{b}^j - \frac{\partial g^{li}}{\partial x^l} g^{ji}$, $\beta = -\sum_{i=1}^{N} \left(\frac{\partial g^{ji}}{\partial x^j}\right)^2$. Notons que $a - gg^* = ff^*$. Il en résulte que si l'on pose $A = -L^*_{t,y}$, $B_i = L^{i*}_{t,y}$, l'hypothèse (3.7) est satisfaite si et seulement si il existe $\delta > 0$ t.q.

(3.11)
$$(ff^*)(t,y,x) \geq \delta I, \quad \forall (t,y,x) \in \mathbb{R}_+ \times C(\mathbb{R}_+; \mathbb{R}^N) \times \mathbb{R}^M .$$

Notons en outre que l'équation (Z) se réécrit formellement :

$$(Z) \begin{cases} d\sigma_t - L^*_{tY}\sigma_t\, dt - L^{i*}_{tY}\sigma_t\, dY^i_t &= 0, \quad t \geq 0, \\ \sigma_0 &= \Pi_0, \end{cases}$$

où Π_0 est la loi de X_0. Si la condition (3.11) est satisfaite, et si σ_0 admet une densité $p(0,\cdot)$ appartenant à $L^2(\mathbb{R}^M)$, alors l'équation (Z) possède une solution $p \in L^2(0,T;\, V) \cap C([0,T];\, H)$, $\forall T > 0$, où pour tout t, $p(t,\cdot)$ est "candidat" à être la densité de la mesure σ_t. L'affirmation $p(t,x) = \frac{d\sigma_t}{dx}(x)$ relève alors d'un théorème d'unicité, pour l'équation (Z). On va établir un tel théorème sans l'hypothèse (3.11) (et sans supposer que σ_t possède une densité), mais sous des hypothèses de régularité des coefficients.

3.4 Un résultat d'unicité pour l'équation de Zakai.

Reprenons la formule (3.10), et supposons maintenant que pour tout $(t,y) \in \mathbb{R}_+ \times C(\mathbb{R}_+; \mathbb{R}^N)$,

$$x \to \alpha^j(t,y,x)$$

appartient à $C^1_b(\mathbb{R}^M)$. Alors, si $u \in H^1(\mathbb{R}^M)$, on a la formule d'intégration par parties suivante (qui se vérifie en approchant u par des fonctions à support compact) :

$$\int_{\mathbb{R}^M} \alpha^j(t,y,x) \frac{\partial u}{\partial x^j}(x) u(x)\, dx = \frac{1}{2}\int_{\mathbb{R}^M} \alpha^j(t,y,x) \frac{\partial}{\partial x^j}(u^2)(x)\, dx$$
$$= -\frac{1}{2}\int_{\mathbb{R}^M} \frac{\partial \alpha^j}{\partial x^j}(t,y,x) u^2(x)\, dx .$$

Supposons que :

(3.12)
$$\lambda = \sup_{(t,y,x)} \{\frac{1}{2}|\frac{\partial \alpha^j}{\partial x^j}(t,y,x)| + |\beta(t,y,x)|\} < \infty,$$

alors (puisque $ff^* \geq 0$) :

(3.13)
$$-2 < L_{ty}u, u > -\sum_{i=1}^{N} |L^{i*}_{ty}u|^2 + \lambda |u|^2 \geq 0, \; \forall u \in H^1(\mathbb{R}^M) .$$

On déduit de la Remarque 3.2.5 que sous l'hypothèse (3.12) l'équation de Zakai possède au plus une solution dans $M^2(H^1(\mathbb{R}^M))$. Cependant, sans l'hypothèse d' "uniforme ellipticité " (3.11), il n'y a aucune raison pour que la loi conditionnelle non normalisée possède une densité dans $M^2(0,T;\ H^1(\mathbb{R}^M))$. Il est donc nécessaire d'établir un résultat d'unicité dans un espace plus gros.

Introduisons pour cela quelques nouvelles notions d'analyse fonctionnelle. Dans la suite s désigne un réel quelconque. On note $\mathcal{S}'(\mathbb{R}^M)$ l'espace des distributions tempérées. Pour $u \in \mathcal{S}'(\mathbb{R}^M)$, on note $\hat{u}$ sa transformée de Fourier. Si $u \in \mathcal{S}'(\mathbb{R}^M)$, et $s \in \mathbb{R}$, on définit $\Lambda_s u \in \mathcal{S}'(\mathbb{R}^M)$ par

$$\widehat{\Lambda_s u}(\xi) = (1+|\xi|^2)^{\frac{s}{2}}\hat{u}(\xi),$$

et $H^s(\mathbb{R}^M) = \{u \in \mathcal{S}'(\mathbb{R}^M), \Lambda_s u \in L^2(\mathbb{R}^M)\}$. $H^s(\mathbb{R}^M)$, muni de la norme $\|f\|_s = \|\Lambda_s f\|_0$ ($\|\cdot\|_0$ désigne la norme usuelle de $L^2(\mathbb{R}^M)$), est un espace de Hilbert. Posons $V = H^{s+1}(\mathbb{R}^M), H = H^s(\mathbb{R}^M)$. Identifier H à son dual revient à identifier le dual V' de $H^{s+1}(\mathbb{R}^M)$ à $H^{s-1}(\mathbb{R}^M)$ à l'aide du produit de dualité :

$$\begin{aligned} < u,v >_s &= (\Lambda_{s+1}u,\ \Lambda_{s-1}v), u \in H^{s+1}(\mathbb{R}^M), v \in H^{s-1}(\mathbb{R}^M) \\ &= < \Lambda_s u,\ \Lambda_s v >_0 . \end{aligned}$$

La clé de notre résultat est la Proposition suivante, qui étend la remarque ci–dessus disant que (3.12) $\Rightarrow$ (3.13) :

Proposition 3.4.1 *Supposons que tous les coefficients du système différentiel stochastique (2.2) sont de classe C^∞ en x, et uniformément bornés ainsi que toutes leurs derivées. Alors, pour tout s réel,*

$$\begin{aligned} L, L^* &\in L^\infty(\mathbb{R}_+ \times \Omega_2;\ \mathcal{L}(H^{s+1}(\mathbb{R}^M),\ H^{s-1}(\mathbb{R}^M)))\ , \\ L^{i*} &\in L^\infty(\mathbb{R}_+ \times \Omega_2;\ \mathcal{L}(H^{s+1}(\mathbb{R}^M),\ H^{s}(\mathbb{R}^M))) \end{aligned}$$

et il existe un réel λ_s t.q. pour tout $(t,y) \in \mathbb{R}_+ \times C(\mathbb{R}_+;\ \mathbb{R}^N)$ et $u \in H^{s+1}(\mathbb{R}^M)$,

$$-2 < L^*_{ty}u, u >_s - \sum_{i=1}^N \|L^{i*}_{ty}u\|_s^2 + \lambda_s\|u\|_s^2 \geq 0\ . \tag{3.14}$$

Avant d'examiner la preuve de la Proposition 3.4.1, voyons comment on en déduit le résultat d'unicité cherché. On introduit la notation :

$$\mathcal{W}^s_T = M^2(0,T;\ H^s(\mathbb{R}^M)) \cap L^2(\Omega;\ C([0,T];H^{s-1}(\mathbb{R}^M)))$$

Il résulte alors du Lemme 3.2.1 et de la Remarque 3.2.5, avec $V = H^{s+1}(\mathbb{R}^M), H = H^s(\mathbb{R}^M)$:

Corollaire 3.4.2 *Sous les hypothèses de la Proposition 3.4.1, pour tout $s \in \mathbb{R}$, l'équation (Z) possède au plus une solution dans $\cap_{T>0}\mathcal{W}^s_T$ dont la valeur en $t=0$ soit un élément donné de $H^s(\mathbb{R}^M)$.* □

Il reste à trouver s tel que $\Pi_0 \in H^s(\mathbb{R}^M)$ et $\sigma \in \mathcal{W}^s_T$. Notons que si $s < -\frac{M}{2}$,

$$\begin{aligned} \|\sigma_t\|_s^2 &= \int_{\mathbb{R}^M}(1+|\xi|^2)^s|\hat{\sigma}_t(\xi)|^2 d\xi \\ &\leq \sup_{\xi\in\mathbb{R}^M}|\hat{\sigma}_t(\xi)|^2\int_{\mathbb{R}^M}(1+|\xi|^2)^s d\xi\ . \end{aligned}$$

Or $\hat{\sigma}_t(\xi) = \overset{\circ}{E}\,(e^{i\xi.X_t} Z_t/\mathcal{Y}_t)$

$$|\hat{\sigma}_t(\xi)| \leq \overset{\circ}{E}\,(Z_t/\mathcal{Y}_t)$$

Donc

$$\|\sigma\|^2_{M^2(0,T;H^s(\mathbb{R}^M))} \leq CT\,\overset{\circ}{E}\,(\sup_{t\leq T} Z_t^2)\ ,$$

s étant toujours fixé ($s < -\frac{M}{2}$), il résulte de cette estimation, du fait que σ satisfait l'équation (Z), de la première partie de la Proposition 3.4.1 et du Lemme 3.2.1 que $\sigma \in \cap_{T>0}\mathcal{W}^s_T$. On a donc démontré le :

Théorème 3.4.3 *Pour tout $s < -\frac{M}{2}$, sous les hypothèses de la Proposition 3.4.1 le processus "loi conditionnelle non normalisée" $\{\sigma_t,\ t \geq 0\}$ est l'unique solution de l'équation (Z) dans $\cap_{T>0}\mathcal{W}^s_T$.* □

Il nous reste à donner des indications sur la :

Preuve de la Proposition 3.4.1 La première partie du résultat résulte de ce que $\frac{\partial}{\partial x^i}$ envoit $H^{s+1}(\mathbb{R}^M)$ dans $H^s(\mathbb{R}^M)$ et $\frac{\partial^2}{\partial x^i \partial x^j}$ envoit $H^{s+1}(\mathbb{R}^M)$ dans $H^{s-1}(\mathbb{R}^M)$, et d'autre part la multiplication par une fonction de $C_b^\infty(\mathbb{R}^M)$ est un opérateur borné dans chaque $H^s(\mathbb{R}^M)$.

a. *Cas s entier positif pair*

Ce n'est pas le cas qui nous intéresse, mais c'est le cas où tout est élémentaire. Dans ce cas Λ_s est un opérateur aux dérivées partielles :

$$\Lambda_s = (I - \Delta)^{\frac{s}{2}}\ .$$

On va utiliser ci-dessous la notation $[A, B] = AB - BA$. Remarquons que si A, B sont des opérateurs aux dérivées partielles à coefficients C_b^∞ d'ordre respectivement a et b, alors $[A, B]$ est un opérateur aux dérivées partielles d'ordre au plus $a + b - 1$. Il reste à établir (3.14). Soit $u \in H^{s+1}(\mathbb{R}^M)$.

$$\begin{aligned}
2 < L^*_{ty}u,\, u >_s + \sum_{i=1}^N \|L^{i*}_{ty}u\|^2_s &= \\
&= 2 < \Lambda_s L_{ty}u,\, \Lambda_s\, u >_0 + \sum_{i=1}^N |\Lambda_s\, L^{i*}_{ty}\, u|^2 \\
&= 2 < L^*_{ty}\Lambda_s\, u,\, \Lambda_s\, u >_0 + \sum_{i=1}^N |L^{i*}_{ty}\Lambda_s\, u|^2 + 2([\Lambda_s,\, L^*_{ty}]u,\, \Lambda_s\, u) + \\
&\quad + \sum_{i=1}^N |[\Lambda_s,\, L^{i*}_{ty}]u|^2 + 2(L^{i*}_{ty}\Lambda_{su},\, [\Lambda_s,\, L^{i*}_{ty}]u) \\
&\leq \lambda_s \|u\|^2_s + 2([\Lambda_s,\, L^*_{ty}]u,\, \Lambda_s\, u) + 2(\Lambda^i_{ty}[\Lambda_s,\, L^{i*}_{ty}]u,\, \Lambda_s u)\ .
\end{aligned}$$

On vient d'utiliser (3.13) et le fait que $[\Lambda_s,\, L^{i*}_{ty}]$ est un opérateur d'ordre $s + 1 - 1 = s$. On va utiliser ci-dessous le fait que Λ_s est autoadjoint, est une bijection de $H^{s+\alpha}(\mathbb{R}^M)$

sur $H^\alpha(\mathbb{R}^M)$ pour tout α réel, et que $\Lambda_{-s} = (\Lambda_s)^{-1}$. Supposons un instant que $u \in H^{2s+1}(\mathbb{R}^M)$.

$$\begin{aligned}([\Lambda_s, L^*]u, \Lambda_s u) &= (u, [L, \Lambda_s]\Lambda_s u) \\ &= (u, \Lambda_s[L, \Lambda_s]u) + (u, [[L, \Lambda_s], \Lambda_s]u) \\ &= (\Lambda_s u, [L, \Lambda_s]u) + (\Lambda_s u, \Lambda_{-s}[[L, \Lambda_s], \Lambda_s]u) .\end{aligned}$$

Par ailleurs,

$$([\Lambda_s, L^*]u, \Lambda_s u) = (\Lambda_s u, [-L^*, \Lambda_s]u) .$$

Donc

$$([\Lambda_s, L^*]u, \Lambda_s u) = \frac{1}{2}(\Lambda_s u, [L - L^*, \Lambda_s]u) + \frac{1}{2}(\Lambda_s u, \Lambda_{-s}[[L, \Lambda_s], \Lambda_s]u) .$$

Mais $L - L^*$ est un opérateur aux dérivées partielles d'ordre 1, donc $[L - L^*, \Lambda_s]$ est d'ordre s. En outre, $[[L, \Lambda_s], \Lambda_s]$ est d'ordre $2s$. Donc :

$$|\Lambda_{-s}[[L, \Lambda_s], \Lambda_s]u| \leq c\|u\|_s .$$

Finalement,

$$2([\Lambda_s, L^*]u, \Lambda_s u) \leq \gamma_s\|u\|_s^2$$

inégalité qui s'étend à tout $u \in H^{s+1}(\mathbb{R}^M)$. Enfin

$$(L^i[\Lambda_s, L^{i*}]u, \Lambda_s u) = (\Lambda_s u, \Lambda_{-s}[L^i, \Lambda_s]L^{i*}\Lambda_s u) .$$

Or $\Lambda_{-s}[L^i, \Lambda_s]$ est un opérateur borné, et $T^i = \Lambda_{-s}[L^i, \Lambda_s]\, L^{i*}$ est le produit d'un opérateur différentiel d'ordre 1 et d'un opérateur borné, donc $T^i + T^{i*}$ est un opérateur borné, d'où

$$\begin{aligned}(L^i[\Lambda_s, L^{i*}]u, \Lambda_s u) &= ((T^i + T^{i*})\Lambda_s u, \Lambda_s u) \\ &\leq c \| u \|_s .\end{aligned}$$

b. *Cas général*

Dans le cas général, Λ_s n'est pas un opérateur aux dérivées partielles, mais un opérateur pseudo-différentiel d'ordre s. La même démonstration marche cependant, en utilisant des propriétés élémentaires des opérateurs pseudo-différentiels.

3.5 Un résultat de régularité pour l'équation de Zakai

Dans cette section, nous allons supposer satisfaites à la fois l'hypothèse de régularité des coefficients faite à la section précédente, et l'hypothèse de "forte ellipticité" (3.11). On obtient alors, au lieu de (3.13),

$$-2 < L_{ty}u, u > - \sum_{i=1}^{N} |L_{ty}^{i*}u|^2 + (\lambda + \delta)|u|^2 \geq \delta\|u\|_1^2, \ \forall u \in H^1(\mathbb{R}^M),$$

dont on déduit par le raisonnement de la Proposition 3.4.1 :

Proposition 3.5.1 *Pour tout réel s, il existe un réel λ_s tel que pour tout $(t,y) \in \mathbb{R}_+ \times C(\mathbb{R}_+;\mathbb{R}^M)$ et tout $u \in H^{s+1}(\mathbb{R}^M)$,*

$$-2 < L^*_{ty}u, u >_s + \lambda_s \|u\|_s^2 \geq \delta \|u\|_{s+1}^2 + \sum_{i=1}^N \left\|L^{i*}_{ty}u\right\|_s^2$$

□

Il résulte de cette proposition que la suite des opérateurs

$$-L^*_{ty}, -L^{1*}_{ty}, \ldots, -L^{N*}_{ty}$$

satisfait la condition (3.7) avec $V = H^{s+1}(\mathbb{R}^M)$, $H = H^s(\mathbb{R}^M)$, $V' = H^{s-1}(\mathbb{R}^M)$, pour tout s réel. $\{\sigma_t; t \geq 0\}$ désignant à nouveau l'unique solution de l'équation (Z) (au sens du Théorème 3.4.3), posons

$$\sigma_t^{(l)} = t^l \sigma_t\,, \quad t \geq 0\,, \quad l \in \mathbb{N}^*\,.$$

Alors $\sigma_t^{(l)}$ est solution de l'EDPS :

$$(3.15) \qquad \begin{cases} d\sigma_t^{(l)} &= L^*_{ty}\sigma_t^{(l)}\,dt + l\,\sigma_t^{(l-1)}\,dt + L^{i*}_{ty}\sigma_t^{(l)}\,dY_t^i\,, \\ \sigma_0^{(l)} &= 0\,. \end{cases}$$

On a alors le

Théorème 3.5.2 *$\sigma \in C(\mathbb{R}_+^*; H^l(\mathbb{R}^M))$, pour tout $l \in \mathbb{N}$.*

qui est un simple corollaire de la :

Proposition 3.5.3 *Pour tout $l \in \mathbb{N}$, $s < -M/2$, $T > 0$:*

$$\sigma^{(l)} \in M^2(0,T; H^{s+2l}(\mathbb{R}^M)) \cap L^2(\Omega, C([0,T]; H^{s+2l-1}(\mathbb{R}^M)))\,.$$

Preuve Par récurrence. Il suffit d'utiliser le Théorème 3.4.3, la Proposition 3.5.1 et Théorème 3.2.4. □

Remarque 3.5.4 Nous venons de donner en particulier une condition sous laquelle σ_t possède une densité de classe C_b^∞ (le Théorème d'injection de Sobolev, voir Adams [1], entraîne que $\cap_{l\in\mathbb{N}} H^l(\mathbb{R}^M) \subset C_b^\infty(\mathbb{R}^M)$), pour tout $t > 0$. On verra un résultat analogue sous une hypothèse plus faible que (3.11), mais avec une dépendance des coefficients beaucoup moins arbitraire en (t,y), à l'aide du calcul de Malliavin au chapitre 5. □

3.6 Commentaires bibliographiques

a. Les résultats sur les EDPS que nous avons présentés sont un cas très particuliers des résultats sur les EDPS paraboliques de Pardoux [68] et Krylov–Rosovskii [45] (voir aussi l'article de revue de Pardoux [72] et le livre de Rosovskii [80]). Les résultats contenus dans ces références sont plus généraux d'une part dans la mesure où les opérateurs A et $B_1, \dots, B_N$ peuvent être non linéaires, à condition de satisfaire une hypothèse de monotonie du type :

$$2 < A(u) - A(v), u - v > +\lambda|u - v|^2 \geq \sum_{i=1}^{N} |B_i(u) - B_i(v)|^2$$

et d'autre part dans la mesure où le processus de Wiener directeur peut être de dimension infinie, à condition toutefois d'être de covariance nucléaire, ce qui exclut le cas d'un "bruit blanc spatio-temporel" considéré par exemple dans Walsh [85]. Notons en outre que Gyöngy [32] a considéré le cas d'EDPS paraboliques dirigées par une semi-martingale non nécessairement continue.

b. Le résultat d'unicité pour l'équation de Zakai que nous venons de présenter est dû à Chaleyat-Maurel, Michel, Pardoux [20]. L'intérêt de ce résultat est d'être applicable dans le cas où les coefficients dépendent de façon arbitraire du passé de l'observation. Malheureusement, il impose de supposer tous les coefficients bornés et réguliers en x. Dans le cas où les coefficients ne dépendent pas de l'observation (ou à la rigueur de Y_t seulement), deux autres techniques ont été mises au point pour établir l'unicité de la solution de l'équation de Zakai, dans la classe des processus à valeurs mesures. La première de ces méthodes, dûe indépendamment à Rozovskii [80] et Bensoussan [8] repose essentiellement sur la dualité, qui permet de déduire l'unicité de la solution d'une EDP de l'existence d'une solution à l'équation adjointe. En outre, plus la solution de l'équation adjointe est régulière, plus le résultat d'unicité est vrai dans une large classe de processus. Enfin, grâce à la technique utilisée ci-dessus dans la preuve de la Proposition 2.5.6, il suffit d'étudier une équation "adjointe" déterministe. Signalons que le même type de technique de dualité peut être utilisé pour les problèmes de martingales (voir Ethier, Kurtz [26]). La deuxième méthode, dûe à Kurtz, Ocone [50], utilise la notion de "problème de martingale filtré", et permet d'étudier l'unicité aussi bien de l'équation de Zakai ou de Kushner-Stratonovich. Si $\{A_t,\ t \geq 0\}$ désigne le générateur infinitésimal du processus de Markov $\{(X_t,\ Y_t),\ t \geq 0\}$,

$$\Pi_t\varphi(\cdot, Y_t) - \int_0^t \Pi_s A_s \varphi(\cdot, Y_s) ds$$

est une $\mathcal{Y}_t$-martingale, pour toute fonction $\varphi \in C_c^2(\mathbb{R}^M \times \mathbb{R}^N)$, qui satisfait en outre :

$$E[\Pi_0\varphi(\cdot, Y_0)] = E[\varphi(X_0, Y_0)] \ .$$

Notons que si ce "problème de martingale filtré" possède une seule solution, alors la loi du couple (Π, Y) est entièrement caractérisée, et donc aussi Π comme fonction de Y. Soit $\{\mu_t\}$ une solution de l'équation de Kushner-Stratonovich. Alors le couple (μ, Y) est une

solution du problème de martingale filtré. De l'unicité du problème de martingale filtré résulte alors le fait que $\mu = \Pi$. Le résultat de Kurtz-Ocone s'applique en particulier au modèle suivant :

$$\left\{\begin{array}{rcl} dX_t & = & f(X_t)dt + g(X_t)dV_t \,, \\ dY_t & = & h(X_t)dt + GdV_t + \bar{G}dW_t \end{array}\right.$$

avec f, g globalement lipschitziens, h continue telle $E\int_0^T |h(X_t)|^2 dt$, $T > 0$, $\bar{G}\bar{G}^* > 0$, $\{V_t\}$ et $\{W_t\}$ sont des Wieners standard mutuellement indépendants et indépendants de X_0 .

Chapitre 4

Continuité du filtre par rapport à l'observation

4.1 Introduction

Nous avons défini au chapitre 2 deux processus à valeurs mesures $\{\Pi_t\}$ et $\{\sigma_t\}$. Ces processus, ainsi que les processus $\{\Pi_t(\varphi)\}$, $\{\sigma_t(\varphi)\}$ ($\varphi \in C_b(\mathbb{R}^M)$) sont des fonctions de l'observation, i.e. sont définis sur l'espace de probabilité $(\Omega_2, \mathcal{Y}, P^Y)$. Pour l'instant, ils sont définis soit comme une projection optionnelle (ou à t fixé comme une espérance conditionnelle) soit comme la solution d'une EDP stochastique. Dans tous les cas, ils ne sont définis que P^Y p.s. Or en pratique on voudrait évaluer la valeur qu'ils prennent en *une* trajectoire du processus observé. Pour qu'une telle évaluation ait un sens, il faudrait disposer d'une version continue de

$$y \to \sigma_t(\varphi, y) .$$

On va voir que ceci est possible lorsque le signal et le bruit d'observation sont indépendants, la fonction h étant régulière et bornée. On indiquera ensuite une généralisation de ce résultat dans le cas où le processus d'observation est scalaire. Enfin on donnera un résultat de continuité plus faible qui est vrai beaucoup plus généralement.

4.2 Le cas où signal et bruit d'observation sont indépendants.

On reprend le modèle (2.2) du Chapitre 2, en supposant que $g \equiv 0$ et h ne dépend pas de l'observation, i.e. :

$$(4.1) \qquad \begin{cases} X_t &= X_0 + \int_0^t b(s, Y, X_s)\, ds + \int_0^t f(s, Y, X_s)\, dV_s \,, \\ Y_t &= \int_0^t h(s, X_s)\, ds + W_t \end{cases}$$

et on suppose en outre que $h \in C^{1,2}(\mathbb{R}_+ \times \mathbb{R}^M)$, $h, A^1h, \dots, A^Mh$ et $\frac{\partial h}{\partial t} + Lh$ sont bornés sur $[0,t] \times C([0,t]; \mathbb{R}^N) \times \mathbb{R}^M$ quelque soit t, et que $y \to (b(s,y,x), f(s,y,x))$ est localement lipschitzienne, uniformément par rapport à $(s,x) \in [0,t] \times \mathbb{R}^M$, quelque soit t.

On remarque alors que

$$\begin{aligned} Z_t &= \exp\left[\int_0^t (h(s,X_s), dY_s) - \frac{1}{2}\int_0^1 \mid h(s,X_s) \mid^2 ds\right] \\ &= \exp\left[(h(t,X_t), Y_t) - \int_0^t \left(\left(\frac{\partial h}{\partial s} + L_{sY}h\right)(s,X_s), Y_s\right) ds \right. \\ &\qquad \left. - \int_0^t (A^l_{sY}h(s,X_s), Y_s)dV^l_s - \frac{1}{2}\int_0^t \mid h(s,X_s) \mid^2 ds\right] . \end{aligned}$$

Pour $y \in C(\mathbb{R}_+; \mathbb{R}^N)$, posons :

$$\begin{aligned} Z_t(y) &= \exp\left[(h(t,X_t), y(t)) - \int_0^t \left(\left(\frac{\partial h}{\partial s} + L_{sy}h\right)(s,X_s), y(s)\right) ds \right. \\ &\qquad \left. - \int_0^t (A^l_{sy}h(s,X_s), y(s))dV^l_s - \frac{1}{2}\int_0^t \mid h(s,X_s) \mid^2 ds\right] . \end{aligned}$$

On définit alors deux collections de mesures sur $\mathbb{R}^M$, indexées par $(t,y) \in \mathbb{R}_+ \times C(\mathbb{R}_+; \mathbb{R}^N)$:

$$\begin{aligned} \sigma_t(y,\varphi) &= E(\varphi(X_t)Z_t(y)), \quad \varphi \in C_b(\mathbb{R}^M) , \\ \Pi_t(y,\varphi) &= \sigma_t(y,1)^{-1}\sigma_t(y,\varphi), \ \varphi \in C_b(\mathbb{R}^M) . \end{aligned}$$

On constate alors que les processus $\sigma_t(\varphi)$ et $\sigma_t(Y,\varphi)$ (*resp* $\Pi_t(\varphi)$ et $\Pi_t(Y,\varphi)$) sont indistinguables. On déduit des hypothèses faites sur h et du théorème de convergence dominée :

Proposition 4.2.1 *Pour tout $t > 0$ l'application $y \to \sigma_t(y,\cdot)$ (resp $\Pi_t(y,\cdot)$) est continue de $C([0,t]; \mathbb{R}^N)$ dans $\mathcal{M}_+(\mathbb{R}^M)$ muni de la convergence étroite. En outre si $\varphi \in C_b(\mathbb{R}^M)$, l'application $y \to \sigma_t(y,\varphi)$ (resp $\Pi_t(y,\varphi)$) est localement lipschitzienne de $C([0,t]; \mathbb{R}^M)$ dans $\mathbb{R}$.* □

Il y a une autre façon de définir $\sigma_t(y,\cdot)$. Supposons maintenant que tous les coefficients sont bornés. Réécrivons l'équation de Zakai dans le cas particulier considéré dans cette section.

$$(Z) \qquad \sigma_t = \sigma_0 + \int_0^t L^*_{sY}\sigma_s\, ds + \int_0^t h_i(s,\cdot)\sigma_s dY^i_s .$$

(Z) est une EDS dans l'espace $\mathcal{M}_+(\mathbb{R}^M)$ des mesures finies sur $\mathbb{R}^M$. Les coefficients de diffusion de cette équation sont les applications linéaires de $\mathcal{M}_+(\mathbb{R}^M)$ dans lui-même :

$$\mu \to H_{t,i}(\mu); \ t \geq 0, \ 1 \leq i \leq N$$

définies par :

$$H_{t,i}(\mu)(\varphi) = \mu(h_i(t,\cdot)\varphi) .$$

Ces applications $\{H_{t,i};\ t \geq 0,\ 1 \leq i \leq N\}$ commutent entre elles. On va donc pouvoir appliquer à l'équation (Z) la "transformation de Doss-Sussmann", qui permet de résoudre (Z) trajectoire par trajectoire, et de construire une version de la solution qui est continue en Y, voir Doss [23], Sussmann [82]. En fait dans notre cas la transformation de Doss-Sussmann est explicite. Définissons un nouveau processus à valeurs mesure $\{\overline{\sigma}_t\}$ par :

$$\frac{d\overline{\sigma}_t}{d\sigma_t}(x) = \exp(-h_i(t,x)Y_t^i) .$$

$\{\overline{\sigma}_t\}$ satisfait une version continue de l'équation de Zakai, communément appelée "équation de Zakai robuste " .

Posons

$$\begin{aligned} \overline{L}_{sy} &= L_{sy} - \frac{1}{2}\sum_{i=1}^{N} h_i^2(s,\cdot) , \\ c(s,y,x) &= \left(\frac{\partial h_i}{\partial s}(s,x) + L_{sy}h_i(s,x)\right) y^i(s) - \frac{1}{2}\sum_{l=1}^{M} \mid A_{sy}^l h_i(s,x)y^i(s) \mid^2 . \end{aligned}$$

On a alors le :

Théorème 4.2.2 *Pour tout* $\varphi \in C_b^2(\mathbb{R}^M)$,

$$(ZR) \qquad \overline{\sigma}_t(\varphi) = \sigma_0(\varphi) + \int_0^t \overline{\sigma}_s(\overline{L}_{sY})\, ds - \int_0^t \overline{\sigma}_s(Y_s^j A_{sY}^l h_j(s,\cdot) A_{sY}^l \varphi + c(s,Y,\cdot)\varphi)\, ds .$$

Preuve On reprend la démonstration du Théorème 2.2.3

$$\begin{aligned} Z_t\varphi(X_t) &= \varphi(X_0) + \int_0^t Z_s L_{sY}\varphi(X_s)\, ds \\ &+ \int_0^t Z_s A_{sY}^l \varphi(X_s) dV_s^l + \int_0^t Z_s h_i(s,X_s)\varphi(X_s) dY_s^i , \end{aligned}$$

$$\begin{aligned} e^{-h_i(t,X_t)Y_t^i} &= 1 - \int_0^t e^{-h_i(s,X_s)Y_s^i} c(s,Y,X_s)\, ds \\ &- \int_0^t e^{-h_i(s,X_s)Y_s^i} Y_s^j A_{sY}^l h_j(s,X_s) dV_s^l - \int_0^t e^{-h_i(s,X_s)Y_s^i} h_j(s,X_s) dY_s^j \\ &+ \frac{1}{2}\int_0^t e^{-h_i(s,X_s)Y_s^i} \left(\sum_{j=1}^{N} h_j^2(s,X_s)\right) ds . \end{aligned}$$

Donc, à nouveau par la formule d'Itô :

$$\begin{aligned} e^{-h_i(t,X_t)Y_t^i} Z_t\varphi(X_t) &= \varphi(X_0) + \int_0^t e^{-h_i(s,X_s)Y_s^i} Z_s \overline{L}_{sY}\varphi(X_s)\, ds \\ &- \int_0^t e^{-h_i(s,X_s)Y_s^i} Z_s[Y_s^j A_{sY}^l h_j(s,X_s) A_{sY}^l \varphi(X_s) + c(s,Y,X_s)]\, ds \\ &+ \int_0^t e^{-h_i(s,X_s)Y_s^i} Z_s[A_{sY}^l \varphi(X_s) - Y_s^j(A_{sY}^l h_j(s,X_s))\varphi(X_s)] dV_s^l . \end{aligned}$$

Il reste à appliquer $\overset{\circ}{E}^{y}(\cdot)$ aux deux membres de la dernière égalité. □

On peut maintenant réécrire l'équation (ZR) pour chaque trajectoire fixée du processus d'observation, ce qui donne une EDP *déterministe* paramétrée par $y \in C(\mathbb{R}_+;\ \mathbb{R}^N)$. Sous les hypothèses de la Proposition 3.4.1, il existe un unique

$$\overline{\sigma}_{\cdot,y} \in L^2_{loc}(\mathbb{R}_+;\ H^s(\mathbb{R}^M)) \cap C(\mathbb{R}_+;\ H^{s-1}(\mathbb{R}^M))$$

$(s < -M/2)$ solution de :

$$\begin{aligned}\overline{\sigma}_{t,y} &= \sigma_0 + \int_0^t \overline{L}^*_{sy}\overline{\sigma}_{sy}\,ds - \int_0^t y^j(s)(A^l_{sy})^*[\overline{\sigma}_{s,y}(A^l_{sy}h_j(s,\cdot)\cdot)]\,ds \\ &\quad - \int_0^t \overline{\sigma}_{s,y}(c(s,y,\cdot)\cdot)\,ds\,.\end{aligned}$$

On peut alors redéfinir $\sigma_t(y,\cdot)$ par :

$$\sigma_t(y,\varphi) = \overline{\sigma}_{t,y}(e^{h_i(t,\cdot)y^i_t}\varphi)\,.$$

Notons que, à l'aide des techniques du Théorème 3.4.3 appliquées à l'équation ci-dessus, on peut établir le :

Théorème 4.2.3 *On suppose satisfaites les hypothèses du début de cette section, et en outre que tous les coefficients sont de classe C^∞ en x, les coefficients et toutes leurs dérivées étant bornés. Alors pour tout $T > 0$, $s < -M/2$, l'application*

$$y \to \sigma_\cdot(y,\cdot)$$

est localement lipschitzienne de

$$C([0,T];\ \mathbb{R}^N) \ \textit{dans}\ L^2(0,T;\ H^s(\mathbb{R}^M)) \cap C([0,T];\ H^{s-1}(\mathbb{R}^M))$$

□

4.3 Extension du résultat de continuité.

Les résultats de la section 4.2 ont été obtenus sous deux hypothèses contraignantes : la bornitude de h, et l'indépendance du signal et du bruit d'observation ($g \equiv 0$).

Notons que l'intégration par parties que nous avons faite dans l'argument de l'exponentielle fait apparaître le terme :

$$-\frac{\partial h}{\partial s} - Lh - \frac{1}{2}h^2\,.$$

Donc si h^2 domine $|\ \frac{\partial h}{\partial s} + Lh\ |$, une partie au moins de l'exponentielle sera bornée.

Cette remarque permet de traiter (toujours avec $g \equiv 0$) en particulier le cas où b et h sont à croissance au plus linéaire, et f bornée, voir en particulier Baras, Blankenship, Hopkins [3] et Pardoux [69].

En ce qui concerne l'hypothèse $g \equiv 0$, elle est cruciale pour que les coefficients de diffusion de l'équation de Zakai commutent entre eux. Cette restriction ne devrait donc pas être nécessaire lorsque l'observation est scalaire. C'est aussi le principal cas où l'on sait obtenir un résultat de continuité pour une large classe de fonctionnelles h non nécessairement à croissance linéaire.

La continuité du filtre dans le cas d'une observation scalaire a été étudiée dans le cas h non bornée par Sussmann [82] et dans le cas $g \not\equiv 0$ par Davis, Spathopoulos [22]. Florchinger [30] a combiné ces deux résultats. Enonçons le résultat de Florchinger. On reprend le problème de filtrage de la section 2.2, en supposant que les coefficients ne dépendent ni du temps, ni de l'observation, et que $N = 1$. On écrit le système sous forme Stratonovich :

$$(4.2) \quad \begin{cases} X_t = X_0 + \int_0^t b(X_s)\, ds + \int_0^t f_j(X_s) \circ dV_s^j + \int_0^t g(X_s) \circ dY_s\,, \\ Y_t = \int_0^t h(X_s)\, ds + W_t\,. \end{cases}$$

On suppose que b est de classe C^1, à croissance au plus linéaire, $f_1, \ldots, f_M$, g de classe C_b^3, h de classe C^3 à croissance au plus exponentielle ainsi que ses dérivées, et $b + hg$ est à croissance au plus linéaire. On note U_j l'opérateur aux dérivées partielles

$$f_j^l(x) \frac{\partial}{\partial x^l} \qquad (1 \leq j \leq M)$$

et $\overline{U}$ l'opérateur

$$g^l(x) \frac{\partial}{\partial x^l}\,.$$

On note enfin $\phi_t(x)$ le flot associé au champ de vecteurs $\overline{U}$, et on suppose vérifiée l'hypothèse :

$$(H) \quad \begin{cases} \forall r > 0,\ \varepsilon > 0,\ \exists K_\varepsilon \quad t.q.: \\ |\, \overline{U}h \,| + \sup_{s \leq r} |\, L(h \circ \phi_s) \,| + \sum_{j=1}^M \sup_{s \leq r} |\, U_j(h \circ \phi_s) \,| \leq \varepsilon h^2 + K_\varepsilon \end{cases}$$

Dans le cas $\phi_s = I$, $\forall s$, cette hypothèse est celle de Sussmann. On a le :

Théorème 4.3.1 *Sous les hypothèses ci-dessus, en particulier l'hypothèse (H), et si en outre la mesure σ_0 intègre $\exp(k \mid x \mid)$ pour tout $k > 0$, alors quelque soit $\varphi \in C^1(\mathbb{R}^M)$, $t > 0$, $\sigma_t(\varphi)$ et $\Pi_t(\varphi)$ possèdent des versions localement lipschitziennes par rapport à Y.*

□

4.4 Un résultat de continuité dans le cas général

Il est bien connu que pour une EDS en dimension finie, la solution n'est pas nécessairement une fonction continue du Wiener directeur, lorsque les champs de vecteurs associés aux coefficients de diffusion ne commutent pas. Au vu de l'équation de Zakai, on ne peut donc pas espérer que $\sigma_t(\varphi)$ soit en général continu par rapport à Y, pour la norme $\sup_{0\leq s\leq t} | Y_s |$.

On a cependant, sous des hypothèses très faibles, le résultat suivant, qui a été conjecturé par Sussmann, et démontré par Chaleyat-Maurel, Michel [19]. On reprend le problème de filtrage de la section précédente, mais cette fois avec $\{Y_t\}$ de dimension quelconque N :

$$\left\{\begin{array}{lcl} X_t & = & X_0 + \int_0^t b(X_s)\,ds + \int_0^t f_j(X_s)\circ dV_s^j + \int_0^t g_i(X_s)\circ dY_s^i\,, \\ Y_t & = & \int_0^t h(X_s)\,ds + W_t \end{array}\right. \tag{4.3}$$

et on suppose que tous les coefficients sont de classe C_b^∞.

Soit $u \in L^2_{loc}(\mathbb{R}_+;\ \mathbb{R}^N)$ (u peut être interprété comme une "commande"). On définit les processus fonction de u :

$$\begin{array}{lcl} X_t^u & = & X_0 + \int_0^t b(X_s^u)\,ds + \int_0^t f_j(X_s^u)\circ dV_s^j + \int_0^t g_i(X_s^u)u^i(s)\,ds\,, \\ Z_t^u & = & \exp\left\{\int_0^t [h_i(X_s^u)u^i(s) - \frac{1}{2}\overline{U}_i h_i(X_s^u) - \frac{1}{2}\sum_{i=1}^N h_i^2(X_s^u)]\,ds\right\} \end{array}$$

où $\overline{U}_i$ désigne l'opérateur aux dérivées partielles $g_i^j \frac{\partial}{\partial x^j}$. Notons que X_t^u et Z_t^u sont obtenus à partir de X_t et Z_t en remplaçant "$\circ dY_s^i$" par "$u^i(s)ds$". A toute commande u, on associe pour chaque $t > 0$ la mesure σ_t^u définie par :

$$\sigma_t^u(\varphi) = E(\varphi(X_t^u)Z_t^u)\ ,\ \varphi \in C_b(\mathbb{R}^M)\ .$$

On a alors le :

Théorème 4.4.1 *Pour tout $u \in L^2(0,T;\ \mathbb{R}^N)$, $\varepsilon > 0$ et φ fonction lipschitzienne de $\mathbb{R}^M$ dans $\mathbb{R}$,*

$$P\left(\sup_{0\leq t\leq T} | \sigma_t(\varphi) - \sigma_t^u(\varphi) | > \varepsilon \ / \ \sup_{0\leq t\leq T} | Y_t - \int_0^t u(s)\,ds | \leq \delta\right) \to 0,\ \textit{quand}\ \delta \to 0$$

□

Chapitre 5

Deux applications du calcul de Malliavin au filtrage non linéaire

5.1 Introduction

Le calcul de Malliavin s'appuie sur un calcul différentiel sur l'espace de Wiener pour établir par une méthode probabiliste des résultats d'existence de densité régulière pour la loi de la solution d'une EDS. En fait, la méthodologie de Malliavin se décompose en deux parties :

a Un critère général d'existence d'une densité régulière pour la loi d'un vecteur aléatoire, en terme de la non dégénérescence de la "matrice de covariance de Malliavin".

b La preuve que dans le cas d'une EDS la condition de rang d'Hörmander (au point de départ de l'EDS) entraîne la non-dégénérescence de la matrice de covariance de Malliavin.

Le but de ce chapitre est de présenter les idées de Malliavin, et leur application au filtrage. Nous essaierons d'être assez complet, mais en nous limitant au problème de l'existence d'une densité, ce qui évite l'essentiel des "larmes" liées aux estimations nécessaires pour établir la régularité de la densité.

Notons que ces dernières années ont vu la floraison d'articles qui "simplifient" le calcul de Malliavin (ou son application au filtrage). Nous ne prétendons pas faire œuvre novatrice de ce point de vue, tout en espérant que le lecteur trouvera dans ce chapitre un exposé clair des idées essentielles de Malliavin et de leurs deux applications au filtrage.

5.2 Le calcul de Malliavin. Application aux EDS

Dans cette section, on suppose que $\Omega = C([0,1];\mathbb{R}^k)$ (dans les sections suivantes, $[0,1]$ deviendra $[0,t]$!), $\mathcal{F}$ est la tribu borélienne de Ω, P la mesure de Wiener, et $W_t(\omega) = \omega(t), 0 \le t \le 1$. Pour $0 < t < 1$, on notera $\mathcal{F}_t = \sigma\{W_s;\ 0 \le s \le t\}$ $\mathcal{F}^t = \sigma\{W_s - W_t;\ t \le s \le 1\}$, et $\mathcal{P}$ la tribu sur $[0,1]\times\Omega$ des ensembles $\mathcal{F}_t$–progressivement mesurables. On pose $H = L^2(0,1;\mathbb{R}^k)$, et on désigne par **S** la classe des v.a.r. "élémentaires" de la forme :

$$F = f(W(h_1), \dots, W(h_n)) \tag{5.1}$$

où $n \in \mathbb{N}, f \in C_b^\infty(\mathbb{R}^n), h_j \in H$ et $W(h_j) = \sum_{i=1}^k \int_0^1 h_j^i(t)dW_t^i$ désigne l'intégrale de Wiener de $h_j, j = 1, \dots, n$. Notons que **S** est dense dans $L^2(\Omega)$. Pour $F \in \mathbf{S}$ de la forme (5.1), on définit le processus k-dimensionel $\{D_tF; 0 \le t \le 1\}$ par :

$$D_tF = \sum_{j=1}^n \frac{\partial f}{\partial x^j}(W(h_1), \dots, W(h_n))h_j(t) .$$

Posons la :

Définition 5.2.1 *On appelle intégrale de Skorohod l'opérateur $\delta = D^*$; i.e. δ est l'opérateur non borné de $L^2(\Omega; H)$ dans $L^2(\Omega)$ défini par :*

(i) Domδ est l'ensemble des u dans $L^2(\Omega; H)$ qui sont tels qu'il existe $c > 0$ avec :

$$|E\int_0^1 (u_t, D_tF)dt| \le c\|F\|_2, \forall F \in \mathbf{S}$$

(ii) Si $u \in$ Dom$\delta, \delta(u)$ est l'élément de $L^2(\Omega)$ (dont l'existence est assurée par le théorème de Riesz) qui satisfait :

$$E(\delta(u)F) = E\int_0^1 (u_t, D_tF)dt, F \in \mathbf{S} \tag{5.2}$$

(5.2) est la "formule d'intégration par parties", qui fait intervenir l'intégrale d'Itô dans le cas adapté :

Proposition 5.2.2 *$L^2(\Omega\times(0,1), \mathcal{P}, dP\times dt; \mathbb{R}^k) \subset$ Domδ, et si $u \in L^2(\Omega\times(0,1), \mathcal{P}, dP\times dt; \mathbb{R}^k)$, $\delta(u)$ est l'intégrale d'Itô $\int_0^1 (u_t, dW_t)$.*

Preuve Soit $u \in L^2(\Omega \times (0,1), \mathcal{P}, dP \times dt; \mathbb{R}^k)$. Il suffit de montrer que $\forall F \in \mathbf{S}$,

$$E[F\int_0^1 (u_t, dW_t)] = E\int_0^1 (u_t, D_tF)dt \tag{5.3}$$

En approchant u par des processus en escalier, on se ramène à établir (5.3) avec u de la forme $\sum_1^p \xi_j k_j$, avec $\xi_j \in L^2(\Omega, \mathcal{F}_{s_j}, P)$, $k_j \in H$ tel que $\sup(k_j) \subset [s_j, 1]$. Il suffit donc de calculer (en oubliant l'indice j) :

$$\begin{aligned} E\left[F\int_0^1 \xi k(t)dW_t\right] &= E\left[F\xi\int_s^1 k(t)dW_t\right] \\ &= E\left[E^{\mathcal{F}^s}(F\xi)\int_0^1 k(t)dW_t\right] \\ &= E\left[G\int_0^1 k(t)dW_t\right] \end{aligned}$$

où $G \in \mathbf{S} \cap L^2(\Omega, \mathcal{F}^s, P)$, $G = g(W(k_1), \dots, W(k_n))$. Chaque k_i admet une décomposition orthogonale dans H :

$$k_i = \alpha_i k + \overline{k}_i, < k, \overline{k}_i >= 0; \ 1 \le i \le n .$$

Il existe $\overline{g} \in C_b^\infty(\mathbb{R}^{n+1})$ t.q. :

$$G = \overline{g}(W(k);\ W(\overline{k}_1), \ldots, W(\overline{k}_n))$$

Notons :

$$\phi(x) = E[\overline{g}(x;\ W(\overline{k}_1), \ldots, W(\overline{k}_n))]$$

On a alors :

$$\begin{aligned} E\left[F \int_0^1 \xi k(t) dW_t\right] &= E[\phi(W(k))\, W(k)] \\ &= E[\phi'(W(k)) \parallel k \parallel^2] \\ &= E \int_0^1 D_t \phi(W(k) k(t) dt \end{aligned}$$

L'avant–dernière égalité résulte d'une intégration par parties dans :

$$(\sqrt{2\pi}\|k\|)^{-1} \int_{\mathbb{R}} x\phi(x) \exp\left(-x^2/2\|k\|^2\right) dx$$

On remarque finalement que :

$$\begin{aligned} E \int_0^1 D_t \phi(W(k)) k(t) dt &= E \int_0^1 D_t G k(t) dt \\ &= E \int_0^1 D_t F \xi k(t) dt \end{aligned}$$

□

Il y a un autre cas où l'on a une formule "explicite" pour l'intégrale de Skorohod :

Proposition 5.2.3 *Si $h \in H, F \in \mathbf{S}$, alors $hF \in Dom\delta$ et :*

$$\delta(hF) = F\delta(h) - \int_0^1 h(t) D_t F dt\ .$$

Cette Proposition est une conséquence de la définition de δ et du Lemme suivant (qui est immédiat) :

Lemme 5.2.4 *Si $F, G \in \mathbf{S}$, alors $FG \in \mathbf{S}$ et $D_t(FG) = FD_tG + GD_tF$.*

Il résulte de la Proposition 5.2.3 que $H \otimes \mathbf{S} \subset Dom\delta$, d'où $Dom\delta$ est dense dans $L^2(\Omega, H)$. On en déduit alors aisément que D est fermable. Définissons sur $\mathbf{S}$ la norme :

$$\|F\|_{1,2} = \|F\|_2 + \|\|DF\|_H\|_2$$

(où $\|\cdot\|_2$ désigne la norme dans $L^2(\Omega)$). Alors la fermeture de D (que nous noterons encore D par abus de notation) est une application linéaire continue de $\mathbb{D}^{1,2} \triangleq \overline{\mathbf{S}}^{\|\cdot\|_{1,2}}$ dans $L^2(\Omega; H)$. On vérifie aisément que la Proposition 5.2.3 reste vraie avec $F \in \mathbb{D}^{1,2}$, et le Lemme 5.2.4 sous l'hypothèse $F, G, FG \in \mathbb{D}^{1,2}$. Notons en outre que si F est $\sigma(W_s; 0 \le s \le t)$ mesurable, $D_rF = 0, r > t$. Nous aurons besoin ci-dessous des résultats techniques suivants. Le premier se démontre en approchant les intégrales par des "sommes de Darboux".

Lemme 5.2.5 *Si $u \in M^2(0,1;\mathbb{R}) \cap L^2(0,1;\mathbb{D}^{1,2})$, $\int_0^1 u_t dt$, $\int_0^1 u_t dW_t^i \in \mathbb{D}^{1,2}$, $1 \le i \le k$, et*

$$\begin{aligned} D_t \int_0^1 u_r dr &= \int_t^1 D_t u_r dr \\ D_t^j \int_0^1 u_r dW_r^i &= \delta_{ij} u_t + \int_t^1 D_t^j u_r dW_r^i \end{aligned}$$

Notons que si $u \in Dom\delta, E[\delta(u)] = 0$ (choisir $F \equiv 1$ dans la Définition 5.2.1). On a en outre :

Proposition 5.2.6 *$L^2(0,1;(\mathbb{D}^{1,2})^k) \subset Dom\delta$ et pour $u \in L^2(0,1;(\mathbb{D}^{1,2})^k)$,*

$$E[\delta(u)^2] = E\int_0^1 u_t^2 dt + E\int_0^1\int_0^1 D_s^i u_t^j D_t^j u_s^i ds dt$$

Preuve On utilise le Lemme 5.2.3, et on calcule $E[\delta(hF)\delta(kG)]$, avec $h, k \in H$, $F, G \in$ **S**. Le résultat s'en déduit pour $u = \sum_1^n h_l F_l$; $h_l \in H$, $F_l \in \mathbb{D}^{1,2}$, $1 \le l \le n$. Il reste à approcher $u \in L^2(0,1;(\mathbb{D}^{1,2})^k)$ par des u de cette forme. □

Le second outil dont nous aurons besoin est le résultat suivant, adapté de Stroock [81] :

Lemme 5.2.7 *Soit μ une mesure finie sur $(\mathbb{R}^d, \mathcal{B}_d)$. Supposons qu'il existe des mesures signées $\mu_j, 1 \le j \le d$, t.q. :*

$$\int_{\mathbb{R}^d} \frac{\partial f}{\partial x^j}(x)\mu(dx) = \int_{\mathbb{R}^d} f(x)\mu_j(dx), f \in C_c^\infty(\mathbb{R}^d), 1 \le j \le d.$$

Alors μ admet une densité par rapport à la mesure de Lebesgue.

Preuve Posons

$$\begin{aligned} f(t,x) &= (2\pi t)^{\frac{-d}{2}} \exp(-|x|^2/2t) \\ g(t,x) &= (f(t,\cdot) * \mu)(x) \end{aligned}$$

Alors $f_t' = \frac{1}{2}\Delta_x f$,

$$\frac{\partial g}{\partial t}(t,x) = \frac{1}{2}\sum_1^d \left(\frac{\partial f}{\partial x^j}(t,\cdot) * \mu_j\right)(x) \ , \quad t > 0 \ , \quad x \in \mathbb{R}^d$$

Mais, par intégration par parties, si $\lambda > 0$,

$$e^{-\lambda s} g(s,x) = \lambda \int_s^\infty e^{-\lambda t} g(t,x) dt - \int_s^\infty e^{-\lambda t} \frac{\partial g}{\partial t}(t,x) dt$$

Faisant tendre $s \to 0$, on obtient :

$$\mu = \lambda \int_0^\infty e^{-\lambda t} g(t,\cdot) dt - \frac{1}{2}\sum_j \int_0^\infty e^{-\lambda t} \frac{\partial f}{\partial x^j}(t,\cdot) * \mu_j dt$$

Posons

$$F_\lambda(x) = \int_0^\infty e^{-\lambda t} f(t,x)dt.$$

On a :

$$\mu = \lambda F_\lambda * \mu - \frac{1}{2}\sum_j \frac{\partial F_\lambda}{\partial x^j} * \mu_j$$

Or

$$F_\lambda, \frac{\partial F_\lambda}{\partial x^1}, \ldots, \frac{\partial F_\lambda}{\partial x^d} \in L^1(\mathbb{R}^d).$$

La convolée d'une fonction intégrable et d'une mesure signée est une fonction intégrable. Donc μ, en tant que distribution, est une fonction intégrable, i.e. en tant que mesure admet une densité. □

On peut maintenant établir le critère général de Malliavin :

Théorème 5.2.8 *Soit* $X = (X_1, \ldots, X_d)' \in (\mathbb{D}^{1,2})^d$. *Supposons en outre qu'il existe* $u_1, \ldots, u_d \in Dom\delta$ *t.q. si* $A(u) = (< DX_i, u_j >)_{i,j}$,

- $A(u)_{ij} \in \mathbb{D}^{1,2}; i,j = 1, \ldots, d$
- *dét* $(A(u)) \neq 0$ *p.s.*

Alors la loi de X est absolument continue par rapport à la mesure de Lebesgue.

Preuve Pour $\varepsilon > 0$, soit $\varphi_\varepsilon, \psi_\varepsilon \in C_b^\infty(\mathbb{R}_+; [0,1])$ t.q. :

$$\varphi_\varepsilon(x) = \begin{cases} 1, & x \le 1/\varepsilon \\ 0, & x \ge 1 + 1/\varepsilon \end{cases}$$

$$\psi_\varepsilon(x) = \begin{cases} 1, & x \ge \varepsilon \\ 0, & x \le \varepsilon/2 \end{cases}$$

Posons $\xi_\varepsilon = \varphi_\varepsilon(TrAA^*)\psi_\varepsilon(|\text{dét}A|)$. Notons que l'hypothèse du théorème entraîne $\xi_\varepsilon \to 1$ p.s., quand $\varepsilon \to 0$. On pose $B^\varepsilon = \xi_\varepsilon A^{-1}$. On peut alors vérifier que $B^\varepsilon \in L^\infty(\Omega) \cap \mathbb{D}^{1,2}$. Soit $f \in C_c^\infty(\mathbb{R}^d)$. On rappelle que l'on utilise la convention de sommation sur indice répété.

$$\begin{aligned} E[f(X)\delta(u_j)B^\varepsilon_{jl}] &= E\left[\frac{\partial f}{\partial x^i}(X) < DX^i, u_j > B^\varepsilon_{jl}\right] \\ &+ E[f(X) < DB^\varepsilon_{jl}, u_j >], \end{aligned}$$

où $< \cdot, \cdot >$ désigne le produit scalaire dans H. Donc, si l'on pose :

$$\rho_l = \delta(u_j)B^\varepsilon_{jl} - < DB^\varepsilon_{jl}, u_j >, \rho = (\rho_1, \ldots, \rho_d),$$

on a :

$$E[f(X)\rho] = E([\nabla f(X)]'AB^\varepsilon) = E([\nabla f(X)]'\xi_\varepsilon)$$

Posons $\mu_\varepsilon = (\xi_\varepsilon \cdot P)X^{-1}; \mu^i_\varepsilon = (\rho_i \cdot P)X^{-1}, 1 \le j \le d$. On vient de montrer que :

$$\int \frac{\partial f}{\partial x^i}(x)\mu_\varepsilon(dx) = \int f(x)\mu^i_\varepsilon(dx), 1 \le i \le d$$

Donc d'après le Lemme 5.2.7, ceci entraîne que μ_ε est absolument continue par rapport à la mesure de Lebesgue, i.e. pour tout $N \in \mathcal{B}_d$ de mesure de Lebesgue nulle,

$$E(\xi_\varepsilon 1_N(X)) = 0$$

et par convergence dominée :

$$P(X \in N) = 0.$$

□

Corollaire 5.2.9 *Si $X = (X_1, \ldots, X_d)' \in (\mathbb{D}^{1,2})^d$, $DX_i \in Dom\delta$, $1 \leq i \leq d$ et de plus $< DX_i, DX_j > \in \mathbb{D}^{1,2}$, $i, j = 1, \ldots, d$, alors la condition*

$$[(< DX_i, DX_j >)_{ij}] > 0 p.s.$$

assure l'absolue continuité de la loi de X.

Remarque 5.2.10 La matrice $(< DX_i, DX_j >)_{ij}$ s'appelle la matrice de covariance de Malliavin. Bouleau et Hirsch [13] ont montré que la conclusion du Théorème est vraie sous les seules hypothèses :

$$X \in (\mathbb{D}^{1,2})^d, \quad [(< DX_i, DX_j >)_{ij}] > 0 \ p.s..$$

□

Nous pouvons maintenant appliquer le critère général aux EDS. Soit $b \in C^\infty(\mathbb{R}^d; \mathbb{R}^d)$, dont toutes les dérivées sont supposées bornées, $\sigma_1, \ldots, \sigma_d \in C_b^\infty(\mathbb{R}^d; \mathbb{R}^d)$ et $x_0 \in \mathbb{R}^d$. Soit $\{X_t; t \geq 0\}$ l'unique solution de l'EDS au sens de Stratonovich :

$$X_t = x_0 + \int_0^t b(X_s)ds + \int_0^t \sigma_i(X_s) \circ dW_s^i, 0 \leq t \leq 1 \tag{5.4}$$

Proposition 5.2.11 *Soit $0 \leq t \leq 1$. $X_t \in (\mathbb{D}^{1,2})^d$ et pour $0 \leq r \leq t$,*

$$D_r^j X_t = \sigma_j(X_r) + \int_r^t b'(X_s) D_r^j X_s ds + \int_r^t \sigma_i'(X_s) D_r^j X_s \circ dW_s^i$$

Preuve On considère l'approximation de Picard de l'EDS (5.4) écrite au sens d'Itô :

$$X_t^{n+1} = x_0 + \int_0^t \bar{b}(X_s^n)ds + \int_0^t \sigma_i(X_s^n)dW_s^i, t \geq 0, n \in \mathbb{N} \tag{5.5}$$

On montre par récurrence, à l'aide du Lemme 5.2.5, que

$$X^n \in M^2(0,T;\mathbb{R}^d) \cap L^2(0,T;(\mathbb{D}^{1,2})^d), \quad \forall T > 0$$

et que :

$$\begin{aligned} D_r^j X_t^{n+1} = \sigma_j(X_r^n) \ &+ \int_r^t \bar{b}'(X_s^n) D_r^j X_s^n ds + \\ &+ \int_r^t \sigma_i'(X_s^n) D_r^j X_s^n dW_s^i; t \geq r; j = 1, \ldots, k \end{aligned} \tag{5.6}$$

Le théorème de convergence de la méthode de Picard montre que le couple d'équations (5.5)–(5.6) converge vers le couple formé de (5.4) et de :

$$Z_t^{j,r} = \sigma_j(X_r) + \int_r^t \bar{b}'(X_s) Z_s^{j,r} ds + \int_r^t \sigma_i'(X_s) Z_s^{j,r} dW_s^i, t \geq r$$

Il résulte de ce que D est fermé : $X_t \in \mathbb{D}^{1,2}$, et $D_r^j X_t = Z_t^{j,r}$. □

Soit $\{\Phi_t, t \geq 0\}$ le processus à valeurs matrices $d \times d$, unique solution de l'EDS :

$$\Phi_t = I + \int_0^t \bar{b}'(X_s)\Phi_s ds + \int_0^t \sigma_i'(X_s)\Phi_s dW_s^i, 0 \leq t \leq 1$$

On montre aisément que dét$\Phi_t \neq 0 \quad \forall t$, p.s. en exhibant l'équation pour Φ_t^{-1}. Alors pour $0 \leq r \leq t$,

$$\Phi_t \Phi_r^{-1} = I + \int_r^t \bar{b}'(X_s)\Phi_s \Phi_r^{-1} ds + \int_r^t \sigma_i'(X_s)\Phi_s \Phi_r^{-1} dW_s^i$$

En multipliant l'égalité matricielle ci-dessus à droite par le vecteur $\sigma_j(X_r)$, on déduit du théorème d'unicité de la solution d'une EDS à coefficients localement lipschitziens :

$$D_r^j X_t = \Phi_t \Phi_r^{-1} \sigma_j(X_r), \quad 0 \leq r \leq t \leq 1$$

D'où la matrice de covariance de Malliavin de X_t s'écrit :

$$A_t = \Phi_t [\int_0^t \Phi_r^{-1} \sigma_j(X_r) \sigma_j^*(X_r) (\Phi_r^{-1})^* dr] \Phi_t^*$$

En itérant l'argumentation de la Proposition 5.2.11 et à l'aide de la Proposition 5.2.6, on vérifie que les conditions de régularité du Corollaire 5.2.9 sont satisfaites. Il reste à trouver une condition qui assure que $A_t > 0$ p.s. Notons qu'il est équivalent de montrer que :

$$B_t = \int_0^t \Phi_r^{-1} \sigma_j(X_r) \sigma_j^*(X_r) (\Phi_r^{-1})^* dr > 0 \ p.s.$$

Pour $0 \leq r \leq 1, 0 \leq t \leq 1$, posons

$$\begin{aligned} \mathcal{U}_s &= \text{e.v.}\{\Phi_s^{-1}\sigma_j(X_s), 1 \leq j \leq k\} , \\ \mathcal{V}_t &= \text{e.v.}\{\cup_{0 \leq s \leq t} \mathcal{U}_s\} , \\ \mathcal{V}_t^+ &= \cap_{s > t} \mathcal{V}_s . \end{aligned}$$

D'après la loi $0-1$, $\mathcal{V}_0^+$ est p.s. égal à un sous e.v. fixe de $\mathbb{R}^d$. Pour montrer que $B_t > 0$ p.s., $\forall 0 < t \leq 1$, il suffit de montrer que $\mathcal{V}_0^+ = \mathbb{R}^d$. On a donc la :

Proposition 5.2.12 *Une condition suffisante pour que la loi de X_t possède une densité, $\forall t > 0$, et que $\mathcal{V}_0^+ = \mathbb{R}^d$.*

On notera $U_0, U_1, \ldots, U_d$ les opérateurs aux dérivées partielles du premier ordre :

$$U_0(x) = b^j(x) \frac{\partial}{\partial x^j} ; U_i(x) = \sigma_i^j(x) \frac{\partial}{\partial x^j}, 1 \leq i \leq d .$$

Considérons les algèbres de Lie de champs de vecteurs (ou d'opérateurs aux dérivées partielles du premier ordre à coefficients C^∞) suivantes (pour le crochet de Lie [C,D] = DC - CD) :

$$\begin{aligned}\mathcal{A} &= A.L.\{U_0, U_1, \dots, U_k\} ,\\ \mathcal{B} &= A.L.\{U_1, \dots, U_k\} ,\\ \mathcal{I} &= \text{idéal engendré par } \mathcal{B} \text{ dans } \mathcal{A}\end{aligned}$$

(i.e. $\mathcal{I}$ contient les $U_i, 1 \leq i \leq k$, leurs crochets et les crochets de U_0 avec les $U_i, 1 \leq i \leq k$,..., mais pas U_0 lui-même). Si $x \in \mathbb{R}^d$, on note $\mathcal{I}(x)$ l'espace vectoriel (de dimension $\leq d$) des opérateurs aux dérivées partielles à coefficients constants obtenus en prenant les opérateurs de $\mathcal{I}$, avec leurs coefficients fixés à la valeur qu'ils prennent au point x.

Théorème 5.2.13 *Si $dim\mathcal{I}(x_0) = d$, alors $\mathcal{V}_0^+ = \mathbb{R}^d$, et donc la loi de X_t possède une densité, $\forall t > 0$.*

Preuve Soit q un vecteur de $\mathbb{R}^d$, t.q. $q \in (\mathcal{V}_0^+)^\perp$. On va montrer que $q = 0$. On pose :

$$\tau = inf\{0 \leq t \leq 1, \mathcal{V}_t \neq \mathcal{V}_0^+\} .$$

Alors $\tau > 0$ p.s. et pour tout $t \in [0, \tau]$, $(q, \Phi_t^{-1}\sigma_j(X_t)) = 0, 1 \leq j \leq k$. Or

$$\begin{aligned}\sigma_j(X_t) &= \sigma_j(x_0) + \int_0^t \sigma_j'(X_s)b(X_s)ds + \int_0^t \sigma_j'(X_s)\sigma_i(X_s) \circ dW_s^i ,\\ \Phi_t^{-1} &= I - \int_0^t \Phi_s^{-1}b'(X_s)ds - \int_0^t \Phi_s^{-1}\sigma_i'(X_s) \circ dW_s^i .\end{aligned}$$

Il résulte donc de la formule de Stratonovich (en identifiant un champ de vecteurs avec ses coefficients dans la base $(\frac{\partial}{\partial x^1}, \dots, \frac{\partial}{\partial x^d})$) :

$$\begin{aligned}(\Phi_t^{-1}\sigma_j(X_t), q) = &\ (U_j(x_0), q) + \int_0^t (\Phi_s^{-1}[U_j, U_0](X_s), q)ds\\ &+ \int_0^t (\Phi_s^{-1}[U_j, U_i](X_s), q) \circ dW_s^i .\end{aligned}$$

En outre $q \in (\mathcal{V}_0^+)^\perp, (U_j(x_0), q) = 0$. Comme la variation quadratique de $(\Phi_t^{-1}\sigma_j(X_t), q)$ est nulle sur $[0, \tau], 1 \leq j \leq k$, pour $t \in [0, \tau]$,

$$(\Phi_t^{-1}[U_j, U_i](X_t), q) = 0, 1 \leq i, j \leq k. \tag{5.7}$$

Et finalement puisque $(\Phi_t^{-1}\sigma_j(X_t), q)$ est nul, pour $t \in [0, \tau]$,

$$(\Phi_t^{-1}[U_j, U_0](X_t), q) = 0, 1 \leq j \leq k. \tag{5.8}$$

En particulier,

$$([U_j, U_i](x_0), q) = 0 , \quad 0 \leq i \leq k , \quad 1 \leq j \leq k .$$

En repartant de (5.7), (5.8), on montre ensuite que q est orthogonal aux vecteurs

$$[[U_j, U_i], U_\ell](x_0) , \quad 0 \leq i, \quad \ell \leq k , \quad 1 \leq j \leq k .$$

En itérant l'argument, on montre que $q \perp \mathcal{I}(x_0)$, ce qui d'après l'hypothèse du théorème entraîne $q = 0$. □

Remarque 5.2.14 L'hypothèse du théorème est la plus faible possible, au sens où si $dim\mathcal{I}(x) < d$ pour tout $x \in \mathbb{R}^d$, alors la solution de l'EDS reste confinée dans une sous variété de dimension $< d$.

Remarquons que sous l'hypothèse globale $dim\mathcal{I}(x) = d, \forall x \in \mathbb{R}^d$, le résultat est une conséquence du célèbre "théorème de la somme des carrés" d'Hörmander [38], puisque si l'on pose

$$\bar{U}_0 = (\frac{\partial}{\partial t}, U_0), \bar{U}_1 = (0, U_0), \ldots, \bar{U}_k = (0, U_k),\ \bar{Q} = A.L.\{\bar{U}_0, \bar{U}_1, \ldots, \bar{U}_k\}\ ,$$

$$\begin{aligned} dim\mathcal{I}(x) = d, \forall x \ &\Leftrightarrow\ dim\bar{Q}(t,x) = d+1, \forall (t,x) \\ &\Rightarrow\ -\frac{\partial}{\partial t} + L^* \text{ est hypoelliptique} \end{aligned}$$

(cf. l'équation de Fokker–Planck pour l'évolution de la loi de $\{X_t\}$).

Enfin, pour le système contrôlé :

$$\text{(5.9)} \qquad \frac{d\varphi_t(x,u)}{dt} = b(\varphi_t(x,u)) + \sigma_i(\varphi_t(x,u)u^i(t)\ , \qquad \varphi_0(x,u) = x\ ,$$

la condition $dim\mathcal{I}(x) = d, \forall x \in \mathbb{R}$ entraîne que l'ensemble :

$$A(t, x_0) = \overline{\{\varphi_t(x_0, u); u \in L^1(0, t; \mathbb{R}^k)\}}$$

est d'intérieur non vide (voir Lobry [56], Isidori [40]). Or cet ensemble est précisément, d'après un théorème de Stroock–Varadhan (cf. Ikeda–Watanabe [39]) le support de la loi de X_t, qui est bien d'intérieur non vide lorsque cette loi est absolument continue. □

Le but du reste de ce chapitre est de donner deux applications très différentes des idées de Malliavin au filtrage. La première, partant de l'idée que la loi conditionnelle de X_t sachant $\mathcal{Y}_t$ est la loi d'une diffusion (conditionnelle) ou encore que l'équation de Zakai est une EDP (stochastique), établit l'existence d'une densité (régulière) à cette loi conditionnelle. La seconde, partant de l'idée que l'équation de Zakai est une EDS (aux dérivées partielles), montre que sous une hypothèse ad hoc, quand $\{Y_t\}$ varie, la solution "remplit un espace de dimension infinie". Ce deuxième résultat a des conséquences importantes quand à la non existence de "filtres de dimension finie ".

5.3 Existence d'une densité pour la loi conditionnelle du filtrage

On reprend le modèle du 2.2, mais avec des coefficients ne dépendant que de Y à l'instant courant et indépendants de t, b remplacé par $b + gh$, et écrit sous forme Stratonovich. **Attention** il y a un "double" changement de notation par rapport au Chapitre 2 !

$$\text{(5.10)} \qquad \left\{ \begin{aligned} X_t \ &=\ x_0 + \int_0^t (b+gh)(X_s, Y_s)ds + \int_0^t f_j(X_s, Y_s) \circ dV_s^j + \\ &\qquad + \int_0^t g_i(X_s, Y_s) \circ dW_s^i\ , \\ Y_t \ &=\ \int_0^t h(X_s, Y_s)ds + W_t \end{aligned} \right.$$

avec $b, f_1, \ldots, f_M, g_1, \ldots, g_N, h$ de $\mathbb{R}^M \times \mathbb{R}^N$ à valeurs dans $\mathbb{R}^M, \mathbb{R}^M, \mathbb{R}^M$ et $\mathbb{R}^N$ respectivement, de classe C_b^∞. On définit les champs de vecteurs sur $\mathbb{R}^M \times \mathbb{R}^N$:

$$\begin{aligned} U_0(x,y) &= b^\ell(x,y)\frac{\partial}{\partial x^\ell} , \\ U_j(x,y) &= f_j^\ell(x,y)\frac{\partial}{\partial x^\ell} , 1 \le j \le M , \\ \bar{U}_i(x,y) &= g_i^\ell(x,y)\frac{\partial}{\partial x^\ell} + \frac{\partial}{\partial y^i}, \ 1 \le i \le N . \end{aligned}$$

Afin de "deviner" la bonne condition de rang qu'il nous faudra faire ici, considérons tout d'abord le cas (sans grand intérêt !) $h \equiv 0$. Formellement, la première équation de (5.10) s'écrit alors :

$$(5.11) \qquad X_t = x_0 + \int_0^t [b(X_s, Y_s) + g_i(X_s, Y_s)\frac{dY_s^i}{ds}]ds + \int_0^t f_j(X_s, Y_s) \circ dV_s^j .$$

Faisons comme si les trajectoires de $\{Y_t\}$ étaient régulières. La loi conditionnelle de X_t sachant $\mathcal{Y}_t$ est la loi de la solution de (5.11), obtenue en fixant $\{Y_s; 0 \le s \le t\}$. La différence avec la situation de la section précédente est que les coefficients dépendent du temps (par l'intermédiaire de Y !). D'après la Remarque 5.2.14 (analogie avec le Théorème d'Hörmander), il est facile de se convaincre que les champs de vecteurs qui interviennent ici sont les $U_j (1 \le j \le M)$ ainsi que les crochets $(1 \le j \le M)$:

$$\left[\frac{\partial}{\partial t} + (b^\ell(\cdot, Y_t) + g_i^\ell(Y_t)\frac{dY_t^i}{dt})\frac{\partial}{\partial x^\ell}, f_j^\ell(\cdot, Y_t)\frac{\partial}{\partial x^\ell}\right](x)$$
$$= [U_0, U_j](x, Y_t) + [\bar{U}_i, U_j](x, Y_t)\frac{dY_t^i}{dt}$$

(on a utilisé $\frac{\partial}{\partial t} f_j^\ell(x, Y_t) = \frac{\partial f_j^\ell}{\partial y^i}(x, Y_t)\frac{dY_t^i}{dt}$) et les "crochets itérés". Comme les $\frac{dY_t^i}{dt}$ sont très erratiques, on peut admettre qu'apparaissent les champs de vecteurs :

$$[U_0, U_j], [\bar{U}_1, U_j], \ldots, [\bar{U}_N, U_j]; 1 \le j \le M .$$

Ceci signifie que la condition de rang devrait porter sur l'idéal $\bar{\mathcal{I}}$ engendré par

$$\bar{\mathcal{B}} = A.L.\{U_1, \ldots, U_M\}$$

dans

$$\bar{\mathcal{A}} = A.L.\{U_0, \bar{U}_1, \ldots, \bar{U}_N, U_1, \ldots, U_M\} .$$

Remarquons que la dimension de $\bar{\mathcal{I}}(x_0, 0)$ est au plus M. On va maintenant voir effectivement que la condition

$$dim\bar{\mathcal{I}}(x_0, 0) = M$$

entraîne l'existence d'une densité pour la mesure Π_t- ou équivalemment pour la mesure σ_t (en fait même d'une densité C^∞, mais nous n'examinerons pas la question de la régularité de la densité). Nous allons maintenant donner deux démonstrations de l'existence d'une densité. La première consiste à se ramener au calcul de Malliavin usuel, la seconde utilise un "calcul de Malliavin partiel". Seule la seconde approche s'étend aisément pour démontrer la régularité de la densité.

5.3.1 L'absolue continuité de σ_t par le calcul de Malliavin

Notons que, avec les notations des chapitres précédents,

$$\begin{aligned}\sigma_t(\varphi) &= \overset{\circ}{E}\,[\varphi(X_t)Z_t/\mathcal{Y}] \\ &= \overset{\circ}{E}^{\mathcal{Y}}\,[\varphi(X_t)\,\overset{\circ}{E}^{\mathcal{Y}}\,(Z_t/X_t)]\,.\end{aligned}$$

Définissons la mesure aléatoire $\bar{\sigma}_t$ par :

$$\frac{d\bar{\sigma}_t}{d\sigma_t}(x) = (\overset{\circ}{E}^{\mathcal{Y}}\,(Z_t/X_t = x))^{-1}.$$

Il est clair que σ_t est absolument continue ssi $\bar{\sigma}_t$ l'est. Mais $\bar{\sigma}_t$ n'est autre que la loi de X_t sous $\overset{\circ}{P}, \{Y_s;\ 0 \le s \le t\}$ étant fixé. Rappelons que

$$X_t = x_0 + \int_0^t b(X_s, Y_s)ds \;+ \int_0^t f_j(X_s, Y_s) \circ dV_s^j + \int_0^t g_i(X_s, Y_s) \circ dY_s^i\,. \tag{5.12}$$

Comment peut-on fixer la trajectoire de $\{Y_s\}$ dans (5.12) ? Grâce à la théorie des flots (comme on l'a déjà vu au chapitre 4, et de la façon suivante. Soit $\{\psi_t^Y(x); t \ge 0, x \in \mathbb{R}^M\}$ le flot associé à l'EDS :

$$\tilde{X}_t = x + \int_0^t g_i(\tilde{X}_s, Y_s) \circ dY_s^i\,. \tag{5.13}$$

Notons que par définition du flot, on a choisi une version de $\psi_t^Y(x)$ t.q.

$$(t,x) \to \psi_t^Y(x)$$

soit de classe $C^{0,\infty}(\mathbb{R}_+ \times \mathbb{R}^M; \mathbb{R}^M)$ pour tout $Y \in C(\mathbb{R}_+; \mathbb{R}^N)$ et que pour tout $(t, Y) \in \mathbb{R}_+ \times C(\mathbb{R}_+; \mathbb{R}^N)$,

$$x \to \psi_t^Y(x)$$

est un difféomorphisme. On en déduit que la matrice :

$$\nabla\psi_t^Y(x) = \left(\frac{\partial(\psi_t^Y)^i(x)}{\partial x^j}\right)_{i,j}$$

est inversible pour tout $(t, Y, x) \in \mathbb{R}_+ \times C(\mathbb{R}_+; \mathbb{R}^N) \times \mathbb{R}^M$. Avec la notation :

$$\psi_t^{Y*}b(x, Y_t) = (\nabla\psi_t^Y(x))^{-1}b(\psi_t^Y(x), Y_t)$$

et

$$\psi_t^{Y*}f_j(x, Y_t) = (\nabla\psi_t^Y(x))^{-1}f_j(\psi_t^Y(x), Y_t), 1 \le j \le M$$

il résulte de la formule de Stratonovich généralisée (voir Bismut [9], Kunita [49]) que $X_t = \psi_t^Y(\overline{X}_t)$, $t \ge 0$ où $\{\overline{X}_t,\ t \ge 0\}$ est l'unique solution de l'EDS :

$$\overline{X}_t = x_0 + \int_0^t \psi_s^{Y*}b(\overline{X}_s, Y_s)ds + \int_0^t \psi_s^{Y*}f_j(\overline{X}_s, Y_s) \circ dV_s^j$$

On peut maintenant fixer la trajectoire du processus $\{Y_t\}$ dans cette équation. Etant donné $y \in C(\mathbb{R}_+;\mathbb{R}^N)$, on pose $X_t^y = \psi_t^y(\overline{X}_t^y)$, $t \geq 0$, où $\{\overline{X}_t^y\}$ est la solution de l'EDS :

$$\overline{X}_t^y = x_0 + \int_0^t \psi_s^{y*} b(\overline{X}_s^y, y_s)ds + \int_0^t \psi_s^{y*} f_j(\overline{X}_s^y, y_s) \circ dV_s^j,\ t \geq 0\ . \tag{5.14}$$

Il nous reste à appliquer la technique de la section précédente. On ne peut pas se contenter d'appliquer le Théorème 5.2.13, en particulier parce que les coefficients dépendent de t par l'intermédiaire de y – on verra pourtant que tout marche ici comme à la section 5.2. Il y a cependant une autre difficulté : ni les coefficients de l'équation (5.14), ni (et c'est plus grave) leurs dérivées en x ne sont bornées. On est obligé de "localiser" la démarche de la section 5.2. Ceci peut se faire aisément de la façon suivante. Soit $n \in \mathbb{N}$. Supposons que l'on remplace les coefficients g_i de l'équation (5.13) par de nouveaux coefficients de classe C_b^∞ qui coïncident avec les g_i sur $\{|x| \leq n\} \times \mathbb{R}^N$, et sont nuls sur $\{|x| \geq n+1\} \times \mathbb{R}^N$. Les nouveaux coefficients correspondants de l'équation (5.14) sont bornés ainsi que leurs dérivées, et le "nouveau" X_t^y coïncide avec l'ancien sur $\Omega_t^n = \{sup_{0\leq r\leq s\leq t}|\psi_r^y(\overline{X}_s^y)| \leq n\}$. Or puisque $\cup_n \Omega_t^n = \Omega$, si pour tout n l'image de $1_{\Omega_t^n}.\ P$ par X_t^y est absolument continue, il en est de même de l'image de P par X_t^y. Il suffit donc d'établir le résultat avec les g_i nuls pour x en dehors d'un compact. On peut donc supposer les coefficients de l'équation (5.14) bornés ainsi que leurs dérivées. Les premières conditions du Corollaire 5.2.9 se vérifient alors comme à la section précédente, et il reste à établir l'inversibilité de la matrice de covariance de Malliavin, qui est équivalente à l'inversibilité d'une matrice de la forme :

$$B_t^y = \int_0^t \Phi_s^{y-1} f_j(X_s^y, y_s) f_j^*(X_s^y, y_s)(\Phi_s^{y-1})^* ds\ .$$

Théorème 5.3.1 *Si* $dim\mathcal{I}(x_0, 0) = M$, *alors* $B_t^Y > 0$ *pour tout* $t > 0$, *p.s., et pour tout* $t > 0, \sigma_t$ *est p.s. absolument continue par rapport à la mesure de Lebesgue sur* $\mathbb{R}^M$.

Preuve L'argument est identique à celui du Théorème 5.2.13. Indiquons seulement le "développement" de $(\Phi_t^{-1} f_j(X_t, Y_t), q)$:

$$\begin{aligned}(\Phi_t^{-1} f_j(X_t, Y_t), q) &= (U_j(x_0, 0), q) + \\ &\quad + \int_0^t (\Phi_s^{-1}[U_j, U_0](X_s, Y_s), q)ds \\ &\quad + \int_0^t (\Phi_s^{-1}[U_j, U_\ell](X_s, Y_s), q) \circ dW_s^\ell \\ &\quad + \int_0^t (\Phi_s^{-1}[U_j, \overline{U}_i](X_s, Y_s), q) \circ dY_s^i\end{aligned}$$

□

5.3.2 L'absolue continuité de σ_t par le calcul de Malliavin partiel

On reprend le modèle (5.11). Puisque sous $\overset{\circ}{P}$ $\{V_t\}$ et $\{Y_t\}$ sont deux processus de Wiener indépendants, il sera commode de supposer que ce sont les processus canoniques sur

$\Omega = \Omega_1 \times \Omega_2, \Omega_1 = C_0(\mathbb{R}_+;\mathbb{R}^M), \Omega_2 = C_0(\mathbb{R}_+;\mathbb{R}^N)$; i.e.. $V_t(\omega) = \omega_1(t), Y_t(\omega) = \omega_2(t)$. Soit P^V et P^Y respectivement la mesure de Wiener sur Ω_1 et Ω_2. $\overset{\circ}{P} = P_V \times P_Y$ et

$$\sigma_t(\varphi) = \overset{\circ}{E}{}^{\mathcal{Y}}[\varphi(X_t)Z_t] = E_V[\varphi(X_t)Z_t]\ .$$

Dans toute la suite, **S** désignera l'espace des v.a. simples définies sur Ω_1, et D l'opérateur de dérivation sur Ω_1 (i.e. "dans la direction de $\{V_t\}$"). On définit $\mathbb{D}^{1,2}$ comme le complété de $\mathbf{S} \otimes L^2(\Omega_2, \mathcal{F}_2, P_Y)$ pour la norme :

$$\|F\|_{1,2} = \|F\|_2 + \|\|DF\|_H\|_2$$

avec $H = L^2(0,T;\mathbb{R}^M)$, $\|\cdot\|_2$ norme de $L^2(\Omega,\mathcal{F},\overset{\circ}{P})$. Il est alors clair qu'un élément de $L^2(\Omega_2,\mathcal{F}_2,P_Y)$ s'identifie à un élément de $\mathbb{D}^{1,2}$. On démontre comme à la section 5.2 que $X_t \in \mathbb{D}^{1,2}$. Il résulte alors de la Définition 5.2.1 et de la Proposition 5.2.2 (à nouveau, $<\cdot,\cdot>$ désigne le produit scalaire dans H) :

Proposition 5.3.2 *Si $\varphi \in C_b^\infty(\mathbb{R}^M)$, $H \in \mathbf{S}$, $G \in L^4(\Omega_2,\mathcal{F}_2,P_Y)$,*

$$\overset{\circ}{E}\left[\frac{\partial\varphi}{\partial x^i}(X_t) < DX_t^i, u > HZ_tG\right] =$$
$$= \overset{\circ}{E}\left[\{H\int_0^t (u_s, dV_s) - < DH + HD(Log\, Z), u >\}\varphi(X_t)Z_tG\right]$$

et donc :

$$(5.15)\quad E_V\left[\frac{\partial\varphi}{\partial x^i}(X_t) < DX_t^i, u > HZ_t\right] =$$
$$= E_V\left[\{H\int_0^t (u_s, dV_s) - < DH + HD(Log\, Z), u >\}\varphi(X_t)Z_t\right]\ .$$

(5.15) est la "formule d'intégration par parties" du "calcul de Malliavin partiel". C'est l'analogue de la formule qui sert de point de départ à la preuve du Théorème 5.2.8. Il est alors clair que l'on peut démontrer, par un raisonnement analogue :

Proposition 5.3.3 *Une condition suffisante pour que σ_t soit absolument continue est que la "matrice de covariance partielle de Malliavin"*

$$(< DX_t^i, DX_t^j >)_{i,j}$$

soit p.s. non dégénérée.

On peut maintenant établir le :

Théorème 5.3.4 *Si $dim[\bar{\mathcal{I}}(x_0,0)] = M$, alors la matrice de covariance partielle de Malliavin de X_t est p.s. non dégénérée, et σ_t est absolument continue par rapport à la mesure de Lebesgue de $\mathbb{R}^M$.*

Preuve Désignons par $\{\Phi_t\}$ le processus à valeurs matrice $M \times M$ solution de l'EDS :

$$\Phi_t = I + \int_0^t b_1'(X_s, Y_s)\Phi_s ds \;+\; \int_0^t f_{j,1}'(X_s, Y_s)\Phi_s \circ dV_s^j + \\ + \int_0^t g_{i,1}'(X_s, Y_s)\Phi_s \circ dY_s^i$$

où b_1' désigne la matrice $M \times M$ des dérivées des coordonnées de b par rapport aux coordonnées de la première variable x. On a, pour $0 \le s \le t$, $D_s^j X_t = \Phi_t \Phi_s^{-1} f_j(X_s, Y_s)$, et comme à la section 5.2 on étudie la nondégénérescence de la matrice :

$$B_t = \int_0^t \Phi_s^{-1} f_j(X_s, Y_s) f_j^*(X_s, Y_s)(\Phi_s^{-1})^* ds \; .$$

On raisonne comme au Théorème 5.2.13. Il nous faut donc développer par Itô–Stratonovich $(\Phi_t^{-1} f_j(X_t, Y_t), q)$.

$$\begin{aligned}
f_j(X_t, Y_t) \;&=\; f_j(x_0, 0) + \int_0^t f_{j,1}'(X_s, Y_s) b(X_s, Y_s) ds \\
&\quad + \int_0^t f_{j,1}'(X_s, Y_s) f_\ell(X_s, Y_s) \circ dV_s^\ell \\
&\quad + \int_0^t f_{j,1}'(X_s, Y_s) g_i(X_s, Y_s) \circ dY_s^i + \int_0^t f_{j,2}'(X_s, Y_s)^i \circ dY_s^i \, , \\
\Phi_t^{-1} \;&=\; I - \int_0^t \Phi_s^{-1} b_1'(X_s, Y_s) ds \\
&\quad - \int_0^t \Phi_s^{-1} f_{\ell,1}'(X_s, Y_s) \circ dV_s^\ell \\
&\quad - \int_0^t \Phi_s^{-1} g_{i,1}'(X_s, Y_s) \circ dY_s^i
\end{aligned}$$

ce qui donne :

$$\begin{aligned}
(\Phi_t^{-1} f_j(X_t, Y_t), q) \;&=\; (U_j(x_0, 0), q) + \int_0^t (\Phi_s^{-1}[U_j, U_0](X_s, Y_s), q) ds \\
&\quad + \int_0^t (\Phi_s^{-1}[U_j, U_\ell](X_s, Y_s), q) \circ dV_s^\ell \\
&\quad + \int_0^t (\Phi_s^{-1}[U_j, \bar{U}_i](X_s, Y_s), q) \circ dY_s^i \; .
\end{aligned}$$

La preuve se termine alors comme au Théorème 5.2.13. □

5.4 Application du calcul de Malliavin à l'équation de Zakai : non existence de filtres de dimension finie

On va considérer dans cette section un modèle de filtrage simplifié par rapport aux sections précédentes :

$$(5.16) \qquad \begin{cases} X_t \;=\; x_0 + \int_0^t b(X_s) ds + \int_0^t f_j(X_s) dV_s^j \, , \\[2ex] Y_t = \; \int_0^t h(X_s) ds + W_t \; . \end{cases}$$

Des hypothèses précises sur les coefficients seront formulées ci-dessous, qui entraîneront en particulier l'existence d'une densité pour la mesure $\sigma_t(t > 0)$:

$$p(t,x) = \frac{d\sigma_t}{dx}(x)$$

qui satisfait l'équation de Zakai (sous forme Stratonovich) :

$$\left\{\begin{array}{rcl} d_t p(t,x) & = & Ap(t,x)dt + h^i(x)p(t,x) \circ dY_t^i \,,\ t > 0\,, \\ p(0,\cdot) & = & \delta_{x_0}(\cdot)\,. \end{array}\right. \tag{5.17}$$

Notons que, les coefficients de (5.16) étant réguliers, l'opérateur $A = L^* - \frac{1}{2}\sum_{i=1}^N (h^i)^2$ se met sous la forme :

$$A = \frac{1}{2}a^{j,\ell}(x)\frac{\partial^2}{\partial x^j \partial x^\ell} + \tilde{b}^j(x)\frac{\partial}{\partial x^j} + c(x)$$

avec

$$a = f_j f_j^*, \tilde{b} = -b + \frac{\partial a^{j\cdot}}{\partial x^j}, c = \frac{1}{2}\frac{\partial^2 a^{j\ell}}{\partial x^j \partial x^\ell} - \frac{\partial b^j}{\partial x^j} - \frac{1}{2}\sum_{i=1}^N (h^i)^2.$$

Notre but est d'appliquer le calcul de Malliavin à l'EDPS (5.17). Notons cependant que la solution de (5.17) prend ses valeurs dans un espace de Hilbert, dans lequel il n'existe pas de mesure de Lebesgue. Quel peut donc être l'énoncé d'un résultat de type "calcul de Malliavin" pour l'équation (5.17)? Cet énoncé dit que sous des conditions techniques et une hypothèse ad hoc de rang d'algèbre de Lie, toute projection orthogonale de $p(t,\cdot)$ sur un sous e.v. de dimension finie d de $L^2(\mathbb{R}^M)$ possède une densité par rapport à la mesure de Lebesgue sur $\mathbb{R}^d$. Pour énoncer précisément le résultat, introduisons "l'algèbre de Lie formelle" Λ d'opérateurs engendrée par A et les opérateurs de multiplication par $h_1(\cdot), \ldots, h_N(\cdot)$, pour le crochet de Lie $[B,C] = CB - BC$ (i.e. Λ est une algèbre pour le crochet $[\cdot,\cdot]$). Les éléments de Λ sont des opérateurs aux dérivées partielles à coefficients variables. On notera $\Lambda(x_0)$ l'espace vectoriel d'opérateurs aux dérivées partielles à coefficients constants constitué des opérateurs de Λ dont les coefficients sont fixés à leur valeur prise en x_0. On notera en outre $C_b^\omega(\mathbb{R}^M)$ l'espace des applications de $\mathbb{R}^M$ dans $\mathbb{R}$ analytiques en chaque point, bornées ainsi que toutes leurs dérivées.

Théorème 5.4.1 *Supposons satisfaites les trois hypothèses :*

(i) $a^{j\ell}, b^j, h^i \in C_b^\omega(\mathbb{R}^M)$; $1 \le j, \ell \le M$, $1 \le i \le N$,

(ii) $a(x) \ge \varepsilon I$, *pour* $\varepsilon > 0$ *et tout* $x \in \mathbb{R}^M$,

(iii) $\Lambda(x_0)$ *contient tous les opérateurs aux dérivées partielles en* x *de tous ordres, à coefficients constants.*

Alors pour tout $t > 0$, *tout* $n \in \mathbb{N}$, *et toute suite linéairement indépendante*

$$\{\varphi_1, \ldots, \varphi_n\} \subset L^2(\mathbb{R}^M)\,,$$

la loi de probabilité de

$$\Phi_t^n = ((p(t,\cdot),\varphi_1), \ldots, (p(t,\cdot),\varphi_n))$$

admet une densité par rapport à la mesure de Lebesgue sur $\mathbb{R}^n$.

Avant de démontrer ce théorème, discutons-en les conséquences. Etant donnée une suite $\{\varphi_i, i \geq 1\} \subset L^2(\mathbb{R}^d) \cap C_b(\mathbb{R}^d)$, on pose les définitions suivantes (σ_t et Π_t sont les lois conditionnelles non normalisées et normalisées définies au Chapitre 2) :

Définition 5.4.2 *Etant donné $t > 0$ fixé, on dit que la collection de statistiques*

$$\{\sigma_t(\varphi_i); i \geq 1\}$$

admet une statistique exhaustive régulière β en dimension finie r si β est une application $\mathcal{Y}_t$– mesurable de Ω_2 dans $\mathbb{R}^r$ t.q. pour tout $i \geq 1$, il existe $\theta_i \in C^1(\mathbb{R}^r; \mathbb{R})$ t.q.

$$\sigma_t(\varphi_i) = \theta_i(\beta)\,.$$

Notons qu'une statistique exhaustive réalise une factorisation de l' application :

$$\begin{array}{ccc} Y & \rightarrow & \{\sigma_{t,Y}(\varphi_i);\ i \geq 1\} \\ & \searrow \quad \nearrow & \\ & \beta(Y) & \end{array}$$

On déduit alors du Théorème 5.4.1 le :

Corollaire 5.4.3 *Sous les hypothèses du Théorème 5.4.1, il n'existe pas de suite infinie linéairement indépendante $\{\varphi_i, i \geq 1\} \subset L^2(\mathbb{R}^M)$ t.q. $\{\sigma_t(\varphi_i), i \geq 1\}$ admette une statistique exhaustive régulière en dimension finie pour un $t > 0$. Le même énoncé vaut pour Π_t.*

Preuve La première affirmation découle aisément du Théorème (raisonner par l'absurde). La deuxième conclusion s'en déduit (à nouveau par l'absurde), en utilisant l'identité :

$$\sigma_t = \Pi_t \exp\left(\int_0^t \Pi_s(h^i)dY_s^i - \frac{1}{2}\int_0^t |\Pi_s(h)|^2 ds\right)$$

□

Remarque 5.4.4 Le lien entre non existence de statistique exhaustive régulière et récursive (cf. Définition 5.5.1 dans l'Appendice ci–dessous) en dimension finie et des propriétés de l'algèbre de Lie Λ a été conjecturé par Brockett [14] et Mitter [62], par analogie avec la théorie géométrique du contrôle. On trouvera dans l'Appendice à la fin de ce chapitre un résultat dans ce sens. L'originalité de l'approche par le calcul de Malliavin, dûe à Ocone [65] (voir aussi Ocone, Pardoux [66]) est d'obtenir la non existence d'une statistique exhaustive de dimension finie à t fixé. Malheureusement, elle nécessite, en l'état actuel de la théorie, les hypothèses très restrictives (i) et (ii) du Théorème 5.4.1. □

La fin de cette section va être consacrée à la preuve du Théorème 5.4.1. On va appliquer le calcul de Malliavin sur $(\Omega_2, \mathcal{Y}, P_Y)$. D désignera ci-dessous l'opérateur de dérivation sur Ω_2 (dans la direction de $\{Y_t\}$). On appliquera D soit à des v.a. définies sur $(\Omega_2, \mathcal{Y}, P_Y)$, soit à des v.a. définies sur $(\Omega, \mathcal{F}, \overset{\circ}{P}\ ) = (\Omega_1 \times \Omega_2, \mathcal{F}, P_V \times P_Y)$, comme on l'avait fait avec l'autre opérateur de dérivation à la section précédente (bien que nous conservions les mêmes notations, l'opérateur D et les espaces $\mathbf{S}$ et H ne sont plus du tout les mêmes !). Le Théorème 5.4.1 sera une conséquence du Corollaire 5.2.9 (ou plutôt de la Remarque 5.2.10) si l'on démontre que pour tout $t > 0$:

(i) $\sigma_t(\varphi_i) = (p(t,\cdot),\varphi_i) \in I\!D^{1,2}, i = 1,\ldots,n$,
(ii) $< D\sigma_t(\varphi_i), D\sigma_t(\varphi_j) >_{i,j} > 0$ p.s.

Notons que :

$$\sigma_t(\varphi_i) = E_V[\varphi_i(X_t)Z_t] .$$

Formellement (rappelons que X_t ne dépend pas de Y) :

$$(5.18) \qquad D_s\sigma_t(\varphi_i) = E_V[\varphi_i(X_t)Z_t h(X_s)] .$$

Pour montrer (*i*) et justifier (5.18), on remarque tout d'abord que (par intégration par parties de l'intégrale stochastique, comme au Chapitre 4) Z_t possède une version qui, pour chaque trajectoire de Y fixée, est une fonction bornée de X, et ensuite que $\varphi_i(X_t)$ est intégrable, car X_t possède une densité qui appartient à $L^2(\mathbb{R}^M)$. Enfin, si l'on approche l'intégrale stochastique par des sommes de Darboux et l'exponentielle par sa série de Taylor tronquée, $\sigma_t(\varphi_i)$ est approchée par une suite de polynômes en les accroissements de Y, donc par une suite d'éléments de $I\!D^{1,2}$. Il reste à montrer que l'on a une suite de Cauchy dans $I\!D^{1,2}$ et à identifier la limite des dérivées. Etudions maintenant (*ii*), qui est équivalente à : $\exists \mathcal{N} \in \mathcal{Y}$ t.q. $P_Y(\mathcal{N}) = 0$ et $\forall y \notin \mathcal{N}, \forall \xi \in \mathbb{R}^n, < D\sigma_t(\varphi_i), D\sigma_t(\varphi_j) > (y)\xi_i\xi_j = < D\sigma_t(\varphi), D\sigma_t(\varphi) > (y) \neq 0$ avec $\varphi = \xi_i\varphi_i$. Comme la suite $(\varphi_1,\ldots,\varphi_n)$ est linéairement indépendante, (*ii*) est une conséquence de :

$$(ii)' \quad \left\{ \begin{array}{rcl} \exists \mathcal{N} \in \mathcal{Y} \text{ t.q. } P^Y(\mathcal{N}) & = & 0 \text{ et } \forall y \notin \mathcal{N}, \varphi \in L^2(\mathbb{R}^M) \setminus \{0\}, \\ \|D\sigma_t(\varphi)(y)\|_H & \neq & 0 . \end{array} \right.$$

Afin d'établir (*ii*)′, commençons par donner une autre expression pour $D_s\sigma_t(\varphi)$.

$$D_s\sigma_t(\varphi) = E^V[h(X_s)Z_s E^V_{sX_s}(\varphi(X_t)Z^s_t)] .$$

Posons, pour $0 \le s \le t$ et $x \in \mathbb{R}^M$,

$$v_\varphi(s,x) = E^V_{sx}[\varphi(X_t)Z^t_s] .$$

Une extension facile de la Proposition 2.5.6 permet d'établir que v est l'unique solution dans $M^2_r(0,t;H^1(\mathbb{R}^M))$ de l'EDPS rétrograde :

$$\left\{ \begin{array}{rcl} \dfrac{\partial v_\varphi}{\partial_s}(s,x) + A^* v_\varphi(s,x) + h_i v(s,x) \circ dY^i_s & = & 0, \quad 0 < s < t, x \in \mathbb{R}^M , \\ v_\varphi(t,x) & = & \varphi(x) . \end{array} \right.$$

Une extension immédiate du Théorème 2.5.1 nous permet de conclure que :

$$D_s\sigma_t(\varphi) = (p(s,\cdot), h(\cdot)v_\varphi(s,\cdot)) .$$

Notons que d'après le Théorème 3.5.2,

$$p \in C(]0,t]; H^\ell(\mathbb{R}^M)) , \quad \text{et } v_\varphi \in C([0,t[; H^\ell(\mathbb{R}^M)) \text{ p.s.}$$

pour tout $\ell \in \mathbb{N}$. L'étape cruciale dans la démonstration du Théorème 5.4.1 est contenue dans la :

Proposition 5.4.5 *Il existe un ensemble $\mathcal{N} \in \mathcal{Y}$ t.q. $P_Y(\mathcal{N}) = 0$ et pour $y \notin \mathcal{N}$, $\varphi \in L^2(\mathbb{R}^M) \setminus \{0\}$,*

$$\int_0^t |(p(s,\cdot), h(\cdot)v_\varphi(s,\cdot))|^2 (y)ds = 0$$

entraîne

$$(v_\varphi(s,\cdot), Cp(s,\cdot))(y) = 0\,, \quad 0 < s \le t$$

pour tout $C \in \Lambda$.

Admettons un instant cette Proposition. Soit $y \in \Omega_2$ tel que :

$$\begin{aligned}(v_\varphi(s,\cdot), Cp(s,\cdot))(y) &= (C^* v_\varphi(s,\cdot), p(s,\cdot))(y) \\ &= 0\,, \quad 0 < s \le t\,, \quad C \in \Lambda\,.\end{aligned}$$

Pour tout $C \in \Lambda, \exists \ell \in \mathbb{N}$ tel que $C^* \in \mathcal{L}(H^{r+\ell}(\mathbb{R}^M), H^r(\mathbb{R}^M)), r \in \mathbb{N}$. Mais quand $s \downarrow 0, p(s,\cdot) \to \delta_{x_0}$ dans $H^{-r}(\mathbb{R}^M)$, pour $r > M/2$. Donc

$$C^* v_\varphi(0, x_0) = 0\,, \quad \forall C \in \Lambda$$

ou encore :

$$C^* v_\varphi(0, x_0) = 0\,, \quad \forall C \in \Lambda(x_0)$$

La propriété (*iii*) de $\Lambda(x_0)$ est vraie aussi bien pour $\{C^*;\, C \in \Lambda(x_0)\}$. On en déduit que $v(0,\cdot)$ et toutes ses dérivées partielles d'ordre quelconque sont nulles au point x_0. Remarquons (cf. Chapitre 4) que

$$u_\varphi(s,x) \triangleq e^{(h(s,x),y(s))}\, v_\varphi(s,x)$$

satisfait une EDP parabolique paramétrée par $\{Y_s\}$, à laquelle, grâce aux hypothèses (*i*) et (*ii*) du Théorème, on peut appliquer le Théorème 6.2. p. 221 d'Eidel'man [24], qui entraîne que $u_\varphi(0,\cdot) \in C_b^\omega$. Donc $u_\varphi(0,x) = 0, x \in \mathbb{R}^M$. D'après le résultat d'unicité rétrograde de Bardos–Tartar [4], ceci est en contradiction avec $\varphi \not\equiv 0$. Il ne nous reste plus qu'à établir la :

Preuve de la Proposition 5.4.5 Indiquons tout d'abord formellement l'argument de la démonstration. Si

$$\begin{aligned}(v_\varphi(s,\cdot), h_i(\cdot)p(s,\cdot)) &= 0\,, \quad 0 < s < t\,, \quad 1 \le i \le N, \\ d(v_\varphi(s,\cdot), h_i(\cdot)p(s,\cdot)) &= (v_\varphi(s,\cdot), [A, h_i]\, p(s,\cdot))\, ds \\ &= 0\,, \quad 1 \le i \le N\,.\end{aligned}$$

En itérant l'argument, si $C_i = [A, h_i]$

$$\begin{aligned}d(v_\varphi(s,\cdot), C_i p(s,\cdot)) &= (v_\varphi(s,\cdot), [A, C_i] p(s,\cdot)) ds + \\ &\quad +(v_\varphi(s,\cdot), [h_j, C_i] p(s,\cdot)) \circ dY_s^j\,.\end{aligned}$$

On en déduit que le coefficient de ds et ceux des dY_s^j sont nuls, et par récurrence on obtient le résultat. Il y a cependant deux points qui demandent justification :

1. Nous avons utilisé le calcul stochastique de Stratonovich, alors que $p(s,\cdot)$ est $\mathcal{Y}_s$ adapté, et $v_\varphi(s,\cdot)$ est $\mathcal{Y}_t^s = \sigma\{Y_r - Y_s; s \le r \le t\}$ adapté, donc le couple n'est pas adapté.

2. L'énoncé de la Proposition 5.4.5 donne un résultat vrai en dehors d'un ensemble des P^Y mesure nulle $\mathcal{N}$ qui est indépendant de φ.

Le premier point peut être résolu par le calcul stochastique non adapté. On va cependant donner un argument plus simple, qui permettra aussi de résoudre le point 2. Remarquons que si l'on pose, comme au chapitre 4,

$$\begin{aligned} u_\varphi(t,x) &= v_\varphi(t,x)\exp[h_i(x)Y_t^i]\ , \\ q(t,x) &= p(t,x)\exp[-h_i(x)Y_t^i]\ , \end{aligned}$$

on remarque que pour tout $\ell \in \mathbb{N}$,

$$\begin{aligned} u_\varphi &\in C^1([0,t];H^\ell(\mathbb{R}^M))\ , \\ q &\in C^1([0,t];H^\ell(\mathbb{R}^M))\ . \end{aligned}$$

Donc pour tout $C \in \Lambda$, il existe $n \in \mathbb{N}$ t.q.

$$\begin{aligned} (v_\varphi(s,\cdot), Cp(s,\cdot)) &= (u_\varphi(s,\cdot), e^{-h_i(\cdot)Y_s^i}C[e^{h_i(\cdot)Y_s^i}q(s,\cdot)]) \\ &= \sum_{\ell=1}^{n}(Y_s^i)^\ell \xi_{i\ell}(s) \end{aligned}$$

avec des processus $\{\xi_{i\ell}(s), s \in (0,t)\}$ non nécessairement adaptés, mais à trajectoires dans $C^1(0,t)$. On en déduit que les intégrales stochastiques du type :

$$\int_r^s (v_\varphi(\theta,\cdot), Cp(\theta,\cdot)) \circ dY_\theta^i,\ 0 < r < s < t$$

peuvent être définies par intégration par parties, et toutes les formules d'Itô–Stratonovich utilisées ont un sens pour chaque trajectoire de Y. Il reste à montrer que lorsque la somme d'une intégrale de Lebesgue et d'intégrales de Stratonovich du type ci-dessus est nulle, alors chaque intégrand est nul pour toute trajectoire de Y en dehors d'un ensemble de mesure nulle universel $\mathcal{N}$. Ceci résulte du Lemme suivant, pour la démonstration duquel nous renvoyons à l'appendice d'Ocone [65] :

Lemme 5.4.6 *Il existe un ensemble de P^Y mesure nulle $\mathcal{N} \in \mathcal{Y}$ tel que pour tout $1 \le i \le N$ et $m \in \mathbb{N}$, pour tous $\rho_{k_j}, 1 \le j \le N$, processus à trajectoires de classe C^1 (non nécessairement adaptés), si*

$$\psi(s) = \sum_{\ell=1}^{m}\int_0^s \rho_{k_j}(s)(Y_s^j)^\ell \circ dY_s^i, 0 \le s \le t$$

alors, pour tout $0 \le s \le t$,

$$\sum_{r=1}^{\infty}[\psi(\frac{r+1}{2^n}\wedge s) - \psi(\frac{r}{2^n}\wedge s)]^2 \to \int_0^s |\sum_{\ell=1}^{m}\rho_{k_j}(s)(Y_s^j)^\ell|^2 ds$$

sur $\mathcal{N}^C$.

5.5 Appendice : Non existence de filtres de dimension finie sans le calcul de Malliavin

Dans cette section, nous allons présenter un résultat qui s'apparente au Corollaire 5.4.3. Les hypothèses seront beaucoup plus faibles, mais la conclusion aussi.

On considère ici le problème de filtrage suivant :

$$(5.19)\qquad \begin{cases} X_t = x_0 + \int_0^t b(X_s)ds + \int_0^t f_j(X_s)dV_s^j + \int_0^t g_i(X_s)dY_s^i \,, \\ Y_t = \int_0^t h(X_s)ds + W_t \end{cases}$$

où les notations sont celles des sections précédentes, et on suppose ici que b^j, a^{jl} et h^i sont des élément de $C^\infty(\mathbb{R}^M)$, $i, j = 1, \dots M$, $i = 1, \dots, N$. On suppose en outre que soit l'hypothèse $(H.3)$ soit l'hypothèse $(H.4)$ de la section 2.1 est satisfaite. On peut alors définir une "loi de probabilité conditionnelle non normalisée" $\{\sigma_t,\ t \geq 0\}$ qui satisfait l'équation de Zakai.

$$(Z)\qquad \sigma_t(\varphi) = \varphi(x_0) + \int_0^t \sigma_s(L\varphi)ds + \int_0^t \sigma_s(L^i\varphi)dY_s^i,\ \varphi \in C_c^\infty(\mathbb{R}^M)\,,$$

on constate que pour $\varphi \in C_c^\infty(\mathbb{R}^M)$, $L^i\varphi \in C_c^\infty(\mathbb{R}^M)$, et $\{\sigma_t(L^i\varphi),\ t \geq 0\}$ est une semi-martingale réelle dont la variation quatratique jointe avec $\{Y_t^i\}$ est donnée par :

$$< \sigma_\cdot(L^i\varphi), Y^i >_t = \int_0^t \sigma_s((L^i)^2\varphi)ds\,.$$

On peut donc réécrire l'équation de Zakai au sens de Stratonovich :

$$\sigma_t(\varphi) = \varphi(x_0) + \int_0^t \sigma(L^0\varphi)ds + \int_0^t \sigma(L^i\varphi) \circ dY_s^i,\ \varphi \in C_c^\infty(\mathbb{R}^M)$$

avec $L^0 = L - \frac{1}{2}\sum_{i=1}^N (L^i)^2$.

Posons maintenant la :

Définition 5.5.1 *On dira que le problème de filtrage 5.19 admet une statistique exhaustive récursive et régulière en dimension finie s'il existe :*

(i) $r \in \mathbb{N}$, *des champs de vecteurs* $U_0, U_1, \dots, U_\infty$ *de classe* C^∞ *sur* $\mathbb{R}^r$, $z_0 \in \mathbb{R}^r$ *t.q. l'EDS*

$$\xi_t = z_0 + \int_0^t U_0(\xi_s)ds + \int_0^t U_i(\xi_0)dY_s^i$$

admette une solution non explosive,

(ii) une application $\theta = \mathbb{R}^r \to \mathcal{M}_+(\mathbb{R}^M)$ *telle que*

$$z \to < \theta(z), \varphi >$$

soit de classe C^3, *pour tout* $\varphi \in C_c^\infty(\mathbb{R}^M)$ *et que pour* $1 \leq i \leq N$, *il existe* $\theta_i \in \mathcal{D}'(\mathbb{R}^M)$ *t.q.*

$$\frac{\partial}{\partial z^i} < \theta(\cdot), \varphi > (z_0) = < \theta_i, \varphi >\,,$$

tels que $\sigma_t = \theta(\xi_t),\ t \geq 0,\ p.s.$ □

On désignera ci-dessous par $\sum$ l'"algèbre de Lie formelle" d'opérateurs aux dérivées partielles engendrée par $L^0, L^1, \ldots, L^N$, et par $\mathcal{A}$ l'algèbre de Lie de champs de vecteurs sur $\mathbb{R}^r$ engendrée par $U_0, U_1, \ldots, U_N$. $\sum(x_0)$ désignera l'espace vectoriel d'opérateurs aux dérivées partielles à coefficients constants obtenue en "gelant les coefficients des éléments de $\sum$ au point x_0". On a alors le :

Théorème 5.5.2 *Une condition nécessaire pour que le problème de filtrage (5.19) possède une statistique exhaustive récursive et régulière en dimension finie est que la dimension de $\sum(x_0)$ soit finie.*

Preuve Soit $\varphi \in C_c^\infty(\mathbb{R}^M)$. On a l'identité :

$$\sigma_t(\varphi) = <\theta(\xi_t),\ \varphi>,\ t \geq 0,\ \text{p.s.}$$

En développant le membre de gauche de cette identité à l'aide de l'équation de Zakai, et d'autre part le membre de droite par la formule d'Itô, on obtient :

$$\begin{aligned}\varphi(x_0) + \int_0^t \sigma_s(L^0\varphi)ds + \int_0^t \sigma_s(L^i\varphi)\circ dY_s^i = \\ = <\theta(\xi_0),\ \varphi> + \int_0^t U_0 <\theta(\cdot),\ \varphi>(\xi_s)ds + \\ + \int_0^t U_i <\theta(\cdot),\ \varphi>(\xi_s)\circ dY_s^i\end{aligned}$$

En égalant les termes martingales et les termes à variation finie de l'identité ci-dessus, on obtient :

$$\begin{aligned}\sigma_t(L^0\varphi) &= U_0 <\theta(\cdot),\ \varphi>(\xi_t),\ t \geq 0 \text{ p.s.}\\ \sigma_t(L^i\varphi) &= U_i <\theta(\cdot),\ \varphi>(\xi_t),\ 1 \leq i \leq N,\ t \geq 0,\ \text{p.s.}\end{aligned}$$

D'après les hypothèses ci-dessus, $L^i\varphi \in C_c^\infty(\mathbb{R}^M),\ 0 \leq i \leq N,\ z \to U_i <\theta(z),\ \varphi>$ est de classe $C^2,\ 0 \leq i \leq N$. On peut donc itérer le raisonnement ci-dessus, d'où pour $0 \leq i \leq N$,

$$\begin{aligned}L^i\varphi(x_0) + \int_0^t \sigma_s(L^0L^i\varphi)ds \quad &+ \quad \int_0^t \sigma_s(L^jL^i\varphi)\circ dY_s^j = \\ = U_i <\theta(\cdot),\ \varphi>(\xi_0) \quad &+ \quad \int_0^t U_0U_i <\theta(\cdot),\ \varphi>(\xi_s)ds \\ &+ \quad \int_0^t U_jU_i <\theta(\cdot),\ \varphi>(\xi_s)\circ dY_s^j\end{aligned}$$

d'où cette fois :

$$\sigma_t(L^iL^j\varphi) = U_iU_j <\theta(\cdot),\ \varphi>(\xi_t);\ 0 \leq i,\ j \leq N,\ t \geq 0,\ \text{p.s.}$$

et par différence :

$$\sigma_t([L^i, L^j]\varphi) = [U_i,\ U_j] <\theta(\cdot),\ \varphi>(\xi_t);\ 0 \leq i,\ j \leq N,\ t \geq 0,\ \text{p.s.}$$

En itérant l'argument ci–dessus, on obtient la même identité avec des crochets de tous ordres. L'égalité de tous les crochets à l'instant $t = 0$ s'écrit de façon symbolique :

$$\sum \varphi(x_0) =< \mathcal{A}\theta(z_0), \varphi > ,$$

et ceci pour tout $\varphi \in C_c^\infty(\mathbb{R}^M)$. Mais $\mathcal{A}\theta(z_0)$ est un e.v. de dimension au plus r, engendré par $\theta_1, \ldots, \theta_r$. Donc il existe $A_1, \ldots, A_r \in \sum(x_0)$ t.q. pour tout $\varphi \in C_c^\infty(\mathbb{R}^M)$ et tout $A \in \sum(x_0)$,

$$A\varphi(x_0) \in \text{e.v. } \{A_1\varphi(x_0), \ldots, A_r\varphi(x_0)\} .$$

Ceci entraîne que dim $\sum(x_0) \leq r$. □

5.6 Commentaires bibliographiques

a. Notre traitement du calcul de Malliavin est inspiré de Bismut [10] et de Zakai [88]. Pour les estimations supplémentaires permettant de conclure à la régularité de la densité, nous renvoyons à Norris [64].

b. Les résultats d'existence et de régularité de la loi conditionnelle par le calcul de Malliavin ont été obtenus par Bismut, Michel [11]. On pourra aussi consulter Kusuoka, Stroock [52]. Des résultats analogues peuvent être obtenus en adaptant la preuve du théorème d'Hörmander au cas des EDPS, voir Chaleyat–Maurel, Michel [18] et Michel [59].

c. Le résultat de non existence de filtre de dimension finie par le calcul de Malliavin est dû à Ocone [65] et à Ocone, Pardoux [66]. Le résultat de non existence d'une statistique exhaustive et récursive en dimension finie que nous avons présenté est dû à Lévine [54]. On trouvera des idées analogues dans Hijab [37], Chaleyat–Maurel, Michel [17], Hazewinkel, Marcus [34] et Hazewinkel, Marcus, Sussmann [35]. Voir aussi l'article de revue de Marcus [58].

Chapitre 6

Filtres de dimension finie et filtres de dimension finie approchés

6.1 Introduction

Nous avons décrit jusqu'ici beaucoup de résultats concernant le filtrage. Cependant, en ce qui concerne le calcul effectif d'un "filtre" (i.e. de la loi conditionnelle Π_t, ou de sa version non normalisée σ_t), nous ne sommes pas encore très avancés. En effet, $\{\sigma_t\}$ est solution d'une EDPS parabolique, dont la variable spatiale varie dans $\mathbb{R}^M$. Dans le cas de l'Exemple 1.1.1, $M = 6$. Or la résolution numérique d'une EDP parabolique dont la variable d'espace est en dimension 6 est difficile, sans compter que l'on voudrait souvent pouvoir faire les calculs en temps réel, et sur des machines pas trop grosses.

Le but de ce chapitre est triple. Nous voulons tout d'abord présenter les filtres de dimension finie dans les cas où ils existent, puis présenter des filtres de dimension finie approchés, dans le cas d'un grand rapport signal/bruit (faible bruit d'observation), et enfin donner un exemple d'algorithme de filtrage non linéaire par une méthode d'analyse numérique de l'équation de Zakai.

6.2 Le problème de filtrage linéaire gaussien : le filtre de Kalman-Bucy

Considérons le système différentiel stochastique :

$$(6.1)\qquad \begin{cases} X_t &= X_0 + \int_0^t (B(s)X_s + b(s))ds + \int_0^t F(s)dV_s + \int_0^t G(s)dY_s\,, \\ Y_t &= \int_0^t H(s)X_s ds + W_t\,, \end{cases}$$

où $B,\ F \in L^\infty(\mathbb{R}_+;\ \mathbb{R}^{M\times M})$, $b \in L^\infty(\mathbb{R}_+;\ \mathbb{R}^M)$, $G \in L^\infty(\mathbb{R}_+;\ \mathbb{R}^{M\times N})$, $H \in L^\infty(\mathbb{R}_+;\ \mathbb{R}^{N\times M})$; X_0 est un v.a. gaussien de loi $N(\overline{X}_0, R_0)$ indépendant du Wiener standard $M+N$ dimensionel $\{(V_t,\ W_t)'\}$. Alors le couple $\{(X_t,\ Y_t)\}$ est un processus gaussien, et on en déduit aisément que la loi conditionnelle de X_t sachant $\mathcal{Y}_t$ est une loi gaussienne $N(\hat{X}_t,\ R_t)$, où $\hat{X}_t$ seul dépend des observations.

Notons que les hypothèses de la section 2.3 sont satisfaites, et l'équation de Kushner-Stratonovich est satisfaite dans cette situation. On écrit l'équation (KS) pour le système (6.1) avec $\varphi(x) = x^i$, $\varphi(x) = x^i x^j$, $1 \leq i, j \leq M$. Sachant que la loi Π_t est une loi de Gauss, on en déduit alors aisément les équations du filtre de Kalman-Bucy pour le couple $\{(\hat{X}_t, R_t)\}$ (il suffit d'exprimer les moments d'ordre supérieur de Π_t en fonction des deux premiers) :

$$(KB) \begin{cases} d\hat{X}_t &= (B(t)\hat{X}_t + b(t))dt + G(t)dY_t + R_t H^*(t)\,[dY_t - H(t)\,\hat{X}_t\,dt]\,, \\ \hat{X}_0 &= E(X_0)\,, \\ \dfrac{dR_t}{dt} &= B(t)R_t + R_t B^*(t) + F(t)F^*(t) - R_t H^*(t)H(t)R_t\,, \\ R_0 &= Cov(X_0)\,. \end{cases}$$

On a établi le :

Théorème 6.2.1 *Pour tout $t \geq 0$, la loi conditionnelle de X_t, sachant $\mathcal{Y}_t$, est la loi $N(\hat{X}_t, R_t)$, où $(\hat{X}_t, R_t)$ est l'unique solution du système d'équations (KB).*

Une autre façon de déduire les équations (KB) de l'équation (KS) consiste à écrire que Π_t (du moins si elle est non dégénérée) est de la forme :

$$\Pi_t(dx) = (2\pi)^{-M/2}(\det R_t)^{-1/2} \exp\left[-\frac{1}{2}(R_t^{-1}(x - \hat{X}_t),\ x - \hat{X}_t)\right] dx\,.$$

Comment peut-on établir les équations (KB) sans passer par la théorie du filtrage non linéaire ? Il y a au moins trois méthodes. La première utilise le calcul stochastique et est proche de l'une des méthodes de dérivation de l'équation de Zakai ou de Kushner-Stratonovich (soit ce que nous avons fait au Chapitre 2, soit une méthode basée sur l'innovation comme celle de Fujisaki, Kallianpur, Kunita [31]) ; on exploite en outre le caractère gaussien de la loi conditionnelle. Ce n'est pas très différent de ce que nous avons fait.

La seconde consiste à approcher la loi conditionnelle Π_t par la loi conditionnelle Π_t^n de X_t, sachant

$$\mathcal{Y}_t^n = \sigma\{Y_{\frac{k}{n}t},\ 0 \leq k \leq n\} \cdot \Pi_t^n = N(\hat{X}_t^n,\ R_t^n),$$

et les équations qui donnent $(\hat{X}_t^n,\ R_t^n)$ sont celles du filtre de Kalman en temps discret. L'écriture de ces dernières est un simple exercice sur le conditionnement dans le cas gaussien.

Une troisième méthode consiste à réécrire le système (6.1) sous forme "bruit blanc", à ramener le problème de filtrage linéaire à celui de la recherche de l'état optimal dans un problème de contrôle "linéaire quadratique", et à utiliser les résultats de la théorie du contrôle. Nous allons écrire le problème de contrôle. Pour l'exposé du cadre mathématique correspondant, nous renvoyons le lecteur à Bensoussan [6].

L'équation d'état du système contrôlé est :

$$\begin{cases} \frac{dX_s}{ds} = B(s)X_s + b(s) + F(s)\zeta_s + G(s)y(s) , \\ X_0 = \overline{X}_0 + \xi , \end{cases}$$

où $(\xi;\ \zeta_s,\ 0 \le s \le t)$ est le contrôle, qui est un élément arbitraire de $\mathbb{R}^M \times L^2(0,t;\ \mathbb{R}^M)$, et $(y(s);\ 0 \le s \le t)$ est l'observation $\left(y(t) = \frac{dY_t}{dt}\right)$. La fonction coût à minimiser est :

$$J_t(\xi,\zeta) = (R_0^{-1}\xi,\xi) + \int_0^t |\zeta_s|^2 ds + \int_0^t |y(s) - H(s)X_s(\xi,\zeta)|^2 ds ,$$

$\hat{X}_t$ est alors l'état optimal à l'instant t dans ce problème de contrôle.

6.3 Généralisations du filtre de Kalman–Bucy

Le cas linéaire gaussien est le cas le plus simple où un filtre de dimension finie existe. On sait (voir la section 5.4) que cette situation est "exceptionnelle". Elle est cependant réalisée en tout cas chaque fois que la loi conditionnelle Π_t est une loi gaussienne, ce qui peut être vrai sans que le couple $\{(X_t, Y_t)\}$ soit gaussien. C'est le cas du modèle suivant :

$$(6.2)\qquad \begin{cases} X_t = X_0 + \int_0^t [B(s,Y)\, X_s + b(s,Y)]ds + \int_0^t F(s,Y)dV_s \\ \qquad + \int_0^t [G_i(s,Y)X_s + g_i(s,Y)]dY_s^i , \\ Y_t = \int_0^t [H(s,Y)X_s + h(s,Y)]ds + W_t , \end{cases}$$

où $B, F, G_1, \ldots, G_N$ sont progressivement mesurables de $\mathbb{R}_+ \times \Omega_2$ à valeurs dans $\mathbb{R}^{M\times M}$, ainsi que $H, b, g_1, \ldots, g_N$ à valeurs dans $\mathbb{R}^{M\times N}$ et dans $\mathbb{R}^M$, toutes ces fonctions étant localement bornées. On suppose en outre que $X_0 \simeq N(\overline{X}_0, R_0)$ est indépendant du Wiener standard $M+N$ dimensionel $\{(V_t, W_t)\}$, et que l'hypothèse $(H.4)$ du chapitre 2 est satisfaite.

On a alors le (H_j désigne la j^{eme} ligne de la matrice H) :

Théorème 6.3.1 *Etant donné le modèle de filtrage (6.2), pour tout $t \ge 0$ la loi conditionnelle Π_t est la loi $N(\hat{X}_t, R_t)$, où $\{(\hat{X}_t, R_t),\ t \ge 0\}$ est l'unique solution forte du système différentiel :*

$$\begin{aligned} d\hat{X}_t &= [B(t,Y)\hat{X}_t + b(t,Y) + G_j(t,Y)R_tH_j^*(t,Y)]dt + \\ &\quad +[G_i(t,Y)\hat{X}_t + g_i(t,Y)]dY_t^i + \\ &\quad +R_tH^*(t,Y)[dY_t - (H(t,Y)\hat{X}_t + h(t,Y))dt] , \\ \hat{X}_0 &= \overline{X}_0 = E(X_0) , \end{aligned}$$

$$
\begin{aligned}
dR_t &= [B(t,Y)R_t + R_tB^*(t,Y) + F(t,Y)F^*(t,Y) + \\
&\quad + G_i(t,Y)R_tG_i^*(t,Y) - R_tH^*(t,Y)H(t,Y)R_t]dt + \\
&\quad + [G_i(t,Y)R_t + R_tG_i^*(t,Y)]dY_t^i\ , \\
R_0 &= Cov(X_0).
\end{aligned}
$$

Preuve Sans restreindre la généralité, on suppose que $h \equiv 0$. Il suffit de montrer que Π_t est une loi de Gauss, la suite de la démonstration étant analogue à celle de la section précédente. Nous allons seulement esquisser l'argumentation, renvoyant pour les détails à Haussmann, Pardoux [33].

Il suffit de montrer qu'il existe des v.a. $\mathcal{Y}_t$ mesurables k, α et β (de dimension respectives $1, M$ et M^2) t.q.

$$\overset{\circ}{E}{}^{\mathcal{Y}}[Z_t \exp(iu^*X_t)] = k \exp[iu^*\alpha - u^*\beta u] \text{ p.s.}$$

pour tout $u \in \mathbb{R}^M$.

$\{\Phi_t,\ t \geq 0\}$ désignant le processus à valeurs matrices $M \times M$ solution de :

$$\Phi_t = I + \int_0^t B(s,Y)\Phi_s ds + \int_0^t G_i(s,Y)\Phi_s dY_s^i,$$

on a :

$$
\begin{aligned}
X_t &= \Phi_t\left[X_0 + \int_0^t \Phi_s^{-1}F(s,Y)dV_s\right] \\
&\quad + \Phi_t\left[\int_0^t \Phi_s^{-1}b(s,Y)ds + \int_0^t \Phi_s^{-1}g_i(s,Y)dY_s^i\right] = \eta_t + \gamma_t
\end{aligned}
$$

où η_t est un v.a. dont la loi conditionnelle sous $\overset{\circ}{P}$ sachant $\mathcal{Y}$ est une loi de Gauss connue et γ_t est $\mathcal{Y}_t$ mesurable.

$$\overset{\circ}{E}{}^{\mathcal{Y}}(e^{iu^*X_t}Z_t) = \xi_1\ \overset{\circ}{E}{}^{\mathcal{Y}}(\xi_2)\ ,$$

avec

$$
\begin{aligned}
\xi_1 &= \exp\left\{iu^*\gamma_t + \int_0^t (H(s,Y)\gamma_s, dY_s) - \frac{1}{2}\int_0^t |\ H(s,Y)\gamma_s\ |^2\ ds\right\}\ , \\
\xi_2 &= \exp\left\{iu^*\eta_t + \int_0^t (H(s,Y)\eta_s, dY_s) - \frac{1}{2}\int_0^t (H^*H(s,Y)\eta_s,\ \eta_s + 2\gamma_s)ds\right\} \\
&= \exp\left\{iu^*\eta_t + \left(\int_0^t \Phi_s^*H^*(s,Y)dY_s, X_0\right) + \int_0^t \left(\int_s^t \Phi_\theta^* dY_\theta, \Phi_s^{-1}F(s,Y)dV_s\right)\right. \\
&\quad \left. - \int_0^t (H^*H(s,Y)\gamma_s, \eta_s)ds - \frac{1}{2}\int_0^t |\ H(s,Y)\eta_s\ |^2\ ds\right\} \\
&= \exp(\xi - \|\ \zeta\ \|^2)\ ,
\end{aligned}
$$

où (ξ, ζ) est un v.a. à valeurs dans $\mathbf{C} \times L^2(0,t;\ \mathbb{R}^N)$, dont la loi conditionnelle sous $\overset{\circ}{P}$ sachant $\mathcal{Y}_t$ est une loi gaussienne connue ; $\|\cdot\|$ désigne la norme dans $L^2(0,t;\ \mathbb{R}^N)$. Un calcul explicite permet de conclure. □

On peut encore compliquer le modèle (6.2) de deux façons, tout en conservant un filtre de dimension finie : d'une part, on peut ajouter une dérive non linéaire "à la Beneš" dans l'équation de $\{X_t\}$, et d'autre part la loi de X_0 peut être arbitraire.

Nous renvoyons le lecteur intéressé aux travaux de Beneš [5], Makowski [57] et Haussmann, Pardoux [33].

6.4 Le filtre de Kalman-Bucy étendu

Considérons le problème de filtrage :

$$(6.3)\qquad \begin{cases} X_t = X_0 + \int_0^t b(X_s)ds + \int_0^t f(X_s)dV_s + \int_0^t g(X_s)dW_s\,, \\ Y_t = \int_0^t h(X_s)ds + W_t\,, \end{cases}$$

où, pour simplifier, on a supposé que les coefficients ne dépendent ni de t ni de Y, et sont de classe C^1 en x. Supposons tout d'abord que X_0 est presque connu (variance faible) et que f et g sont "petits". Alors $\{X_t,\ t \geq 0\}$ est "proche" de la "trajectoire nominale" :

$$\frac{d\overline{X}_t}{dt} = b(\overline{X}_t),\ t \geq 0\,, \qquad \overline{X}_0 = X_0$$

donc

$$\begin{aligned} b(X_t) &\simeq b(\overline{X}_t) + b'(\overline{X}_t)(X_t - \overline{X}_t)\,, \\ f(X_t) &\simeq f(\overline{X}_t)\,, \\ g(X_t) &\simeq g(\overline{X}_t)\,, \\ h(X_t) &\simeq h(\overline{X}_t) + h'(\overline{X}_t)(X_t - \overline{X}_t)\,, \end{aligned}$$

d'où

$$(6.4)\qquad \begin{cases} X_t \simeq X_0 + \int_0^t [b'(\overline{X}_s)(X_s - \overline{X}_s) + b(\overline{X}_s)]ds \\ \qquad\qquad + \int_0^t f(\overline{X}_s)dV_s + \int_0^t g(\overline{X}_s)dW_s\,, \\ Y_t \simeq \int_0^t [h'(\overline{X}_s)(X_s - \overline{X}_s) + h(\overline{X}_s)]ds + W_t\,. \end{cases}$$

Les signes "$\simeq$" n'ont aucun sens mathématique précis. Si on les remplace par des égalités, on obtient un système différentiel stochastique linéarisé autour de la "trajectoire nominale" $\{\overline{X}_t,\ t \geq 0\}$ qui est une fonction connue de t. On obtient un problème de filtrage linéaire gaussien, dont la solution est donnée par le filtre de Kalman-Bucy, que nous appellons "filtre de Kalman linéarisé" :

$$
(6.5)\quad \begin{cases}
d\hat{X}_t = [(b' - gh')(\overline{X}_t)\hat{X}_t + (b - gh)(\overline{X}_t) - (b' - gh')(\overline{X}_t)\overline{X}_t]dt \\
\qquad + g(\overline{X}_t)dY_t \\
\qquad + R_t h'^*(\overline{X}_t)[dY_t - (h'(\overline{X}_t)\hat{X}_t + h(\overline{X}_t) - h'(\overline{X}_t)\overline{X}_t)dt] , \\
\hat{X}_0 = E(X_0) , \\
\dfrac{dR_t}{dt} = (b' - gh')(\overline{X}_t)R_t + R_t(b' - gh')^*(\overline{X}_t) + \\
\qquad + f(\overline{X}_t)f^*(\overline{X}_t) - R_t h'^*(\overline{X}_t)h'(\overline{X}_t)R_t , \\
R_0 = Cov(X_0) .
\end{cases}
$$

Nous allons maintenant voir ce qu'est le "filtre de Kalman étendu". Nous revenons au problème de filtrage (6.3). Supposons que l'on dispose à chaque instant t d'un "estimateur" M_t de X_t (i.e. M_t est une v.a. $\mathcal{Y}_t$ mesurable). Si M_t est un "bon estimateur", on peut penser linéariser le problème (6.3) autour de l'estimée $\{M_t\}$, ce qui donne :

$$
(6.6)\quad \begin{cases}
X_t \simeq X_0 + \int_0^t [b'(M_s)(X_s - M_s) + b(M_s)]ds \\
\qquad + \int_0^t f(M_s)dV_s + \int_0^t g(M_s)dW_s , \\
Y_t \simeq \int_0^t [h'(M_s)(X_s - M_s) + h(M_s)]ds + W_t .
\end{cases}
$$

Si l'on remplace les signes "$\simeq$" par des égalités, on obtient un problème de filtrage qui possède un filtre de Kalman généralisé (au sens de la section 6.3), dont la solution est le couple $(\hat{X}_t, R_t)$. On obtient ainsi une application $\{M_t\} \rightarrow \{\hat{X}_t\}$. Le "filtre de Kalma étendu" produit un point fixe de cette application , i.e. c'est le filtre de Kalman généralisé correspondant à (6.6) où l'on a choisit $M_t = \hat{X}_t$.

$$
(6.7)\quad \begin{cases}
d\hat{X}_t = (b - gh)(\hat{X}_t)dt + g(\hat{X}_t)dY_t + R_t h'^*(\hat{X}_t)[dY_t - h(\hat{X}_t)dt] , \\
\hat{X}_0 = E(X_0) , \\
\dfrac{dR_t}{dt} = (b' - gh')(\hat{X}_t)R_t + R_t(b' - gh')^*(\hat{X}_t) + f(\hat{X}_t)f^*(\hat{X}_t) \\
\qquad - R_t h'^*(\hat{X}_t)h'(\hat{X}_t)R_t , \\
R_0 = Cov(X_0) .
\end{cases}
$$

Bien entendu, les démarches conduisant aux filtres de Kalman linéarisé et étendu ne sont pas justifiées. Mais les algorithmes correspondants sont très utilisés en pratique. Les

résultats sont souvent bons, et parfois catastrophiques. On se doute que le filtre de Kalman étendu a des chances d'être efficace lorsque l'estimateur est "bon", et que les fonctions que l'on linéarise ne sont "pas trop non linéaires". Le résultat peut être très mauvais dès que ces conditions ne sont pas satisfaites. En particulier, une mauvaise connaissance de la condition initiale peut suffire à rendre la méthode inefficace.

Exemple 6.4.1 Considérons le problème de filtrage suivant ($M = N = 1$) :

$$\begin{aligned} dX_t &= f\,dV_t\,, \\ dY_t &= h(X_t)\,dt + dW_t\,, \end{aligned}$$

avec $X_0 \simeq N(\overline{X}_0, R_0)$. On suppose que $h \in C^1(\mathbb{R})$ et possède un unique minimum en $x = 0$, $xh'(x) > 0$ pour $x \neq 0$, et $lim_{x\to\pm\infty} h(x) = +\infty$, $|\, h(x) \,| \leq c(1+ \mid x \mid)$.

Pour cet exemple, les équations du filtre de Kalman étendu peuvent s'écrire sous la forme :

$$(6.8)\qquad \left\{ \begin{aligned} d\hat{X}_t &= R_t h'(\hat{X}_t)(h(X_t) - h(\hat{X}_t))dt + R_t h'(\hat{X}_t)dW_t\,, \\ \frac{dR_t}{dt} &= f^2 - h'(\hat{X}_t)^2 R_t^2\,. \end{aligned} \right.$$

A tout $x \in \mathbb{R}$, on associe $\varphi(x) \in \mathbb{R}$ tel que :

$$\begin{aligned} x\varphi(x) &< 0\,, \\ h(\varphi(x)) &= h(x)\,. \end{aligned}$$

Si $X_t \cdot \hat{X}_t < 0$, la dérive dans la première équation tend à ce que $\hat{X}_t$ "suive" $\varphi(X_t)$. Donc dans cette situation le filtre de Kalman étendu n'a pas tendance à corriger les fautes de signe. D'ailleurs, le signe de $\hat{X}_t$ reste p.s. constant pour $t \geq 0$. Pourtant, si h n'est "pas trop proche d'une fonction paire" et si le rapport signal/bruit est grand, il est possible de retrouver le signe de X_t avec une faible probabilité d'erreur (voir Fleming, Pardoux [27]). □

On trouvera d'autres exemples où le filtre de Kalman étendu est inefficace dans Picard [77].

6.5 Filtres approchés dans le cas d'un grand rapport signal/bruit

On va maintenant, en suivant les travaux de Picard [73], (voir aussi Bobrovsky, Zakai [12], Katzur, Bobrovsky, Schuss [43], Bensoussan [7], Picard [74], [76], [77]) étudier une situation où le filtre de Kalman étendu et d'autres filtres obtenus par linéarisation sont efficaces.

On considèrera un cas unidimensionel ($M = N = 1$), avec $g \equiv 0$, et un "petit bruit d'observation" ou ce qui revient au même un "grand rapport signal/bruit". Plus précisément, on considère le modèle :

$$\begin{cases} X_t &= X_0 + \int_0^t b(X_s)ds + \int_0^t f(X_s)dV_s \,, \\ Y_t &= \int_0^t h(X_s)ds + \varepsilon W_t \,. \end{cases}$$

On va supposer ci-dessous que h est injective, ce qui fait que le problème est trivial pour $\varepsilon = 0$: dans ce cas, la loi conditionnelle Π_t est la mesure de Dirac $\delta_{h^{-1}(\frac{dY_t}{dt})}$. Notons que dans ce cas la "mémoire" du filtre est "nulle" (on peut oublier les anciennes observations). On va voir que pour "ε petit", la variance de la loi conditionnelle est "petite" et sous certaines hypothèses, la mémoire du filtre "courte".

Introduisons tout d'abord les hypothèses dont nous aurons besoin.

$$(H.1) \qquad b, f \in C^2(\mathbb{R}) \; ; \; h \in C^3(\mathbb{R}) \,.$$

On suppose en outre que les dérivées de b, f, h sont bornées, et que f est bornée.

$$(H.2) \qquad \exists \alpha > 0 \text{ t.q. } f(x) \geq \alpha, \; \forall x \in \mathbb{R} \,,$$

$$(H.3) \qquad h'b \text{ et } f^{-1}b \text{ sont lipschitziennes} \,,$$

$$(H.4) \qquad \exists \delta > 0 \text{ t.q. } |\, h(x) - h(y) \,| \geq \delta \,|\, x - y \,|, \; \forall \, x, y \in \mathbb{R} \,.$$

On suppose en outre que tous les moments de X_0 sont finis. Dans la suite, on notera $\| \cdot \|_p$ la norme dans $L^p(\Omega, \mathcal{F}, P)$, $p \geq 1$. Considérons le "filtre sous-optimal" suivant :

$$M_t = m_0 + \int_0^t b(M_s)ds + \frac{1}{\varepsilon}\int_0^t K_s(dY_s - h(M_s)ds)$$

où $m_0 \in \mathbb{R}$ est arbitraire et $\{K_t, \; t \geq 0\}$ est un processus $\mathcal{Y}_t$–progressivement mesurable et borné tel que :

$$(H.5) \qquad \exists \beta > 0 \text{ t.q. } K_t(\omega)\,\text{signe}\,(h') \geq \beta \,, \quad \forall (t, \omega) \,.$$

Notons que d'après $(H.4)$ $\;|\, h'(x) \,| \geq \delta \; \forall x$, et en particulier le signe de h' est constant.

Proposition 6.5.1 *Supposons* $(H.1)$, $(H.4)$ *et* $(H.5)$ *satisfaites. Alors pour tous* $t_0 > 0, p \geq 1$,

$$\sup_{t \geq t_0} \| X_t - M_t \|_p = 0(\sqrt{\varepsilon}) \,.$$

Corollaire 6.5.2 *Pour tout* $t_0 > 0$, $p \geq 1$,

$$\begin{aligned} \sup_{t \geq t_0} \| M_t - E(X_t/\mathcal{Y}_t) \|_p &= 0(\sqrt{\varepsilon}) \,, \\ \sup_{t \geq t_0} \| X_t - E(X_t/\mathcal{Y}_t) \|_p &= 0(\sqrt{\varepsilon}) \,. \end{aligned}$$

Preuve de la Proposition Il résulte de la formule d'Itô :

$$\begin{aligned} d(h(X_t) - h(M_t)) &= -\frac{h'(M_t)K_t}{\varepsilon}(h(X_t) - h(M_t))dt \\ &\quad + (Lh(X_t) - \tilde{L}_t h(M_t))dt + h' f(X_t)dV_t - h'(M_t)K_t dW_t \end{aligned}$$

où $\tilde{L}_t = b(m)\frac{\partial}{\partial m} + \frac{1}{2}K_t^2\frac{\partial^2}{\partial m^2}$.

$$\begin{aligned} h(X_t) - h(M_t) &= \exp\left(-\frac{1}{\varepsilon}\int_0^t h'(M_s)K_s ds\right)[h(X_0) - h(m_0)] \\ &\quad + \int_0^t e^{-\frac{1}{\varepsilon}\int_s^t h'(M_r)K_r dr}[Lh(X_s) - \tilde{L}h(M_s)]ds \\ &\quad + \int_0^t e^{-\frac{1}{\varepsilon}\int_s^t h'(M_r)K_r dr} h' f(X_s)dV_s \\ &\quad + \int_0^t e^{-\frac{1}{\varepsilon}\int_s^t h'(M_r)K_r dr} h'(M_s)K_s dW_s \,. \end{aligned}$$

Puisque $h'(M_t)K_t \geq \beta\,\delta > 0$, pour $t \geq t_0$, le premier terme est d'ordre $e^{-c/\varepsilon}$, le second d'ordre ε et les deux derniers d'ordre $\sqrt{\varepsilon}$. □

Le résultat principal de cette section est que la première partie du Corollaire peut être améliorée sous l'hypothèse $(H.2)$, si l'on choisit convenablement K_t. On suppose dans toute la suite pour fixer les idées que $h' > 0$.

Théorème 6.5.3 *Supposons les hypothèses* $(H.1)$, $(H.2)$, $(H.3)$ *et* $(H.4)$ *satisfaites. Alors, si* $K_t = f(M_t)$, *pour tout* $t_0 > 0$, $p \geq 1$,

$$\sup_{t \geq t_0} \| E(X_t/\mathcal{Y}_t) - M_t \|_p = 0(\varepsilon)\,.$$

Preuve La démonstration, assez longue, va se faire en plusieurs étapes.

a. Deux changements de lois de probabilité.

On effectue tout d'abord le changement de probabilité usuel :

$$\left.\frac{d\overset{\circ}{P}}{dP}\right|_{\mathcal{F}_t} = Z_t^{-1}$$

où $Z_t = \exp\left(\frac{1}{\varepsilon^2}\int_0^t h(X_s)dY_s - \frac{1}{2\varepsilon^2}\int_0^t h^2(X_s)ds\right)$, puis le changement de probabilité supplémentaire :

$$\left.\frac{d\tilde{P}}{d\overset{\circ}{P}}\right|_{\mathcal{F}_t} = \Lambda_t^{-1}$$

où $\Lambda_t = \exp\left(-\frac{1}{\varepsilon}\int_0^t(h(X_s) - h(M_s))dV_s + \frac{1}{2\varepsilon^2}\int_0^t(h(X_s) - h(M_s))^2 ds\right)$. Sous $\tilde{P}$, $\tilde{V}_t = V_t - \frac{1}{\varepsilon}\int_0^t(h(X_s) - h(M_s))ds$ et $Y_{t/\varepsilon}$ sont des processus de Wiener standard indépendants, et :

$$dX_t = \frac{1}{\varepsilon} f(X_t)(h(X_t) - h(M_t))dt + b(X_t)dt + f(X_t)d\tilde{V}_t \ .$$

Si $\Gamma \in L^1(\Omega, \mathcal{F}_t, P)$,

$$E(\Gamma/\mathcal{Y}_t) = \frac{\tilde{E}(\Gamma Z_t \Lambda_t/\mathcal{Y}_t)}{\tilde{E}(Z_t\Lambda_t/\mathcal{Y}_t)} \ .$$

b. Calcul de $Z_t\Lambda_t$

$$\begin{aligned} Z_t\Lambda_t &= \exp\left\{-\frac{1}{\varepsilon}\int_0^t (h(X_s) - h(M_s))dV_s + \frac{1}{\varepsilon^2}\int_0^t h(X_s)(dY_s - h(M_s)ds) \right. \\ &\quad \left. + \frac{1}{2\varepsilon^2}\int_0^t h^2(M_s)ds\right\} \ . \end{aligned}$$

On note $\gamma = h'f$, $F(x,m) = \gamma^{-1}(m)[h(x) - h(m)]^2$, $A_x = f^2(x)\frac{\partial^2}{\partial x^2}$, $A_m = f^2(m)\frac{\partial^2}{\partial m^2}$. Il résulte de la formule d'Itô :

$$\begin{aligned} & F(X_t, M_t) \\ &= F(X_0, M_0) + 2\int_0^t (h(X_s) - h(M_s))\gamma^{-1}(M_s)h'(X_s)dX_s \\ &\quad -2\int_0^t (h(X_s) - h(M_s))f^{-1}(M_s)dM_s + \int_0^t (h(X_s) - \\ &\quad -h(M_s))^2 \frac{\partial\gamma^{-1}}{\partial m}(M_s)dM_s + \int_0^t (A_xF + A_mF)(X_s, M_s)ds \\ &= F(X_0, M_0) - 2\int_0^t (h(X_s) - h(M_s))(\gamma^{-1}(X_s) - \gamma^{-1}(M_s))h'(X_s)dX_s \\ &\quad +2\int_0^t (h(X_s) - h(M_s))dV_s - \frac{2}{\varepsilon}\int_0^t [h(X_s) - h(M_s)][dY_s - h(M_s)ds] \\ &\quad +2\int_0^t (h(X_s) - h(M_s))(f^{-1}b(X_s) - f^{-1}b(M_s))ds \\ &\quad + \int_0^t (h(X_s) - h(M_s))^2 \frac{\partial\gamma^{-1}}{\partial m}(M_s)dM_s + \int_0^t (A_xF + A_mF)(X_s, M_s)ds \ , \end{aligned}$$

$$\begin{aligned} Z_t\Lambda_t &= \exp\left\{-\frac{1}{2\varepsilon}(F(X_t, M_t) - F(X_0, M_0)) + \frac{1}{\varepsilon}\int_0^t \psi_1(X_s, M_s)ds \right. \\ &\quad + \frac{1}{\varepsilon}\int_0^t \psi_2(X_s, M_s)dM_s - \frac{1}{\varepsilon}\int_0^t \psi_3(X_s, M_s)dX_s \\ &\quad \left. + \frac{1}{\varepsilon^2}\int_0^t h(M_s)dY_s - \frac{1}{2\varepsilon^2}\int_0^t h^2(M_s)ds\right\} \end{aligned}$$

avec

$$\begin{aligned} \psi_1(x,m) &= (h(x) - h(m))(f^{-1}b(x) - f^{-1}b(m)) + \frac{1}{2}(A_xF + A_mF)(x,m) \ , \\ \psi_2(x,m) &= \frac{1}{2}(h(x) - h(m))^2 \frac{\partial\gamma^{-1}}{\partial m}(m) \ , \\ \psi_3(x,m) &= h'(x)((fh'(x))^{-1} - (fh'(m))^{-1})(h(x) - h(m)) \ . \end{aligned}$$

c. Dérivation sur l'espace du processus de Wiener
D(*resp.* $\tilde{D}$) désignera l'opérateur de dérivation dans la direction de V(*resp.* $\tilde{V}$) (définis de façon analogue à ce qui a été fait à la section 5.3.2). Alors pour $0 \leq s \leq t$,

$$D_s X_t = \zeta_{st} f(X_s)$$

où $\{\zeta_{st},\ t \geq s\}$ est la solution de l'EDS :

$$\begin{aligned}\zeta_{st} &= 1 + \frac{1}{\varepsilon}\int_s^t f'(X_r)(h(X_r) - h(M_r))\zeta_{sr}dr + \\ &+ \frac{1}{\varepsilon}\int_s^t fh'(X_r)\zeta_{sr}dr + \int_s^t b'(X_r)\zeta_{sr}dr + \int_s^t f'(X_r)\zeta_{sr}d\tilde{V}_r\ .\end{aligned}$$

Dans la suite, si g est une fonction de (x, m), on notera g' pour $\frac{\partial g}{\partial x}$. Il résulte du calcul fait ci-dessus :

$$\begin{aligned}\tilde{D}_s Log(Z_t\Lambda_t) &= -\frac{1}{2\varepsilon}F'(X_t, M_t)\tilde{D}_s X_t + \frac{1}{\varepsilon}\int_s^t \psi_1'(X_r, M_r)\tilde{D}_s X_r dr \\ &+ \frac{1}{\varepsilon}\int_s^t \psi_2'(X_r, M_r)\tilde{D}_s X_r dM_r - \frac{1}{\varepsilon}\int_s^t \psi_3'(X_r, M_r)\tilde{D}_s X_r dX_r \\ &- \frac{1}{\varepsilon}\int_s^t \psi_3(X_r, M_r) dr(\tilde{D}_s X_r)\ , \\ \frac{1}{2}F'(X_t, M_t) &= -\frac{\varepsilon}{t}\int_0^t (\tilde{D}_s X_t)^{-1}\tilde{D}_s Log(Z_t\Lambda_t) ds \\ &+ \frac{1}{t}\int_0^t ds \int_s^t \psi_1'(X_r, M_r)(\tilde{D}_s X_t)^{-1}\tilde{D}_s X_r dr \\ &+ \frac{1}{t}\int_0^t ds \int_s^t \psi_2'(X_r, M_r)(\tilde{D}_s X_t)^{-1}\tilde{D}_s X_r dM_r \\ &- \frac{1}{t}\int_0^t ds(\tilde{D}_s X_t)^{-1}\int_s^t \psi_3'(X_r, M_r)\tilde{D}_s X_r dX_r \\ &- \frac{1}{t}\int_0^t ds(\tilde{D}_s X_t)^{-1}\int_s^t \psi_3(X_r, M_r) dr(\tilde{D}_s X_r)\ .\end{aligned}$$

d. Estimation de $E(X_t/\mathcal{Y}_t) - M_t$
Puisque $\frac{1}{2}F'(x,m) = (h(x) - h(m))(h'(m)f(m))^{-1}h'(x)$

$$\begin{aligned}&E\left[\frac{1}{2}F'(X_t, M_t)/\mathcal{Y}_t\right] \\ &= f^{-1}(M_t)E[h(X_t) - h(M_t)/\mathcal{Y}_t] \\ &+ (h'(M_t)f(M_t))^{-1}E[(h(X_t) - h(M_t))(h'(X_t) - h'(M_t))/\mathcal{Y}_t] \\ &= f^{-1}(M_t)E[h(X_t) - h(M_t)/\mathcal{Y}_t] + 0(\varepsilon)\end{aligned}$$

d'après la Proposition 6.5.1. Il résulte alors des hypothèses $(H.2)$ et $(H.4)$ que le Théorème sera établi si l'on montre que pour tous $t_0 > 0,\ p \geq 1$,

$$\sup_{t \geq t_0} \parallel E[\frac{1}{2}F'(X_t, M_t)/\mathcal{Y}_t] \parallel_p = 0(\varepsilon)$$

ce qui, au vu de la dernière égalité de la partie b de la démonstration résulte de :

$$(i)\ \sup_{t\geq t_0}\frac{1}{t}\parallel E\left(\int_0^t(\tilde{D}_sX_t)^{-1}\tilde{D}_s(Log Z_t\Lambda_t)ds/\mathcal{Y}_t\right)\parallel_p\leq c_p\ ,$$

$$(ii)\ \sup_{t\geq t_0}\frac{1}{t}\parallel E\left(\int_0^t ds\int_s^t\psi_1'(X_r,M_r)(\tilde{D}_sX_t)^{-1}\tilde{D}_sX_r dr/\mathcal{Y}_t\right)\parallel_p=0(\varepsilon)\ .$$

Démontrons (i).

$$\frac{1}{t}E\left(\int_0^t(\tilde{D}_sX_t)^{-1}\tilde{D}_s\,Log(Z_t\Lambda_t)ds/\mathcal{Y}_t\right)=\frac{1}{t}\frac{\tilde{E}\left(\int_0^t(\tilde{D}_sX_t)^{-1}\tilde{D}_s(Z_t\Lambda_t)ds/\mathcal{Y}_t\right)}{\tilde{E}(Z_t\Lambda_t/\mathcal{Y}_t)}\ .$$

Notons que

$$\begin{aligned}\tilde{D}_sX_t &= \zeta_{st}f(X_s)\ ,\\ (\tilde{D}_sX_t)^{-1} &= \zeta_{ts}f^{-1}(X_s),\ \text{avec}\ \zeta_{ts}=\zeta_{st}^{-1}\ .\end{aligned}$$

On a par ailleurs l'identité $\zeta_{ts}=\zeta_{t0}\zeta_{0s}$. On va utiliser ci-dessous deux formules d'intégration par parties analogues à celle de la section 5.3.2.

$$\begin{aligned}&\tilde{E}\left[\int_0^t(\tilde{D}_sX_t)^{-1}\tilde{D}_s(Z_t\Lambda_t)ds/\mathcal{Y}_t\right]=\\ &=\tilde{E}\left[\zeta_{t0}\int_0^t\zeta_{0s}f^{-1}(X_s)\tilde{D}_s(Z_t\Lambda_t)ds/\mathcal{Y}_t\right]\\ &=\tilde{E}\left[\int_0^t\zeta_{0s}f^{-1}(X_s)\tilde{D}_s(\zeta_{t0}Z_t\Lambda_t)ds/\mathcal{Y}_t\right]\\ &\quad-\tilde{E}\left[Z_t\Lambda_t\int_0^t\zeta_{0s}f^{-1}(X_s)\tilde{D}_s\zeta_{t0}ds/\mathcal{Y}_t\right]\\ &=\tilde{E}\left[Z_t\Lambda_t(\zeta_{t0}\int_0^t\zeta_{0s}f^{-1}(X_s)d\tilde{V}_s-\int_0^t\zeta_{0s}f^{-1}(X_s)\tilde{D}_s\zeta_{t0}ds)/\mathcal{Y}_t\right]\ .\end{aligned}$$

Donc :

$$\begin{aligned}&\frac{1}{t}E\left(\int_0^t(\tilde{D}_sX_t)^{-1}\tilde{D}_s\,Log\,(Z_t\Lambda_t)ds/\mathcal{Y}_t\right)\\ &=\frac{1}{t}E\left(\zeta_{t0}\int_0^t\zeta_{0s}f^{-1}(X_s)dV_s/\mathcal{Y}_t\right)-\frac{1}{t}E\left(\int_0^t\zeta_{0s}f^{-1}(X_s)\tilde{D}_s\zeta_{t0}\,ds/\mathcal{Y}_t\right)\\ &\quad-\frac{1}{\varepsilon t}E\left(\int_0^t[h(X_s)-h(M_s)]\zeta_{ts}f^{-1}(X_s)ds/\mathcal{Y}_t\right)\\ &=\frac{1}{t}E\left(\int_0^t f^{-1}(X_s)\zeta_{0s}(D_s\zeta t0-\tilde{D}_s\zeta_{t0})ds/\mathcal{Y}_t\right)\\ &\quad-\frac{1}{\varepsilon t}E\left(\int_0^t[h(X_s)-h(M_s)]\zeta_{ts}f^{-1}(X_s)ds/\mathcal{Y}_t\right)\ .\end{aligned}$$

Il reste à montrer que les normes dans $L^p(\Omega,\mathcal{F},P)$ des derniers termes sont bornées uniformément pour $t\geq t_0$, ce qui résulte des :

Lemme 6.5.4 *Pour tout $\varepsilon_0>0$, $p\geq 1$, il existe $a(p)$ et $b(p)>0$ t.q.*

$$\parallel\zeta_{ts}\parallel_p\leq a(p)\exp\left[-\frac{b(p)}{\varepsilon}(t-s)\right],\ 0\leq s\leq t\ .$$

Lemme 6.5.5

$$\begin{aligned}\zeta_{0s} D_s(\zeta_{t0}) &= D_s(\zeta_{ts}) ,\\ \zeta_{0s}\tilde{D}_s(\zeta_{t0}) &= \tilde{D}_s(\zeta_{ts})\end{aligned}$$

et pour tout $p \geq 1$, il existe $c(p)$ t.q.

$$\sup_{t\geq s} \| D_s\zeta_{ts} \|_p \leq c(p) ,$$

$$\sup_{t\geq s} \| E[\tilde{D}_s(\zeta_{ts})/\mathcal{F}_s \vee \mathcal{Y}_t] \|_p \leq c(p) .$$

Notons que l'estimation des termes suivants résulte à nouveau des Lemmes, et du fait que les normes dans $L^p(\Omega, \mathcal{F}, P)$ des processus $\psi_i'(X_t, M_t)$ $(i = 2,3)$ sont d'ordre $\sqrt{\varepsilon}$, et celle du processus $\psi_3(X_t, M_t)$ est d'ordre ε . Il nous reste donc à passer à la :

Preuve du lemme 6.5.4 : $\{\zeta_{ts},\ t \geq s\}$ est l'unique solution de l'EDS :

$$\zeta_{ts} = 1 - \frac{1}{\varepsilon}\int_s^t fh'(X_r)\zeta_{rs}dr + \int_s^t (f'^2 - b')(X_r)\zeta_{rs}dr - \int_s^t f'(X_r)\zeta_{rs}dV_r$$

i.e. est donné par la formule :

$$\text{(6.9)}\quad \zeta_{ts} = \exp\left(-\frac{1}{\varepsilon}\int_s^t fh'(X_r)dr + \int_s^t \left(\frac{f'^2}{2}(X_r) - b'(X_r)\right)dr - \int_s^t f'(X_r)dV_r\right) .$$

Le Lemme résulte alors de ce que $fh'(x) \geq \alpha\delta > 0$ pour tout x, et les intégrands des autres intégrales dans l'exponentielle sont bornés.

Preuve du lemme 6.5.5. Les deux égalités se déduisent aisément de (6.9), dont on tire aussi :

$$\begin{aligned}\tilde{D}_s\zeta_{ts} &= -\frac{1}{\varepsilon}\int_s^t \zeta_{tr}\varphi(X_r)f(X_s)ds + \int_s^t \zeta_{tr}\psi'(X_r)f(X_s)dr\\ &\quad -\zeta_{ts}f'(X_s) - \zeta_{ts}\int_s^t f''(X_r)f(X_s)\zeta_{sr}dV_r ,\\ D_s\zeta_{ts} &= \zeta_{ts}\left[-\frac{1}{\varepsilon}\int_s^t fh'(X_r)D_sX_rdr + \int_s^t \psi'(X_r)D_sX_rdr\right.\\ &\quad \left. -f'(X_s) - \int_s^t f''(X_r)D_sX_rdV_r\right] ,\end{aligned}$$

où $\varphi(x) = (fh')'(x) + f'(x)h'(x)$, $\psi(x) = \frac{1}{2}f'^2(x) - b'(x)$.

Dans l'expression de $D_s\zeta_{ts}$, le coefficient de ζ_{ts} ne dépend de ε que par le coefficient "explicite" $\frac{1}{\varepsilon}$. L'estimation de $D_s\zeta_{ts}$ est donc une conséquence facile du Lemme 6.5.4. En ce qui concerne $\tilde{D}_s\zeta_{ts}$, il résulte à nouveau du Lemme 6.5.4. que les normes dans $L^2(\Omega, \mathcal{F}, P)$

des trois premiers termes sont bornées, uniformément pour $t \geq s$. Pour le dernier terme, on a :

$$\begin{aligned} E\left(\zeta_{ts}\int_s^t f''(X_r)f(X_s)\zeta_{sr}dV_r/\mathcal{F}_s \vee \mathcal{Y}_t\right) &= E\left(\int_s^t f''(X_r)f(X_s)D_r(\zeta_{ts})\zeta_{sr}dV_r/\mathcal{F}_s \vee \mathcal{Y}_t\right) \\ &= E\left(\int_s^t f''(X_r)f(X_s)D_r\zeta_{tr}dr/\mathcal{F}_s \vee \mathcal{Y}_t\right) . \end{aligned}$$

On a utilisé de nouveau un intégration par parties et (6.9). L'estimation du dernier terme résulte alors de l'estimation de $D_r\zeta_{tr}$, et du fait que pour $t - r$ grand, sa norme dans $L^p(\Omega, \mathcal{F}, P)$ décroît comme celle de ζ_{tr}. □

Remarquons que l'opération de dérivation par rapport à $\tilde{D}$ (et le choix de $\tilde{P}$) ont joué un rôle crucial dans l'obtention des estimations.

Remarque 6.5.6 Pour le problème ci-dessus, le filtre de Kalman étendu donnerait également une approximation d'ordre ε du filtre optimal. Par contre, on peut trouver des filtres qui donnent une meilleure approximation du filtre optimal. Dans le cas où σ est constant et h est linéaire, le filtre du Théorème 6.5.3 donne une approximation d'ordre $\varepsilon^{3/2}$, et le filtre de Kalman étendu une approximation d'ordre ε^2 (voir Picard [73]).

Pour une étude du problème ci-dessus en temps discret, voir Milheiro [61].

Remarque 6.5.7 On s'est contenté d'étudier le cas où h est bijectif, i.e. le problème est tout à fait trivial pour $\varepsilon = 0$. Les cas plus intéressants sont ceux où h n'est pas bijectif. Un premier exemple est celui où $M = N$ (= 1 pour simplifier) et h est monotone par morceaux (voir l'Exemple 6.3). Ce cas est étudié dans Fleming, Ji, Pardoux [29], Fleming, Pardoux [28] et Roubaud [79]. Un deuxième exemple est celui où $M > N$, et h est une fonction bijective de N des coordonnées de x. Cette situation se subdivise en deux cas, suivant que la variance de la loi conditionnelle est petite (avec ε) ou pas. On trouvera des résultats sur ce problème dans Picard [77].

6.6 Un algorithme de filtrage non linéaire (dans un cas particulier)

Nous allons décrire un algorithme de type "méthode particulaire" de résolution de l'équation de Zakai, dans le cas particulièrement simple d'un problème de filtrage "sans bruit de dynamique" (qui inclut l'Exemple 1.1.2) :

$$\text{(6.10)} \qquad \begin{cases} X_t &= X_0 + \int_0^t b(s, X_s)ds , \\ Y_t &= \int_0^t h(s, X_s)ds + W_t . \end{cases}$$

La loi de X_0 est une probabilité quelconque Π_0 sur $\mathbb{R}^M$. On suppose que b est localement bornée et lipschitzienne en x, uniformément par rapport à t, et que h est bornée.

Notons $(\phi_t(x);\ t \geq 0,\ x \in \mathbb{R}^M)$ le flot associé à l'EDO satisfaite par $\{X_t\}$, i.e. :

$$\begin{cases} \frac{d\phi_t}{dt}(x) = b(t, \phi_t(x)), \; t \geq 0 , \\ \phi_0(x) = x . \end{cases}$$

Il est alors immédiat que si $\varphi \in C_b(\mathbb{R}^M)$,

$$\sigma_t(\varphi) = \int_{\mathbb{R}^M} \varphi(\phi_t(x)) \exp\left[\int_0^t (h(s, \phi_s(x)), dY_s) - \frac{1}{2}\int_0^t | h(s, \phi_s(x)) |^2 ds\right] \Pi_0(dx).$$

Si l'on approche Π_0 par une mesure de la forme :

$$\Pi_0^n = \sum_{i=1}^n a_i^n \delta_{x_i^n}$$

où $x_i^n \in \mathbb{R}^M$, $a_i^n \in [0,1]$, $1 \leq i \leq n$; $\sum_{i=1}^n a_i^n = 1$, alors σ_t est approchée par :

$$\sigma_t^n = \sum_{i=1}^n a_i^n(t) \delta_{x_i^n(t)}$$

avec $x_i^n(t) = \phi_t(x_i^n)$,

$$a_i^n(t) = a_i^n \exp\left[\int_0^t (h(s, x_i^n(s)), dY_s) - \frac{1}{2}\int_0^t | h(s, x_i^n(s)) |^2 ds\right] .$$

On a alors le :

Théorème 6.6.1 *Si $h \in C_b^1(\mathbb{R}_+ \times \mathbb{R}^M)$, et si b est bornée, alors $\Pi_0^n \Rightarrow \Pi_0$ quand $n \to \infty$ entraîne :*

$$\sigma_t^n \Rightarrow \sigma_t \text{ p.s. quand } n \to \infty,$$

pour tout $t > 0$.

Preuve Le caractère p.s. de la convergence s'obtient en intégrant par parties

$$\int_0^t (h(s, \phi_s(x)), dY_s) .$$

Le reste est immédiat. □

Remarque 6.6.2 Cet algorithme est tout à fait parallélisable, puisque l'évolution de $\{(x_i^n(t), a_i^n(t));\ t \geq 0\}$ se calcule pour chaque i indépendemment des autres.

L'évolution des points $x_i^n(t)$ est donnée par le modèle d'évolution de X_t, l'évolution des poids $a_i^n(t)$ est guidée par les observations. Notons que d'une part on a intérêt à normaliser périodiquement les $a_i^n(t)$ par $\sum_i a_i^n(t)$, et d'autre part que les valeurs relatives des $a_i^n(t)$ peuvent devenir très différentes les unes des autres. On peut avoir intérêt à rajouter des points dans la zone des $x_i^n(t)$ où les $a_i^n(t)$ sont "grands" et à en supprimer dans la zone des $x_i^n(t)$ où les $a_i^n(t)$ sont "très petits". En rendant ainsi le "maillage" "adaptatif", on peut espérer avoir une bonne approximation de la loi conditionnelle avec un petit nombre de points. □

Remarque 6.6.3 La méthode particulaire décrite ci-dessus peut s'adapter à une situation "avec bruit de dynamique", mais elle devient plus lourde à mettre en oeuvre. L'idée est en gros la suivante. On discrétise le temps. Sur chaque intervalle de temps élémentaire, chacune des n masses de Dirac à l'instant t_k est transformée en une mesure à densité à l'instant t_{k+1}. On approxime à nouveau la somme de ces n mesures à densité par une combinaison de n masses de Dirac, et on recommence sur l'intervalle de temps suivant. □

Bibliographie

[1] R.A. Adams : *Sobolev spaces*, Acad. Press 1975.

[2] F. Alinger, S.K. Mitter : New results on the innovations problem for non–linear filtering, *Stochastics* **4**, 339-348, 1981.

[3] J. Baras, G. Blankenship, W. Hopkins : Existence, uniquenes and asymptotic behavior of solutions to a class of Zakai equations with unbounded coefficients, IEEE Trans. **AC–28**, 203–214, 1983.

[4] C. Bardos, L. Tartar : Sur l'unicité des équations paraboliques et quelques questions voisines, *Arkive for Rat. Mech. and Anal.* **50**, 10-25, 1973.

[5] V. Beneš : Exact finite dimensional filters for certain diffusions with nonlinear drift, *Stochastics* **5**, 65-92, 1981.

[6] A. Bensoussan : *Filtrage optimal des systèmes linéaires*, Dunod 1971.

[7] A. Bensoussan : On some approximation techniques in nonlinear filtering, in *Stochastic Differential Systems, Stochastic Control and Applications* (Minneapolis 1986), Springer 1988.

[8] A. Bensoussan : *Stochastic control of partially observable systems*, Cambridge Univ. Press, à paraître.

[9] J.M. Bismut : A generalized formula of Itô and some other properties of stochastic flows, *Z. Wahrsch.* **55**, 331-350, 1981.

[10] J.M. Bismut : Martingales, the Malliavin calculus and hypoellipticity under general Hörmander's conditions, *Z. Wahrschein.* **56**, 469-505, 1981.

[11] J.M. Bismut, D. Michel : Diffusions conditionnelles, *J. Funct. Anal.* **44**, 174-211, 1981 et **45**, 274-282, 1982.

[12] B.Z. Bobrovsky, M. Zakai : Asymptotic a priori estimates for the error in the nonlinear filtering problem, *IEEE Trans. Inform. Th.* **28**, 371-376, 1982.

[13] N. Bouleau, F. Hirsch : Propriétés d'absolue continuité dans les espaces de Direchlet et applications aux équations différentielles stochastiques, in *Séminaire de Probabilités XX*, Lecture Notes in Math. **1204**, 131-161, Springer 1986.

[14] R.W. Brockett : Remarks on finite dimensional estimation, in *Analyse des Systèmes*, Astéristique **75-76**, SMF 1980.

[15] F. Campillo, F. Le Gland : MLE for partially observed diffusions : direct maximization vs. the EM algorithm, *Stoch. Proc. and their Applic.*, à paraître.

[16] F. Campillo, F. Le Gland : Application du filtrage non linéaire en trajectographie passive, 12eme colloque GRETSI, 1989.

[17] M. Chaleyat-Maurel, D. Michel : Des résultats de non existence de filtre de dimension finie, *Stochastics* **13**, 83-102, 1984.

[18] M. Chaleyat-Maurel, D. Michel : Hypoellipticity theorems and conditional laws, *Zeit. Wahr. Verw. Geb.* **65**, 573-597, 1984.

[19] M. Chaleyat-Maurel, D. Michel : Une propriété de continuité en filtrage non linéaire, *Stochastics* **19**, 11-40, 1986.

[20] M. Chaleyat-Maurel, D. Michel, E. Pardoux : Un théorème d'unicité pour l'équation de Zakai, *Stochastics*, **29**, 1-13, 1990.

[21] M. Davis : Nonlinear filtering and stochastic flows, *Proc. Int. Cong. Math.* Berkeley 1986.

[22] M. Davis, M. Spathopoulos : Pathwise nonlinear filtering for nondegenerate diffusions with noise correlation, *Siam. J. Control* **25**, 260-278, 1987.

[23] H. Doss : Liens entre équations différentielles stochastiques et ordinaires, *Ann. Inst. H. Poincaré, Prob. et Stat.*, **13**, 99-125, 1977.

[24] S.D. Eidel'man : *Parabolic Systems*, North Holland 1969.

[25] N. El Karoui, D. Hu Nguyen, M. Jeanblanc–Picqué : Existence of an optimal Markovian filter for the control under partial observations, *Siam J. Control* **26**, 1025-1061, 1988.

[26] S. Ethier, T. Kurtz : *Markov Processes : Characterization and convergence*, J. Wiley 1986.

[27] W. Fleming, E. Pardoux : Optimal control for partially observed diffusions, *Siam J. Control* **20**, 261-285, 1982.

[28] W. Fleming, E. Pardoux : Piecewise monotone filtering with small observation noise *Siam J. Control* **27**, 1156-1181, 1989.

[29] W. Fleming, D. Ji, E. Pardoux : Piecewise linear filtering with small observation noise, in *Analysis and Optimization of Systems*, Lecture Notes in Control and Info.–Scie. **111**, Springer 1988.

[30] P. Florchinger : Filtrage non linéaire avec bruits corrélés et observation non bornée. Etude numérique de l'équation de Zakai, Thèse, Univ. de Metz, 1989.

[31] M. Fujisaki, G. Kallianpur, H. Kunita : Stochastic differential equations for the nonlinear filtering problem, *Osaka J. Math.* **9**, 19-40, 1972.

[32] I. Gyöngy : Stochastic equations with respect to semimartingales III, *Stochastics* **7**, 231-254, 1982.

[33] U. Haussmann, E. Pardoux : A conditionnally almost linear filtering problem with non Gaussian initial condition, *Stochastics* **23**, 241-275, 1988.

[34] M. Hazewinkel, S.I. Marcus : On Lie algebras and finite dimensional filters *Stochastics* **7**, 29-62, 1982.

[35] M. Hazewinkel, S.I. Marcus, H.J. Sussmann : Non existence of exact finite dimensional filters for conditional statistics of the cubic sensor problem, *Systems and Control Letters* **5**, 331–340, 1983.

[36] M. Hazewinkel, J.C. Willems (eds.) : *Stochastic systems : The mathematics of filtering and identification and applications*, D. Reidel 1981.

[37] O. Hijab : Finite dimensional cansal functionals of Brownian motions, in *Non linear stochastic problems*, Proc. Nato. Asi Conf. on Nonlin. Stoch. Problems, D. Reidel 1982.

[38] L. Hörmander : Hypoelliptic second order differential equations, *Acta Math.* **119**, 147–171, 1967.

[39] N. Ikeda, S. Watanabe : *Stochastic Differential Equations and Diffusion Processes*, North-Holland/Kodansha 1981.

[40] A. Isidori : *Non linear Control Systems : an Introduction*, Lecture Notes in Control and Info. Scie. **72**, Springer 1985.

[41] G. Kallianpur : *Stochastic filtering Theory*, Springer 1980.

[42] G. Kallianpur, R.L. Karandikar : *White noise theory of prediction, filtering and smoothing*, Stochastics Monograph **3**, Gordon and Breach 1988.

[43] R. Katzur, B.Z. Bobrovsky, Z. Schuss : Asymptotic analysis of the optimal filtering problem for one-dimensional diffusions measured in a low noise channel, *Siam J. Appl. Math.* **44**, 591-604 and 1176-1191, 1984.

[44] N.V. Krylov, B.L. Rozovskii : On conditionnal distributions of diffusion processes, *Math. USSR Izvestija* **12**, 1978.

[45] N.V. Krylov, B.L. Rozovskii : Stochastic evolution equations, *J. of Soviet Math.* **16**, 1233-1277, 1981.

[46] H. Kunita : Asymptotic behaviour of the non linear filtering errors of Markov processes, *J. Multivariate Anal.* **1**, 365-393, 1971.

[47] H. Kunita : Cauchy problem for stochastic partial differential equation arising in non linear filtering theory, *Systems and Control Letters* **1**, 37-41, 1981.

[48] H. Kunita : Densities of a measure valued process governed by a stochastic partial differential equation, *Systems and Control Letters* **1**, 100-104, 1981.

[49] H. Kunita : Stochastic differential equations and stochastic flows of diffeomorphisms, in *Ecole d'été de Probabilités de St-Flour XII*, Lecture Notes in Math. **1097**, Springer 1984.

[50] T. Kurtz, D. Ocone : Unique characterization of conditional distributions in non linear filtering, *Annals of Prob.* **16**, 80-107, 1988.

[51] H. Kushner, H. Huang : Approximate and limit results for nonlinear filters with wide bandwidth observation noise, *Stochastics* **16**, 65-96, 1986.

[52] S. Kusuoka, D.W. Stroock : The partial Malliavin calculus and its application to non linear filtering, *Stochastics* **12**, 83-142, 1984.

[53] F. Le Gland : Estimation de paramètres dans les processus stochastiques en observation incomplète, Thèse, Univ. Paris-Dauphine, 1981.

[54] J. Lévine : Finite dimensional realizations of stochastic PDE's and application to filtering, à paraître.

[55] R.S. Liptser, A.N. Shiryayev : *Statistics of random processes* Vol. I, II, Springer 1977.

[56] C. Lobry : Bases mathémathiques de la théorie des systèmes asservis non linéaires, Notes polycopiées, Univ. de Bordeaux I, 1976.

[57] A. Makowski : Filtering formulae for partially observed linear systems with non Gaussian initial conditions, *Stochastics*, **16**, 1-24, 1986.

[58] S.I. Marcus : Algebraic and geometric methods in nonlinear filtering, *Siam J. Control* **22**, 817-844, 1984.

[59] D. Michel : Conditional laws and Hörmander's condition, in *Proc. Taniguchi Symposium on Stochastic Analysis*, K. Itô ed., 387-408, North-Holland 1983.

[60] D. Michel, E. Pardoux : An introduction to Malliavin's calculus and some of its applications, à paraître.

[61] P. Milheiro de Oliveira : Filtres approchés pour un problème de filtrage non linéaire avec petit bruit d'observation, Rapport INRIA, à paraître.

[62] S. K. Mitter : Filtering theory and quantum fields, in *Analyse des systèmes*, loc. cit.

[63] S.K. Mitter, A. Moro (eds.) : *Nonlinear filtering and stochastic control*, Lecture Notes in Math. **972**, Springer 1983.

[64] J. Norris : Sinplified Malliavin Calculus, in *Séminaire de Probabilités XX* loc. cit., 101-130.

[65] D. Ocone : Stochastic calculus of variations for stochastic partial differential equations *J. Funct. Anal.* **79**, 288-331, 1966.

[66] D. Ocone, E. Pardoux : A Lie-algebraic criterion for non existence of finite dimensionally computable filters, in *Stochastic Partial Differential Equations and Applications II*, G. Da Prato and L. Tubaro eds., Lecture Notes in Math. **1390**, Springer 1989.

[67] D. Ocone, E. Pardoux : Equations for the nonlinear smoothing problem in the general case, in Proc. 3^d Trento Conf. on SPDEs, G. Da Prato & L. Tubaro eds., Lecture Notes in Math. Springer, à paraître.

[68] E. Pardoux : Stochastic partial differential equations and filtering of diffusion processes, *Stochastics* **3**, 127-167, 1979.

[69] E. Pardoux : Equations du filtrage non linéaire, de la prédiction et du lissage, *Stochastics* **6**, 193-231, 1982.

[70] E. Pardoux : Equations of nonlinear filtering, and application to stochastic control with partial observation, in *Non linear filtering and stochastic control*, loc. cit., 208-248.

[71] E. Pardoux : Equations du lissage non linéaire, in *Filtering and control of random processes*, H. Korezioglu, G. Mazziotto & S. Szpirglas eds., Lecture Notes in Control and Info. Scie. **61**, 206–218, Springer 1984.

[72] E. Pardoux : Sur les équations aux dérivées partielles stochastiques de type parabolique, in *Colloque en l'honneur de L. Schwartz* Vol. 2, Astérisque **132**, 71-87, SMF 1985.

[73] J. Picard : Non linear filtering of one-dimensional diffusions in the case of a high signalto-noise ratio, *Siam J. Appl. Math.* **46**, 1098-1125, 1986.

[74] J. Picard : Filtrage de diffusions vectorielles faiblement bruitées, in *Analysis and Optimization of Systems*, Lecture Notes in Control and Info. Scie. **83**, Springer 1986.

[75] J. Picard : Nonlinear filtering and smoothing with high signal-to-noise ratio, in *Stochastic Processes in Physics and Engineering*, D. Reidel 1986.

[76] J. Picard : Asymptotic study of estimation problems with small observation noise, in *Stochastic Modelling and Filtering*, Lecture Notes in Control and Info. Scie. **91**, Springer 1987.

[77] J. Picard : Efficiency of the extended Kalman filter for nonlinear systems with small noise, à paraître.

[78] M. Pontier, C. Stricker, J. Szpirglas : Sur le théorème de représentation par rapport à l'innovation, in *Séminaire de Probabilité XX*, loc. cit., 34-39.

[79] M.C. Roubaud : Filtrage linéaire par morceaux avec petit bruit d'observation, à paraître.

[80] B. Rozovski : *Evolution stochastic systems*, D. Reidel 1990.

[81] D.W. Stroock : Some applications of stochastic calculus to partial differential equations, in *Ecole d'Eté de Probabilités de St Flour XI*, Lecture Notes in Math. **976**, 267–382, Springer 1983.

[82] H. Sussmann : On the gap between deterministic and stochastic ordinary differential equations, *Ann. of Prob.* **6**, 19-41, 1978.

[83] H. Sussmann : On the spatial differential equations of nonlinear filtering, in *Nonlinear partial differential equations and their applications*, Collège de France seminar **5**, 336-361, Research Notes in Math. **93**, Pitman 1983.

[84] J. Szpirglas : Sur l'équivalence d'équations différentielles stochastiques à valeurs mesures intervenant dans le filtrage markovien non linéaire, *Ann. Institut Henri Poincaré* **14**, 33-59, 1978.

[85] J. Walsh : An introduction to Stochastic Partial Differential Equations, in *Ecole d'été de Probabilité de St-Flour XIV*, Lecture Notes in Math. **1180**, 265–439, Springer 1986.

[86] M. Yor : Sur la théorie du filtrage, in *Ecole d'été de Probabilité de St-Flour IX*, Lecture Notes in Math. **876**, 239-280, Springer 1981.

[87] M. Zakai : On the optimal filtering of diffusion processes, *Zeit. Wahr. Verw. Geb.* **11**, 230-243, 1969.

[88] M. Zakai : The Malliavin Calculus, *Acta Applicandae Mat.* **3**, 175-207, 1985.